高等学校教材

电工电子实训教程

主　编　刘美华　周惠芳　胡晓东
副主编　康　眺　陈丽娟　蒋校辉　张著彬
主　审　胡　慧

中国教育出版传媒集团
高等教育出版社·北京

内容简介

本书为线上线下混合式省级一流本科课程“电工电子实习”的配套教材，是湖南工程学院电工电子实训室近十年实验教学改革与实践经验的总结。

本书在内容上分为电工部分和电子部分，电工部分包括电力系统简介及安全用电、常用电工工具与仪器仪表、导线加工连接及室内照明电路的安装、常用低压电器及电动机介绍、典型机床控制线路的分析与制作、典型机床线路的电气故障检修、可编程逻辑控制器原理及应用；电子部分包括常用电子元器件、焊接技术、电子产品的安装与调试、印制电路板的设计与制作。

本书为新形态教材，部分讲义、动画、视频将以二维码形式呈现，学生可通过手机扫描二维码进行移动式学习。 本书可作为普通高等教育本科院校工科类学生或高等职业院校本、专科机电类学生的电工电子实训教材，也可作为电工职业中、高级职业资格考试或从事电工、电子技术相关人员的参考资料书。

图书在版编目(CIP)数据

电工电子实训教程 / 刘美华，周惠芳，胡晓东主编；康晀等副主编. -- 北京：高等教育出版社，2024.3
ISBN 978-7-04-061946-1

Ⅰ. ①电… Ⅱ. ①刘… ②周… ③胡… ④康… Ⅲ. ①电工技术-高等学校-教材②电子技术-高等学校-教材 Ⅳ. ①TM②TN

中国国家版本馆 CIP 数据核字(2024)第 052791 号

Diangong Dianzi Shixun Jiaocheng

策划编辑 杨 晨　责任编辑 王 楠　封面设计 李树龙　版式设计 杜微言
责任绘图 杨伟露　责任校对 张 薇　责任印制 高 峰

出版发行 高等教育出版社
社　　址 北京市西城区德外大街 4 号
邮政编码 100120
印　　刷 北京市艺辉印刷有限公司
开　　本 787mm×1092mm 1/16
印　　张 18.5
字　　数 440 千字
购书热线 010-58581118
咨询电话 400-810-0598

网　　址 http://www.hep.edu.cn
http://www.hep.com.cn
网上订购 http://www.hepmall.com.cn
http://www.hepmall.com
http://www.hepmall.cn
版　　次 2024 年 5 月第 1 版
印　　次 2024 年 8 月第 2 次印刷
定　　价 39.00 元

物 料 号 61946-00

计算机访问

1 计算机访问 https://abooks.hep.com.cn/61946。

2 注册并登录，点击页面右上角的个人头像展开子菜单，进入“个人中心”，点击“绑定防伪码”按钮，输入图书封底防伪码（20位密码，刮开涂层可见），完成课程绑定。

3 在“个人中心”→“我的图书”中选择本书，开始学习。

手机访问

1 手机微信扫描下方二维码。

2 注册并登录后，点击“扫码”按钮，使用“扫码绑图书”功能或者输入图书封底防伪码（20位密码，刮开涂层可见），完成课程绑定。

3 在“个人中心”→“我的图书”中选择本书，开始学习。

课程绑定后一年为数字课程使用有效期。受硬件限制，部分内容无法在手机端显示，请按提示通过计算机访问学习。

如有使用问题，请直接在页面点击答疑图标进行问题咨询。

https://abooks.hep.com.cn/61946

前　言

电工电子技术是近半个世纪以来高速发展的一门科学技术，它逐渐渗透到其他学科，并深入国民经济的各个领域，使人们的生活更加便利。随着科学技术的飞速发展，社会要求人才不仅要具有丰富的知识，还要具有较强的动手能力、较高的综合素质，并具有一定的工程能力和创新能力。

电工电子实训是以学生自己动手制作实际电工电子产品为特色的实践课程，是普通高等教育本科院校工科类学生必修的一门工程训练课程。该课程的主要任务是培养学生熟练掌握基本电工与电子电路的分析、设计、测量、组装和调试等操作技能，提高实践动手能力和综合应用能力，在实训过程中培养学生的自主学习能力和研究兴趣、创新意识，为后续专业学习以及走上工作岗位奠定坚实基础。

随着互联网技术的发展和普及以及慕课的建设和应用，我们如何在这一轮改革中提升“电工电子实训”课程的实践教学质量，建设高水平的实践类“金课”？如何利用信息化手段提升学生自主学习的积极性？如何开展基于学生需求的“网上课堂与实践课堂协同”的现代化教学模式？为了解决这一系列问题，课程团队与时俱进，砥砺前行，不断进行教学研究与改革，立项省级、校级的教研、教改项目十余项，在《中国大学教学》《实验室研究与探索》《湖南工程学院学报》等期刊发表教改论文二十余篇，于2019年获评湖南省高等教育教学成果二等奖，在学银在线平台上线电工电子实训MOOC课程，且该课程于2021年获评线上线下混合式省级一流本科课程。

结合这些教学改革经验和成果，湖南工程学院电工电子实训教学团队编写了新形态教材《电工电子实训教程》。该教材的具体特点如下：

1. 注重基础性。电力系统简介及安全用电、常用电工工具与仪器仪表、导线加工连接及室内照明线路的安装、常用电子元器件、焊接技术等章节是电工电子实训的基础内容，它们既为理工科专业学生学习后续课程搭建桥梁，又为毕业后从事技术工作奠定坚实基础。

2. 强化应用性。电工电子实训是高校工程训练类实践课程之一，其教学目的是通过多个项目实训，不断提升学生的实践动手能力和分析解决复杂问题的能力。因此，书中列举了大量的工程应用案例，如家用照明电路的装配、常见电子产品的装配、典型机床线路的制作和故障检修等，力争使学生了解所学知识的具体应用，培养运用知识的能力。

3. 拓展先进性。对教材中部分内容进行了精选、整合与补充，在保留部分传统经典工程应用项目案例的同时，适当拓展电工电子新技术、新工艺在工程技术领域的应用，如PLC机床线路控制、PCB现代制作工艺等，目的是不断拓宽学生的知识面，激发学生课程学习的兴趣，使培养的学生在知识以及应用能力方面与社会需求相适应。

4. 体现可读性。本教材为互联网时代的新形态教材，课程中的重难点内容辅以讲义、动画、视频资源，以二维码形式呈现，方便学生和社会学习者随时扫描观看。同时，可登录学银在线官方网站，观看本书配套MOOC课程。

本书由湖南工程学院刘美华、湖南电气职业技术学院周惠芳、湖南工程学院胡晓东担任主编,湖南工程学院工程训练中心主任胡慧教授担任主审,湖南工程学院康眺、陈丽娟、蒋校辉、张著彬担任副主编。在教材编写过程中,刘美华负责各章节的修改和统稿工作。胡慧对全书内容进行了细致的审核。

在此衷心地感谢为本书的编写提供帮助的所有人员。

由于编者能力和水平有限,书中难免存在不当之处,欢迎广大读者批评、指正。编者邮箱:16402088@ qq.com。

编者

2023 年 10 月于湘潭

目　录

第1篇　电工部分

第1篇　电工部分

第1章 电力系统简介及安全用电

1.1 电能的生产、输送和分配

1.1.1 三相交流电源及连接形式

本书中的交流电路是指正弦交流电路。电厂所发的电普遍为三相交流电。三相交流电由图 1-1(a)所示三相交流发电机的定子三相绕组输出,图 1-1(b)所示为三相绕组,如以 u_U 为参考,则 u_U、u_V、u_W 的表达式为

$$\begin{cases} u_U = \sqrt{2}U_p \sin\omega \\ u_V = \sqrt{2}U_p \sin(\omega t - 120°) \\ u_W = \sqrt{2}U_p \sin(\omega t + 120°) \end{cases} \tag{1-1}$$

上述三个正弦电压的振幅和频率都相同,彼此间相位相差 120°,这样的一组电压称为对称三相电压,如图 1-1(c)所示。这三个电压达到最大值(或零值)的先后次序称为相序。在式(1-1)中,最先达到正最大值的是 u_U,其次是 u_V,最后是 u_W。因此,它们的相序是 U—V—W,称为正相序(顺相序)。若相序是 U—W—V,则称为负相序(逆相序)。

三相交流电源(包括发电机和变压器)的三相绕组通常接成星形或三角形向外供电。

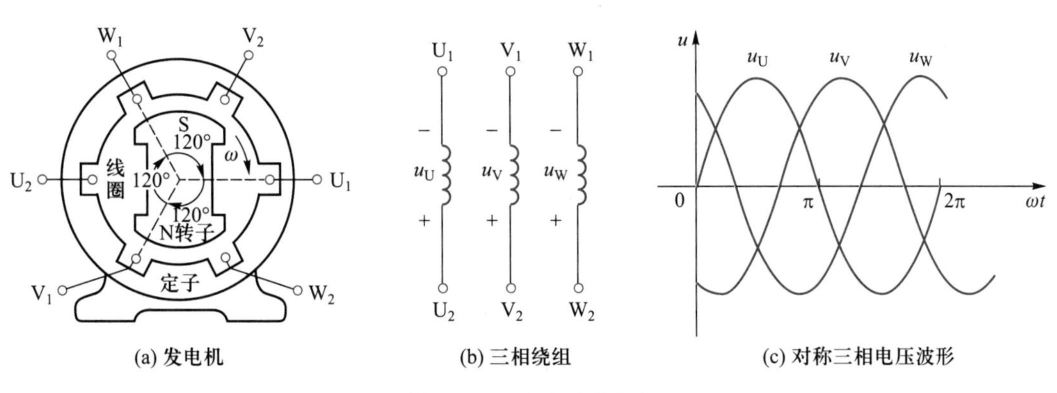

图 1-1 三相交流发电机

1. 三相绕组的星形联结

把电源三相绕组的末端 U_2、V_2、W_2 连接在一起,此点用"N"表示,就构成了星形联结,或称 Y 形联结,如图 1-2 所示。公共点 N 称为中性点,从中性点引出的导线称为中性线。U_1、V_1、W_1 三端通过三根输电线将电能输送出去,这三根输电线称为相线,俗称火线,分别用黄色、绿色、红色标出。图中相线与中性线间的电压称为相电压,其有效值用 U_p 或 U_U、U_V、U_W 表示。相线之间

的电压称为线电压,其有效值用 U_l 或 U_{UV}、U_{VW}、U_{WU} 表示。设线电压的参考方向为由 U 指向 V,由 V 指向 W,由 W 指向 U,则有

$$\begin{cases} u_{UV}=u_U-u_V \\ u_{VW}=u_V-u_W \\ u_{WU}=u_W-u_U \end{cases} \tag{1-2}$$

通过分析可知,线电压也是三相对称的。线电压的有效值为

$$U_l=2U_p\cos30°=\sqrt{3}U_p \tag{1-3}$$

当三相绕组为星形联结时,其线电压是相电压的 $\sqrt{3}$ 倍,且在相位上线电压较对应的相电压超前 30°。电源三相绕组星形联结时,可以从 N 点引出中性线,也可以不引出中性线。引出中性线的电源称三相四线制电源。通常三相绕组的中性点 N 总是可靠接地的,因此引出的中性线也称为零线或地线。三相四线制电源可以供给用户两种电压,如配电线路中普遍使用的 220 V/380 V。其中 220 V 为相电压,380 V 为线电压,它们之间有 $\sqrt{3}$ 倍的关系。不引出中性线的电源称为三相三线制电源。

2. 三相绕组的三角形联结

电源三相绕组的另一种接法是三角形联结,或称△形联结,如图 1-3 所示。一相绕组的始端与另一相绕组的末端相连,顺序连接成 U_1U_2—V_1V_2—W_1W_2—U_1U_2,再从各连接点引出三根相线。这种接法是没有中性线的,线电压等于相电压。

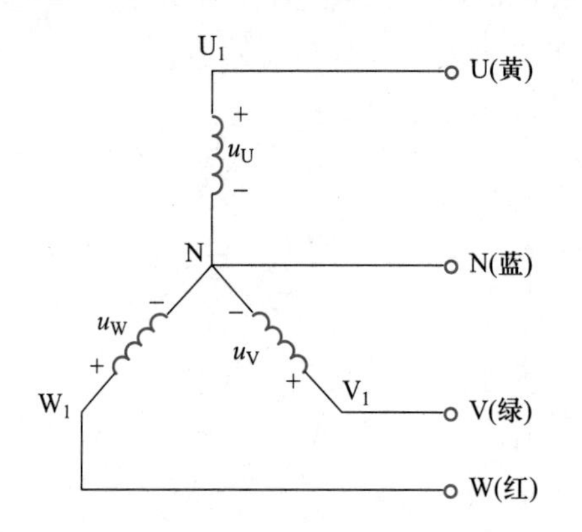

图 1-2 电源三相绕组的 Y 形联结

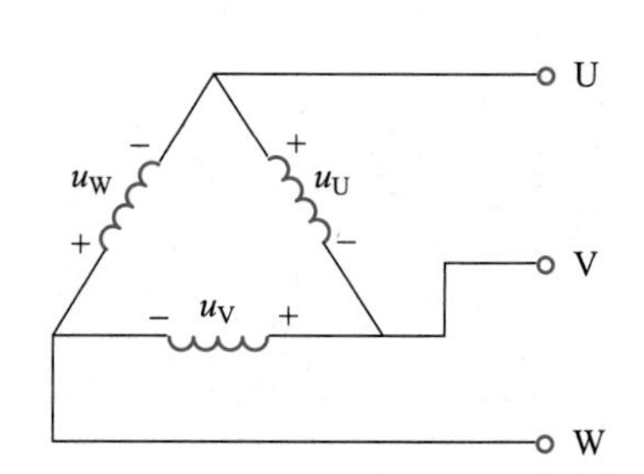

图 1-3 电源三相绕组的△形联结

$$U_l=U_p \tag{1-4}$$

由电路原理可知,闭合回路中三组相电压之和恒为零,即

$$u_U+u_V+u_W=0 \tag{1-5}$$

1.1.2 电能的输送和分配

电能从生产到消费一般要经过发电、输电、配电和用电四个环节,这个过程涉及的发电厂、电力网以及用户所组成的一个整体,称为电力系统。图 1-4 所示为从发电厂到用户的输配电过程。

发电厂是把其他形式的能源转化成电能的场所。目前我国的发电厂主要有火力发电厂、水

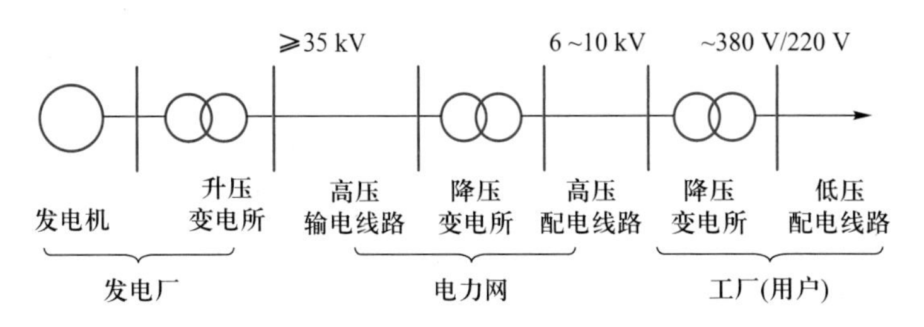

图 1-4　从发电厂到用户的输配电过程

力发电厂、核能发电厂等。此外,还有利用地热资源、再生资源(太阳光能、太阳热能、风能、潮汐能、波浪能、海流能)等其他形式的能源进行发电的发电厂。

电力网(简称电网)是由所有变、配电所的电气设备以及各种不同电压等级的线路组成的统一整体。它的作用是将电能输送和分配给各用户。电力网按功能可分为输电网和配电网。

由于发电机绝缘条件的限制,发电机的电压一般在 22 kV 及以下,但是发电厂与用电负荷集中的地点(也称负荷中心)往往相距几十公里、几百公里甚至上千公里,为了降低输电过程中线路的电能损耗、增大电能输送距离,发电厂发出的电能需要升高电压后才能接入不同电压的输电网,然后通过变电所变成较低一级的电压,再经配电网送往各用户。电力系统需要多次采用升压或降压变电所对电压进行变换,也就是说,在电力系统中存在很多不同的电压,如图 1-5 所示。

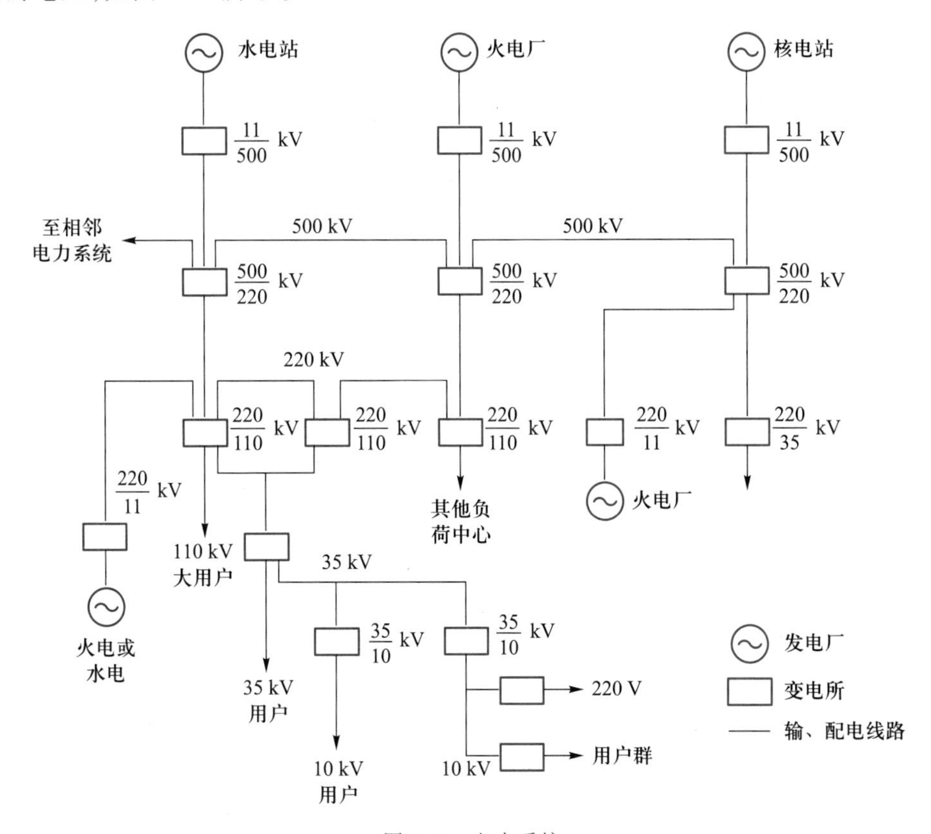

图 1-5　电力系统

输电网的电压等级分为高压、超高压和特高压。除少数大功率电动机采用较高一级的电压外,一般用电电压为交流 220 V/380 V。在电压不变的情况下,距离越远,线路的电能耗损越大。因此,各国普遍采用高压、超高压远距离输电。我国常用的输电电压有 35 kV、110 kV、220 kV、330 kV、500 kV 等。输电线路的长度不同,需要选择的输电电压也不同。当输送电能的功率给定后,提高输电线路的电压将降低输电线路的电流,从而减少有功功率和无功功率在输电线路上的电能损耗。另外,提高输电线路的电压不仅可以增大电能的输送容量,而且可以降低输电网的成本,增加输电线路的走廊利用率。但是,随着输电线路电压的提高,虽然输电线路的损耗减小了,可是相应的投资也随之增大了。一般通过理论计算和经验数据来确定两者之间的最佳结合点,最终决定输电线路的输电电压、输送容量和输送距离。表 1-1 所示为不同输电电压情况下输送容量、输送距离的范围。

表 1-1 不同输电电压情况下输送容量、输送距离的范围

输电电压/kV	输送容量/MW	输送距离/km
110	10~50	50~150
220	100~500	100~300
330	200~800	200~600
500	1 000~1 500	150~850
765	2 000~2 500	500 以上

1.2 安全用电

安全用电包括人身安全和设备安全两部分。

1.2.1 人身安全

讲义 1:实训安全教育

人身安全是指防止人身接触带电物体受到电击或电弧灼伤而导致生命危险。人体对电流的反应是非常敏感的。电流对人体的伤害程度与通过人体电流的大小、频率、持续时间、通过人体的路径以及人体电阻的大小等因素有关。

1. 电流大小

通过人体的电流越大,人体的生理反应就越明显,感应就越强烈,引起心室颤动所需的时间就越短,致命的可能性就越大。根据通过人体电流的大小和人体所呈现的生理反应,触电电流大致可分为以下 3 种:

(1) 感觉电流:人能感觉到的最小电流值称为感觉电流。一般情况下,交流为 1 mA,直流为 5 mA;男性为 1.1 mA,女性为 0.7 mA。

(2) 摆脱电流:人体触电后能自主摆脱带电体的最大电流称为摆脱电流。一般情况下,交流为 10 mA,直流为 50 mA;男性为 16 mA,女性为 10.5 mA,儿童的摆脱电流要比成人的小。

(3) 致命电流:在较短的时间内危及生命的电流称为致命电流。如 100 mA 的电流通过人体 1 s,足以使人致命。因此,一般情况下致命电流为 50 mA。

根据触电者所处的环境对人的影响,对人体允许电流做出以下规定:在摆脱电流范围内,人若被电击后一般都能自主摆脱带电体,从而解除触电危险,因此,通常把摆脱电流看成是人体允许电流。在有防止触电保护装置的情况下,人体允许通过的电流一般可按 30 mA 考虑;在高空作业、水中作业等可能因电击导致摔死、淹死的场合,则应按不引起痉挛的 5 mA 考虑。

2. 电流频率

同一电压下电流频率不同,引起的触电伤害程度不同。频率为 50~60 Hz 的工频电流造成的触电伤害最为严重。低于或高于上述频率范围时,危险性相应减小。2 000 Hz 以上死亡危险性降低,造成的触电伤害主要是灼伤。25 Hz 以下,人体可以耐受较大的电流。

3. 通电时间

相同频率的同值电流通过人体,时间越长,造成的触电伤害程度越严重。电流持续通过人体的时间,一般不得超过心脏的搏动周期。通常认为,人体经受电击时的允许能量极限为 50 mA · s,即 $Q=I \cdot t=50$ mA · s。

4. 电流路径

触电时受到的伤害程度与电流通过人体的路径关系很大。电流通过中枢神经,会引起中枢神经强烈失调而导致死亡;电流通过头部,会使人立即昏迷;电流通过脊髓,会造成人体瘫痪;电流通过胸腔,会引起心脏机能紊乱,发生心室颤动,破坏心脏正常的泵血功能,使血液循环中断而致人死亡。可见,电流通过接近心脏的部位最为危险,例如:触电时,电流如果从一手流入,从另一手流出,或从一手流入,从一足流出,因电流都经过心脏部位,会造成致命危险;如果从一足流入,从另一足流出,则造成的触电伤害程度较轻。

5. 人体电阻

在带电体电压一定的情况下,触电时通过人体的电流大小取决于人体电阻的数值。人体电阻实际上是一种阻抗,包括皮肤电阻、内部组织电阻及不同组织之间的电容。人体电阻不是一个固定值,它随着人体的生理、物理状况而变化。皮肤潮湿、出汗、损伤或带有导电性粉尘,会使人体电阻显著减小;通过人体的电流越大,持续时间越长,会增加人体发热出汗,降低人体电阻;触电电压增高,人体表皮角质层有电解和类似介质击穿的现象发生,会使人体电阻急剧下降。人体电阻的变化范围很大,从几百欧到几万欧,一般情况下,人体电阻为 1 000~2 000 Ω。

6. 电压

当人体电阻一定时,电压越高,通过人体的电流越大,触电伤害的危险性就越大。从安全用电方面考虑,一般把 250 V 以上的电压称为高压,把 250 V 及以下的电压称为低压。40 V 以下的电压,由于其引起触电伤害的危险性很小,被称为安全电压,我国规定 36 V、24 V 和 12 V 为安全电压。但是,安全电压并不能保证绝对安全,当其他因素发生最不利的影响时(如人体电阻很小),安全电压也可能引起触电伤亡事故。

7. 人的生理和精神状态

人的生理和精神状态的好坏对触电后果也有影响,心脏病、内分泌失调病、肺病等患者触电时比较危险,酒醉、疲劳过度、出汗过多等也可能引发触电事故和增加伤害程度。

1.2.2 设备安全

设备安全是指防止用电事故所引起的设备损坏、起火或爆炸等危险。在电气工程中,除了要

十分注意保护人身安全,还要十分注意保护设备安全。主要有以下几方面:

1. 防雷保护

雷电产生的高电位冲击波,其电压幅值可达 10^9 V,电流可达 10^5 A,对电力系统危害极大。雷电还可通过低压配电线路和金属管道侵入变电所、配电所和用户,危及设备和人身安全。

目前,防止雷电的有效措施是使用避雷针把雷电引入大地,以保护电气设备、人身以及建筑物等的安全。因此,避雷针要安装在高于保护物的位置,且与大地直接相连。

2. 电气设备的防火

电气设备失火通常是由电气线路或设备老化、带故障运行或长时间过载等不合理用电引起的。因此,应在线路中采用过载保护措施,防止电气设备和线路过载运行;注意大型电气设备运行时的温升;使用电热器具及照明设备时,要注意环境条件及通风散热,周围不可存放可燃、易燃材料物品。

此外,两种绝缘物质相互摩擦会产生静电。绝缘的胶体与粉尘在金属、非金属容器或管道中流动时,也会因摩擦使液体和容器或管道壳内带电,电荷的积累会使液体与容器或管道产生高电位,形成火花放电,引起电气火灾。因此,应将容器或管道可靠接地,将静电引入大地。

3. 电气设备的防爆

在有爆炸危险的场所,使用的电气设备应具有防爆性能;在要求防爆的场合,电气设备应有可靠的过载保护措施,并且绝对禁止使用可能产生火花或明火的电气设备,如电焊、电热丝等加热设备。

1.3 触电及其急救

1.3.1 触电伤害的类别

外部电流流经人体,造成人体器官组织损伤乃至死亡,称为触电。人体触电后受到的伤害可分为电击和电伤两类。在触电事故中电击和电伤会同时发生,对于一般人,当工频交流电流超过50 mA 时,就会有致命危险。

1. 电击

电流通过人体对内部器官造成的综合性伤害,称为电击。电击一般是由电流刺激人体神经系统引起的,开始是触电部分的肌肉发生痉挛,如不能立即摆脱电源,随之便会引起呼吸困难,心脏停搏以致死亡。电击是最危险的触电伤害,在触电事故中发生的也最多。

2. 电伤

电流通过人体对局部皮肤造成的伤害,称为电伤。电伤又可分为下述三类:

(1) 灼伤:是由电流的热效应引起的,如带负荷拉开裸露的刀闸,就会产生电弧,烧伤皮肤。

(2) 烙印:是由电流的化学效应和机械效应引起的,通常只在人体和带电体有良好接触的情况下才会发生,会在皮肤表面留有圆形或椭圆形的肿块痕迹,并且硬化。

(3) 皮肤金属化:是在电流的作用下,由熔化和蒸发的金属微粒渗入皮肤表层而形成的。皮肤的受伤部分形成粗糙的坚硬表面,日久会逐渐脱落。

另外，电焊作业中由于电弧强光的辐射作用而造成的眼睛伤害，虽然不是直接触电引起的，通常也称为电伤。

1.3.2　触电事故产生的原因

触电事故产生的原因很多，大部分是人体直接接触带电体、设备发生故障或人体过于靠近带电体等引起的，主要有以下几种：

1. 线路架设不合格

采用一线一地制的违章线路架设，当接地中性线被拔出、线路发生短路或接地不良时均会引起触电；室内导线破旧、绝缘损坏或敷设不合格，容易造成触电或短路从而引起火灾；无线电设备的天线、广播线或通信线与电力线距离过近或同杆架设时，如发生断线或碰线，电力线电压就会传到这些设备上而引起触电；电气工作台布线不合理，使绝缘线被磨坏或被烙铁烫坏而引起触电等。

2. 用电设备不合格

用电设备的绝缘损坏造成漏电，而外壳无保护接地线或保护接地线接触不良而引起触电；开关和插座的外壳破损或导线绝缘老化，失去保护作用，一旦触及就会引起触电；线路或用电器具接线错误，致使外壳带电而引起触电等。

3. 电工操作不规范

电工操作时，带电操作、冒险修理或盲目修理，且未采取切实的安全措施，均会引起触电；使用不合格的安全工具进行操作，如使用绝缘层损坏的工具、用竹竿代替高压绝缘棒、用普通胶鞋代替绝缘靴等均会引起触电；停电检修线路时，闸刀开关上未挂警告牌，其他人员误合开关而造成触电等。

4. 缺乏安全用电知识

在室内违规乱拉电线，乱接用电器而造成触电；未切断电源就去移动灯具或电器，因电器漏电而造成触电；更换保险丝时，随意加大规格或用铜丝代替熔丝而失去保险作用，造成触电或引起火灾；用湿布擦拭或用水冲刷电线或电器，引起绝缘性能降低而造成触电等。

5. 日常生活中的意外事故

孩子放风筝时，线搅在电线上；闪电、打雷时在山坡或树下躲雨，易遭受雷击；雨天年久失修的电线易漏电；雨中奔走视物不清时，易误触被暴雨刮落、打断的电线；外力（如雷电、大风）的破坏等原因，电气设备、避雷针的接地点或者断落电线断头着地点的附近，有大量的扩散电流向大地流入，使周围地面上布着不同电位，当人的双脚同时踩在不同电位的地表两点时，引起跨步电压触电；用鸟枪打停在电线上的鸟雀时不慎打断电线等。

1.3.3　触电的形式

1. 单相触电

人站在地面或其他接地体上，身体某一部位触及三相供电系统的任何一相所引起的触电，称为单相触电。根据三相电源的中性点是否接地，单相触电又分为两种情况：

(1) 中性点接地的单相触电

触电情形如图 1-6(a)所示，此时人体承受的是相电压 220 V。设中性点接地电阻为 R_0，人

体电阻为 R_r，相电压为 U，则通过人体的电流 I 为

$$I=\frac{U}{R_0+R_r} \tag{1-6}$$

（2）中性点不接地的单相触电

触电情形如图 1-6(b)所示，此时人体承受的是线电压 380 V，比相电压大。设线路绝缘电阻为 R_j，则通过人体的电流 I 为

$$I=\frac{\sqrt{3}U}{R_r+\frac{R_j}{3}} \tag{1-7}$$

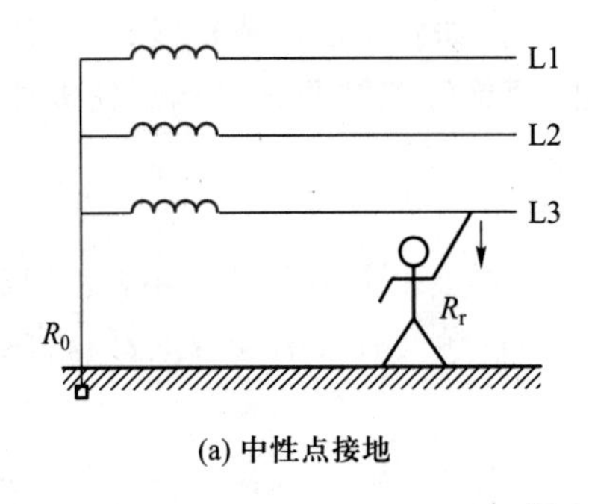

(a) 中性点接地

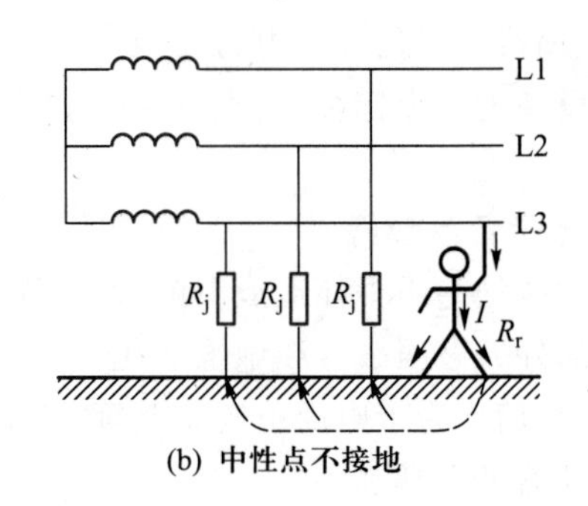

(b) 中性点不接地

图 1-6 单相触电

在触电事故中，单相触电发生得较多，一般都是由电气设备的某相导线或绕组绝缘破损使设备外壳带电而引起的。单相电动工具（如手电钻）和工作行灯的把柄带电时，也会使工人发生单相触电事故。

2. 两相触电

人体的两个部位同时触及三相供电系统的任何两相所引起的触电，称为两相触电。两相触电时，不论三相电源系统的中性点是否接地，人体承受的都是线电压，如图 1-7 所示，此时通过人体的电流 I 为

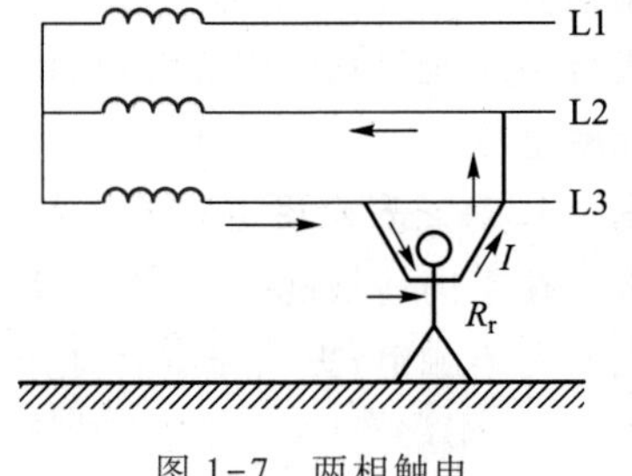

图 1-7 两相触电

$$I=\frac{\sqrt{3}U}{R_r} \tag{1-8}$$

可见，两相触电最为危险，经常造成死亡。不过，两相触电的情况在一般生产活动中并不多见。

3. 跨步电压触电

当带电体接地时，电流由接地点向大地扩散，在以接地点为圆心、一定半径（通常 20 m）的圆形区域内电位梯度由高到低分布，人进入该区域，沿半径方向两脚之间（间距以 0.8 m 计）存在的电位差称为跨步电压 U_{ST}，由此引起的触电事故称为跨步电压触电［见图 1-8(a)］。跨步电压的大小取决于人体站立点与接地点的距离，距离越小，其跨步电压越大。当距离超过 20 m（理论上为无穷远处），可认为跨步电压为零，不会发生触电危险。

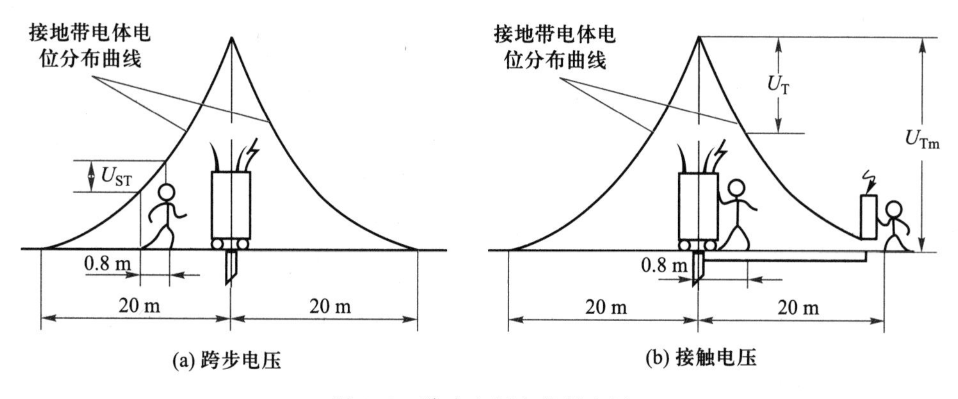

图 1-8　跨步电压和接触电压

4. 接触电压触电

电气设备由于绝缘损坏或其他原因造成接地故障时，如人体两个部分（手和脚）同时接触设备外壳和地面时，人体两部分会处于不同的电位，其电位差即为接触电压。由接触电压造成的触电事故称为接触电压触电。在电气安全技术中，接触电压是以人体站立在距漏电设备接地点水平距离 0.8 m 处，手触及漏电设备外壳（距地 1.8 m 高）时手脚间的电位差 U_T 作为衡量基准的［见图 1-8(b)］。接触电压的大小取决于人体站立点与接地点的距离，距离越远，则接触电压越大；当超过 20 m 时，接触电压最大，即等于漏电设备上的电压 U_{Tm}；而当人体站在接地点与漏电设备接触时，接触电压则为零。

5. 感应电压触电

当人触及带有感应电压的设备和线路时所造成的触电事故称为感应电压触电。由于大气变化（如雷电活动），一些不带电的线路会产生感应电荷，停电后存在感应电压的设备和线路如果未及时接地，这些设备和线路对地均存在感应电压。

6. 剩余电荷触电

剩余电荷触电是指当人触及带有剩余电荷的设备时，设备对人体放电造成的触电事故。带有剩余电荷的设备通常含有储能元件，如并联电容器、电力电缆、电力变压及大容量电动机等，在退出运行和对其进行类似摇表测量等检修后，会带上剩余电荷，因此要及时对其放电。

1.3.4　触电急救措施

1. 脱离电源

当发现有人触电时，首先必须使触电者尽快脱离电源。根据触电现场的不同情况，通常可以采用以下几种办法：

（1）迅速切断电源，再把人从触电处移开。如果电源开关、电源插头就在触电现场，应该立即断开电源开关或拔掉电源插头，若有急停按钮应首先按下急停按钮。如果触电地点远离开关或不具备关闭电源的条件，只要触电者穿的是比较宽松的干燥衣服，救护者可站在干燥木板上，用一只手抓住其衣服将其拉离电源。也可用干燥木棒或竹竿将电源线从触电者身上挑开。

（2）如果触电发生在火线和地之间，一时又不能把触电者拉离电源，可用干燥绳索将其拉离地面，或在地面和人之间塞入一块干燥木板，同样可以切断通过人体的电流，然后关掉闸刀，使触电者脱离带电体。

（3）救护者也可以用手边的绝缘刀、斧、锄或硬木棒，从电线的来电方向将电线砍断或撬断。

（4）如果身边有绝缘导线，可先将一端良好接地，另一端接在触电者手握的相线上，造成该相电流对地短路，使其跳闸或熔断保险处，从而断开电源。

（5）在电杆上触电，地面上无法施救时，可以抛掷接地软导线。即将软导线一端接地，另一端抛在触电者接触的架空线上，令该相对地短路而跳闸断电。

2. 触电救护

当伤员脱离电源后，应立即检查伤员全身情况，特别是呼吸和心跳，并根据实际情况采取不同的救护方法。若触电者神志尚清楚，但仍有头晕、心悸、出冷汗、恶心、呕吐等症状时，应让其静卧休息，减轻心脏负担；若触电者神智有时清醒，有时昏迷，应让其静卧休息，并松开其身上的紧身衣服，摩擦全身，使之发热，以利于血液循环；如果发现触电者呼吸困难，并不时发生抽搐现象，就要准备进行人工呼吸或胸外心脏挤压。若触电者无知觉，有呼吸、心跳，在请医生的同时，应施行人工呼吸法；若触电者呼吸停止，但心跳尚存，应施行人工呼吸法；若触电者心跳停止，呼吸尚存，应采取胸外心脏挤压法；若呼吸、心跳均停止，则需同时采用人工呼吸法和胸外心脏挤压法进行抢救。下面介绍人工呼吸法和胸外心脏挤压法。

视频1：人工呼吸

（1）人工呼吸法

人工呼吸的方法很多，其中以口对口吹气的人工呼吸法最为简便有效，也最易掌握，具体操作如图1-9所示。

(a) 清除杂物

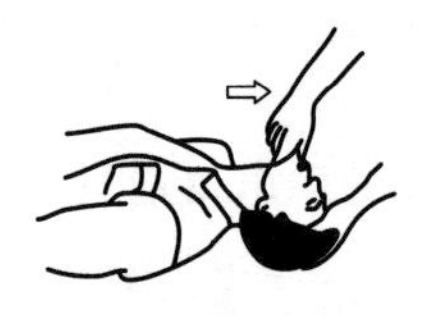

(b) 撬嘴拉舌

(c) 紧贴吹气

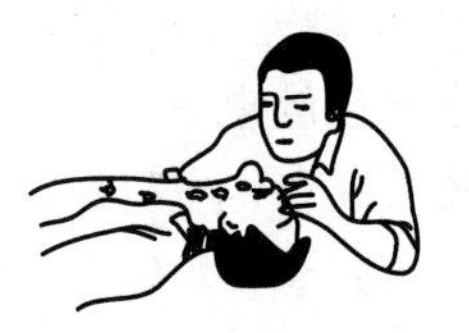

(d) 放松换气

图1-9　口对口人工呼吸法

① 首先把触电者移到空气流通的地方，让其仰卧在平直的木板上，解开衣领并松开上身的紧身衣物，使胸部可以自由扩张。然后把头后仰，撬开嘴，清除口腔中的食物、黏液、血液、假牙等杂物。如果舌根下陷应将其拉出，使呼吸道畅通。

② 抢救者位于触电者的一侧，一只手捏紧触电者的鼻孔，另一只手撬开口腔，深呼吸后，以口对口紧贴触电者的嘴唇吹气，使其胸部膨胀；然后放松触电者的口鼻，使其胸部自然回复，让其自动呼气，时间约为3 s。如此反复进行，每分钟14~16次，直到自动呼吸恢复。

③ 如果触电者口腔有严重外伤或牙关紧闭，可对其鼻孔吹气（必须堵住口），即为口对鼻吹气。

④ 救护人吹气力量的大小，根据病人的具体情况而定。一般以吹进气后，病人的胸廓稍微隆起最为合适。对体弱者和儿童吹气时用力应稍轻，以免肺泡破裂。

视频2：胸外心脏按压

（2）胸外心脏挤压法

胸外心脏挤压法是帮助触电者恢复心跳的有效方法。这种方法是用人工胸外挤压代替心脏的收缩作用，具体操作如图1-10所示。

① 先将患者衣扣和腰带松开，呈仰卧状，背部垫高，头偏向一侧，呼吸道保持通畅。

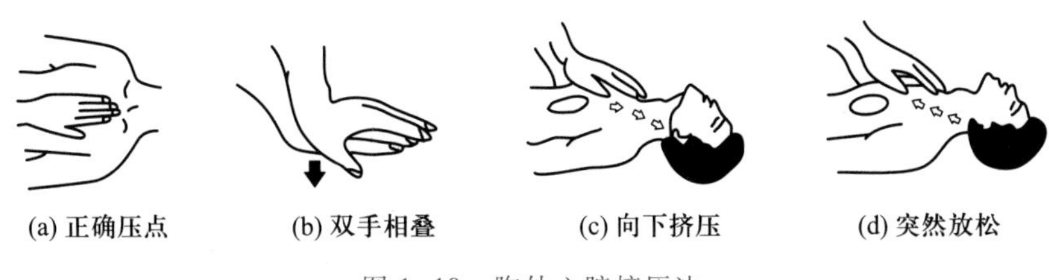

图 1-10　胸外心脏挤压法

② 急救者蹲于患者一侧或跪于患者大腿两侧，面向患者头部，双手相叠，掌根横放于挤压点。找到挤压点的方法是：救护者伸开手掌，中指尖抵住触电者颈部凹陷的下边缘，手掌的根部就是正确的挤压点。

③ 两臂伸直，上身前倾，借助身体重力挤压患者胸部，压出心室的血液，使其流至触电者全身各部位。成人胸部压陷深度为 3~4 cm，儿童用力要轻。

④ 挤压后掌根突然抬起，依靠胸廓自身的弹性，使胸腔复位，血液流回心室。重复③④步骤。对于成人，每分钟挤压 60~80 次，儿童 100 次左右为宜。

总之，利用胸外心脏挤压法挤压时，定位要准确，压力要适中，切忌用力过猛，造成肋骨骨折、气胸、血胸等。

1.4　电气安全技术知识

1.4.1　安全电压和安全用具

1. 安全用电

不带任何防护设备，对人体各部分组织均不造成伤害的电压值，称为安全电压。世界各国对于安全电压的规定有 50 V、40 V、36 V、25 V、24 V 等，其中以 50 V、25 V 居多。国际电工委员会（IEC）规定安全电压限定值为 50 V，我国规定 12 V、24 V、36 V 三个电压等级为安全电压级别。

在湿度大、狭窄、行动不便、周围有大面积接地导体的场所（如金属容器内、矿井内、隧道内等）使用的手提照明，应采用 12 V 安全电压；凡手提照明器具，在危险环境、特别危险环境的局部照明灯，高度不足 2.5 m 的一般照明灯，携带式电动工具等，若无特殊的安全防护装置或安全措施，均应采用 24 V 或 36 V 安全电压。

2. 安全用具

电工安全用具用来直接保护电工人员的人身安全，常用的有绝缘手套、绝缘靴、绝缘棒三种。

（1）绝缘手套

绝缘手套由绝缘性能良好的特种橡胶制成，有高压、低压两种，用于带电操作高压或低压电气设备时，预防接触电压触电。

（2）绝缘靴

绝缘靴也是由绝缘性能良好的特种橡胶制成的，用于带电操作高压或低压电气设备时，防止跨步电压对人体造成伤害。

(3) 绝缘棒

绝缘棒又称绝缘杆、操作杆或拉闸杆，由电木、胶木、塑料、环氧玻璃布棒等材料制成，主要用于操作高压隔离开关、跌落式熔断器，安装和拆除临时接地线以及测量和试验等工作。常用的规格有 500 V、10 kV、35 kV 等。

绝缘棒的结构如图 1-11 所示，主要包括工作部分、绝缘部分、握手部分以及保护环等。

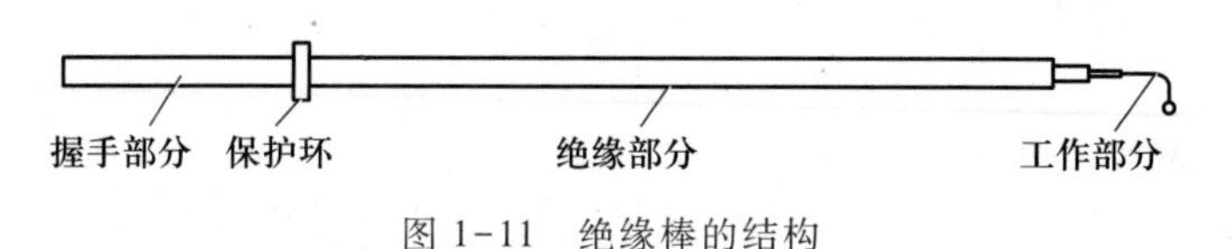

图 1-11 绝缘棒的结构

1.4.2 保护接地和保护接零

在电力系统中，由于电气装置绝缘老化、磨损或被过电压击穿等原因，会使原来不带电的部分（如金属底座、金属外壳、金属框架等）带电，或者使原来带低压电的部分带上高压电，这些意外的不正常带电将会引起电气设备损坏和人身触电伤亡事故。为了避免这类事故的发生，通常采取保护接地和保护接零等防护措施。

1. 保护接地

保护接地是指将电气装置正常情况下不带电的金属部分（如金属外壳、框架等）与接地装置连接起来，以防止该部分在故障情况下突然带电而对人体造成伤害。保护接地电阻一般应小于 4 Ω，最大不得超过 10 Ω。

在电源中性点不接地的系统中，如果电气设备金属外壳不接地，当设备带电部分某处绝缘损坏碰壳时，外壳就带电，其电位与设备带电部分的电位相同。由于线路与大地之间存在电容，或者线路某处绝缘不好，当人体触及带电的设备外壳时，接地电流将全部流经人体，显然这是十分危险的，如图 1-12(a)所示。采取保护接地后，接地电流将同时沿着接地体与人体两条途径流过。因为人体电阻 R_r 比保护接地电阻 R_d 大得多，所以流过人体的电流 I_r 就很小，绝大部分电流从接地体流过（分流作用），从而保护了人身安全，如图 1-12(b)所示。

对于中性点直接接地的电力系统，不宜采取接地作为保护措施。

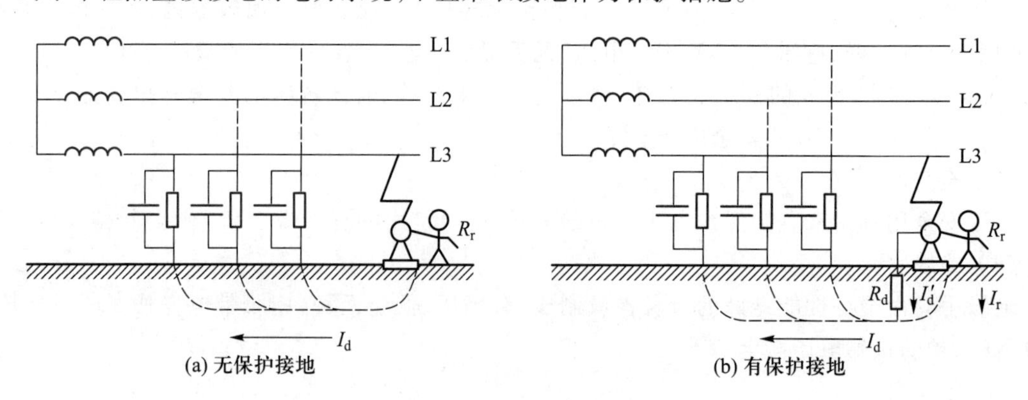

图 1-12 保护接地原理

2. 保护接零

保护接零是指将电气设备正常情况下不带电的金属部分用金属导体与系统中的中性线连接起来，适用于电源中性点直接接地的三相四线制低压系统。

当设备绝缘损坏碰壳时，就形成单相金属性短路，短路电流流经相线至中性线回路，而不经过电源中性点接地装置，从而产生足够大的短路电流，使过流保护装置迅速动作，切断漏电设备的电源，以保障人身安全。保护接零原理如图 1-13 所示。

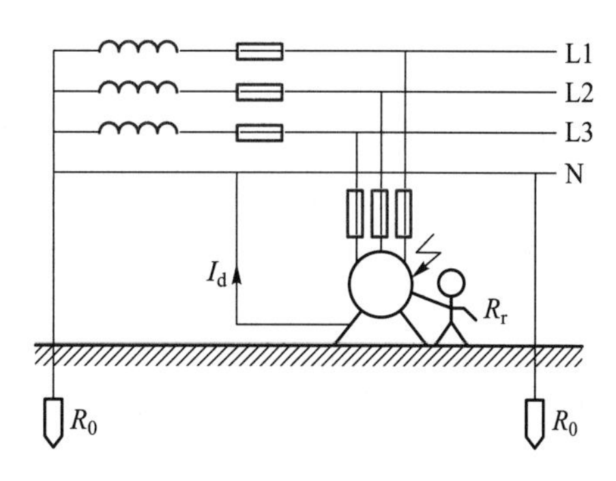

图 1-13　保护接零

3. 重复接地

运行经验表明，在接零系统中，中性线仅在电源处接地是不够安全的。为此，中性线还需要在低压架空线路的干线和分支线的终端进行接地；在电缆或架空线路引入车间或大型建筑物处，也要进行接地（距接地点不超过 50 m 者除外）；或在屋内将中性线与配电屏、控制屏的接地装置相连接，这种接地叫作重复接地。重复接地电阻一般小于 10 Ω。图 1-13 中也采取了重复接地措施。

4. 安装漏电保护器

漏电保护器是一种防止漏电的保护装置，当设备因漏电、外壳上出现对地电压或产生漏电流时，它能够自动切断电源。

根据保护器的工作原理，漏电保护器可分为电压型、电流型和脉冲型三种。电压型保护器接于变压器中性点和大地之间，当发生触电时，中性点偏移，对地产生电压，以此来产生保护动作切断电源。但由于它是对整个配变低压网进行保护的，不能分级保护，因此停电范围大，动作频繁，所以已被淘汰。脉冲型电流保护器是在发生触电时，以三相不平衡漏电流的相位、幅值产生的突然变化为动作信号，但该保护器存在死区。目前广泛应用的是电流型漏电保护器，它又分为零序电流型和泄漏电流型。

漏电保护器安装时，必须注意以下事项：

（1）漏电保护器适用于电源中性点直接接地或经过电阻、电抗接地的低压配电系统。对于电源中性点不接地的系统，则不宜采用漏电保护器。

（2）漏电保护器保护线路的工作中性线 N 要通过零序电流互感器。否则，在接通后，就会有一个不平衡电流使漏电保护器产生误动作。

（3）接零保护线（PE）不准通过零序电流互感器。因为保护线路（PE）通过零序电流互感器时，漏电流经 PE 保护线又回穿过零序电流互感器，导致电流抵消，互感器上检测不出漏电流，在出现故障时，造成漏电保护器不动作，起不到保护作用。

（4）控制回路的工作中性线不能重复接地。一方面，重复接地时，在正常工作情况下，工作电流的一部分经由重复接地回到电源中性点，在电流互感器中会出现不平衡电流。当不平衡电流达到一定值时，漏电保护器便产生误动作；另一方面，因故障漏电时，保护线上的漏电流也可能穿过电流互感器的中性线回到电源中性点，抵消互感器的漏电流，而使保护器拒绝动作。

（5）漏电保护器后面的工作中性线 N 与保护线（PE）不能合并为一体。如果二者合并为一体，当出现漏电故障或人体触电时，漏电流经由电流互感器回流，结果与情况（3）相同，造成漏电保护器拒绝动作。

(6) 被保护的用电设备与漏电保护器之间的各线互相不能碰接。如果出现线相碰或中性线相交接,会立刻破坏零序平衡电流值,引起漏电保护器误动作;另外,被保护的用电设备只能并联安装在漏电保护器之后,接线保证正确,也不许将用电设备接在实验按钮的接线处。

1.4.3 制定安全操作规程

为了保证人身和设备安全,国家按照安全技术要求颁发了一系列的规定和规程。这些规定和规程主要包括电气装置安装规程、电气装置检修规程和电工安全操作规程等,统称为安全技术规程。下面主要介绍电工安全操作规程:

① 工作前必须检查工具、测量仪表和防护用具是否完好。

② 任何电气设备内部未经验明无电时,一律视为有电,不准用手触及。

③ 工作临时中断后或每班开始工作时,都必须重新检查电源是否确已断开,并要验明无电。每次维修结束后,都必须清点所带的工具、零件等,以防遗留在电气设备中造成事故。

④ 不准在运转中拆卸、修理电气设备。必须在停车、切断电源、取下熔断器、挂上"禁止合闸,有人工作"的警示牌并验明无电后,才可进行工作。

⑤ 电力传动装置系统及高低压各型开关调试时,应将有关的开关手柄取下或锁上,悬挂警示牌,防止误合闸。

⑥ 变配电室内外高压部分及线路停电作业要切断有关电源,操作手柄应上锁或挂标示牌;验电时应穿戴绝缘手套、按电压等级使用验电器,在设备两侧各相或线路各相分别验电;验明设备或线路确认无电后,即将检修设备或线路做短路接电;装设接地线,应由二人进行,先接接地端,后接导体端,拆除时顺序相反,拆、接时均应穿戴绝缘防护用品;接地线应使用截面不小于 25 mm^2 的多股软裸铜线和专用线夹,严禁用缠绕的方法进行接地和短路;设备或线路检修完毕,应全面检查无误后方可拆除临时短路接地线。

⑦ 用摇表测定绝缘电阻,应防止有人触及正在测定中的线路或设备。测定容性或感性材料、设备后,必须放电。雷雨时禁止测定线路绝缘。

⑧ 带电装卸熔断器时,要戴防护眼镜和绝缘手套,必要时要使用绝缘夹钳,站在绝缘垫上操作。严禁使用锉刀、钢尺等进行工作。熔断器的容量要与设备和线路的安装容量相适应。

⑨ 拆卸电气设备或线路后,对可能继续供电的线头要立即用绝缘胶布包扎好。

⑩ 安装灯头时,开关必须接在相线上,灯头座螺纹必须接在中性线上。

⑪ 对临时安装使用的电气设备,必须将金属外壳接地。严禁把电动工具的外壳接地线和工作中性线拧在一起插入插座,必须使用两线带地或三线带地的插座,或者将外壳接地线单独接到接地干线上。用橡胶软电缆接可移动的电气设备时,专供保护接零的导线中不允许有工作电流流过。

第2章　常用电工工具与仪器仪表

电工工具与仪器仪表是电气安装与维修工作的“武器”，正确使用这些工具、仪表是提高工作效率、保证施工质量的重要条件。因此，了解这些工具、仪表的结构及性能，掌握其使用方法，对电工操作人员来说是十分重要的。电工工具与仪器仪表的种类很多，本章只对常用的几种进行介绍。

2.1　常用电工工具

常用的电工工具有螺丝刀、电工刀、剥线钳、钢丝钳、尖嘴钳、斜口钳、验电笔及扳手等，下面介绍这些工具的使用方法及注意事项。

2.1.1　螺丝刀

螺丝刀俗称“起子”，是一种手用工具，其头部形状有“一”字形和“十”字形两种，主要用来旋动头部带“一”字或“十”字的螺钉，柄部由木材或塑料制成，如图 2-1 所示。

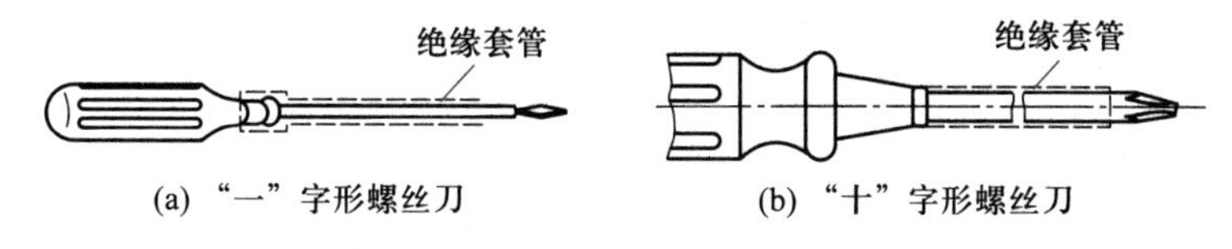

(a)“一”字形螺丝刀　(b)“十”字形螺丝刀

图 2-1　螺丝刀的外形

(1)“一”字形螺丝刀：其规格用柄部以外的长度表示，常用的有 100 mm、150 mm、200 mm、300 mm、400 mm 等。

(2)“十”字形螺丝刀：有时也称梅花起，一般分为四种型号。其中：Ⅰ号适用于直径为 2~2.5 mm的螺钉；Ⅱ、Ⅲ、Ⅳ号分别适用于直径为 3~5 mm、6~8 mm、10~12 mm 的螺钉。

(3) 多用螺丝刀：是一种组合式工具，既可作螺丝刀使用，又可作低压验电器使用，此外还可用来进行锥、钻、锯、扳等，它的柄部和螺钉旋具是可以拆卸的，并附有规格不同的螺钉旋具、三棱锥体、金力钻头、锯片、锉刀等附件。

使用螺丝刀时应注意以下事项：

(1) 电工必须使用带绝缘手柄的螺丝刀；

(2) 使用螺丝刀紧固或拆卸带电的螺钉时，手不得触及螺丝刀的金属杆，以免发生触电事故；

(3) 为了防止螺丝刀的金属杆触及皮肤或触及邻近带电体，应在金属杆上套装绝缘管；

(4) 使用时应注意选择与螺钉槽相同且大小规格相应的螺丝刀；

(5) 切勿将螺丝刀当作錾子使用，以免损坏螺丝刀手柄或刀刃。

2.1.2 电工刀

视频3:电工刀的使用

电工刀是电工常用的一种切削工具,如图2-2所示,主要用来剖切导线、电缆的绝缘层,刮掉元器件引线上的绝缘层或氧化物,以及切割木桩和割绳索等。普通电工刀由刀片、刀刃、刀把、刀挂等构成,不用时把刀片收缩到刀把内。多用途电工刀还具有锯削、旋具的作用。

使用电工刀时应注意以下事项:

(1) 电工刀的手柄一般不绝缘,严禁用电工刀带电作业,以免触电;

(2) 应将刀口朝外切削,并注意避免伤及手指;切削导线绝缘层时,应使刀面与导线成较小的锐角(大约15°),以免割伤导线;

(3) 使用完毕,随即将刀身收进刀柄。

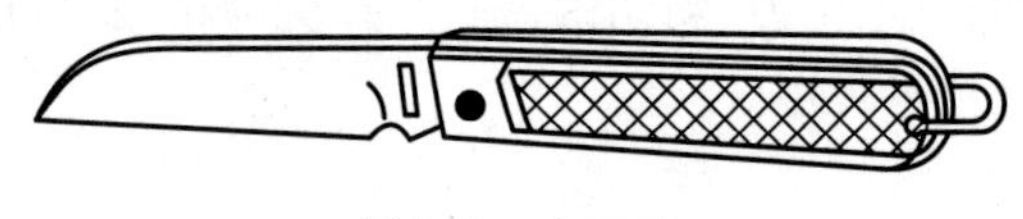

图2-2 电工刀

2.1.3 剥线钳

视频4:剥线钳的使用

剥线钳适用于剥削截面积6 mm^2以下塑料或橡胶绝缘导线的绝缘层,由钳口和手柄两部分组成,外形如图2-3所示。柄部是绝缘的,耐压500 V,钳口上面有尺寸为0.5~3 mm的多个直径切口,用于不同规格导线的剥削。

剥线钳使用方法如下:

(1) 根据缆线的粗细型号,选择相应的剥线刀口;

(2) 将准备好的电缆放在剥线工具的刀刃中间,选择好要剥线的长度;

(3) 握住剥线工具手柄,将电缆夹住,缓缓用力使电缆外表皮慢慢剥落;

(4) 松开工具手柄,取出电缆线,这时电缆金属整齐露出外面,其余绝缘塑料完好无损。

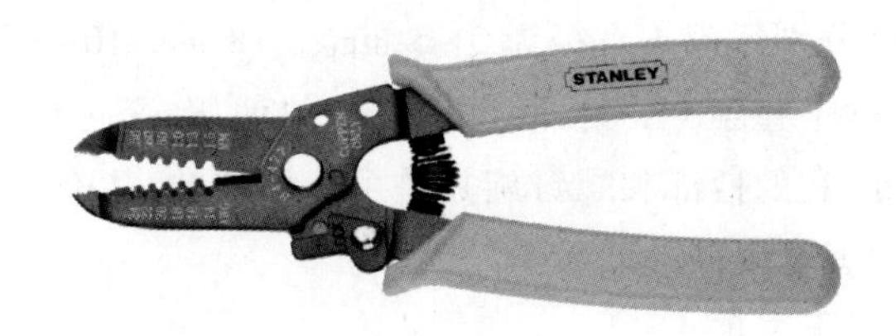

图2-3 剥线钳

2.1.4 钢丝钳

钢丝钳是一种夹持或折断金属薄片、切断金属丝的工具。电工用钢丝钳的柄部套有绝缘套管(耐压500 V),其规格用钢丝钳全长的毫米数表示,常用的有150 mm、175 mm、200 mm等。钢丝钳的构造及应用如图2-4所示。

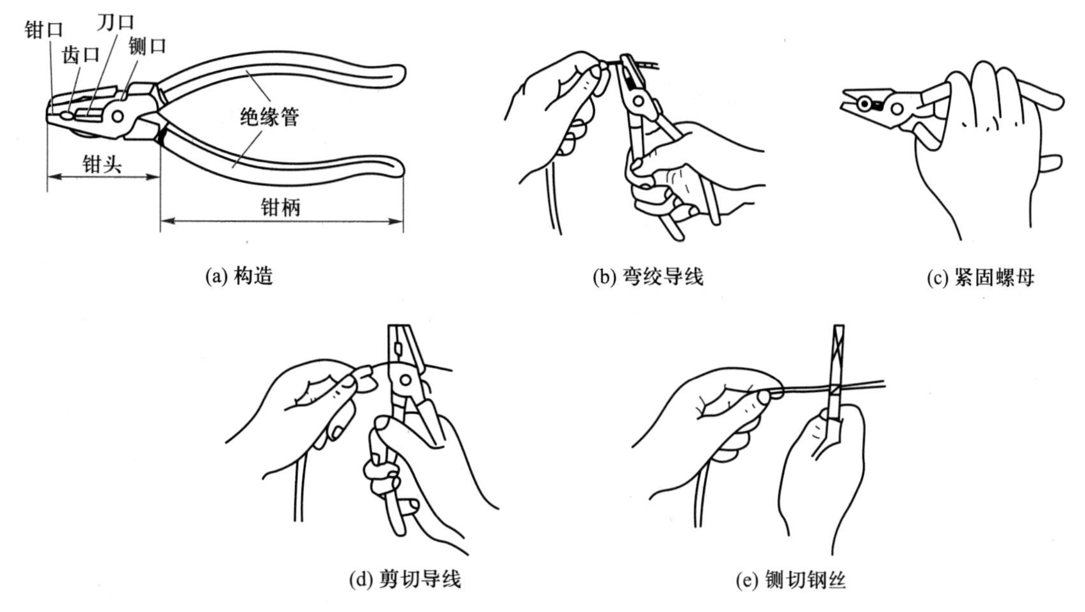

(a) 构造　(b) 弯绞导线　(c) 紧固螺母

(d) 剪切导线　(e) 铡切钢丝

图 2-4　钢丝钳的构造及应用

使用钢丝钳应注意以下几点：

（1）使用前，必须检查绝缘柄的绝缘是否完好，以免带电作业时造成触电事故；

（2）在带电剪切导线时，不得用刀口同时剪切不同电位的两根线（如相线与中性线、相线与相线等），以免发生短路事故。

2.1.5　尖嘴钳

尖嘴钳的头部尖细，外形如图 2-5 所示。尖嘴钳用法与钢丝钳相似，其特点是适用于在狭小的工作空间操作，能夹持较小的螺钉、垫圈、导线及电器元件。在安装控制线路时，尖嘴钳能将单股导线弯成接线端子（线鼻子），有刀口的尖嘴钳还可剪断导线、剥削绝缘层。电工维修时，应选用带有耐酸塑料套管绝缘手柄、耐压在 500 V 以上的尖嘴钳，常用规格有 130 mm、160 mm、180 mm、200 mm 四种。

使用尖嘴钳应注意以下几点：

（1）使用前，必须检查绝缘柄的绝缘是否完好，以免带电作业时发生触电事故；

（2）使用时注意刃口不要对向自己，使用完应放回原处，放置在儿童不易接触的地方，以免受到伤害；

（3）钳子使用后应清洁干净，钳轴要经常加油，以防生锈。

2.1.6　斜口钳

斜口钳又称断线钳，其头部扁斜，外形如图 2-6 所示。电工用斜口钳的钳柄采用绝缘柄，耐压等级为 1 000 V，主要用于剪切较粗的金属丝、线材及电线电缆等。

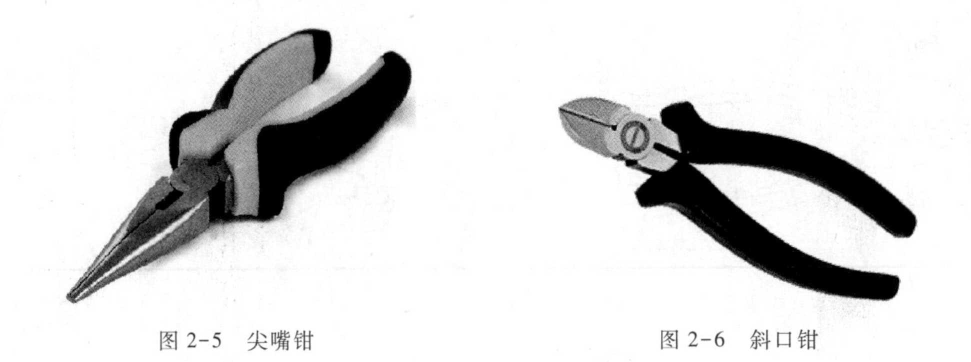

图 2-5　尖嘴钳　　　　图 2-6　斜口钳

2.1.7　验电笔

验电笔又称试电笔，是用来检查导线和电器设备是否带电的工具。验电笔分为高压和低压两种。常用的低电压验电笔由弹簧、观察孔、笔身、氖管、电阻、笔尖探头等组成，常做成钢笔式或螺丝刀式，外形如图 2-7 所示。

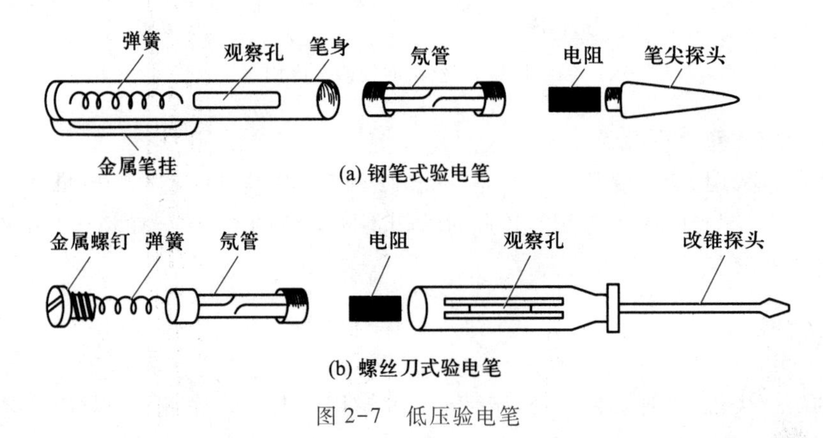

图 2-7　低压验电笔

验电笔检测电压范围一般为 60~500 V。当用低压验电笔测试带电体时，电流经带电体、验电笔、人体及大地形成通电回路，只要带电体与大地间的电位差超过 60 V，验电笔中的氖管就会发光。

使用低压验电笔应注意以下几点：

(1) 使用前，必须在已知部位检查氖管能否正常发光，如果正常发光则可开始使用；

(2) 验电时，应使验电笔逐渐靠近被测物体，直至氖管发亮，不可立即接触被测物体；

(3) 验电时，手指必须触及笔尾的金属体，否则带电体也会误判为非带电体；

(4) 验电时，要防止手指触及笔尖的金属部分，以免造成触电事故。

2.1.8　扳手

扳手是用来紧固或旋松螺母的一种专用工具，有活络扳手和固定扳手两种。电工常用的是活络扳手，主要由活扳唇、呆扳唇、扳口、蜗轮、轴销等构成，如图 2-8 所示。活络扳手的规格以长度(mm)×最大开口宽度(mm)表示，常用的有 150×19(6 英寸)、200×24(8 英寸)、250×30

(10 英寸)、300×36(12 英寸)等几种。固定扳手(简称呆扳手)的扳口为固定口径,不能调整,但使用时不易打滑。

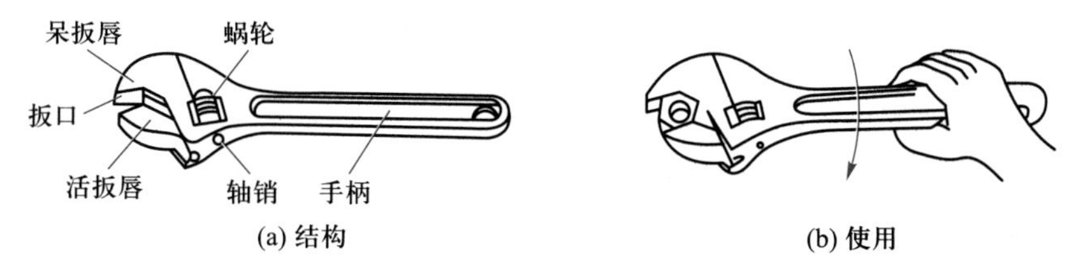

图 2-8　活络扳手

2.2　常用电工仪器仪表

电工仪器仪表是实现电磁测量过程中所需技术工具的总称,用来了解和掌握电气设备的特性、运行情况以及检查电气元器件的质量情况。正确掌握电工仪器仪表的使用对相关专业人员来说是非常必要的,下面对一些常用电工仪器仪表进行介绍。

2.2.1　电流表

电流表表盘上标有字母"A"字样,是用来测量电路中电流值的。电流表按所测电流性质可分为直流电流表、交流电流表和交直流两用电流表;按测量范围又分为安培表、毫安表和微安表。

1. 电流表的使用

电流表的使用按以下步骤进行:

(1) 校零

用平口螺丝刀调整校零按钮,使指针停留在"0"位置。

(2) 选择量程

量程的选择通常采用经验估计或试触法。先看清电流表的量程和量程分度值(一般在表盘上有标记),然后根据被测电流的大小选择合适量程,再把电流表的正负接线柱串联接入电路后读数,一般指针在表盘 1/3~2/3 区间读数比较合适。

(3) 读数

看清量程和量程分度值(一般而言,量程 0~3 A 分度值为 0.1 A,0~0.6 A 为 0.02 A),从正面观察表针停留位置,电流表读数示例如图 2-9(a)所示。

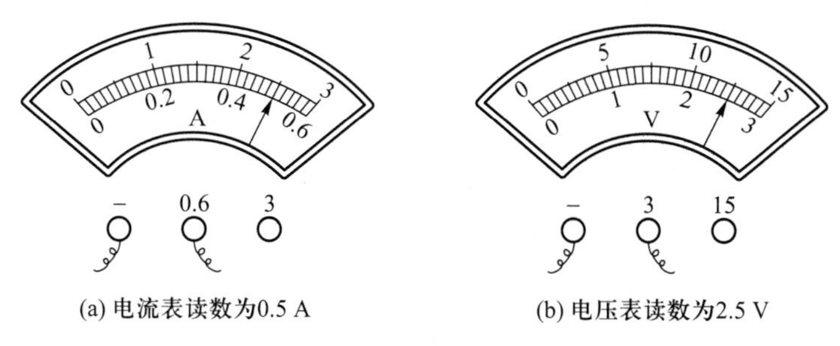

图 2-9　电流表和电压表读数示例

2. 电流表使用注意事项

(1) 电流表要与用电器串联在电路中,绝对不允许不经过用电器把电流表直接连到电源的两极上,电流表内阻很小,相当于一根导线,若将电流表直接连到电源的两极,轻则指针打歪,重则烧坏电流表、毁掉电源和导线;

(2) 电流要从"+"接线柱流入,从"-"接线柱流出,否则指针反转,容易把指针打弯;

(3) 被测电流不要超过电流表的量程,可以采用试触的方法来看是否超过量程。

2.2.2 电压表

电压表表盘上标有字母"V"字样,是用来测量电路中电压值的。电压表按所测电压的性质分为直流电压表、交流电压表和交直流电压表;按测量范围又分为伏特表和毫伏表。

1. 电压表的使用

电压表的使用步骤跟电流表差不多,也是先校零,再选择合适量程,把电压表的正负接线柱并联接入电路后读数。电压表读数示例如图 2-9(b)所示。

2. 电压表的使用注意事项

(1) 电压表要与被测电路并联,要测哪部分电路的电压,电压表就和哪部分电路并联;

(2) 电压表接入电路时,必须使电流从其"+"接线柱流入,从"-"接线柱流出,否则指针反转,容易把指针打弯;

(3) 被测电压不要超过电压表的量程,否则将损坏电压表。

2.2.3 指针式万用表

万用表又称多用表,按其读数方式可分为指针式万用表和数字式万用表两大类。指针式万用表是一种多功能、多量程的测量仪表,主要通过转换其挡位或量变选择开关来进行不同电参数的测量,一般可测量直流电流、直流电压、交流电流、交流电压、电阻和音频电平等。由于万用表具有许多优点,所以它是电气工程人员、无线电通信人员在测试维修工作中必备的电工仪表之一。下面就以 MF-47 型指针万用表为例来介绍其使用方法。

1. MF-47 型指针万用表介绍

MF-47 型是设计新颖的磁电系整流式便携多量程万用电表,可用于测量直流电流、交直流电压、直流电阻等,具有 26 个基本量程和电平、电容、电感、晶体管直流参数等 7 个附加参考量程。刻度盘与挡位盘印制成红、绿、黑三色。表盘颜色分别按交流红色、晶体管绿色、其余黑色对应制成,使用时读数便捷。刻度盘共有六条刻度,第一条专供测量电阻用,第二条供测量交直流电压、直流电流用,第三条供测量晶体管放大倍数 β 用,第四条供测量电容用,第五条供测量电感用,第六条供测量音频电平用。刻度盘上装有反光镜,以消除视差。除交直流 2 500 V 和直流 10 A 分别有单独插座之外,其余各挡只需转动一个量程选择开关即可,使用非常方便。MF-47 型指针万用表外形如图 2-10 所示。

2. 指针式万用表的使用注意事项

(1) 在使用前应检查指针是否指在机械零位上,如不指在零位,可旋转表盖的机械调零器使指针指示在零位上;

(2) 将红黑表笔分别接入"+""-"插座中,如测量交直流 2 500 V 或直流 10 A 时,红表笔则

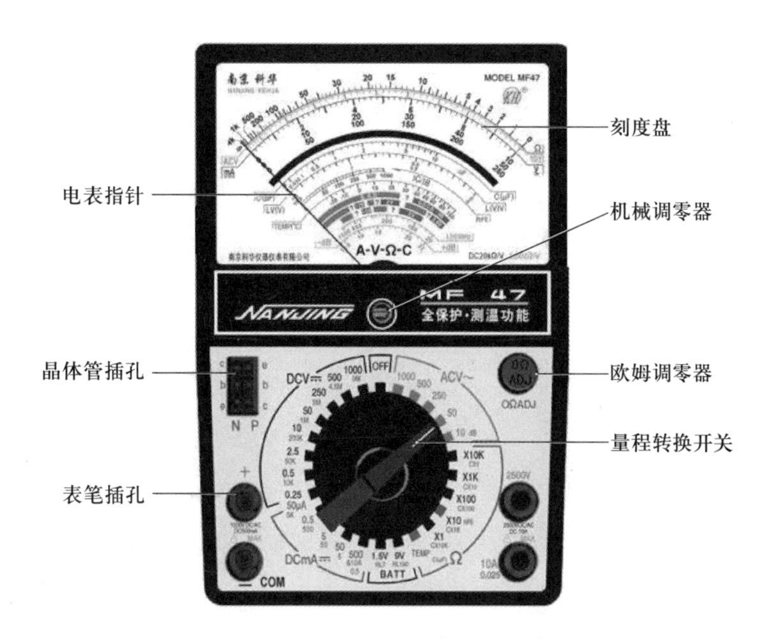

图 2-10　MF-47 型指针万用表

应分别接到标有“2 500 V”或“10 A”的插座中；

（3）转换开关必须拨在需测挡位置，不能拨错，测试前应弄清要测什么项目，再拨到对应的挡位上，如果误用电阻挡或电流挡测电压会烧坏表头；测量电流需将表串接在被测电路中，测量电压需将表并联在被测电路中；

（4）平时不用万用表时应将挡位打到“OFF”挡或交流电压最高挡，如长期不用应取出电池，以防止电池液溢出腐蚀损坏其他零件。

3. 交直流电流测量

（1）测量电流时应将万用表串联到被测电路中，如果测直流电流，需要保证电流是从红表笔流入万用表，从黑表笔流出，若测交流电流则没有正负极之分；

（2）如不知被测电流的大小，应选用最大的电流量程挡进行测试，待测到大概范围之后再选择合适的量程，待指针稳定后读测量值。

4. 交直流电压测量

（1）测量电压时应将万用表并联到被测电路中；

（2）测量交流 10～1 000 V 或直流 0.25～1 000 V 时，转动量程转换开关至所需电压挡。测量交直流2 500 V时，开关应分别旋转至交流 1 000 V 或直流 1 000 V 位置。

5. 电阻测量

（1）装上电池，调整机械调零旋钮，使指针对准左端“0”位置，转动开关至所需测量的电阻挡，将两支表笔短接，调整欧姆调零器旋钮，使指针对准欧姆“0”位置（若不能指示欧姆零位，则说明电池电压不足，应更换电池），每次更换挡位都需重新进行欧姆调零；

（2）将表笔跨接于被测电路的两端进行测量，同时应选择合适的电阻挡位，使指针尽量能够指向表刻度盘 1/3～2/3 区域；

（3）电阻不能带电测量。测量电路中的电阻时，应先切断电路电源，如电路中有电容，应先行放电；

(4) 电阻挡的读数方法：指针在"Ω"刻度线的读数乘以所采用量程挡位的倍率，就是被测电阻的电阻值，即：电阻实际值=读数×量程挡位。

6. 判断二极管极性及好坏

半导体二极管上如果没有标记，可根据正向电阻较小、反向电阻较大这一特性，利用指针式万用表的电阻挡判断它的极性和好坏。一般选择 $R\times1$ kΩ 或 $R\times100$ Ω 挡测量二极管的正向和反向电阻，若正向电阻为几百欧至几千欧，反向电阻大于几百千欧，说明二极管正常，此时正向电阻测量时黑表笔连接的一端为二极管的正极，红表笔连接的一端为二极管的负极；若正向电阻与反向电阻阻值接近，说明二极管已经损坏。

2.2.4　数字式万用表

数字万用表与指针式万用表相比，其准确度、分辨率和测量速度等方面都有着极大的优越性，而且是以数字形式显示读数，使用更方便。从外观上看，数字万用表的上部分是液晶显示屏，中间部分是功能选择旋钮，下部分是表笔插孔，分为"COM"端(公共端)和"+"端、电流插孔、晶体管 HFE 参数插孔和电容 CX 插孔。下面就以 UT39C 数字万用表为例来介绍其使用方法。

1. UT39C 数字万用表介绍

UT39C 数字万用表以大规模集成电路、双积分 A/D(模数)转换器为核心，配以全功能过载保护电路，可用来测量直流和交流电流、电压、电阻、电容、二极管、晶体管、电路通断等。其外形如图 2-11 所示。

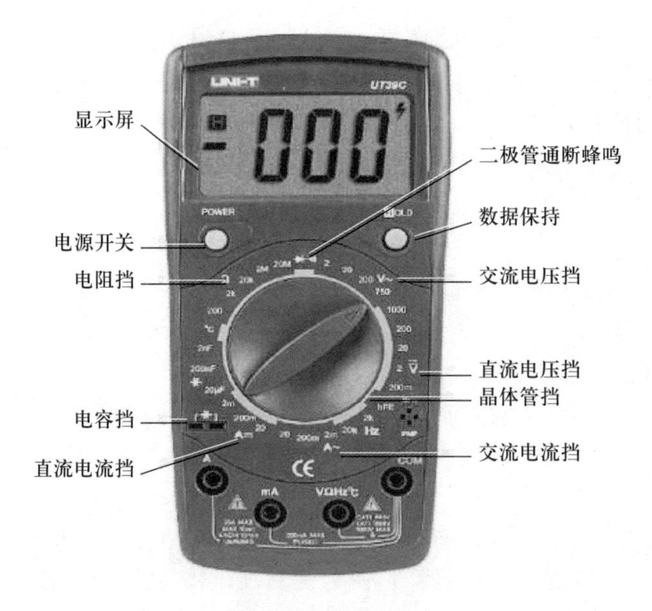

图 2-11　UT39C 数字万用表

2. 数字万用表的特点

(1) 使用 9 V 电池 6F22，功能选择共有 28 个量程；

（2）量程与 LCD 有一定的对应关系：选择一个量程，如果量程是一位数，则 LCD 上显示一位整数，小数点后显示三位小数；如果是两位数，则 LCD 上显示两位整数，小数点后显示两位小数；如果是三位数，则 LCD 上显示三位整数，小数点后显示一位小数；有几个量程，对应的 LCD 没有小数显示；

（3）测试数据显示在 LCD 中；

（4）若过量程，LCD 的第一位显示“1”；

（5）最大显示值为 1 999；

（6）工作温度：-40～1 000℃；

（7）电池不足指示：LCD 液晶左下方显示电池符号。

3. 电流的测量

黑表笔连接“COM”端，若测量小于 200 mA 的电流，则将红表笔接入“200 mA”插孔，若测量大于 200 mA 的电流，则将红表笔接入“10 A”插孔，其测量方法参考指针式万用表测量电流的方法。

4. 电压的测量

黑表笔连接“COM”端，红表笔连接“V/Ω”端，其测量方法参考指针式万用表测量电压的方法。

5. 电阻的测量

表笔连接“COM”端和“V/Ω”端，把旋钮转到“Ω”中所需的量程，用表笔接在电阻两端金属部位，测量中不可以用手同时接触电阻两端，以免将人体电阻并联入所测电阻中。读数时要注意单位：在“200”挡时单位是“Ω”，在“2 k”到“200 k”挡时单位是“kΩ”，在“2 M”时单位是“MΩ”。

视频 5：用数字式万用表测量电阻

6. 二极管的测量

测量二极管时，表笔位置与测量电压时一样，将旋钮旋到二极管挡，用红表笔接二极管的正极，黑表笔接负极，这时会显示二极管的正向压降。调换表笔，显示“1”表示二极管正常。将表笔连接到待测线路的两端，若此时电阻值低于 70 Ω，则数字万用表内置蜂鸣器发声。

7. 电容的测量

选择好合适的电容量程，注意所测电容容量不能超过所选的量程，然后将电容器插入电容测试孔中，读出显示值，其单位为所选挡位的单位。

8. 晶体管放大倍数 β 的测量

（1）将功能开关置于 HFE 挡；

（2）先确定晶体管是 NPN 还是 PNP 型，然后将基极 B、发射极 E 和集电极 C 分别插入面板上相应的孔中；

（3）在显示器上读出晶体管放大倍数 β 的值。

2.2.5　钳形电流表

如果用电流表测量电流，需要将电路开路测量，这样很不方便，因此可以用一种不断开电路又能够测量电流的仪表，这就是钳形电流表（见图 2-12）。

图 2-12　钳形电流表

1. 钳形电流表的使用方法

(1) 在使用时应按紧扳手,使钳口张开,将被测导线放入钳口中央(铁心)位置,然后松开扳手并使钳口闭合紧密。钳口的结合面如有杂声,应重新开合一次,仍有杂声,应处理结合面,以使读数准确。另外,用钳形电流表检测电流时,一定要夹住一根被测导线(电线),夹住两根(平行线)则不能检测电流。读数后,将钳口张开,将被测导线退出,将挡位置于电流最高挡或 OFF 挡。

(2) 要根据被测电流大小来选择合适的钳型电流表的量程。选择的量程应稍大于被测电流的数值,若无法估计,为防止损坏钳形电流表,应从最大量程开始测量,逐步变换挡位直至量程合适。严禁在测量过程中切换钳形电流表的挡位,换挡时应先将被测导线从钳口退出再更换挡位。

(3) 当测量 5 A 以下的电流时,为使读数更准确,在条件允许的情况下,可将被测载流导线绕数圈后放入钳口进行测量。此时被测导线实际电流值应等于仪表读数值除以放入钳口的导线圈数。

(4) 测量时应注意身体各部分与带电体保持安全距离,低压系统安全距离为 0.1~0.3 m。测量高压电缆各相电流时,电缆头线间距离应在 300 mm 以上,且绝缘良好,待确认测量方便时方能进行。观测钳形电流表时,要特别注意保持头部与带电部分的安全距离,人体任何部分与带电体的距离不得小于钳形电流表的整体长度。

2. 钳形电流表的使用注意事项

(1) 根据被测电流的种类、电压等级正确选择钳形电流表,被测线路的电压要低于钳形电流表的额定电压。测量高压线路的电流时,应选用与其电压等级相符的高压钳形电流表,且测量时应戴绝缘手套,站在绝缘垫上,不得触及其他设备,以防止短路或接地。

(2) 使用前要检查其外壳有无破损,绝缘性是否良好;若指针没有在零位,还要进行机械调零。

(3) 使用后要将钳形电流表的开关拨至最大量程挡,以免下次使用时不慎过流,并应保存在干燥的室内。

2.2.6 兆欧表

兆欧表又称摇表,如图 2-13 所示。它的刻度是以兆欧(MΩ)为单位的,是测量绝缘电阻最常用的仪表。

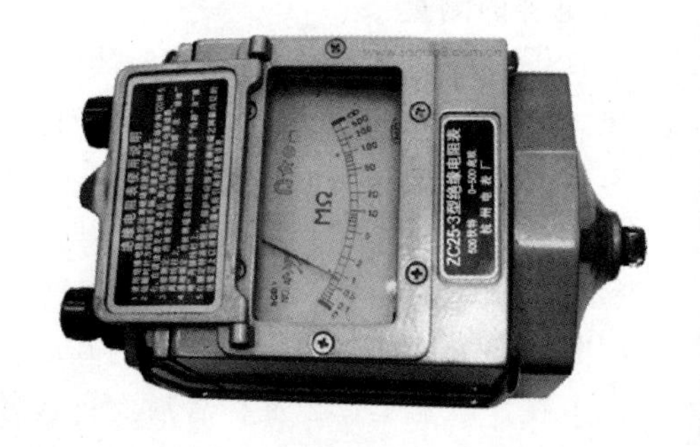

图 2-13 兆欧

1. 兆欧表使用前的准备工作

(1) 测量前必须将被测设备电源切断,并对地短路放电,决不能让设备带电进行测量,以保证人身和设备的安全;对可能感应出高压电的设备,必须消除这种可能性后再进行测量;

(2) 被测物体表面要清洁,减少接触电阻,确保测量结果的正确性;

(3) 兆欧表到被测设备的引线,应使用绝缘较好的单芯导线,不得使用双股线,两根连线不得绞在一起;

(4) 测量前应将兆欧表进行一次开路和短路试验,检查兆欧表是否良好,即在兆欧表未接上被测物之前，摇动手柄使发电机达到额定转速（120 r/min），观察指针是否指在标尺的“∞”位置；将接线柱“L”和“E”短接，缓慢摇动手柄，观察指针是否指在标尺的“0”位置；如指针不能指到该指的位置，表明兆欧表有故障，应检修后再用；

（5）兆欧表使用时应放在平稳、牢固的地方，且远离大的外电流导体和外磁场。

2. 兆欧表测量绝缘电阻

（1）必须正确接线

兆欧表上一般有三个接线柱，其中“L”接在被测物和大地绝缘的导体部分，“E”接在被测物的外壳或大地，“G”接在被测物的屏蔽层上或不需要测量的部分。测量绝缘电阻时，一般只用“L”和“E”端。例如：测量电动机的绝缘电阻时，将兆欧表上用来接地的一端“E”与电动机外壳相接，另一端“L”依次与所测试的每相绕组相接；测量电动机绕组间的绝缘电阻时，可将电动机的两绕组分别连接在“E”及“L”两接线柱上。但在测量电缆对地的绝缘电阻或被测设备的漏电流较严重时，就要使用“G”端，并将“G”端接屏蔽层或外壳。例如：在进行电缆缆芯对缆壳的绝缘测定时，除将被测两端分别接于“E”与“L”两接线柱外，再将电缆壳芯之间的内层绝缘物接“G”端，以消除因表面漏电引起的误差。

（2）准确读数

线路接好后，可按顺时针方向转动摇把，摇动的速度应由慢至快，当转速达到 120 r/min 时，保持匀速转动，1 min 后读数，并且要边摇边读数，不能停下来读数；若摇测时发现指针指零说明被测绝缘物可能发生了短路，这时就不能继续摇动手柄了，以防表内线圈发热损坏。

（3）读数完毕将被测设备放电

放电方法是将测量时使用的地线从兆欧表上取下来与被测设备短接一下即可。

2.2.7　接地电阻测试仪

接地电阻是指埋入地下的接地体电阻和土壤散流电阻，通常采用接地电阻测试仪进行测量。接地电阻测试仪外形如图 2-14（a）所示。测试仪还随表附带接地探测棒两支、导线三根。

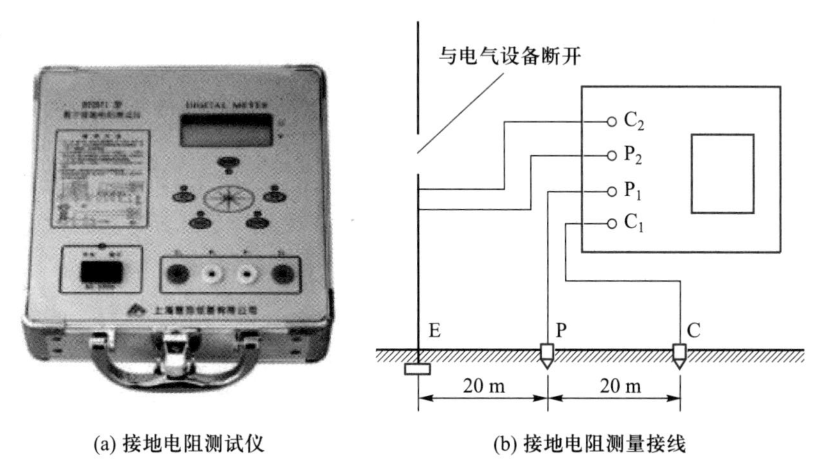

(a) 接地电阻测试仪　　(b) 接地电阻测量接线

图 2-14　接地电阻测试仪

1. 工作原理

接地电阻测试仪的工作原理:由机内DC/AC变换器将直流变为交流的低频恒流,经过辅助接地极"C"和被测物"E"组成回路,被测物上产生交流压降,经辅助接地极"P"送入交流放大器放大,再经过检测送入表头显示。借助倍率开关可得到三个不同的量程:0~2 Ω、0~20 Ω、0~200 Ω。

2. 测量操作方法

(1) 接地电阻测量

① 将电位探针"P1"和电流探针"C1"沿接地体"E"辐射方向分别插入距接地体20 m、40 m的地下,插入深度为400 mm,使"P1"处于"E""C1"中间位置。

② 将接地电阻测试仪平放于接地体附近,并进行接线,接线方法如下:用专用导线将接地体"E"与接地电阻测试仪的接线端"C2""P2"相连;将距接地体20 m的电压测量探针与测量仪的接线钮"P1"相连;将距接地体40 m的电流测量探针与测量仪的接线钮"C1"相连,如图2-14(b)所示。

③ 开启电阻仪电源开关"ON",选择合适挡位轻按一下键,该挡指示灯亮,表头LCD显示的数值即为被测得的接地电阻值。

(2) 地电压测量

测量接线图跟测接地电阻的相同,拔掉"C1"插头,"E""P1"间的插头保留,启动地电压"EV"挡,指示灯亮,读取表头数值,即为"E""P1"间的交流地电压值。

(3) 关机

测量完毕按一下电源"OFF"键,仪表关机。

3. 使用注意事项

(1) 禁止在有雷电或被测物体带电时进行测量;

(2) 为了保证所测接地电阻值可靠,应改变方位复测3~4次,取几次测得结果的平均值作为接地体的接地电阻。

2.2.8 数字示波器

视频6:示波器的选用

示波器可分为两大类:模拟示波器和数字示波器。模拟示波器以连续方式将被测信号显示出来。数字示波器首先将被测信号抽样和量化,转换为二进制信号存储起来,再从存储器中取出信号的离散值,通过算法将离散的被测信号以连续的形式在屏幕上显示出来。由于数字示波器采用了数字处理和计算机控制技术,使其在波形的存储、记忆以及特殊信号的捕捉等功能上得到大大加强,这是模拟示波器无法实现的。另外,对信号波形的自动监测、对比分析、运算处理也是数字示波器的优势。下面以普源公司DS5022型数字示波器为例进行介绍。

1. DS5022型数字示波器面板介绍

DS5022型数字示波器面板如图2-15所示,屏幕刻度和标注信息如图2-16所示。

(1) 校准信号:提供1 kHz、3 V的基准信号,用于示波器的自检;

(2) 电源开关:控制示波器电源的通断;

(3) 输入探头插座:用于连接输入电缆,以便输入被测信号,共有CH1和CH2两路;

（4）屏幕：用于显示被测信号的波形；

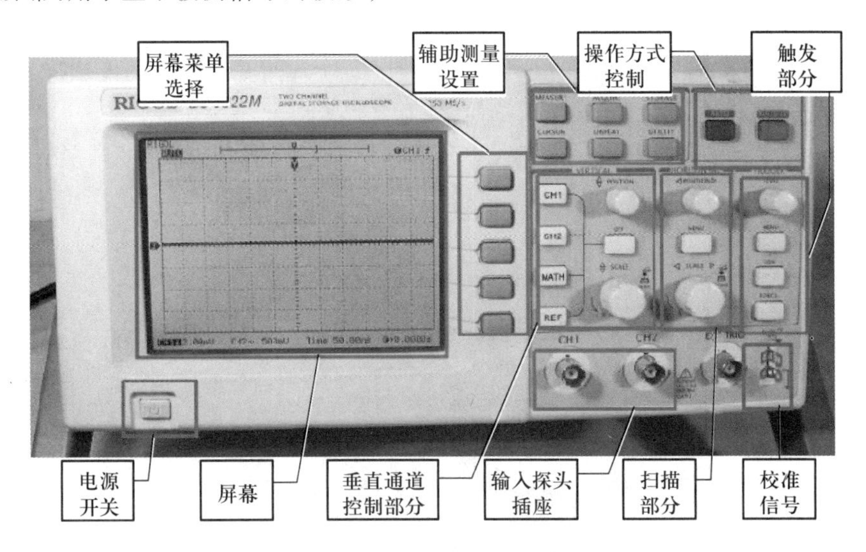

图 2-15　DS5022 型数字示波器面板

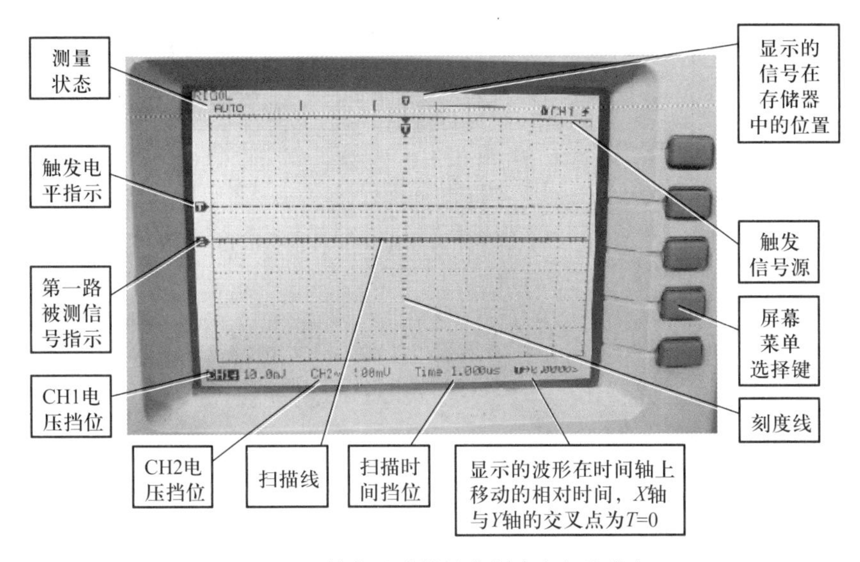

图 2-16　数字示波器屏幕刻度和标注信息

（5）垂直通道控制部分：用于选择被测信号在 Y 轴方向的大小或移动；

（6）扫描部分：用于控制显示波形在水平轴方向的变化；

（7）触发部分：用于控制显示被测信号的稳定性；

（8）操作方式控制：提供“自动调整”和“显示静止”两种模式；

（9）辅助测量设置：提供显示方式、测量方式、光标方式、采样频率、应用方式等选择；

（10）屏幕菜单选择。

2. 电压的测量

用示波器不仅可以直接观看被测电压波形的电压幅值、瞬时值，还可以测量脉冲电压波形的

上冲量、平顶降落等。数字示波器还可以在屏幕上读出测量数值,其电压测量方法如下:

(1)在输入信号插座(CH1通道和CH2通道)上任选一通道接上测试探头。如果输入信号探头接在CH1通道上,按Y轴调整区的CH1可取得对CH1通道输入信号的控制权。此时,位移旋钮和电压挡开关只对CH1信号有效,而对CH2信号无效。

(2)选择输入耦合方式。输入耦合方式共有三种:接地、交流和直流,可根据输入信号进行选择。

(3)调整Y轴位移旋钮。

(4)读数。电压值=每挡指示值×格数,如图2-17所示。

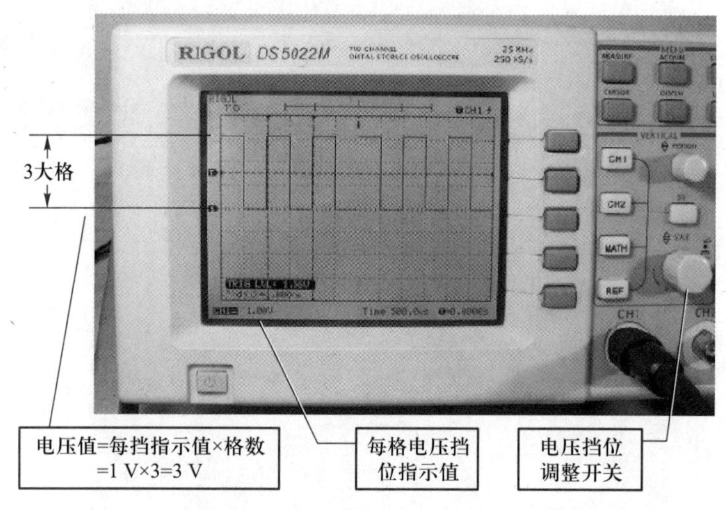

图2-17 数字示波器电压测量读数

3. 时间的测量

时间测量包括对周期、脉冲上升时间、脉宽及下降时间的测量。若采用数字示波器测量,既直观又方便,且屏幕上可以直接读出。这里介绍使用数字示波器对信号周期的测量方法。

(1)接入被测信号,信号接入方法与测量电压时一致。

(2)按时间扫描菜单按钮,调出扫描菜单。

(3)调整时间挡位值。

(4)调整X轴位移旋钮,使被测信号波形的后沿或前沿对准$X=0$的轴线。

(5)读数。被测信号的周期T=时间挡位值×格数,如图2-18所示。

2.2.9 直流电源

直流电源是一种能量转换装置,它将其他形式的能量转换为电能并供给电路,可以为负载提供稳定的直流电压,以维持电流的稳恒流动。

DP832型电压源是一款高性能的、具有三路输出的可编程线性直流电源,其控制面板如图2-19所示。直流电源有正、负两个电极,正极的电位高,负极的电位低,当两个电极与电路连通后,可使电路两端维持恒定的电位差,从而在外电路中形成由正极到负极的电流;它拥有清晰的用户界面,多种分析功能,多种通信接口,可满足多样化的测试需求,其性能指标如下。

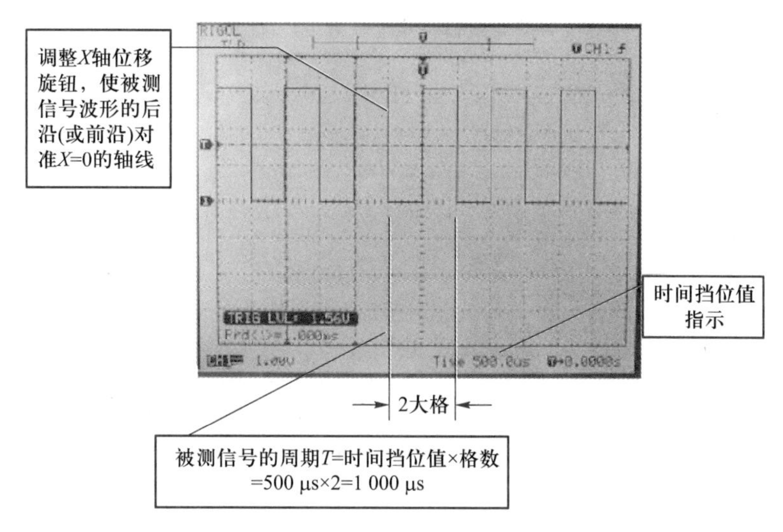

图 2-18　数字示波器时间测量读数

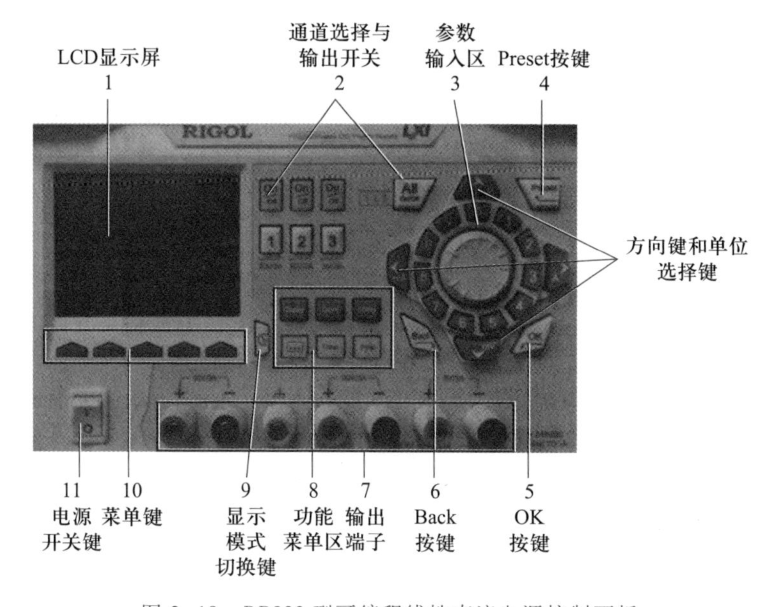

图 2-19　DP832 型可编程线性直流电源控制面板

(1) 三路输出:30 V/3 A、30 V/3 A、5 V/3 A,最大总功率为 195 W;

(2) 瞬态响应时间:≤50 μs;

(3) 标配过压、过流、过温保护;

(4) 内置电压、电流、功率测量和波形显示功能;

(5) 3 个通道输出独立控制;

(6) 通道间隔离:CH1/CH2、CH3;

(7) 8.89 cm TFT 显示。

1. 主要功能

DP832 可编程线性直流电源常用按键/旋钮的功能说明如表 2-1 所示。

表 2-1 DP832 可编程线性直流电源常用按键/旋钮的功能说明

面板控制区编号	按键/旋钮名称		功能
1	LCD 显示屏		8.89 cm 显示屏，用于显示系统参数设置、系统输出状态、菜单选项以及提示信息等
2	通道选择与输出开关		参见图 2-19 所示控制面板
3	参数输入区	方向键和单位选择键	方向键可以移动光标位置。使用数字键盘输入参数时，可通过单位选择键选择输入电压单位 V 或 mV 以及选择输入电流单位 A 或 mA
		数字键盘	圆环式数字键盘，包括数字 0~9 和小数点，按下对应的按键，可直接输入数字
		旋钮	设置参数时，旋转旋钮可以增大或减小光标所在位的数值。浏览设置对象（定时参数、延时参数、文件名输入等）时，旋转旋钮可快速移动光标位置
4	Preset 按键		用于将仪器所有设置恢复为出厂默认值，或调用用户自定义的通道电压或电流配置
5	OK 按键		用于确认参数的设置。键盘锁密码关闭时，长按该键，可锁定前面板按键；再次长按该键，可解除锁定。键盘锁密码打开时，锁定和解锁过程必须输入正确的密码
6	Back 按键		用于删除当前光标前的字符
7	输出端子		有三组（30 V/3 A、30 V/3 A、5 V/3 A）正、负极输出端子；一个端子与机壳、地线（电源线接地端）相连，处于接地状态
8	功能菜单区	Display	按下该按键进入显示参数设置界面，可设置亮度、对比度、显示模式和显示主题等参数
		Store	按下该按键进入文件存储与调用界面，可进行文件的保存、读取、删除、复制和粘贴等操作
		Utility	按下该按键系统进入辅助功能界面
		…	按下该按键进入高级功能界面
		Timer	按下该按键进入定时器工作设置界面
		Help	按下该按键打开内置帮助系统，按下需要获得帮助的按键，可获得对应的帮助信息
9	显示模式切换键		可以在当前模式和表盘模式之间切换
10	菜单键		与其上方的键一一对应，按任一菜单键选择对应菜单
11	电源开关键		可打开或关闭仪器

2. 输出模式与显示模式

DP832型可编程线性直流电源提供三种输出模式：

（1）恒压输出（CV）。在CV模式下，输出电压等于电压设置值，输出电流由负载决定。

（2）恒流输出（CC）。在CC模式下，输出电流等于电流设置值，输出电压由负载决定。

（3）临界模式（UR）。UR是介于CV和CC之间的临界模式。

DP832型可编程线性直流电源提供三种显示模式：数字、波形、表盘，默认为数字显示模式。数字显示模式下的用户界面的布局如图2-20所示。

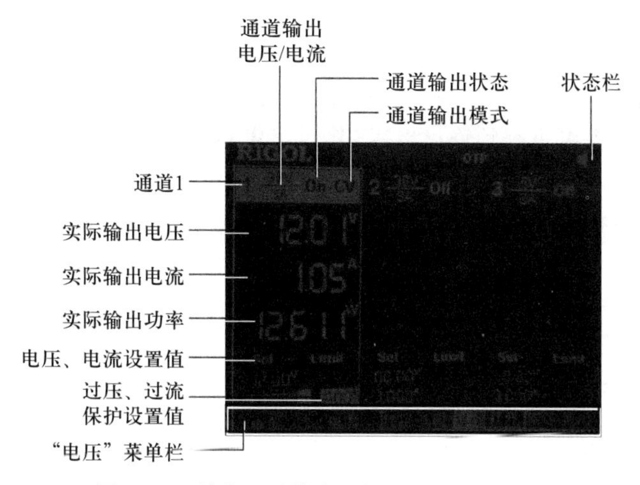

图2-20 数字显示模式下的用户界面的布局

3. 使用操作实例

以输出一个+12 V/2 A直流电压为例，说明DP832型可编程线性直流电源的使用方法。如图2-21所示，将负载（LOAD）与前面板通道1输出的正、负端子连接。

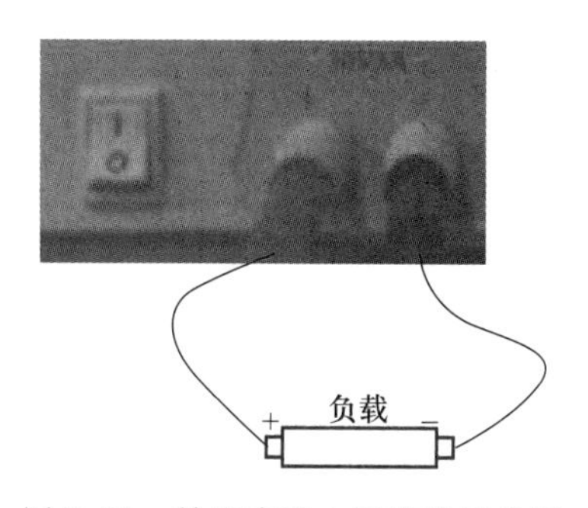

图2-21 输出直流电压连接示意图

（1）按下电源开关，启动直流稳压电源。

（2）选择通道。根据需要提供的直流电压值，选择合适的输出通道。按下对应的通道选择键，此时显示屏突出显示该通道、通道编号、输出状态（电压、电流、功率）及输出模式（CV）。

（3）设置电压值。如图2-20所示，按下“电压”菜单键，使用数字键盘直接输入所需的电压数值12，然后按“单位选择键”选择单位V或者按“OK”键输入默认的单位V。输入过程中，按“Back”键可删除当前光标前的字符；按“取消”菜单键，可取消本次输入。

（4）设置输出电流。按下“电流”菜单键，使用数字键盘直接输入电流数值2，然后按“单位选择键”选择单位A。输入过程中，按“Back”键可删除当前光标前的字符。按“取消”菜单键，可取消本次输入。

（5）设置合适的过流保护值。这里以1.5 A为例，按下“过流”菜单键，使用数字键盘直接输入过流保护数值1.5，按“单位选择键”选择单位A，然后打开过流保护功能（按下“过流”菜单键可切换过流保护功能的打开或关闭）。当实际输出电流大于过流保护值时，输出自动关闭。

(6) 检查输出模式。在恒压输出模式下,输出模式显示为“CV”。用户界面将突出显示该通道的实际输出电压、电流、功率以及输出模式(CV);如果输出模式显示为“CC”,可适当增大电流设置值,电源将自动切换到“CC”模式。

4. 使用注意事项

(1) 连接时注意电源的正、负极性,将测试引线的正端与通道输出的“+”端连接,将测试引线的负端与通道输出的“-”端连接。

(2) 当实际输出电流大于过流保护值时,输出自动关闭。

(3) 根据负载的实际需要,所有通道可以工作在恒压或恒流模式。

(4) 为避免电击,请正确连接输出端子后,再打开输出开关。

(5) 当风扇停止工作时,通道开关不能打开,系统会提示“风扇停转,停止输出!”。

(6) 串联电源可以提供更高的输出电压,其输出电压是所有通道的输出电压之和。电源串联要为每个通道设置相同的电流输出值和过流保护值。

(7) 并联电源可以提供更高的输出电流,其输出电流是单个通道的输出电流之和。电源并联时,可以分别设置每个电源的参数。

第3章 导线加工连接及室内照明线路的安装

3.1 导线的分类

导线在工业上也称为“电线”，一般由铜或铝制成，也有用银线所制，用来疏导电流或者导热。铜材的导电率高，在50℃时铜的电阻系数为0.020 6 $\Omega \cdot mm^2/m$，铝的电阻系数为0.035 $\Omega \cdot mm^2/m$；载流量相同时，铝线芯截面约为铜的1.5倍。采用铜线芯损耗比较低，铜材的机械性能优于铝材，延展性好，便于安装和加工，抗疲劳强度约为铝材的1.7倍。但铝材比重小，在电阻值相同时，铝线芯明显较轻，其质量仅为铜的一半。导线按材质可分为聚氯乙烯(PVC)绝缘电线、无卤阻燃电缆、低烟低卤阻燃电缆、橡皮绝缘电缆、四氟乙烯线、硅橡胶导线等类型；按防火要求可分为普通型和阻燃型；按线芯可分为RV线(单根0.3 mm左右)、BV线、BVR线(单股0.5 mm左右)；按温度可分为普通70℃和耐高温105℃；按颜色可分为黑线、色线等；按电压等级可分为300/500 V、450/750 V、600/1 000 V及1 000 V以上。

1. 聚氯乙烯(PVC)绝缘电线

PVC绝缘电线线芯长期允许工作温度为70℃，300 mm^2 及以下截面短路热稳定允许温度为160℃，300 mm^2 以上为140℃。PVC绝缘电线耐油、耐酸碱腐蚀，虽然有一定的阻燃性能，但在燃烧时会散放有毒烟气。

聚氯乙烯(PVC)绝缘电线对气候适应性差，低温时变硬发脆，适用温度范围为-15～+60℃。低于-15℃的严寒地区应选用耐寒聚氯乙烯电线；高温或日光照射下，增塑剂易挥发而导致绝缘加速老化，因此，在未具备有效隔热措施的高温环境或日光经常强烈照射的场合，宜选用相应的特种电线、电缆，如耐热聚氯乙烯电线，其线芯长期允许工作温度达90℃及105℃等，适用于50℃以上环境。交联聚乙烯绝缘(XLPE)电线的线芯长期允许工作温度为90℃，短路热稳定允许温度为250℃。

2. 橡皮绝缘电缆

橡皮绝缘电缆的线芯长期允许工作温度为60℃，短路热稳定允许温度为200℃。弯曲性能较好，能够在严寒气候下敷设，特别适用于水平高差大和垂直敷设的场合。它不仅适用于固定敷设的线路，也可用于定期移动的固定敷设线路。移动式电气设备的供电回路应采用橡皮绝缘橡皮护套软电缆(简称橡套软电缆)；有屏蔽要求的回路，如煤矿采掘工作面供电电缆应具有分相屏蔽。普通橡胶遇到油类及其化合物时易损坏，因此在可能经常被油浸泡的场所，宜使用耐油型橡胶护套电缆。普通橡胶耐热性能差，允许运行温度较低，故对于高温环境又有柔软性要求的回路，宜选用乙丙橡胶绝缘电缆。

3. 阻燃电缆

阻燃电缆是指在规定实验条件下被燃烧，具有使火焰仅在限定范围内蔓延，撤去火源后，残焰和火灼能在限定时间内自行熄灭的电缆。阻燃电缆分为 A、B、C、D 四级,见表 3-1。

表 3-1 阻燃电缆分级表

级别	供火温度/℃	供火时间/min	成束敷设电缆的非金属材料体积/(L/m)	焦化高温/min	自熄时间/h
A	≥815	40	≥7	≤2.5	≤1
B			≥3.5		
C		20	≥1.5		
D			≥0.5		

阻燃电缆燃烧时烟气特性可分为三大类:即一般阻燃电缆、低烟低卤阻燃电缆和无卤阻燃电缆。一般阻燃电缆含卤素,虽然阻燃性能好,价格又低廉,但燃烧时烟雾浓、酸雾及毒气大。无卤阻燃电缆烟少、毒低、无酸雾,其烟雾浓度比一般阻燃电缆低 10 倍。通常使用最多的为 ZB-BVR(RV)导线,它为 B 级阻燃。

4. 耐火电缆

耐火电缆按绝缘材质可分为有机型和无机型两种。有机型耐火电缆主要是采用耐高温 800℃的云母带以 50%重叠搭盖率包覆两层作为耐火层,外部采用聚氯乙烯或交联聚乙烯作为绝缘。若同时要求阻燃,只要选用阻燃材料作为绝缘材料即可。有机型耐火电缆之所以具有“耐火”特性,完全依赖于云母层的保护。采用阻燃耐火型电缆,可以在外部火源撤出后迅速自熄,使延燃高度不超过 2.5 m。由于云母带耐温 800℃,有机类耐火电缆一般只能做到 B 类。加入隔氧层后,可以耐受 950℃高温而达到耐火 A 类标准。无机型耐火电缆是矿物绝缘电缆,它采用氧化镁作为绝缘材料,铜管作为护套,国际上称其为 MI 电缆。在某种意义上,无机型耐火电缆是一种真正的耐火电缆,只要火焰温度不超过铜的熔点 1 083℃,电缆就安然无恙。除了耐火性,无机型耐火电缆还有较好的耐喷淋及耐机械撞击性能,适用于消防系统的照明、供电及控制系统,以及一切需要在火灾中维持通电的线路。同时,它又是一种耐高温电缆,允许在 250℃的高温下长期正常工作。因此无机型耐火电缆适合在冶金工业中应用,也适合在玻璃炉窑、锅炉装置、高炉等高温环境中使用。

3.2 导线的加工连接

3.2.1 导线绝缘层的去除

讲义 2:导线的加工连接

用导线作电气连接之前,必须将导线端部或导线中间的绝缘层清理干净,使导线与导线之间有良好的电接触。

1. 塑料硬线绝缘层的剖削

对于芯线截面积为 4 mm^2 以下的塑料硬线,用左手捏住电线,根据线头所需长短用斜口钳切割部分绝缘层,但不可切入芯线,将电线转动 180°,再用斜口钳切割另一部分绝缘层，同样不可切入芯线，然后用右手握住斜口钳头部用力向外勒去塑料绝缘层，剖削好的芯线应保持完整无损，如损伤较大，应重新剖削；对于芯线截面积为 4 mm^2 及以上的塑料硬线，一般用电工刀来剖削绝缘层，首先根据所需长度用电工刀以 45°角倾斜切入塑料绝缘层，接着刀面与芯线保持 15°角左右，用力向线端推削，削去上面一层塑料绝缘层，不可切入芯线，再将下面塑料绝缘层向后扳翻，最后用电工刀齐根切去。

2. 塑料软线绝缘层的剖削

塑料软线只能用剥线钳或钢丝钳和斜口钳剖削绝缘层，不能用电工刀剖削，方法与截面积为 4 mm^2 及以下的塑料硬线绝缘层的剖削方法相同。

3. 塑料护导线绝缘层的剖削

塑料护导线一般用电工刀来剖削绝缘层。首先根据所需长度用电工刀刀尖在护导线缝隙间划开护导层，然后向后扳翻护导层，用刀齐根切去。在距离护导层 5~10 mm 处，用电工刀以 45°角倾斜切入内塑料绝缘层，接着刀面与芯线保持 25°角左右，用力向线端推削，削去内层塑料绝缘层。

4. 橡皮线绝缘层的剖削

用电工刀先除去橡皮线编织保护层，其后操作与剖削塑料护导线护导层的操作相同。

3.2.2　导线与导线的连接

视频 7：导线的连接

当导线长度不够或接分支线路时，需要将导线与导线连接起来。导线连接部位是线路的薄弱环节，正确地连接导线可以增强线路的安全性、可靠性，使用电设备能稳定可靠地运行。在连接导线前，要先去除芯线上的污物和氧化层。

1. 铜芯导线之间的连接

（1）单股铜芯导线的直线连接

单股铜芯导线的直线连接如图 3-1 所示，具体过程如下。

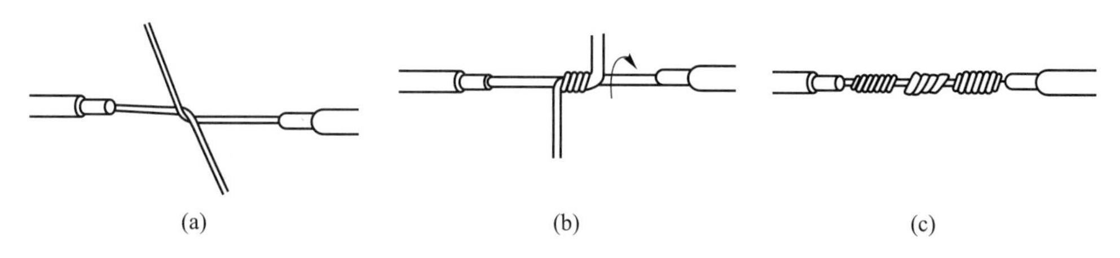

图 3-1　单股铜芯导线的直线连接

① 将去除绝缘层和氧化层的两根单股导线作 X 形相交，如图 3-1(a)所示。

② 将两根导线向两边紧密斜着缠绕 2~3 圈，如图 3-1(b)所示。

③ 将两根导线扳直，再各向两边绕 6 圈，多余的线头用钢丝钳剪掉，连接好的导线如图 3-1(c)所示。

（2）单股铜芯导线的 T 字形分支连接

单股铜芯导线的 T 字形分支连接如图 3-2 所示，具体过程如下。

① 将除去绝缘层和氧化层的支路芯线与主干芯线十字相交，然后将支路芯线在主干芯线上绕一圈并跨过支路芯线（即打结），再在主干线上缠绕 8 圈，如图 3-2(a)所示，多余的支路芯线剪掉。

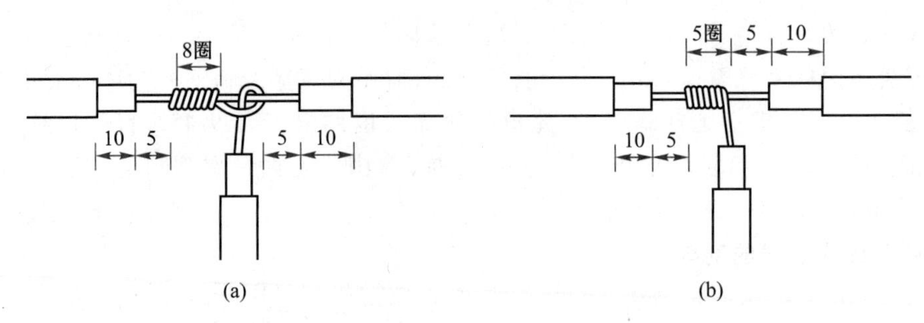

图 3-2 单股铜芯导线的 T 字形分支连接

② 对于截面积小的导线，也可以不打结，直接将支路芯线在主干芯线缠绕几圈，如图 3-2(b)所示。

(3) 7 股铜芯导线的直线连接

7 股铜芯导线的直线连接如图 3-3 所示，具体过程如下。

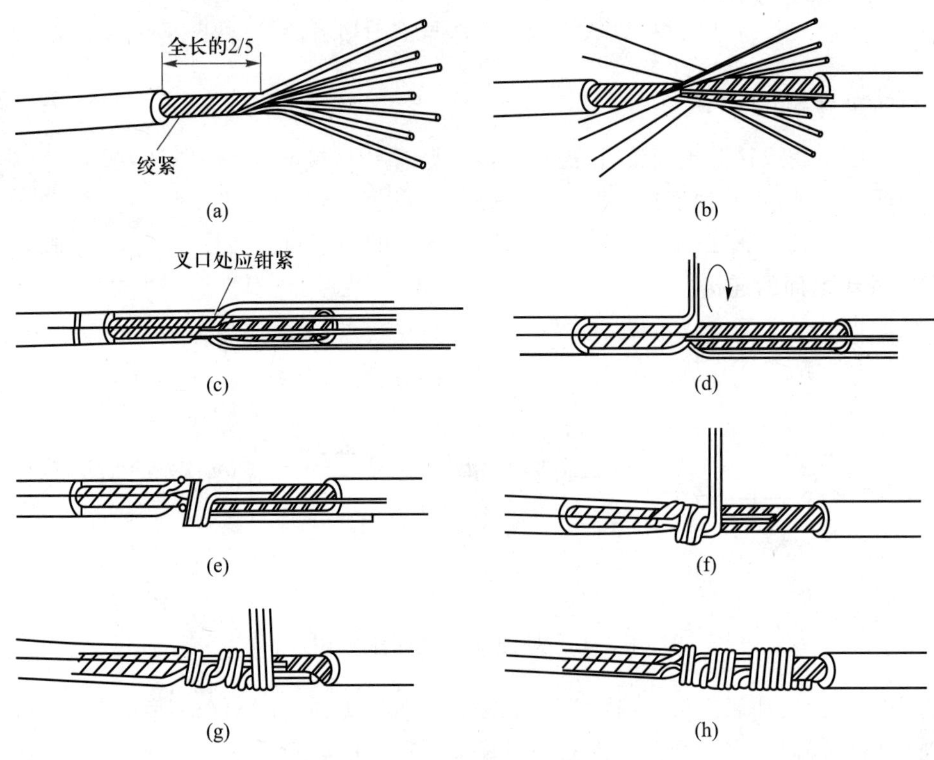

图 3-3 7 股铜芯导线的直线连接

① 将去除绝缘层和氧化层的两根导线 7 股芯线散开，并将绝缘层旁全长约 2/5 的芯线段绞紧，如图 3-3(a)所示。

② 将两根导线分散开的芯线隔根对叉，如图 3-3(b)所示，然后压平两端对叉的线头，并将中间部分钳紧，如图 3-3(c)所示。

③ 将一端的 7 股芯线按 2、2、3 分成三组，再把第一组的 2 根芯线扳直(即与主芯线垂直)，如图 3-3(d)所示，然后按顺时针方向在主芯线上紧绕 2 圈，再将余下的线头扳到主芯线上，如

图 3-3(e)所示。

④ 将第二组的 2 根芯线扳直,然后按顺时针方向在第一组芯线及主芯线上紧绕 2 圈,如图 3-3(f)所示。

⑤ 将第三组的 3 根芯线扳直,然后按顺时针方向在第一、二组芯线及主芯线上紧绕 2 圈,如图 3-3(g)所示,三组芯线绕好后把多余的部分剪掉,已绕好一端的导线如图 3-3(h)所示。

⑥ 按同样的方法缠绕另一端的芯线。

(4) 7 股铜芯导线的 T 字形分支连接

7 股铜芯导线的 T 字形分支连接如图 3-4 所示,具体过程如下。

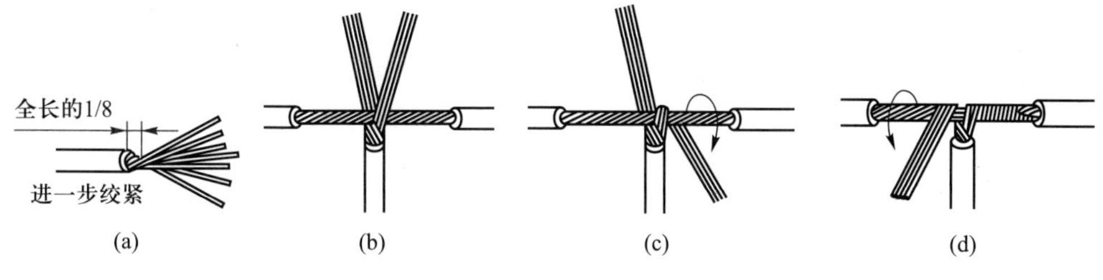

图 3-4　7 股铜芯导线的 T 字形分支连接

① 将去除绝缘层和氧化层的分支线 7 股芯线散开,并将绝缘层旁全长约 1/8 的芯线段绞紧,如图 3-4(a)所示。

② 将分支线 7 股芯线按 3 股和 4 股分成两组,并交叉缠入主干线,如图 3-4(b)所示。

③ 将 3 股的一组芯线在主芯线上按顺时针方向紧绕 3 圈,再将余下的线头剪掉,如图 3-4(c)所示。

④ 将 4 股的一组芯线在主芯线上按顺时针方向紧绕 4 圈,再将余下的线头剪掉,如图 3-4(d)所示。

(5) 不同直径铜导线的连接

将细导线的芯线在粗导线的芯线上绕 5~6 圈,然后将粗芯线弯折压在缠绕的细芯线上,再把细芯线在弯折的粗芯线上绕 3~4 圈,把多余的细芯线剪去。

(6) 多股软导线与单股硬导线的连接

先将多股软导线拧紧成一股芯线,然后将拧紧的芯线在硬导线上缠绕 7~8 圈,再将硬导线折弯压紧缠绕的软芯线。

(7) 多芯导线的连接

多芯导线的连接如图 3-5 所示。多芯导线连接的关键在于各芯线连接点应相互错开,这样可以防止芯线连接点之间短路。

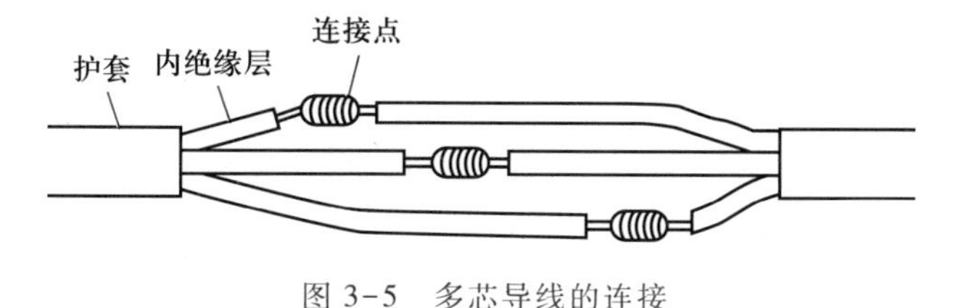

图 3-5　多芯导线的连接

2. 铝芯导线之间的连接

铝芯导线由于采用铝材料作芯线,而铝材料易氧化在表面形成氧化铝,氧化铝的电阻率又比较高,如果线路安装要求比较高,铝芯导线之间一般不采用铜芯导线之间的连接方法,而常用铝压接管进行连接 。

用压接管连接铝芯导线的方法如图 3-6 所示,具体操作过程如下。

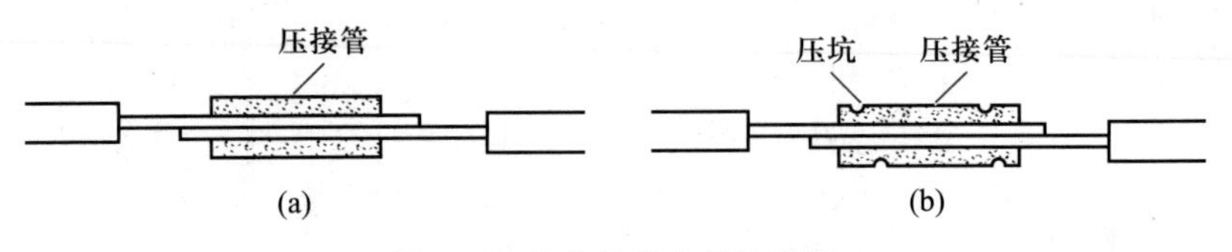

图 3-6 铝芯导线之间的连接

(1) 将待连接的两根铝芯线穿入压接管,并穿出一定的长度,如图 3-6(a)所示,芯线截面积越大,穿出越长。

(2) 用压接钳对压接管进行压接,如图 3-6(b)所示,铝芯线的截面积越大,要求压坑越多。

如果需要将三根或四根铝芯线压接在一起,可按图 3-7 所示方法进行。

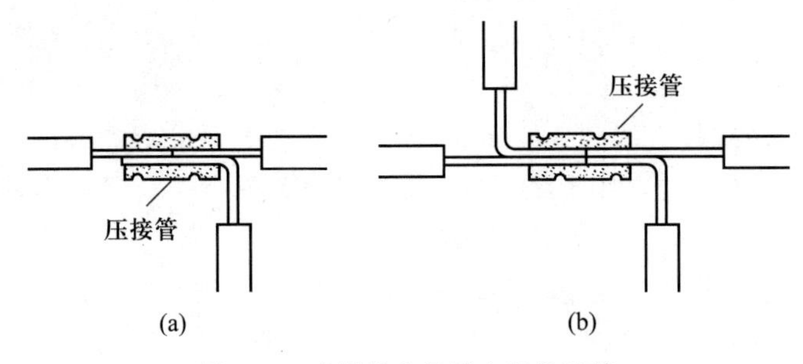

图 3-7 多根铝芯导线之间的连接

3. 铝芯导线与铜芯导线的连接

当铝和铜接触时容易发生电化腐蚀,所以铝芯导线和铜芯导线不能直接连接,连接时需要用到铜铝压接管 。

铝芯导线与铜芯导线的连接方法如图 3-8 所示,具体操作过程如下。

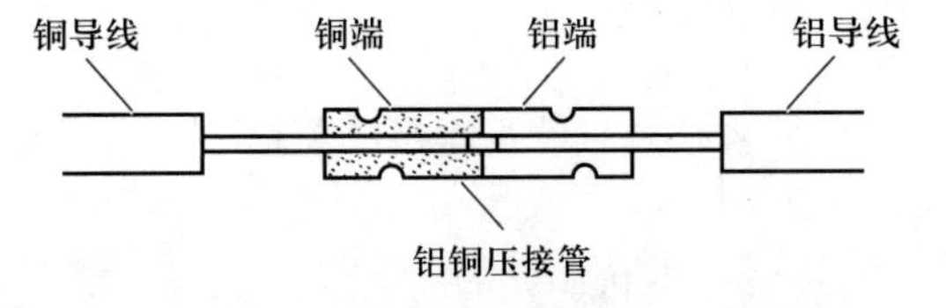

图 3-8 铝芯导线与铜芯导线的连接

(1) 将铝芯线从压接管的铝端穿入,芯线不要超过压接管的铜材料端,铜芯线从压接管的铜端穿入,芯线不要超过压接管的铝材料端。

(2) 用压接钳压挤压接管,将铜芯线与压接管的铜材料端压紧,铝芯线与压接管的铝材料端压紧。

3.2.3　导线接头绝缘层的恢复

通常采用绝缘胶带包缠法对导线接头的绝缘层进行恢复。一般电工常用的绝缘带有涤纶薄膜带、塑料胶带、黑胶布带、橡胶胶带等,宽度在 20 mm 左右的居多。

绝缘胶带包缠方法:将绝缘胶带从接头左边绝缘完好的绝缘层上开始包缠,包缠两圈后进入剥除了绝缘层的芯线部分,如图 3-9(a)所示。包缠时胶带应与导线成 55°左右倾斜角,每圈压叠带宽的 1/2,如图 3-9(b)所示。直至包缠到接头右边两圈距离的完好绝缘层处,如图 3-9(c)所示。再按另一斜叠方向从右向左包缠,仍每圈压叠带宽的 1/2,直至将胶带完全包缠住,如图 3-9(d)所示。包缠处理中应用力拉紧胶带,注意不可稀疏,更不能露出芯线,以确保绝缘质量和用电安全。

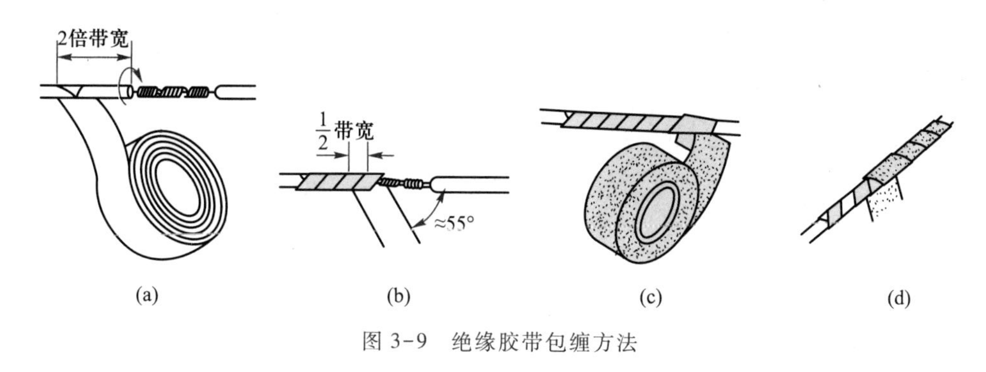

图 3-9　绝缘胶带包缠方法

3.3　室内配线

3.3.1　室内配线的类型

室内配线就是敷设室内用电器具、设备的供电线路和控制线路。室内配线有暗线安装和明线安装两种。暗线安装是指导线穿管埋设在墙内、地下、顶棚里的安装方法。明线安装是指导线沿墙壁、天花板、梁及柱子等表面敷设的安装方法。

3.3.2　室内配线的技术要求

室内配线不仅要使电能传送安全可靠,而且要使线路布置整齐、合理、正规、安装牢固,其技术要求有以下几点:

① 配线时应尽量避免导线接头。必须有接头时,应采用压接或焊接,并用绝缘胶布将接头缠好。要求导线连接和分支处不应受到机械力的作用,穿在管内的导线不允许有接头,必要时尽可能把接头放在接线盒或灯头盒内。

② 所用导线的额定电压应大于线路的工作电压。导线的绝缘应符合敷设环境的条件和线路的安装方式。导线的截面应满足机械强度及供电安全的要求,一般的家用照明线路选用

1.5 mm^{2}的铜芯绝缘导线为宜。

③ 当导线穿过楼板时,应设钢管加以保护,钢管长度应从离楼板面2 m高处至楼板下出口处。导线穿墙要用瓷管保护,瓷管两端的出线口伸出墙面不小于10 mm,这样可以防止导线和墙壁接触,以免墙壁潮湿而产生漏电现象。当导线互相交叉时,为避免碰线,在每根导线上均应套塑料管或其他绝缘管,并将套管固定紧,以防其发生移动。

④ 配线时应水平或垂直敷设。水平敷设时,导线距地面不小于2.5 m;垂直敷设时,导线距地面不小于2 m。否则,应将导线穿在钢管内加以保护,以防机械损伤。同时所配线路要便于检查和维修。

⑤ 为了确保安全用电,室内配电设备和电气管线与其他设备、管道间的最小距离都有明确规定。施工时如不能满足所要求的距离,则应采取其他的保护措施。

3.3.3 室内配线的主要工序

室内配线的主要工序如下:

① 按设计图纸确定灯具、插座、开关、配电箱、启动装置等设备的位置;

② 沿建筑物确定导线敷设的路径、穿越墙壁或楼板时的具体位置;

③ 在土建未涂灰前,在配线所需的各固定点打好孔眼,预埋绕有铁丝的木螺钉、螺栓或木砖;

④ 装设绝缘支持物、线夹或管子;

⑤ 敷设导线;

⑥ 处理导线的连接、分支和封端,并将导线出线接头和设备相连接。

3.3.4 室内配线的主要方式

室内配线的主要方式通常有槽板配线、电线管配线、护套线配线、瓷(塑料)夹板配线和瓷瓶配线等。照明线路中常用的是槽板配线、护套线配线、瓷夹板配线;动力线路中常用的是护套线配线、瓷瓶配线和电线管配线。目前多用塑料线槽配线和护套线配线,瓷瓶配线使用较少。

1. 塑料护套线的配线

塑料护套线是一种将双芯或多芯绝缘导线并在一起,外加塑料保护层的双绝缘导线,具有防潮、耐酸、耐腐蚀及安装方便等优点,广泛用于家庭、办公等室内配线中。塑料护套线一般用铝片或塑料线卡作为导线的支持物,直接敷设在建筑物的墙壁表面,有时也可直接敷设在空心楼板中。

护套线配线的步骤与工艺要求:

(1) 画线定位

① 确定起点和终点位置,用弹线袋画线;

② 设定铝片卡的位置,要求铝片卡之间的距离为150~300 mm。在距开关、插座、灯具的木台50 mm处及导线转弯两边的80 mm处,都需设置铝片卡的固定点。

(2) 铝片卡或塑料卡的固定

铝片卡或塑料卡的固定应根据具体情况而定。在木质结构、涂灰层的墙上,选择适当的小钉钉或小水泥钉即可将铝片卡或塑料卡钉牢;在混凝土结构上,可用小水泥钉钉牢,也可采用环氧树脂粘接。

(3) 敷设导线

为了使护套线敷设得平直,可在直线部分的两端各装一副瓷夹板。敷线时,先把护套线一端固定在瓷夹内,然后拉直并在另一端收紧护套线后固定在另一副瓷夹中,最后把护套线依次夹入铝片卡或塑料卡中。护套线转弯时应成小弧形,不能用力硬扭成直角。

2. 线管的配线方法

把绝缘导线穿在管内敷设,称为线管配线。线管配线有耐潮、耐腐、导线不易遭受机械损伤等优点,适用于室内外照明和动力线路的配线。线管配线有明装式和暗装式两种。明装式表示线管沿墙壁或其他支撑物表面敷设,要求线管横平竖直、整齐美观;暗装式表示线管埋入地下、墙体内或吊顶上,不为人所见,要求线管短、弯头少。

线管配线的步骤与工艺要点如下:

(1) 线管的选择

选择线管时,通常根据敷设的场所来选择线管类型;根据穿管导线截面和根数来选择线管的直径。选管时应注意以下几点:

① 干燥场所内明敷或暗敷一般采用管壁较薄的PVC线管;

② 在潮湿和有腐蚀性气体的场所,不管是明敷还是暗敷,一般采用管壁较厚的镀锌管或高强度PVC线管;

③ 腐蚀性较大的场所内明敷或暗敷一般采用硬塑料管;

④ 根据穿管导线截面和根数来选择线管的直径,要求穿管导线的总截面(包括绝缘层)不应该超过线管内径截面的40%。

(2) 防锈与涂漆

为防止线管年久生锈,在使用前应将线管进行防锈涂漆处理:先将管内、管外进行除锈处理,除锈后再将管子的内外表面涂上油漆或沥青。在除锈过程中,还应检查线管质量,保证无裂缝、无瘪陷、管内无杂物。

(3) 锯管

根据使用需要,必须将线管按实际需要切断。切断的方法是用管子台虎钳将其固定,再用钢锯锯断。锯割时,在锯口上注少量润滑油可防止钢锯条过热;管口要平齐,并锉去毛疵。

(4) 钢管的套丝与攻丝

在利用线管布线时,有时需要进行管子与管子、管子与接线盒之间的螺纹连接。为线管加工内螺纹的过程称为攻丝;为线管加工外螺纹的过程称为套丝。攻丝与套丝的工具选用、操作步骤、工艺过程及操作注意事项要按机械实训的要求进行。

(5) 弯管

根据线路敷设的需要,在线管改变方向时需将管子弯曲。管子的弯曲角度一般不应小于90°,其弯曲半径可以这样确定:明装管至少应等于管子直径口的6倍;暗装管至少应等于管子直径的10倍。

(6) 布管

管子加工好后,就应按预定的线路布管。

3. 瓷瓶配线

瓷瓶有蝶形、鼓形、悬式和针形等多种。由于它绝缘性能好、机械强度大、价格低廉,主要用于电压较高、比较潮湿的明线或室外配线场所,如发电厂、变电所。目前,在楼宇暗线配线中已基本不用瓷瓶配线。

瓷瓶配线的步骤与工艺要求:

(1) 定位

定位首先要确定灯具、开关、插座和配电箱等电器设备的安装位置,然后再确定导线的敷设位置、墙壁和楼板的穿孔位置。确定导线走向时,尽可能沿房檐、线脚、墙角等处敷设;在确定灯具、开关、插座等电器设备时,应考虑在开关、插座和灯具附近约 50 mm 处安装一副夹板或瓷瓶。

(2) 画线

画线要求清晰、整洁、美观、规范。画线时应根据线路的实际走向,使用粉线袋、铅笔或边缘有尺寸刻度的木板条画线。凡有电器设备固定点的位置,都应在固定点中心处做一个记号。

(3) 凿眼

按画线定位点进行凿眼。用电钻钻眼时,要采用金刚钻头;在砖墙上凿眼时,应采用小扁凿或电钻,用小扁凿时,应注意避免建筑物的损坏。在混凝土结构上凿眼时,可用麻线凿或冲击钻。操作时,同样要避免损坏建筑物,造成墙体大块缺损现象。

(4) 安装木榫或膨胀螺栓

凿眼后,通常在孔眼中安装木榫或膨胀螺栓,待以后安装瓷瓶时使用。

(5) 埋设保护管

穿墙瓷管或过楼板钢管最好在土建时预埋,应尽量减少凿孔眼的工作。

(6) 固定瓷瓶

瓷夹板和瓷瓶的固定与支持面的结构有关。

(7) 导线的绑扎

在瓷瓶上绑扎导线,应从一端开始。先将导线的一端按要求绑扎在瓷瓶上。再将导线向另一端拉直,固定在另一只瓷瓶上。在确保导线不弯曲的情况下,最后把中间导线固定。

3.4 室内照明线路的安装

照明电路包括单相电度表、漏电保护器、熔断器、插座、灯头、开关、照明灯具和各类电线及配件辅料等。

3.4.1 常用照明灯具

1. 白炽灯

白炽灯俗称灯泡,是利用电流通过高熔点钨丝后,使之发热到白炽状态而发光的电光源,其发光效率比较低，只有 2%～4%的电能转换为眼睛能感受到的光，但白炽灯具有显色性好、光谱连续、使用方便等优点，因而被广泛使用。白炽灯的瓦数规格很多，常见的有 25 W、40 W、60 W、100 W、200 W 等。白炽灯有螺口式和卡口式两种，其组成结构如图 3-10 所示。

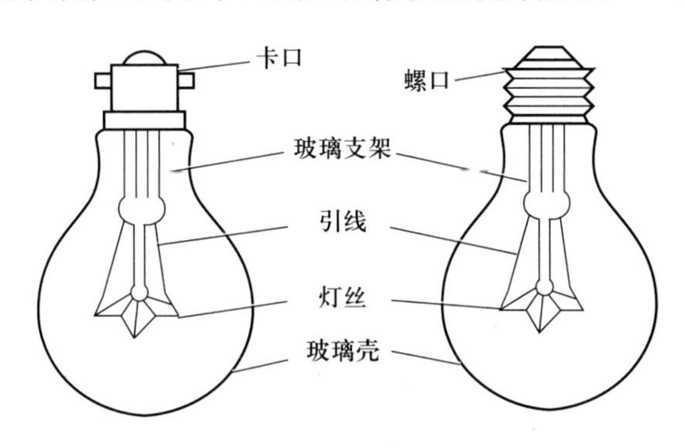

图 3-10　白炽灯组成结构

2. 荧光灯

荧光灯又称日光灯，由灯管、镇流器、启辉器、灯架、灯座等组成，其电路接线如图 3-11 所示。

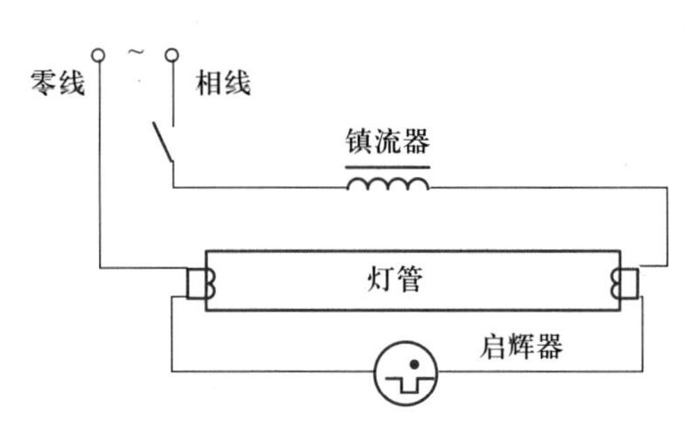

图 3-11　荧光灯电路接线

荧光灯管是将管内抽成真空后再充入少量氩气的玻璃管，在灯管两端各装有一个通电时能发射大量电子的灯丝。灯管内涂有荧光粉，并放有微量水银。当灯管的两个电极上通电后，灯丝加热发射电子，电子在电场的作用下高速碰撞汞原子，使其产生紫外线，紫外线照射到管壁的荧光粉上，使其激发出可见光。荧光灯管的组成结构如图 3-12 所示。荧光灯的发光效率比白炽灯约高四倍，使用寿命长。

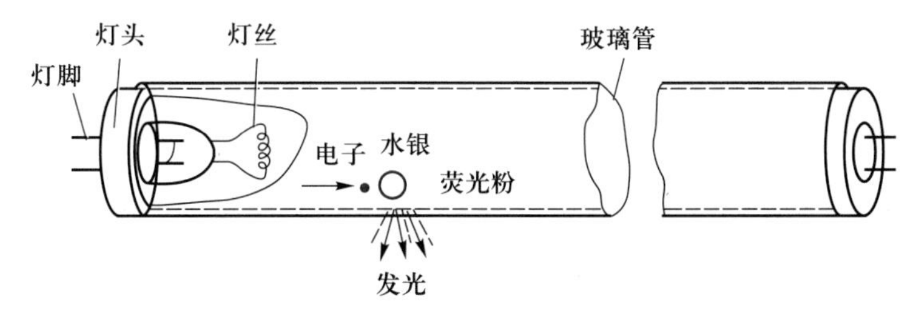

图 3-12　荧光灯管的组成结构

启辉器是一个充有氖气的小灯珠,由玻璃泡、电容器、引出脚和外壳(铝壳或塑料壳)组成,如图3-13所示。启辉器装有两个电极:静触片、U型动触片。当温度升高时,动触片与静触片接通;当温度降低时,动触片与静触片分离。镇流器是带有铁心的线圈,自感系数很大。

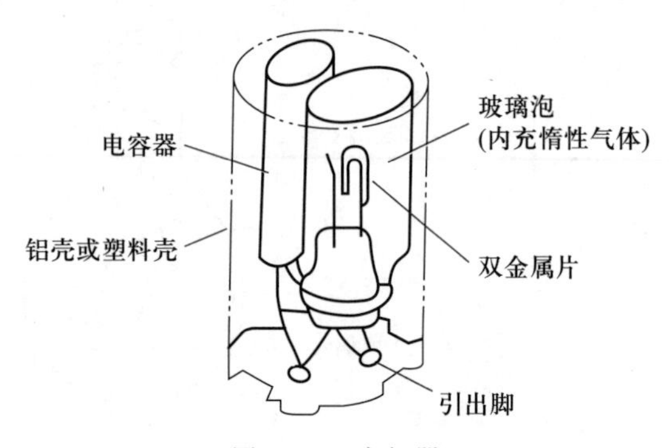

图3-13　启辉器

荧光灯的发光包括荧光灯的点亮和稳定发光两个过程,工作原理如下:电压加在启辉器两极,氖气放电发光、发热,使动触片与静触片接触,电路接通;在电路接通后,启辉器中的氖气停止放电,动触片冷却收缩,两个触片分离,电路自动断开;在电路突然断开的瞬间,由于电流急剧减小,镇流器内产生很高的自感电压,方向与电源电压方向相同,两个电压叠加起来,形成一个瞬时高压,灯管中的气体被击穿,荧光灯导通发光;荧光灯开始发光后,由于交变电流通过镇流器线圈,线圈中会产生自感电动势,它总是阻碍电流的变化,这时的镇流器起着降压限流的作用,保证荧光灯稳定发光。

3. 节能灯

节能灯又称紧凑型荧光灯,与普通荧光灯一样,属于一种低汞蒸气压放电灯。它具有光效高(是普通灯泡的5倍)、节能效果明显、寿命长、体积小、使用方便等优点。节能灯因灯管外形不同,主要分为U型管、螺旋管、直管型三种,如图3-14所示。

(a) U型管　　(b) 螺旋管　　(c) 直管型

图3-14　节能灯

节能灯的镇流器主要以电子式为主,具有“镇流”和“高压脉冲”功能,其优点是节能、启动电压较宽、启动时间短(0.5 s)、无噪声、无频闪现象,可以在15~60℃范围内正常工作。采用电子镇流器的节能灯接线图如图3-15所示。

4. LED灯

LED即半导体发光二极管,是一种固态的半导体器件,它可以直接把电能转化为光能,其特点是光效高、耗电少、寿命长、易控制、安全环保,是新一代固体冷光源,如图3-16所示。

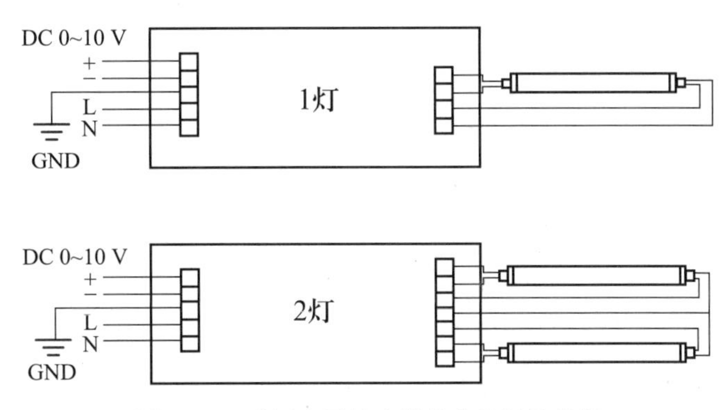

图 3-15　采用电子镇流器的节能灯接线图

图 3-16　LED 灯

3.4.2　室内照明基本线路

（1）一只单联开关控制一盏灯线路，如图 3-17 所示。接线时，要注意相线进开关、中性线进灯头，再由开关引线接至灯头上，以确保开关断开后灯头上无电。

（2）一只单联开关控制多盏灯线路，如图 3-18 所示。同样要注意中性线进灯头、相线进开关，确保灯头上无电。

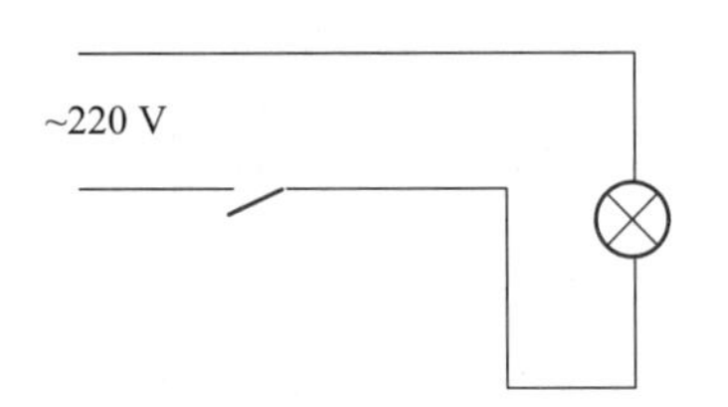

图 3-17　一只开关控制一盏灯

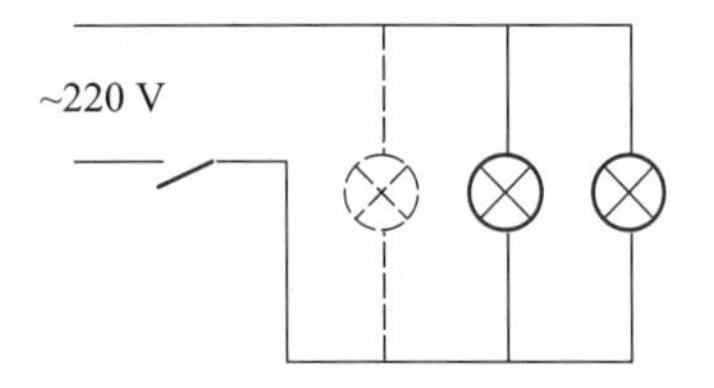

图 3-18　一只开关控制多盏灯

（3）两只双联开关在两个地方控制一盏灯线路，如图 3-19 所示。注意两根联络线直接连接至两个开关的静触头，相线接一开关动触头，中性线接灯头，灯头的另一触头线连接至另一开关的动触头。

（4）日光灯线路，如图 3-20 所示。注意灯管与其他附件必须配套使用。

（5）36 V 及以下局部照明线路。一般由变压器供电，注意变压器一次侧应装熔断器，熔断器既可保护变压器，又可对二次侧短路起保护作用，且变压器外壳要接地。

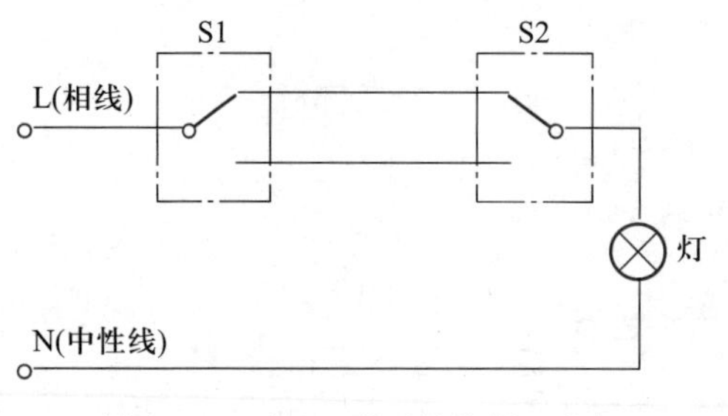

图 3-19　两只双联开关控制一盏灯

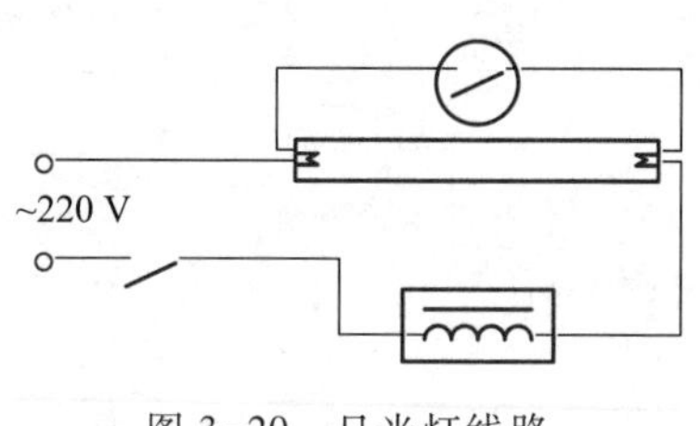

图 3-20　日光灯线路

3.4.3　室内照明线路的接线与安装

讲义3:室内照明电路安装

室内照明线路一般按照电源—闸刀开关—电度表—漏电保护器—控制开关——用电器(灯具)的顺序接线。接线原则要做到以下几点:

① 所有导线应横平竖直,拐弯要成直角,尽量少用导线、少交叉,多线则合拢一起走;

② 元器件布置要整齐、美观、合理;

③ 接线要牢固、接触良好,线头露铜 1~2 mm。

1. 开关、插座、灯座(头)的接线

(1)开关的接线

照明开关是控制灯具的电气元件,控制照明电灯的亮与灭(即接通或断开照明线路)。开关有明装和暗装之分,现代家庭一般是暗装开关,如图 3-21 所示。

(2) 插座的接线

根据电源电压的不同,插座可分为三相四孔插座、单相三孔或五孔插座。家用插座一般为单相插座,其 L 端接相线,N 端接零线,E 端接地线。一般插座的接线原则是左零右相;单相三孔插座的接线原则是左零右相上接地,如图 3-22 所示。根据有关标准的规定,相线(火线)采用红色线,零线(中性线)采用黑色线,接地线采用黄绿双色线。

图 3-21　开关接线

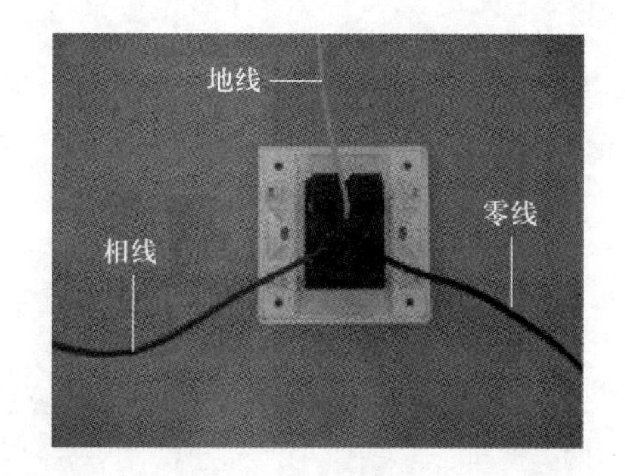

图 3-22　插座接线

(3) 灯座的接线

灯座上一般有两个接线端子,一个为相线端,一个为零线端。灯座螺口上的接线端子必须接零线,把来自开关的相线接在连通中心簧片的端子上。接线时应注意线头弯曲的方向与螺丝拧紧的方向相同。

2. 漏电保护器与单相电度表的接线

(1) 漏电保护器的接线

电源进线必须接在漏电保护器的正上方,即外壳上标有“电源”或“进线”的一端;出线均接在下方,即标有“负载”或“出线”的一端。如将进线、出线接反,将导致保护器动作后烧毁线圈或影响保护器的接通、分断能力。漏电保护器的接线如图 3-23 所示。

(2) 单相电度表的接线

单相电度表又称电能表或千瓦时表,是用来对用电设备消耗的电能进行统计的仪表,只能用于交流电路。

单相电度表接线盒里共有四个接线桩,从左至右按 1、2、3、4 编号,其接线方法是:编号 1、3 接进线(1 接相线,3 接零线),2、4 接出线(2 接相线,4 接零线),如图 3-24 所示。

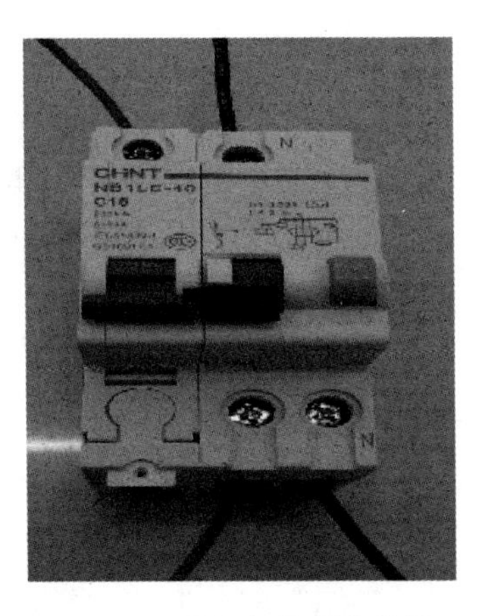

图 3-23　漏电保护器的接线

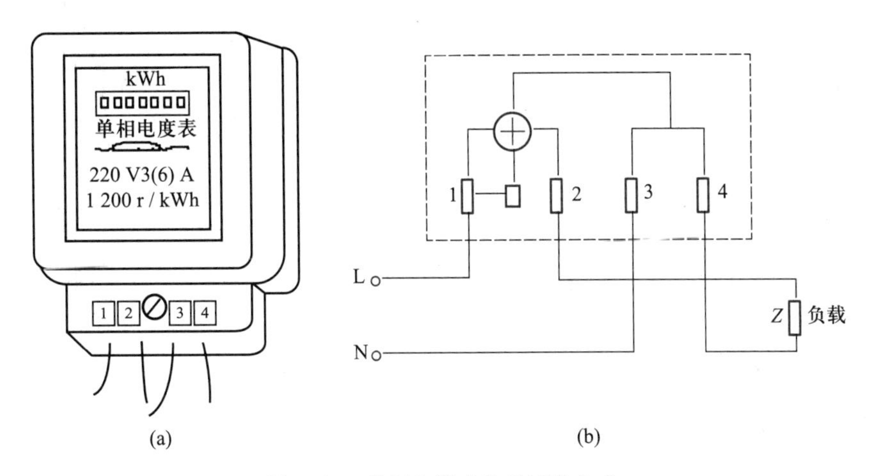

图 3-24　单相电能表及其接线方式

3. 开关、插座、灯座(头)的安装

(1) 开关、插座、灯座(头)的明装

① 开关、插座、灯座采用明线安装方式时,需要加装木台。明线敷设完毕后,在需要安装开关、插座、挂线盒等处先安装木台。对于木质墙,可直接用螺钉固定木台;对于混凝土或砖墙,则应先钻孔,插入木榫或膨胀管后再固定木台。

② 在安装木台前,还应对木台进行加工。先根据要安装的开关、插座等的位置和导线敷设的位置,在木台上钻好出线孔、锯好线槽,然后使导线从木台的线槽进入木台,从出线孔穿出(在木台下留出一定长度余量的导线),再用较长木螺钉将木台固定牢固,最后将开关、插座、灯座的底座用木螺丝固定在木台上。

(2) 开关、插座的暗装

先根据开关或插座的尺寸安装暗线盒[见图 3-25(a)],接着按接线要求,将盒内甩出的导线与开关、插座的面板连接好[见图 3-25(b)],最后将开关或插座推入盒内对正盒眼,用螺丝固定,固定时要保证面板端正。

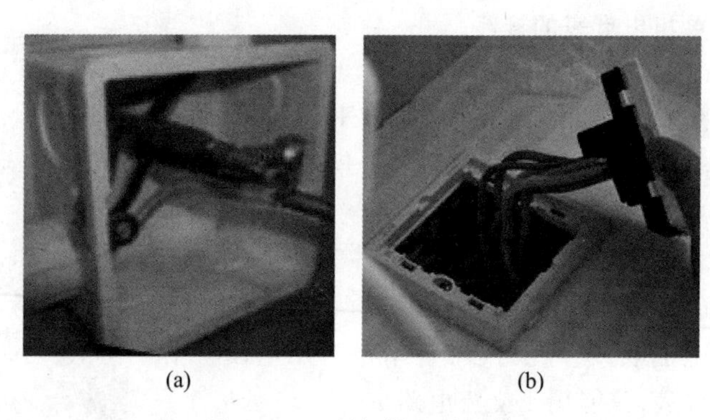
(a) (b)
图 3-25 开关、插座的暗装

（3）吊灯座的安装

把挂线盒底座安装在已固定好的木台上，再将塑料软线或花线的一端穿入挂线盒罩盖的孔内，并打个结，使其能承受吊灯的重量（采用软导线吊装的吊灯重量应小于 1 kg，否则应采用吊链），然后将两个线头的绝缘层剥去，分别穿入挂线盒底座正中凸起部分的两个侧孔内，再分别接到两个接线桩上，旋上挂线盒盖；接着将软线的另一端穿入吊灯座盖孔内，也打个结，把两个剥去绝缘层的线头接到吊灯座的两个接线桩上，罩上吊灯座盖。

3.4.4 室内照明线路的调试与检修

在进行室内照明线路的调试和检修时，既要熟悉照明线路的结构、类型与原理，又要掌握典型的照明线路的检修方法，以确保室内照明线路的技术要求与安全用电。

室内照明线路的常见故障主要有短路故障、断路故障、漏电故障及发热故障。

1. 短路故障

发生短路故障时，线路中的电流剧增，熔丝迅速熔断，电路被切断。若熔丝太粗，就会烧毁线路或设备，甚至引发火灾。短路可分相对地短路和相间短路两类，相对地短路又分为相线与中性线间短路和相线与大地间短路两种。采用绝缘导线的线路，线路本身发生短路的可能性较小，往往由用电设备、开关装置和保护装置内部发生故障所致。因此，检查和排除短路时应先使故障区域内的用电设备脱离电源，试看故障是否能够排除，如果故障依然存在，再逐渐检查开关和保护装置。管线线路和护套线线路往往因为线路上存在严重过载或漏电等故障，使导线长期过载、绝缘老化，或因外界机械损伤而破坏了导线的绝缘层，引起线路的短路。所以，要定期检查导线的绝缘电阻和绝缘层的结构状况，如发现绝缘电阻下降或绝缘层龟裂，应及时更换。

2. 断路故障

线路发生断路故障时，电路无电压，用电器无法正常运行。造成短路故障的原因主要有以下几个方面：

（1）熔丝熔断；

（2）导线线头连接点松脱；

（3）导线因受外物撞击或勾拉等机械损伤而断裂，如被老鼠咬断等；

（4）小截面的导线因严重过载或短路而烧毁；

（5）活动部分的连接线路因机械疲劳而断裂；

(6) 单股小截面导线因质量不佳或因安装时受到损伤,其绝缘层内的芯线断裂。

断路故障的排除方法,应根据故障的具体原因,采取相应措施使线路接通。

3. 漏电故障

线路发生漏电故障时,在不同程度上会表现出耗电量的增加。若线路中有部分绝缘体轻度损坏,就会形成不同程度的漏电,漏电分为相地漏电和相间漏电两类。随着漏电程度的发展,会出现类似过载和短路故障的现象,如保护装置容易动作、熔体经常烧断及导线和设备过热等。

引起漏电的主要原因有以下几个方面:

(1) 线路和设备的绝缘老化;

(2) 线路和设备因受潮、受热或受化学腐蚀而降低了绝缘性能;

(3) 线路装置安装不符合技术要求;

(4) 修复的绝缘层不符合要求,或修复层绝缘带松散。

漏电故障的排除方法,应根据上述原因采取相应措施,如更换导线或设备,纠正不符合技术要求的安装形式,排除潮气等。

4. 发热故障

线路导线的发热或连接点的发热,其故障原因通常有以下几个方面:

(1) 导线规格不符合技术要求,若截面过小,便会出现导线过载发热的现象;

(2) 线路、设备和各种装置存在漏电现象;

(3) 电气设备的容量增大而线路导线没有相应地增大面积;

(4) 导线的连接点松动,因接触电阻增加而发热;

(5) 单根载流导线穿过具有环状的磁性金属,如钢管等;

发热故障的现象比较明显,造成故障的原因也较简单,针对故障原因采取相应的措施,易于排除。

第 4 章　常用低压电器及电动机介绍

常用低压电器按照其在电气线路中的作用和功能一般可分为以下三类:

第一类:主令电器。主令电器是一种在自动控制系统中用来发送控制指令或信号的操纵电器。常用的主令电器有闸刀开关、按钮开关、组合开关、倒顺开关、行程开关等。

第二类:保护电器。它主要用于电路中的短路保护和过载保护,如熔断器、断路器、热继电器等。

第三类:控制电器。控制电器是一种能按外来信号远距离地自动接通或断开正常工作的主电路及控制电路的一种自动装置,它是利用弹簧反力及电磁吸力的配合作用,使触头闭合或断开的一种电磁式自动切换电器。常用的控制电器有接触器、继电器、牵引电磁铁等。

4.1　主令电器

4.1.1　闸刀开关

闸刀开关也称开启式负荷开关,是一种手动配电电器。它把熔断器和刀开关组合在一起,既可以接通或断开电路,又可以起短路保护的作用。

1. 规格型号

闸刀开关种类很多,有两极的(额定电压 250 V)和三极的(额定电压 380 V),额定电流有 10~100 A 不等,其中 60 A 及以下的才用来控制电动机。

常用的闸刀开关型号有 HK1、HK2 系列。如 HK1-15,其中 H 为刀开关;K 为开启式负荷开关;1 为设计序号;15 为额定电流,单位为 A。

2. 外形结构与工作原理

图 4-1 是闸刀开关的外形与结构图,它主要有:熔丝、静触头刀座、进线座及出线座、与操作手柄相连的闸刀,这些导电部分都固定在瓷底板上,且用胶木盖盖着。所以当闸刀合上时,操作人员不会触及带电部分。胶木盖还具有下列保护作用:

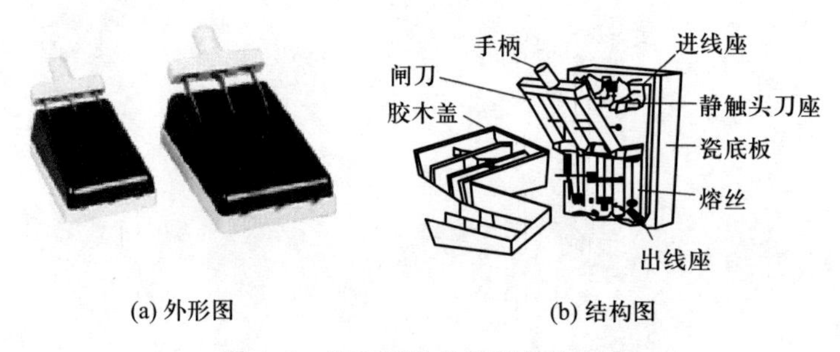

(a) 外形图　　(b) 结构图

图 4-1　闸刀开关的外形与结构图

(1) 防止电弧飞出盖外,灼伤操作人员;

(2) 将各极隔开，防止因极间飞弧导致电源短路；

(3) 防止金属零件掉落在闸刀上形成极间短路。

3. 图形及文字符号

闸刀开关的图形符号如图 4-2 所示。

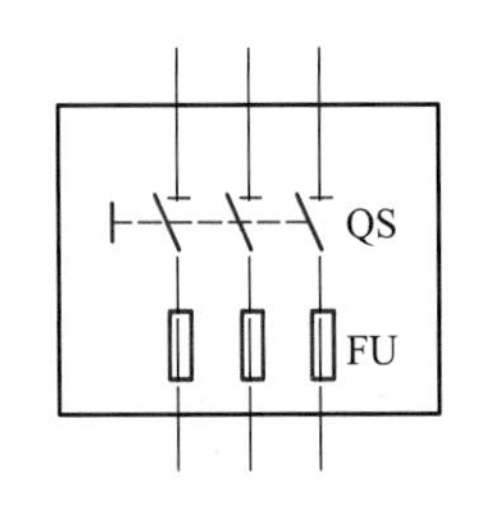

图 4-2　闸刀开关的图形符号

4. 功能作用

它主要用来手动接通与断开交直流电路或隔离电源，也可用于不频繁的分断与接通额定电流以下的负载，如电炉、小型电动机等。闸刀开关是最经济但技术指标偏低的一种刀开关。

5. 选用原则及使用注意事项

正常情况下，闸刀开关一般能分断和接通其额定电流，因此对于普通负载，可根据负载的额定电流来选择闸刀开关的额定电流。用闸刀开关控制电动机时，考虑其起动电流可达 4~7 倍的额定电流，闸刀开关的额定电流宜为电动机额定电流的 3 倍左右。控制单相电动机选两极闸刀开关；控制三相电动机选三极闸刀开关。对于三极闸刀，如果额定电流为 15 A，则电压为 220 V 时可控制电动机的最大容量是 1.5 kW；电压为 380 V 时可控制电动机的最大容量是 2.2 kW。

使用闸刀开关时应注意将它垂直地安装在控制屏或开关板上，不可随意搁置；进线座应在上方，接线时不能把它与出线座弄反，否则在更换熔丝时将会发生触电事故；在分闸和合闸操作时，应动作迅速，使电弧尽快熄灭；更换熔丝必须先拉开闸刀，并换上与原用熔丝规格相同的新熔丝，同时还要防止新熔丝受到机械损伤；若胶木盖和瓷底座损坏或胶木盖失落，闸刀开关就不可再使用，以预防安全事故。

4.1.2　按钮开关

视频 8：按钮

按钮开关是利用按钮推动传动机构，使动触头与静触头接通或断开并实现电路换接的开关。

1. 规格型号

按钮开关的种类很多，可分为蘑菇头式、普通揿钮式、自锁式、旋柄式、自复位式、带指示灯式、钥匙式及带灯符号式等，有单钮、双钮、三钮及不同组合形式。

常用的型号有 LA18、LA25、LA4-3 H 等。按钮的型号含义如图 4-3 所示。

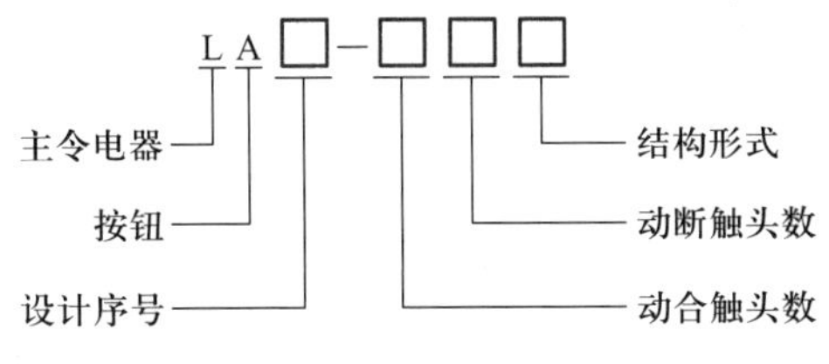

图 4-3　按钮的型号含义图

2. 外形结构与工作原理

按钮开关的外形与结构图如图 4-4 所示，由按钮帽、静触头、动触头、复位弹簧等构成，有一对动断触头和动合触头。有的产品可通过多个元件的串联增加触头对数。还有一种自持式按钮，按下后即可自动保持闭合位置，断电后才能打开。

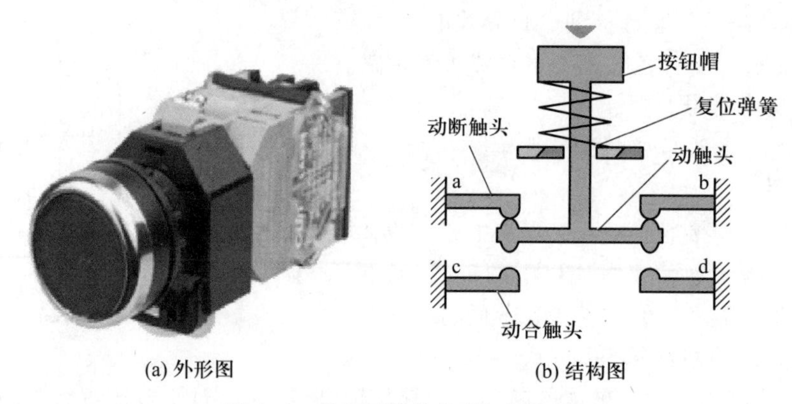

(a) 外形图 (b) 结构图

图 4-4 按钮开关的外形与结构图

按下按钮,动断触头断开,动合触头闭合;松开按钮,在复位弹簧的作用下开关恢复原来的工作状态。

3. 图形符号

按钮开关的图形符号如图 4-5 所示。

(a) 动合按钮 (b) 动断按钮 (c) 复合按钮

图 4-5 按钮的图形符号

4. 功能作用

按钮开关通常用于发出操作信号,接通或断开电流较小的控制电路,用来控制电流较大的电气设备的运转。它是一种结构简单、应用广泛的主令电器,在电气自动控制电路中,用于手动发出控制信号来控制电磁起动器、继电器、接触器等。

5. 选用原则及使用注意事项

选用时,要根据用途选择开关的形式,如紧急式、钥匙式、指示灯式等;根据使用环境选择按钮开关的种类,如开启式、防水式、防腐式等;根据工作状态和工作情况的要求,选择按钮开关的颜色,避免误操作。按钮帽一般做成不同的颜色,其颜色有绿、红、黄、黑、白、蓝等。如绿色表示起动按钮,红色表示停止按钮等。

4.1.3 组合开关

1. 规格型号

组合开关常被作为电源引入的开关。它有单极、双极、三极、四极几种。在电气控制线路中常用的组合开关系列规格有 HZ5、HZ10、HZ15、3LB 等。其额定电压直流为 220 V,交流为 380 V;额定电流分 10 A、25 A、60 A 及 100 A 四种。

其型号含义如图 4-6 所示。

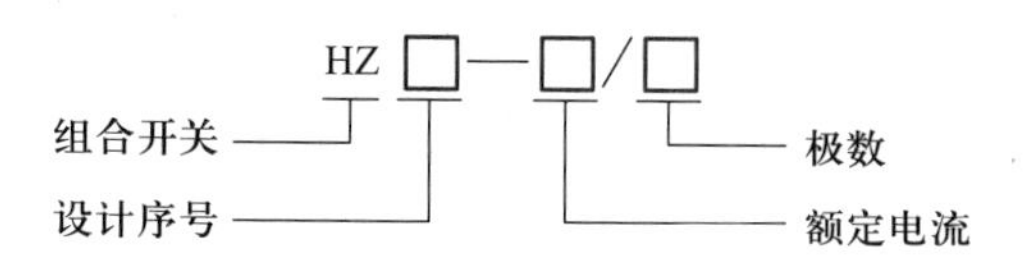

图 4-6　组合开关的型号含义

2. 外形结构与工作原理

组合开关一般由手柄、转轴、弹簧、凸轮、动触片、静触片、绝缘杆和接线柱等组成，其外形与结构图如图 4-7 所示。三极组合开关沿转轴自下而上分别安装了三层开关组件，每层上均有一个动触头、一对静触头及一对接线柱，各层分别控制一条支路的通与断，形成组合开关的三极。手柄每转过一定角度，就带动固定在转轴上的三层开关组件中的三个动触头同时转动至一个新位置，在新位置上分别与各层的静触头接通或断开。

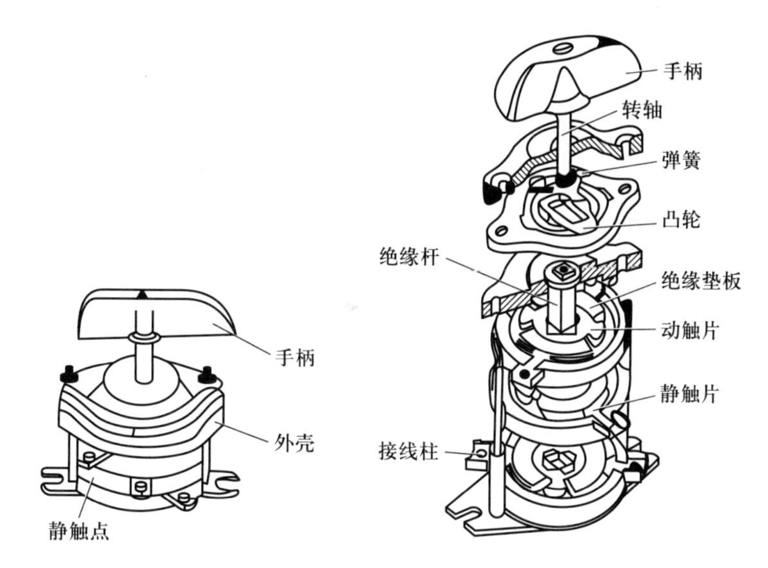

图 4-7　组合开关的外形与结构图

3. 图形符号

组合开关的图形符号如图 4-8 所示。

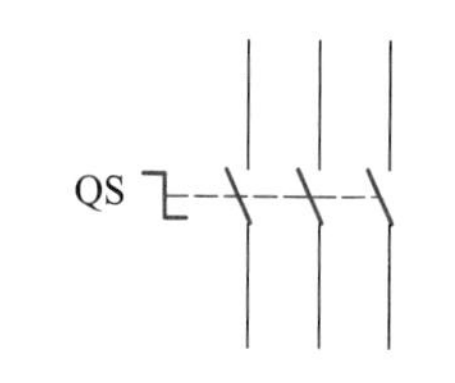

图 4-8　组合开关的图形符号

4. 功能作用

主要适用于交流 50 Hz、电压 380 V 及以下、直流 220 V 及以下的电路中，作手动不频繁地接通或分断电路、换接电源和负载、测量电路之用，也可控制小容量电动机。局部照明电路也常用它来控制。

5. 选用原则及使用注意事项

组合开关用作隔离开关时，其额定电流应为低于被隔离电路中各负载电流的总和；用于控制电动机时，其额定电流一般取电动机额定电流的 1.5~2.5 倍。

应根据电气控制线路中的实际需要，确定组合开关的接线方式，正确选择符合接线要求的组合开关规格。

4.1.4 倒顺开关

倒顺开关也叫作转换开关，是一种多功能手动开关。

1. 规格型号

倒顺开关型号HY、LW、KO等为通用型号，BQXN为防爆型。

2. 外形结构与工作原理

倒顺开关的外形与结构图如图4-9所示。开关由手柄、凸轮、触头组成，凸轮和触头装在防护外壳内，触头共有5对，其中一对由正反转共用，两对控制电动机正转，另两对控制电动机反转，触头为桥式双断点。转动手柄，带动凸轮转动，使触头进行接通和分断。

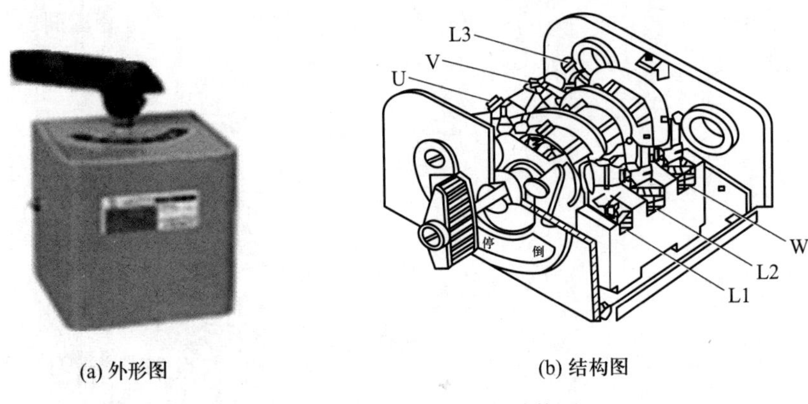

(a) 外形图　(b) 结构图

图4-9 倒顺开关的外形与结构图

3. 图形符号

倒顺开关的图形符号如图4-10所示。

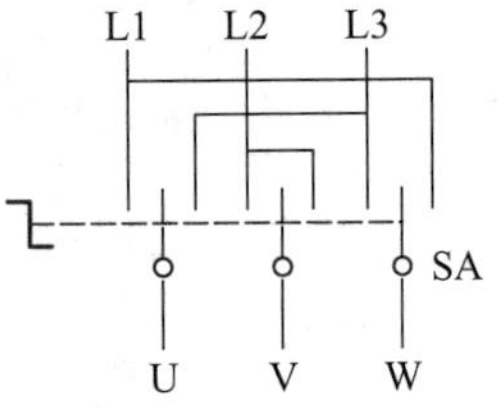

图4-10 倒顺开关的图形符号

4. 功能作用

倒顺开关是连通、断开电源或负载，以及使电动机正转或反转的一种机械开关电器，主要用于控制三相小功率电动机做正反转，不能作为自动化元件使用。

5. 选用原则及使用注意事项

(1) 倒顺开关用于控制电动机时，其额定电流一般取电动机额定电流的1.5倍以上。

(2) 由倒顺开关制作的正反转控制电路适用于小容量电动机的正反转控制。

(3) 电动机及倒顺开关的外壳必须可靠接地，必须将接地线接到倒顺开关的接地螺钉上，切忌接在开关的罩壳上。

(4) 倒顺开关的进出线切忌接错，接线时应看清开关线端标记，并使L1、L2、L3接电源，U、V、W接电动机，否则会造成两相电源短路事故。

4.1.5 行程开关

1. 规格型号

行程开关又称限位开关，能将机械位移转换为电信号，以控制机械运动。行程开关按其结构可分为直动式、滚轮旋转式、微动式和组合式。常用的行程开关有 LX19 和 JLXK1 等系列。各系列行程开关的基本结构相同,区别仅在于行程开关的传动装置和动作速度不同。

2. 外形结构与工作原理

直动式、滚轮旋转式、微动式行程开关如图 4-11、图 4-12 和图 4-13 所示。

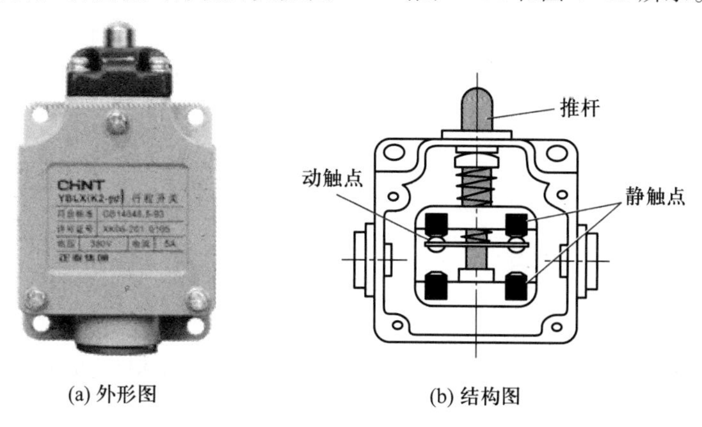

(a) 外形图　(b) 结构图

图 4-11　直动式行程开关的外形与结构图

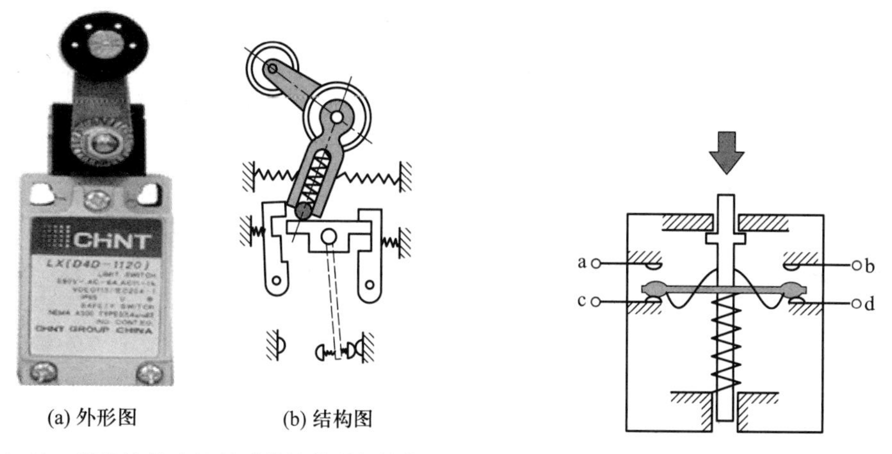

(a) 外形图　(b) 结构图

图 4-12　滚轮旋转式行程开关的外形与结构图

图 4-13　微动式行程开关的结构图

直动式行程开关动作原理同按钮类似,所不同的是:按钮是手动控制,直动式行程开关则由运动部件的撞块碰撞控制。外界运动部件上的撞块碰压按钮使其触头动作,当运动部件离开后,在弹簧作用下,其触头自动复位。但其触头的分合速度取决于生产机械运动部件的运行速度,直动式行程开关不宜用于速度低于 0.4 m/min 的场所。

滚轮旋转式行程开关的动作原理:当运动部件的挡铁(撞块)压到行程开关的滚轮上时,传动杠连同转轴一同转动,使凸轮推动撞块,当撞块碰压到一定位置时,推动微动开关快速动作。当滚轮上的挡铁移开后,复位弹簧就使行程开关复位。

微动式行程开关的动作原理:在外界运动部件上的撞块碰压按钮使其触头动作,动断触头分断,动合触头闭合;当运动部件离开后,复位弹簧就使行程开关各部分恢复原始位置,这种自动恢复的行程开关是依靠本身的恢复弹簧复原的。

3. 图形符号

行程开关的图形符号如图 4-14 所示。

图 4-14 行程开关的图形符号

4. 功能作用

在电气控制系统中,行程开关的作用是实现顺序控制、定位控制和位置状态的检测,用于控制机械设备的行程及限位保护。在实际生产中,将行程开关安装在预先安排的位置,当装于生产机械运动部件上的模块撞击行程开关时,行程开关的触头动作,实现电路的切换。因此,行程开关是一种根据运动部件的行程位置而切换电路的电器,它的作用原理与按钮类似。

行程开关广泛用于各类机床和起重机械,用以控制其行程,进行终端限位保护。在电梯的控制电路中,还利用行程开关来控制开关轿门的速度、自动开关门的限位、轿厢的上下限位保护。

5. 选用原则及使用注意事项

行程开关主要根据其技术参数、使用环境、安装位置和精度要求进行选择。

(1) 额定电压:行程限位开关的触头电压等级应大于或等于线路的额定电压。

(2) 额定电流:其触头的额定发热电流应高于线路的最大负载电流,一般为 10 A。如将行程限位开关直接用于分断主回路,要求其额定发热电流至少大于 15 A。

(3) 根据行程限位开关的使用环境和操作级率,合适地选择不同类型的开关。

4.2 保护电器

4.2.1 熔断器

1. 规格型号

熔断器是一种短路保护器,广泛用于配电系统和控制系统,主要进行短路保护或严重过载保护。常见的型号有 RC1A 插入式、RL1 系列螺旋式、RM10 系列无填料封闭管式、RT0 型有填料封闭管式。熔断器的型号含义如图 4-15 所示。

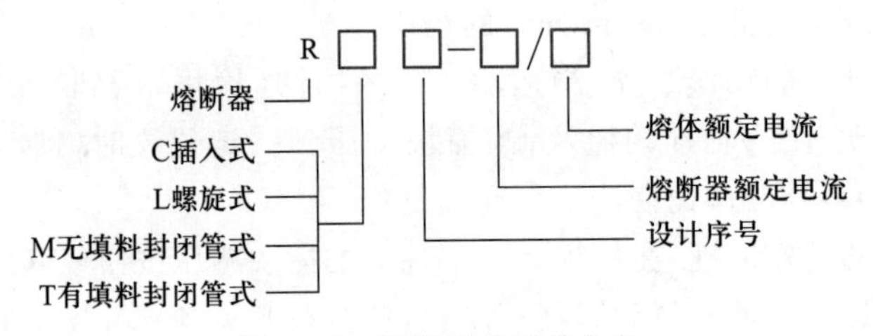

图 4-15 熔断器的型号含义

2. 外形结构与工作原理

熔断器主要由熔体和熔管以及外加填料等部分组成。其中熔体是控制熔断特性的关键元件。熔体的材料、尺寸和形状决定了熔断特性。熔体材料分为低熔点和高熔点两类。低熔点材料如铅和铅合金，其熔点低、容易熔断，且电阻率较大，故制成熔体的截面尺寸较大，熔断时产生的金属蒸气较多，只适用于低分断能力的熔断器。高熔点材料如铜、银，其熔点高，不容易熔断，电阻率较低，可制成熔体的截面尺寸较小，熔断时产生的金属蒸气少，适用于高分断能力的熔断器。熔体的形状分为丝状和带状两种。改变截面的形状可显著改变熔断器的熔断特性。

熔断器具有反时延特性，即过载电流小时，熔断时间长；过载电流大时，熔断时间短。所以，在一定过载电流范围内，当电流恢复正常时，熔断器不会熔断，可继续使用。熔断器有各种不同的熔断特性曲线，可以适用于不同类型的保护对象。

插入式、螺旋式、无填料封闭管式和有填料封闭管式熔断器如图 4-16、图 4-17、图 4-18 和图 4-19 所示。

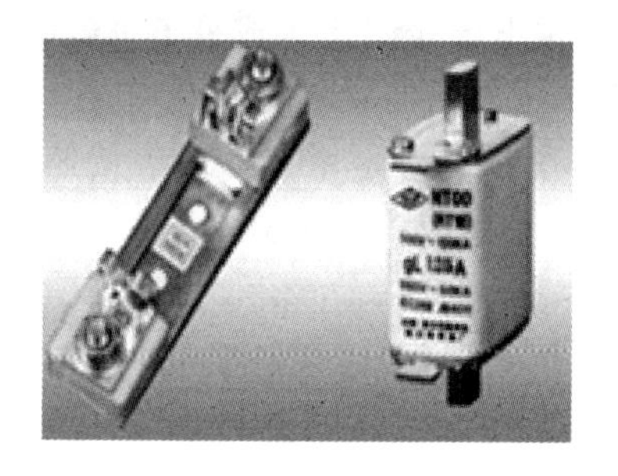

(a) 外形图

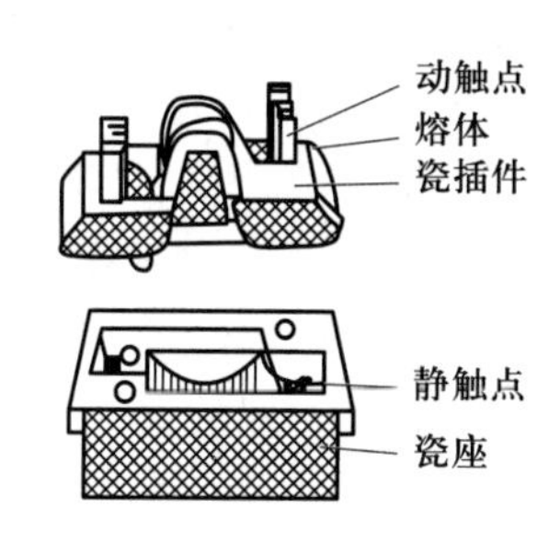

(b) 结构图

图 4-16　插入式熔断器的外形与结构图

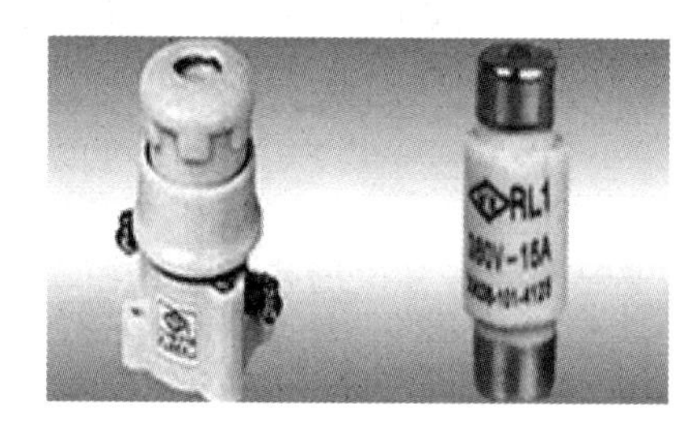

(a) 外形图

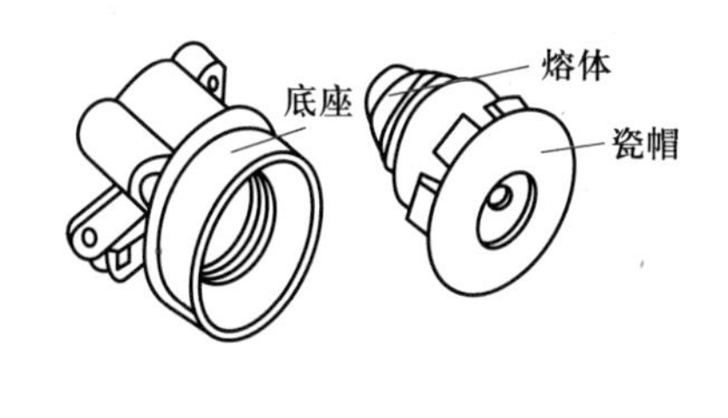

(b) 结构图

图 4-17　螺旋式熔断器的外形与结构图

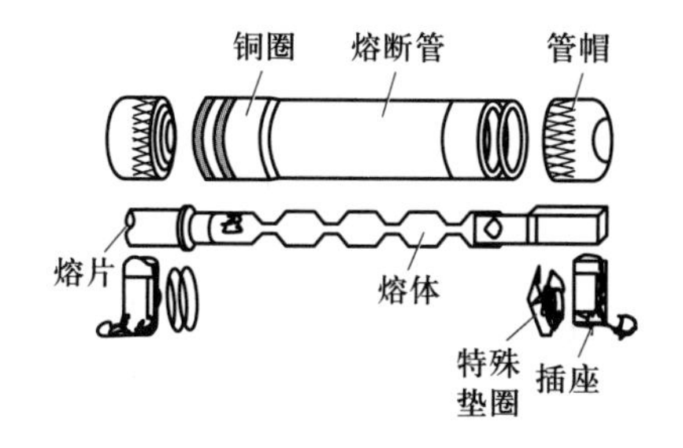

图 4-18　无填料封闭管式熔断器的结构图

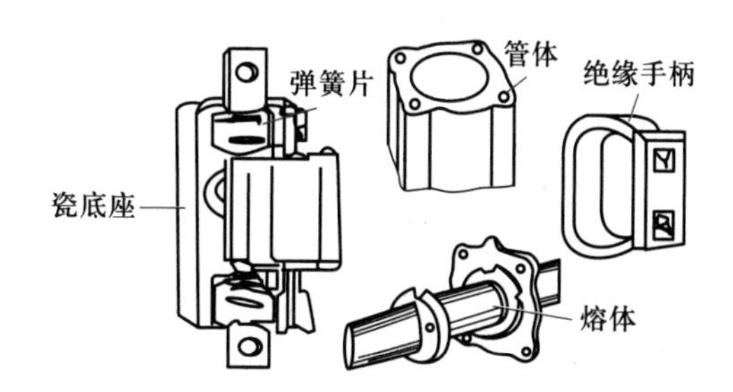

图 4-19　有填料封闭管式熔断器的结构图

3. 图形符号

熔断器的图形符号如图 4-20 所示。

4. 功能作用

熔断器是一种过电流保护器,以金属导体作为熔体来分断电路。使用时熔体串接到被保护电路中,当电路发生过载或短路故障时,熔体被瞬时熔断而分断电路,起到保护电路的作用。

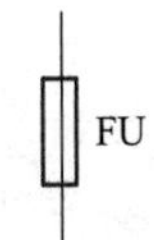

图 4-20　熔断器的图形符号

视频 9:熔断器的选用

5. 选用原则及使用注意事项

(1) 熔断器类型的选择

应根据使用场合选择熔断器的类型。电网配电一般用管式熔断器 ,电动机保护一般用螺旋式熔断器,照明电路一般用插入式熔断器,保护可控硅元件则应选择半导体保护用快速熔断器。

(2) 熔断器熔体额定电流的选择

① 对于变压器、电炉和照明等负载,熔体的额定电流应略大于或等于负载电流。

② 对于输配电线路,熔体的额定电流应略大于或等于线路的安全电流。

③ 对于单台电动机负载,因其起动电流较大,熔体的额定电流一般可按照 1.5~2.5 倍额定电流选择;对于多台电动机负载,熔体的额定电流应大于或等于 1.5~2.5 倍的最大电动机额定电流加上其余电动机的计算负荷电流。

④ 对于电容补偿柜主回路的保护,如选用 gG 型熔断器,熔体的额定电流等于线路计算电流的 1.8~2.5 倍;如选用 aM 型熔断器,熔体的额定电流等于线路电流的 1~2.5 倍。

⑤ 对于线路上下级间的选择性保护,上级熔断器与下级熔断器额定电流的比值应大于或等于 1.6,以预防发生越级动作使故障停电范围扩大。

⑥ 对于保护半导体器件的熔断器,由于熔断器与半导体器件串联,因此,熔体的额定电流:$I_{FU} \geqslant 1.57\ I_{RN} \approx 1.6\ I_{RN}$,式中 I_{RN} 表示半导体器件的正向平均电流。

4.2.2　空气断路器

讲义 4:空气开关

空气断路器又称空气开关,是低压配电网络和电力拖动系统中非常重要的一种电器。

1. 规格型号

空气断路器按极数可分为单极、二极、三极;按保护形式可分为电磁脱扣器式、热脱扣器式、复合脱扣器式和无脱扣器式;按安全分断时间可分为一般式和快速式;按结构形式可分为塑壳式、框架式、限流式、直流快速式、灭磁式和漏电保护式。

空气断路器的常见规格型号有 DW 系列和 DZ 系列两种,如 DZ5、DZ10、DZ15、DZ20 等。

2. 外形结构与工作原理

空气断路器由导电回路、可分触头、灭弧装置、绝缘部件、底座、传动机构、操动机构等组成,如图 4-21 所示。导电回路用来承载电流;可分触头是使电路接通或分断的执行元件;灭弧装置用来迅速、可靠地熄灭电弧,使电路最终断开。与其他开关相比,断路器的灭弧装置的熄弧能力最强,结构也比较复杂。触头的分合运动是靠操动机构做功并经传动机构传递力来带动的,其操作方式可分为手动、电动、气动和液压等。有些断路器(如油断路器、六氟化硫断路器等)的操动机构并不包括在断路器的本体内,而是作为一种独立的产品供断路器选配使用。

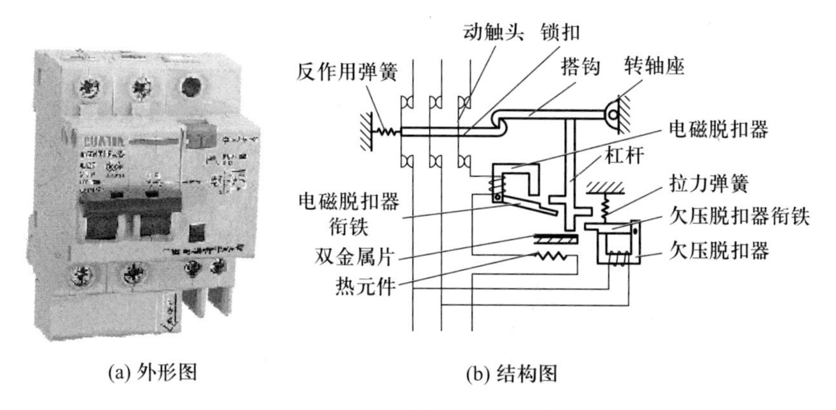

(a) 外形图　(b) 结构图

图 4-21　断路器的外形与结构图

3. 图形符号

3P 空气断路器的图形符号如图 4-22 所示。

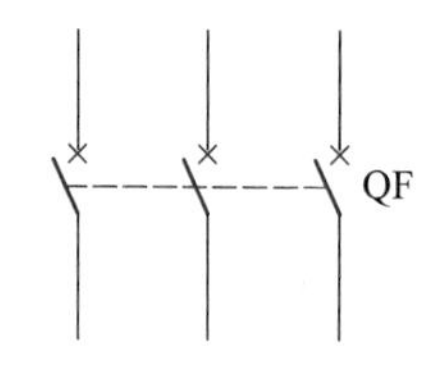

图 4-22　3P 空气断路器的图形符号

4. 功能作用

空气断路器集控制和多种保护功能于一身,除了能接通和分断电路,还能在电路或电气设备发生短路、严重过载及欠电压时及时保护电路,同时也可用于不频繁地起动电动机。

5. 选用原则及使用注意事项

(1) 根据用途选择空气断路器的型号和极数。

(2) 根据最大工作电流来选择空气断路器的额定电流。

(3) 根据需要选择脱扣器的类型、附件的种类和规格。

(4) 要注意上下级开关的保护特性,合理配合,防止越级跳闸。

6. 额定电流值的选择

(1) 对于控制照明电路的空气断路器,其额定电流应为电路工作电流的 1.05~1.1 倍。

(2) 对于控制电动机的空气断路器,其额定电流应为电路工作电流的 1.2~1.5 倍。

4.2.3　热继电器

1. 规格型号

常用的热继电器型号有 JR16、JR20 等系列,型号含义如图 4-23 所示。

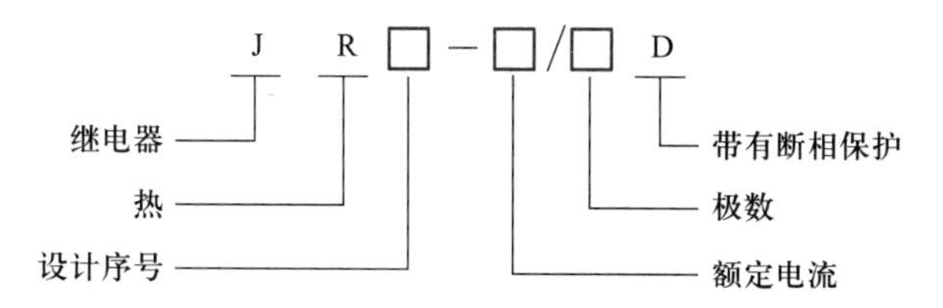

图 4-23　热继电器的型号含义

2. 外形结构与工作原理

热继电器主要由发热元件、双金属片、触头系统[1对动合(下)和1对动断(上)]、导板、复位机构和调整机构等组成。其外形与结构图如图4-24所示。

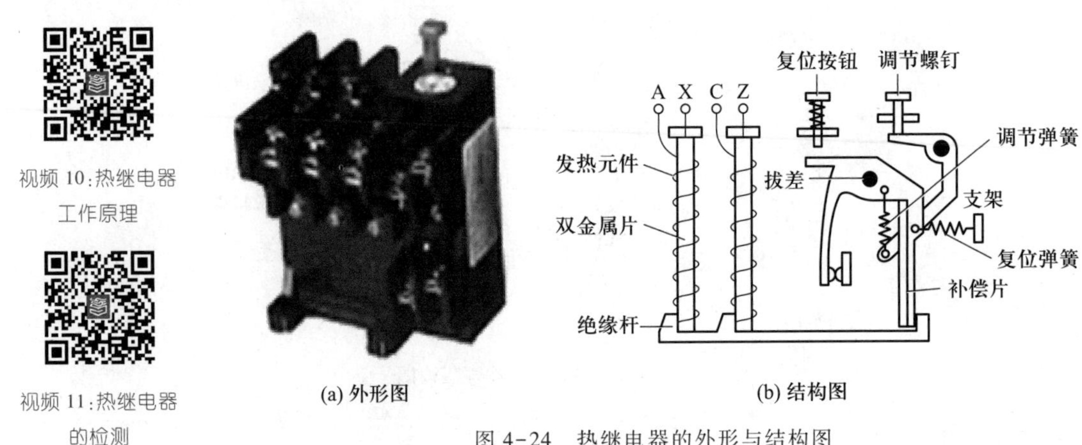

(a) 外形图

(b) 结构图

图4-24 热继电器的外形与结构图

热继电器是由流入发热元件的电流产生热量,使有不同膨胀系数的双金属片发生形变,当形变达到一定程度时,就推动连杆动作,使控制电路断开,从而使接触器失电,主电路断开,实现电动机的过载保护。热继电器作为电动机的过载保护元件,以其体积小、结构简单、成本低等优点在生产中得到了广泛应用。

3. 图形符号

热继电器的图形符号如图4-25所示。

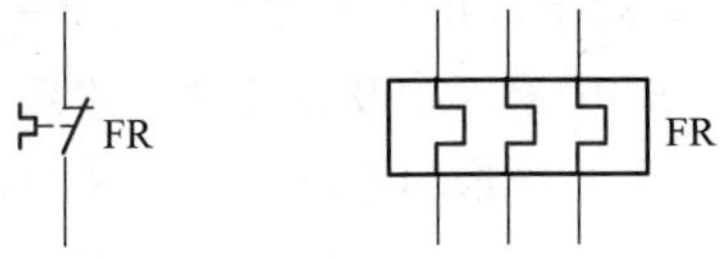

FR

FR

(a) 动断触点

(b) 热元件

图4-25 热继电器的图形符号

4. 功能作用

主要用来对异步电动机进行过载保护。

5. 选用原则及使用注意事项

热继电器主要用于保护电动机的过载,因此选用时必须了解电动机的情况,如工作环境、起动电流、直载性质、工作制、允许过载能力等。原则上应使热继电器的保护特性尽可能接近甚至重合电动机的过载特性,或者在电动机的过载特性之下;同时在电动机短时过载和起动的瞬间,热继电器应不受影响(不动作)。当热继电器用于保护长期工作制或间断长期工作制的电动机时,一般按电动机的额定电流来选用。例如,热继电器的整定值可等于0.95~1.05倍的电动机的额定电流,或者将热继电器整定电流的中值取为电动机的额定电流,然后进行调整。当热继电器用于保护反复短时工作制的电动机时,热继电器仅有一定范围的适应性。如果短时间内操作次数很多,就要选用带速饱和电流互感器的热继电器。对于正反转和通断频繁的特殊工作制电动机,不宜采用热继电器作为过载保护装置,而应使用埋入电动机绕组的温度继电器或热敏电阻来保护。

鉴于双金属片受热弯曲过程中,热量的传递需要较长的时间,因此,热继电器不能用作短路保护,只能用作过载保护。

4.3　控制电器

4.3.1　接触器

1. 规格型号

常用的接触器有空气电磁式交流接触器、机械连锁交流接触器、切换电容接触器、真空交流接触器、直流接触器和智能化接触器等。

（1）空气电磁式交流接触器

在接触器中，空气电磁式交流接触器应用最广泛，产品系列和品种最多，但其结构和工作原理相同，目前常用国产空气电磁式交流接触器有 CJ0、CJl0、CJl2、CJ20、CJ21、CJ26、CJ29、CJ35、CJ40 等系列。

（2）机械连锁交流接触器

机械连锁交流接触器实际上是由两个相同规格的交流接触器加上机械连锁机构和电气连锁机构组成的，保证在任何情况下两台接触器不能同时吸合。常用的机械连锁接触器有 CJX1-N、CJX2-N 等。

（3）切换电容接触器

切换电容接触器专用于低压无功补偿设备中，投入或切除电容器组，以调整电力系统功率因数，切换电容接触器是在空气电磁式交流接触器的基础上加入了抑制浪涌的装置，使合闸时的浪涌电流对电容的冲击和分闸时的过电压得到抑制。常用的产品有 CJl6、CJl9、CJ41、CJX4、CJX2A 等。

（4）真空交流接触器

真空交流接触器以真空为灭弧介质，其主触头密封在真空开关管内。真空开关管以真空作为绝缘和灭弧介质，当触头分离时，电弧只能由触头上蒸发出来的金属蒸气来维持，因为真空具有很高的绝缘强度且介质恢复速度很快，真空电弧的等离子体很快向四周扩散，在第一次电压过零时电弧就能熄灭。常用的国产真空交流接触器有 CKJ、NC9 系列等。

（5）直流接触器

直流接触器在结构上有立体布置和平面布置两种，电磁系统多采用绕棱角转动的拍合式结构，主触头采用双断点桥式结构或单断头转动式结构。常用的直流接触器有 CZ18、CZ21、CZ22、CZ0 等。

（6）智能化接触器

智能化接触器内装有智能化电磁系统，并具有与数据总线和其他设备通信的功能，其本身还具有对运行工况自动识别、控制和执行的能力。智能化接触器由电磁接触器、智能控制模块、辅助触头组、机械联锁机构、报警模块、测量显示模块、通信接口模块等组成，它的核心是微处理器或单片机。

交流接触器（CJ 系列）和直流接触器（CZ 系列）的型号含义如图 4-26 所示。

视频 12：交流接触器工作原理

2. 外形结构与工作原理

接触器主要由电磁机构、触头系统、灭弧装置等组成。其外形与结构图如图 4-27 所示。

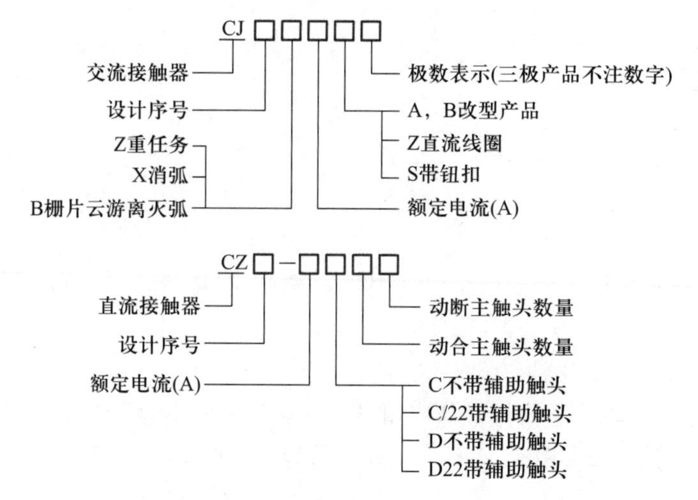

图 4-26　交流接触器和直流接触器的型号含义

(a) CJ10系列接触器

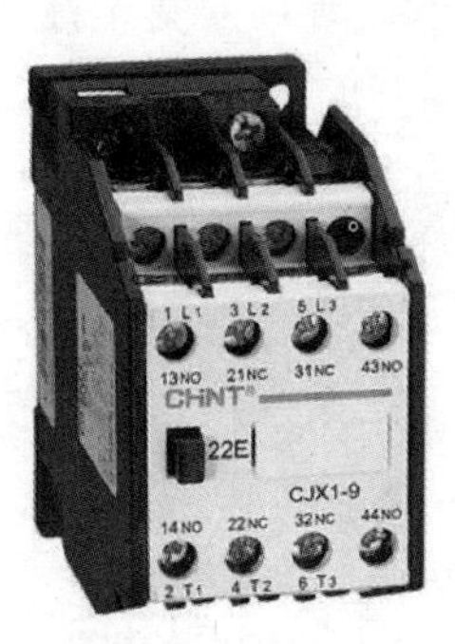

(b) CJX1系列接触器

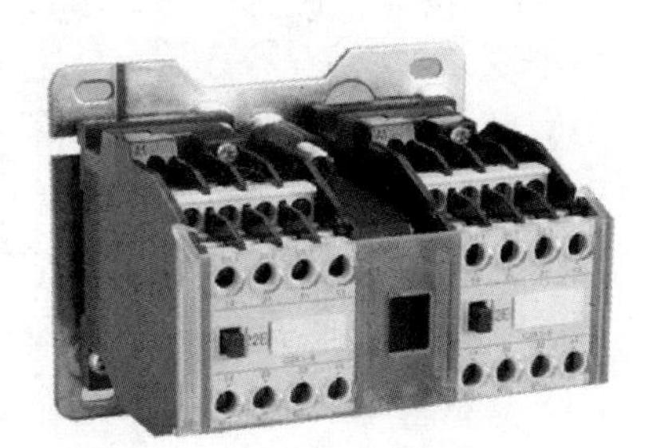
(c) CJX1N系列接触器

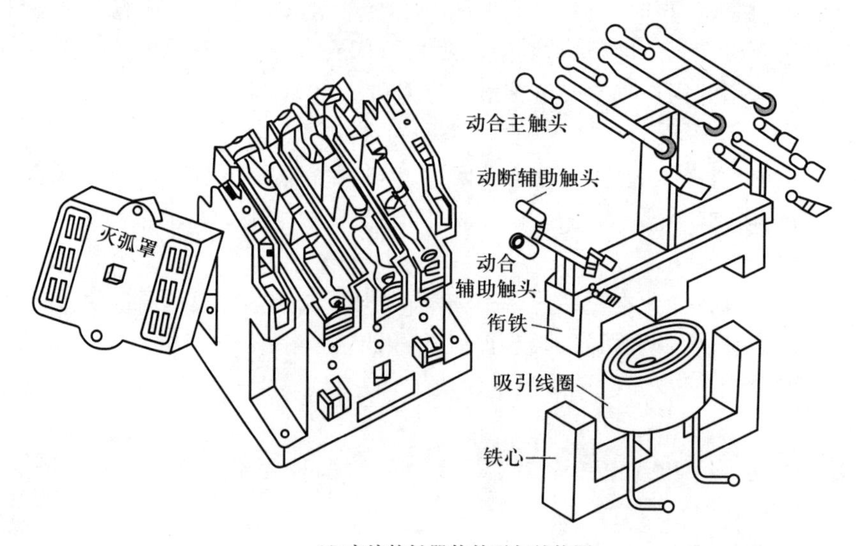

(d) 交流接触器的外形与结构图

图 4-27　接触器的外形与结构图

(1) 电磁机构

电磁机构由线圈、动铁心(衔铁)和静铁心组成,其作用是将电磁能转换成机械能,产生电磁吸力带动触头动作。

(2) 触头系统

包括主触头和辅助触头,共有 7 对。主触头用于通断主电路,通常为 3 对动合触头(1、3、5 对)。辅助触头用于控制电路,起电气联锁作用,故又称联锁触头,一般动合(2、4 对)、动断(上面)各 2 对。

(3) 灭弧装置

容量在 10 A 以上的接触器都有灭弧装置,对于小容量的接触器,常采用双断口触头灭弧、电动力灭弧、相间弧板隔弧及陶土灭弧罩灭弧。对于大容量的接触器,采用纵缝灭弧罩及栅片灭弧。

(4) 其他部件

包括反作用弹簧、缓冲弹簧、触头压力弹簧、传动机构及外壳等。

工作原理:当线圈通电时,静铁心产生电磁吸力,将动铁心吸合,由于触头系统是与动铁心联动的,因此动铁心带动三个动触片同时运行,从而使得动断触头先断开,动合触头再闭合,接通电源。当线圈断电时,吸力消失,动铁心联动部分依靠弹簧的反作用力而分离,使主触头断开,切断电源。其结构原理如图 4-28 所示。

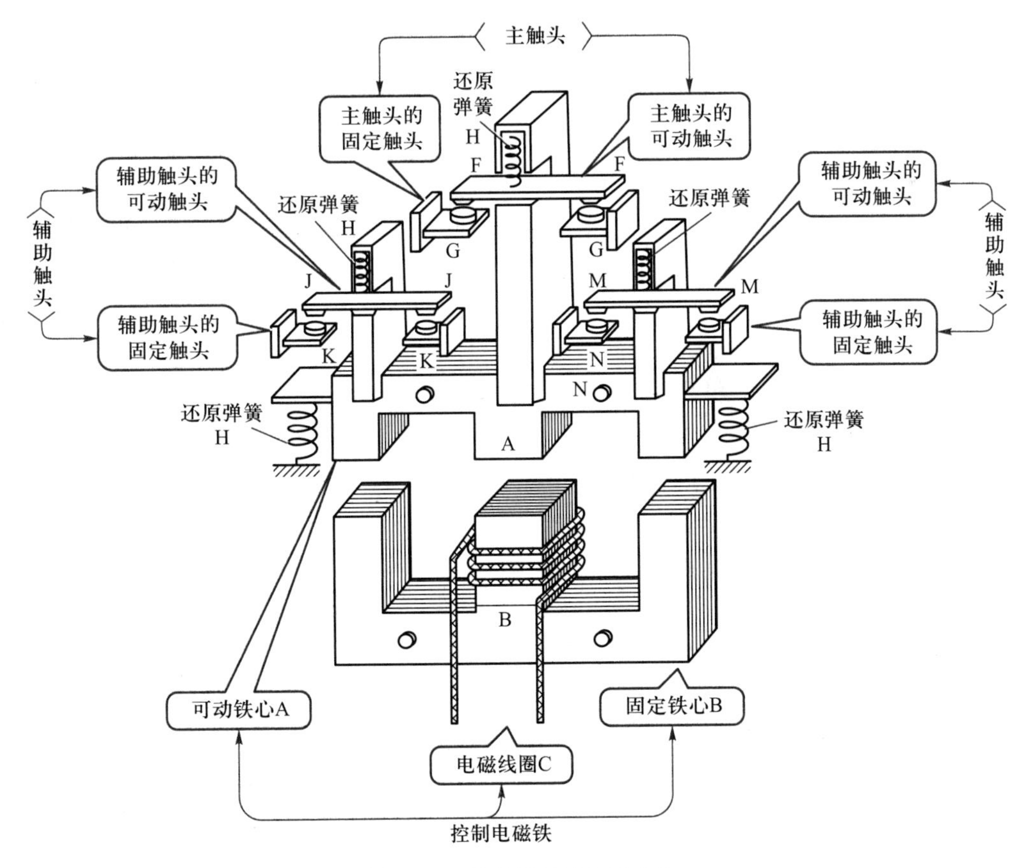

图 4-28　接触器的结构原理图

3. 图形符号

接触器的图形符号如图4-29所示。

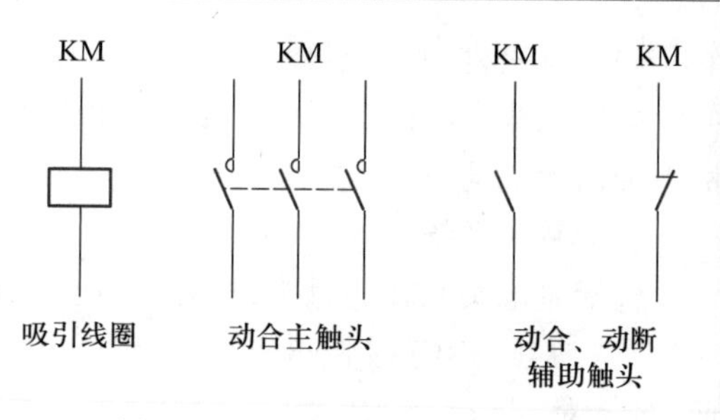

图4-29　交流接触器的图形符号

4. 功能作用

接触器可作为电磁开关,用来接通或断开电动机及其他设备的主电路。接触器经常用于控制电动机,也可用于控制工厂设备、电热器、工作母机和各样电力机组等电力负载。接触器不仅能接通和切断电路,还具有低电压释放保护作用。接触器控制容量大,适用于频繁操作和远距离控制,是自动控制系统中的重要元件之一。

视频13:交流接触器的选用

5. 选用原则及使用注意事项

交流接触器线圈的工作电压应为其额定电压的85%~105%,这样才能保证接触器可靠吸合。如电压过高,交流接触器磁路趋于饱和,线圈电流将显著增大,有烧毁线圈的危险。反之,电压过低,电磁吸力不足,动铁心吸合不上,线圈电流达到额定电流的十几倍,线圈可能过热烧毁。

4.3.2　速度继电器

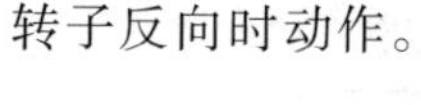

视频14:速度继电器

速度继电器是反映转速和转向的继电器,主要用于笼型异步电动机的反接制动控制,所以也称为反接制动控制器。

1. 外形结构与工作原理

速度继电器主要由转子、定子和触头三部分组成,其外形与结构图如图4-30所示。转子是一个圆柱形永久磁铁;定子是一个笼型空心圆环,由硅钢片叠成,并装有笼型绕组;触头由两组转换触头组成,一组在转子正向时动作,另一组在转子反向时动作。

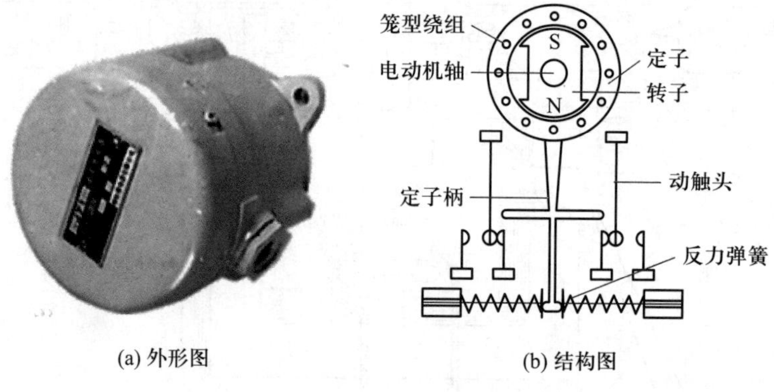

(a) 外形图　　(b) 结构图

图4-30　速度继电器的外形与结构图

速度继电器转子的轴与被控电动机的轴相连接,而定子空套在转子上。当电动机转动时,速度继电器的转子随之转动,定子内的短路导体便切割磁场,产生感应电动势,从而产生电流。此电流与旋转的转子磁场作用产生转矩,使定子转动,当定子转动到一定角度时,装在定子轴上的摆锤推动簧片动作,使动断触头断开,动合触头闭合。当电动机转速低于某一值时,定子产生的转矩减小，触头在弹簧作用下复位。速度继电器一般在转速 120 r/min 以上时触头动作，在转速 100 r/min 以下时触头复位。

2. 图形符号

速度继电器的图形符号如图 4-31 所示。

KS　KS　KS

转子　动合触头　动断触头

图 4-31　速度继电器的图形符号

4.3.3　时间继电器

时间继电器是一种利用电磁原理或机械原理实现延时控制的自动开关装置。当加入(或去掉)动作信号后，其输出电路需经过规定时间才能产生跳跃式变化(或触头动作)。

讲义 5:时间继电器

1. 外形结构与工作原理

时间继电器的种类很多，有电子式、电动式、电磁式和空气阻尼式等，其外形图如图 4-32 所示。

(a) 电子式时间继电器

(b) 空气阻尼式时间继电器

图 4-32　时间继电器的外形图

在电气控制电路中应用较多的是空气阻尼式时间继电器，常见的型号有 JS7-A 系列，其型号含义如图 4-33 所示。

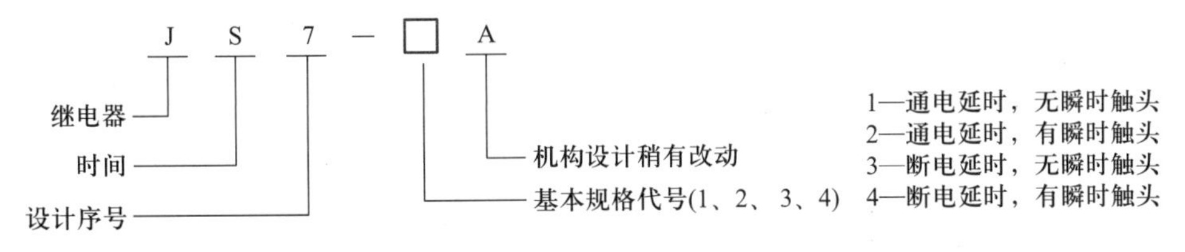

图 4-33　空气阻尼式时间继电器的型号含义

(1) 通电延时型时间继电器

视频 15:时间继电器工作原理动画演示

通电延时型时间继电器工作原理如图 4-34 所示。当线圈通电时，衔铁及推板被铁心吸引而瞬时下移，使瞬时动作触头接通或断开。但是活塞杆和杠杆不能同时跟着衔铁一起下落，因为活塞杆的上端连着空气室中的橡皮膜，当活塞杆在反力弹簧的作用下开始向下运动时，橡皮膜随之向下凹，上面空气室的空气变得稀薄,使活塞杆受到阻尼作用而缓慢下降。经过一定时间,活塞杆下降到一定位置,便通过杠杆推动延时触头动作,使动断触头断开,动合触头闭合。从线圈通电到延时触头完成动作,这段时间就是继电器的延时时间。延时时间的长短可以用螺钉调节空气室进气孔的大小来改变。线圈断电后,继电器依靠塔形弹簧和弱弹簧的作用而复原,空气经进气孔被迅速排出。

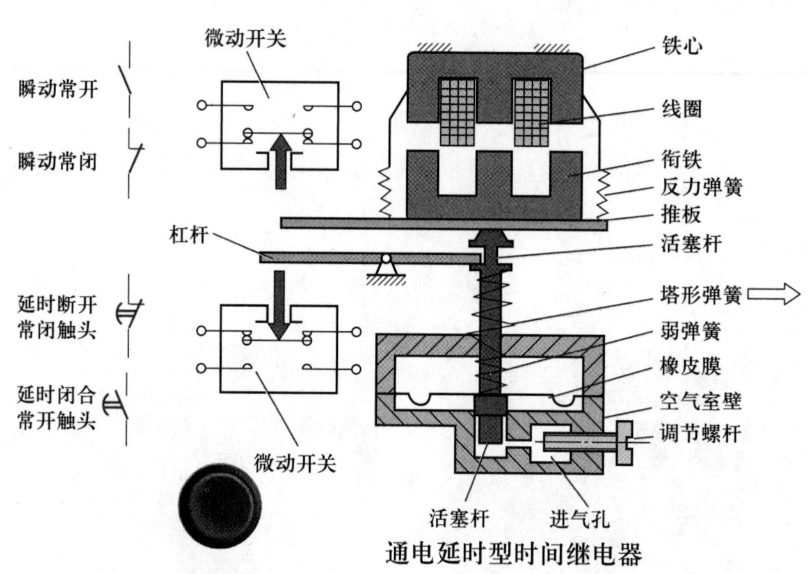

(a) 通电前

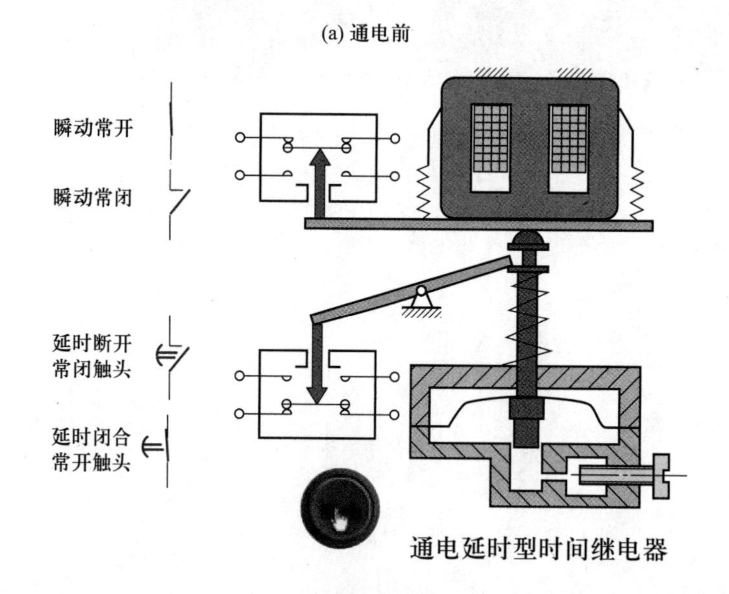

(b) 通电后

图 4-34 通电延时型时间继电器工作原理

(2) 断电延时型时间继电器

断电延时型时间继电器工作原理如图 4-35 所示。当线圈通电时,衔铁及推板被铁心吸引而瞬时下移，使瞬时动作触头接通或断开。活塞杆和杠杆在弹簧作用下通过杠杆推动延时触头动作，使动合触头瞬时闭合，动断触头瞬时断开。当线圈断电时，受阻尼作用影响，活塞杆缓慢上升，一定时间后上升到一定位置，通过杠杆推动演示动作触头发生动作，已闭合的动合触头延时断开，已断开的动断触头延时闭合。继电器的延时时间便是线圈断电到延时触头完成动作的时间。

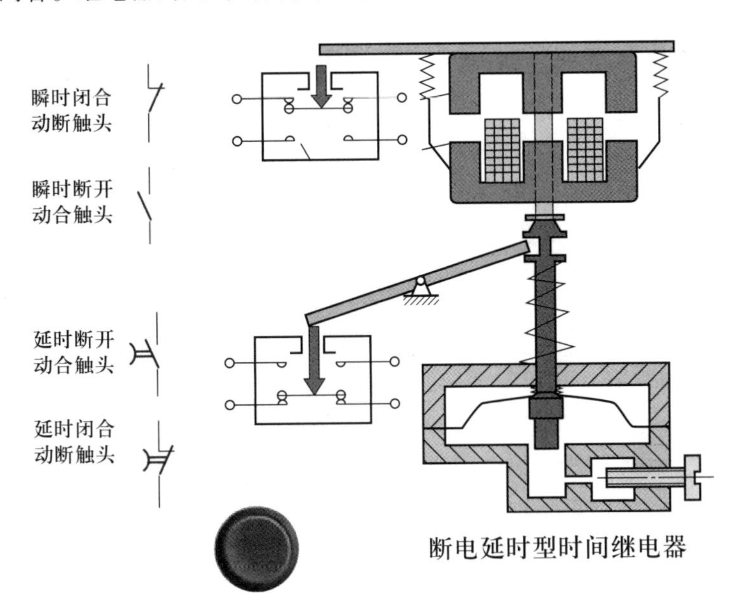

图 4-35　断电延时型时间继电器工作原理

2. 图形符号

时间继电器的图形符号如图 4-36 所示。

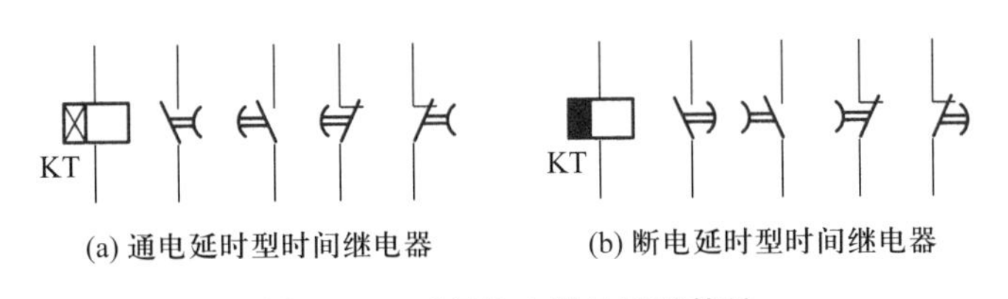

图 4-36　时间继电器的图形符号

3. 功能作用

继电器是通过输入信号的变化达到一定程度，使输出量发生阶跃性的变化，从而实现断开或接通小电流电路的自动控制电器，其执行机构是电参数的变化或触头的动作。它实际上是一种用较小电流来控制较大电流的“自动开关”，在电路中起着自动调节、安全保护、转换电路等作用。

4. 选用原则及使用注意事项

（1）根据受控电路的需要来选择通电延时型时间继电器或断电延时型时间继电器。

（2）根据受控电路的电压来选择时间继电器吸引绕组的电压。

（3）若对延时要求高，可选择晶体管式时间继电器或电动式时间继电器；若对延时要求不高，可选择空气阻尼式时间继电器。

4.3.4　牵引电磁铁

1. 规格型号

牵引电磁铁常用型号有 MQ1、MQD 系列，其型号含义如图 4-37 所示。

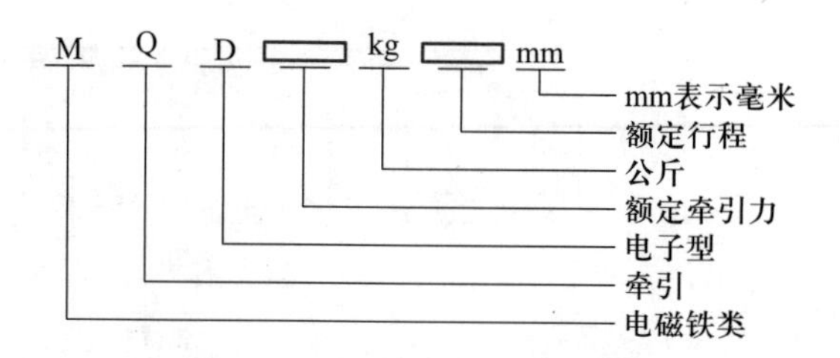

图 4-37　牵引电磁铁的型号含义

2. 外形结构与工作原理

牵引电磁铁是利用载流铁心线圈产生的电磁吸力来操纵机械装置，以完成预期动作的一种电器。它是将电能转换为机械能的一种电磁元件。牵引电磁铁主要由线圈、铁心及衔铁三部分组成，铁心和衔铁一般用软磁材料制成。铁心一般是静止的，线圈总是装在铁心上。开关电器的电磁铁的衔铁上还装有弹簧，如图 4-38 所示。

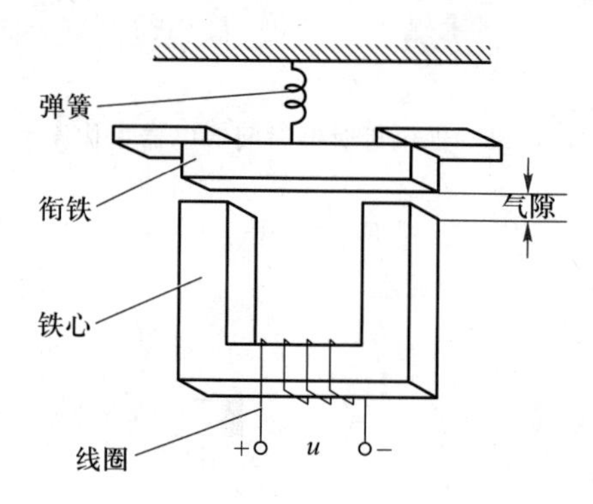

图 4-38　牵引电磁铁的结构原理图

当线圈通电后，铁心和衔铁被磁化，成为极性相反的两块磁铁，它们之间产生电磁吸力。当吸力大于弹簧的反作用力时，衔铁开始向着铁心方向运动。当线圈中的电流小于某一定值或中断供电时，电磁吸力小于弹簧的反作用力，衔铁将在反作用力的作用下返回原来的释放位置。

3. 图形符号

牵引电磁铁的图形符号如图 4-39 所示。

4. 功能作用

牵引电磁铁利用动铁心和静铁心的吸合及复位弹簧的弹力，实现牵引杆的直线往复运动，主要用于机械设备及自动化系列的各种操作机构的远距离控制，尤其用于冲床、剪板机等。

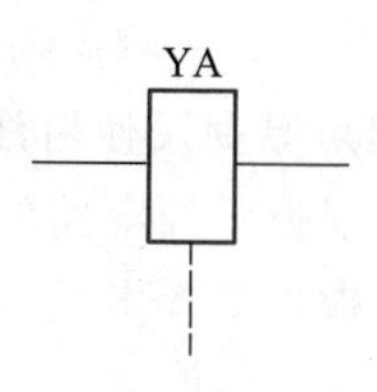

图 4-39　牵引电磁铁的图形符号

5. 选用原则及使用注意事项

牵引电磁铁应按额定吸力选用,并在额定行程内工作,不得超范围使用。

牵引电磁铁应垂直安装,安装面要水平稳固,安装螺钉拧紧时要均衡受力。安装连接衔铁的拉杆时要保证拉杆的中心线与衔铁的中心线相重合,否则可能导致衔铁摩擦被卡而引起线圈和电路烧毁。衔铁表面和导磁内腔无须涂抹润滑油脂,但应保持清洁,不得沾有异物和污垢,谨防水、机油、乳化液等侵蚀。牵引电磁铁工作前,必须保证衔铁和拉杆的运动无机械障碍。衔铁不在腔内不得通电,工作时,衔铁能可靠地吸合,而不停留在中间位置。电源及接地线必须按标记正确牢固接妥,以防震动松脱。为了防止发生意外,牵引电磁铁工作时严禁操作者直接接触电磁铁。

4.4 变压器

变压器是一种根据电磁感应原理,将两组或两组以上的绕组绕在同一个线圈骨架上,或绕在同一铁心上制成的器件。改变一次绕组与二次绕组之间的圈数(匝数)比,可改变两个绕组的电压比和电流比,实现电能或信号的分配与传输。变压器主要起隔离、提升交流电压、降低交流电压、信号耦合、传输电能、变换交流阻抗等作用。几种常见变压器的图形符号如图 4-40 所示。

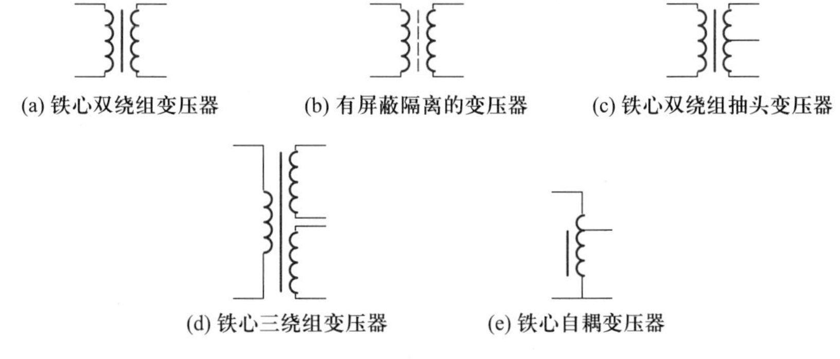

图 4-40 常见变压器的图形符号

1. 变压器的分类

变压器的种类很多,按工作频率可分为低频变压器、中频变压器和高频变压器;按照用途可分为控制变压器、电源变压器、脉冲变压器、音频变压器、恒压变压器、耦合变压器、隔离变压器等;根据电压升降可分为降压变压器和升压变压器。

低频变压器可分为电源变压器(50 Hz)和音频变压器(20 Hz~20 kHz)。它可用来传送信号功率和信号电压,还可实现电路之间的阻抗匹配,对直流电具有隔离作用。

中频变压器又称中周,属于可调磁芯变压器,由磁帽、屏蔽罩、“工”字形磁芯、尼龙支架组成,工作于电视机或收音机的中频放大电路中。它不仅具有普通变压器变换电压、阻抗的特性,还具有谐振于某一特定频率的特性。改变线圈的电感量,调节磁芯即可改变中频信号的通频带、选择性及灵敏度。

高频变压器一般在收音机中做天线线圈,在电视机中做天线的阻抗变换器。在电路中使用高频变压器时,往往并联适当的电容,使之构成具有一定选择性的电路。

2. 变压器的主要参数

(1) 额定功率

额定功率是指在规定的电压和工作频率下,变压器能长期稳定工作而不超过规定温度时的最大输出功率,额定功率中会有部分无功功率,故单位为VA,一般在数百伏安以下。

(2) 匝数比

变压器一次绕组的匝数 N_1 与二次绕组的匝数 N_2 之比称为匝数比,即 $n=N_1/N_2$。在一般情况下,它等于输入电压 U_1 与输出电压 U_2 之比。

(3) 变压比

是指变压器一次、二次绕组电压比。如果忽略了线圈、铁心的损耗,此值近似等于一次、二次绕组的匝数比。这个参数表明了该变压器是升压变压器还是降压变压器。如果变压比小于1,这种变压器就是降压变压器;反之,则称为升压变压器。

(4) 阻抗变换关系

一次输入阻抗 Z_1 与二次负载阻抗 Z_2 的关系可由欧姆定律导出:$Z_1=n^2Z_2$,所以变压器有变换阻抗的作用。

(5) 效率

变压器在有额定负载的情况下,输出功率和输入功率的比值,称为变压器的效率。设变压器的输入功率为 P_1,输出功率为 P_2,则变压器的效率为 $\eta=P_2/P_1\times100\%$。

3. 变压器的基本结构

变压器主要由铁磁材料构成的铁心和绕在铁心上的两个或几个线圈组成。与输入交流电源相连的线圈称为一次绕组;与负载相连的线圈称为二次绕组。

变压器的铁心通常用硅钢片叠加而成,硅钢片的表面涂有绝缘漆,以避免在铁心中产生较大的涡流损耗。

构成变压器的主要材料是绕组线圈和铁心,在小型变压器的制作过程中,需要按使用要求选取变压器的导线直径、绕组匝数和铁心规格。

视频16:变压器的检测

4. 变压器的检测和注意事项

为了保证其特性基本符合使用条件,应进行外观检查、绕组线圈的通断检查、变压器的绝缘电阻检查、空载与负载特性的检查及温升的检查。

选用电源变压器时应注意要与负载电路相匹配,电源变压器应留有功率余量(即输出功率略大于负载电路的最大功率)。一般电源电路采用E形铁心,高保真音频功放电源电路应选C形变压器或环形变压器。

中频变压器有固定的谐振频率,调幅收音机的中频变压器不能与调频收音机的中频变压器互换,同一收音机中中频变压器顺序不能装错,也不能随意调换。电视机伴音中频变压器与图像中频变压器不能互换,选用时应选同型号、同规格的中频变压器,否则很难正常工作。

4.5 三相异步电动机

实现电能与机械能相互转换的电工设备总称为电机。电机利用电磁感应原理实现电能与机械能的相互转换。把机械能转换成电能的设备称为发电机,而把电能转换成机械能的设备称为电动机。在生产上主要用的是交流电动机,特别是三相异步电动机,因为其具有结构简单、坚固耐用、运行可靠、价格低廉、维护方便等优点,被广泛地用来驱动各种金属切削机床、起重机、锻压机、传送带、铸造机械、功率不大的通风机及水泵等。

1. 三相异步电动机的结构

三相异步电动机的两个基本组成部分为定子(固定部分)和转子(旋转部分)。此外还有接线盒、风扇等附属部分,如图 4-41 所示。

视频 17:三相异步电动机的结构

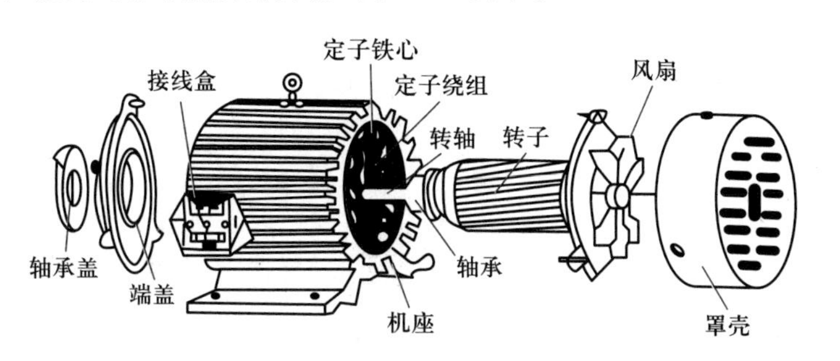

图 4-41　三相异步电动机的结构

定子在空间静止不动,主要由定子铁心、定子绕组、机座、端盖等部分组成。机座用铸铁或铸钢制成,定子铁心用涂有绝缘漆的硅钢片叠成,并固定在机座中。在定子铁心的内圆周上有均匀分布的槽,用来放置定子绕组。定子绕组由绝缘导线绕制而成,三相异步电动机具有三相对称的定子绕组,称为三相绕组。

转子是电动机的旋转部分,转子由转子铁心和转子绕组组成。转子铁心用涂有绝缘漆的硅钢片叠成圆柱形,并固定在转轴上。铁心外圆周上有均匀分布的槽,这些槽放置转子绕组。转子绕组按结构不同可分为绕线转子和笼型转子两种。笼型电动机的转子绕组是由嵌放在转子铁心槽内的导电条组成的。笼型转子及绕组结构如图 4-42 所示。

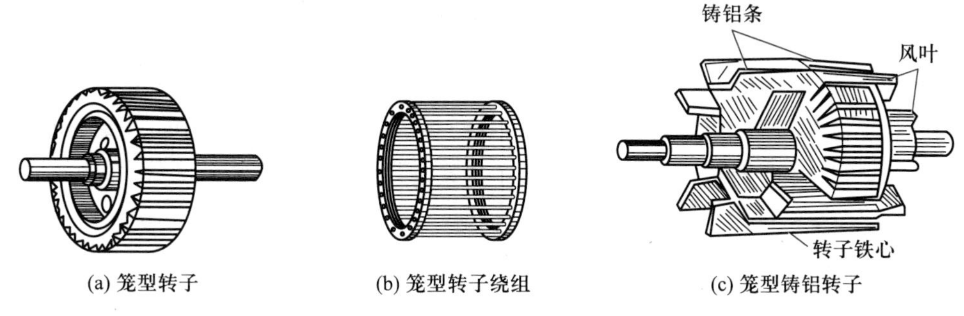

图 4-42　笼型转子及绕组结构图

绕线型电动机的转子绕组为三相绕组,各相绕组的一端连在一起(星形联结),另一端接到三个彼此绝缘的滑环上。

2. 三相异步电动机的工作原理

三相异步电动机的工作原理是建立在电磁感应定律和电磁力定律等基础上的。当电动机的三相定子绕组(各相差 120°电角度)通入三相对称交流电后,每一组绕组都由三相交流电源中的一相供电。绕组与具有相同电相位移的交流电流相互交叉,每组产生一个交流正弦波磁场。此磁场总是沿相同的轴旋转,当绕组的电流位于峰值时,磁场也位于峰值。每组绕组产生的磁场是两个磁场以相反方向旋转的结果,这两个磁场值都是恒定的,相当于峰值磁场的一半。此磁场在供电期内完成旋转,如图 4-43 所示。此旋转磁场切割转子绕组,从而在转子绕组中产生感应电流(转子绕组是闭合通路),载流的转子导体在定子旋转磁场作用下将产生电磁力,从而在电动机转轴上形成电磁转矩,驱动电动机旋转,并且电动机旋转方向与旋转磁场方向相同。

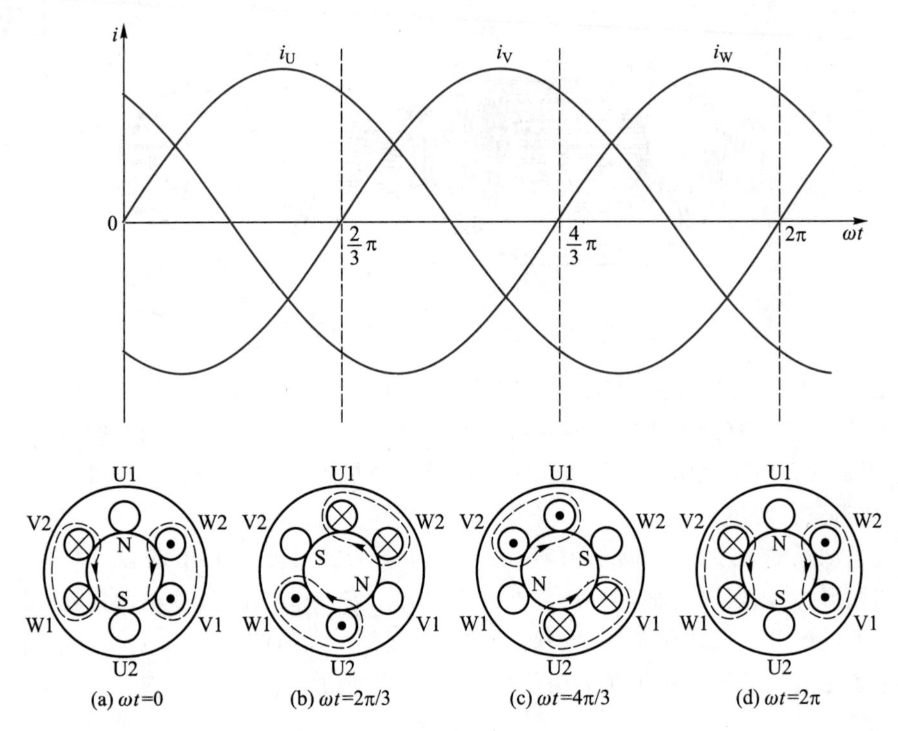

图 4-43 旋转磁场示意图

3. 三相异步电动机的调试与检修

三相异步电动机的调试与检测包括电动机运行前及运行中的检测工作,主要有电动机绝缘电阻测定,检查电动机的起动、保护设备是否合乎要求,检查电动机的安装情况,检查电动机温升等。

(1) 电动机绝缘电阻测定

测定内容应包括三相相间绝缘电阻和三相绕组对地绝缘电阻。对于额定电压在 380 V 以下的电动机,冷态下测得绝缘电阻大于 1 MΩ 为合格,最低限度不能低于 0.5 MΩ。如果绝缘电阻偏低,应烘干后再测。

(2) 检查电动机的起动、保护设备是否合乎要求

检查内容包括起动、保护设备的规格是否与电动机配套、接线是否正确、所配熔体规格是否恰当、熔断器安装是否牢固、这些设备和电动机外壳是否妥善接地。

(3) 检查电动机的安装情况

查看电动机端盖螺栓、地脚螺栓、与联轴器连接的螺钉和销子是否牢固;皮带连接是否牢固;

松紧度是否适合，联轴器或皮带轮中心线是否校准；机组的转动是否灵活，有无非正常的摩擦、卡塞、异响等。

(4) 合闸后应密切监视电动机有无异常

电动机转动后，观察它的噪音、振动情况及相应电压表、电流表指示。若有异常，应停机判明原因并进行处理，排除故障后再重新试车。

(5) 观察电动机电源电压

运行中的电动机对电源电压稳定度要求较高，电源电压允许值不得高于额定电压 10%，不低于 5%。否则应减轻负载，有条件时要对电源电压进行调整。

(6) 观察电动机工作电流

只有在额定负载下运行时，电动机的线电流才接近于铭牌上的额定值，这时电动机工作状态最好，效率最高。

(7) 检查电动机温升

温升是否正常，是判断电动机运行是否正常的重要依据之一。电动机的温升不得超过铭牌额定值。在实际应用中，如果电动机电流过大、三相电压和电流不平衡、电动机出现机械故障等均会导致温升过高，影响其使用寿命。

(8) 观察有无故障现象

对运行中的电动机，应随时检查紧固件是否松动、松脱，有无异常振动、异响，有无温升过高、冒烟，若有，应立即停车检查。

三相异步电动机大修时，拆开电动机要进行以下项目的检查修理：

① 检查电动机各部件有无机械损伤和丢失，若有，应修复或配齐。

② 对拆开的电动机和起动设备，进行清理，清除所有油泥、污垢。注意检查绕组的绝缘情况，若已老化或变色、变脆，应注意保护，必要时进行绝缘处理。

③ 拆下轴承，浸在柴油或汽油中彻底清洗，检查转动是否灵活，是否磨损和松旷。检查后对不能使用的轴承进行更换，并按要求组装复位。

④ 检查定子绕组是否存在故障，绕组有无绝缘性能下降、对地短路、相间短路、开路、接错等故障，针对发现的问题进行修理。

⑤ 检查定、转子铁心有无磨损和变形，若有变形应作相应修复。

⑥ 检查电动机与生产机械之间的传动装置及附属设备。

在进行以上各项修理、检查后，对电动机进行装配、安装，调整各部间隙，按规定进行检查和试车。三相异步电动机的故障现象分析与处理方法见表 4-1。

表 4-1　三相异步电动机故障分析与处理方法

故障现象	故障原因	处理方法
通电后电动机不能转动，但无异响，也无异味和冒烟	1. 电源未通（至少两相未通） 2. 熔丝熔断（至少两相熔断） 3. 过流继电器调得过小 4. 控制设备接线错误	1. 检查电源回路开关，接线盒处是否有断点，修复 2. 检查熔丝型号、熔断原因，换新熔丝 3. 调节继电器整定值与电动机配合 4. 改正接线

续表

故障现象	故障原因	处理方法
通电后电动机不转,然后熔丝烧断	1. 缺一相电源,或定子线圈一相反接 2. 定子绕组相间短路 3. 定子绕组接地 4. 定子绕组接线错误 5. 熔丝截面过小 6. 电源线短路或接地	1. 检查闸刀是否有一相未合好或电源回路有一相断线;消除反接故障 2. 查出短路点,予以修复 3. 消除接地 4. 查出误接,予以更正 5. 更换熔丝 6. 消除接地点
通电后电动机不转,但有嗡嗡声	1. 一相缺电或熔体熔断 2. 绕组首尾接反或内部接线错误 3. 负载过重,转子或生产机械卡塞 4. 电源电压过低 5. 轴承破碎或卡住	1. 检查缺电原因,更换同规格熔体 2. 检查并更正错接绕组 3. 减轻负载或排除卡塞故障 4. 检查电源线是否过细,使线路损失大,或误接△/Y 5. 修理或更换轴承
起动困难,起动后转速严重低于正常值	1. 电源电压严重偏低 2. △/Y 接反 3. 定子绕组局部接错、接反 4. 笼型转子断条 5. 绕组局部短路(匝间短路) 6. 负载过重	1. 检查电源,有条件时设法改善 2. 改正连接 3. 检查改正错接绕组 4. 修复断条 5. 排除短路点 6. 适当减轻负载
三相空载电流过大	1. 绕组重绕时,匝数过量减少 2. 误将 Y 接连成△接 3. 电源电压偏高 4. 气隙过大或不均匀 5. 转子装反,定转子铁心未对齐 6. 热拆旧绕组时损坏铁心质量变差	1. 按规定重绕定子绕组 2. 检查并更正连接 3. 检查电源电压 4. 更换转子并调整气隙 5. 重新装配转子 6. 重新计算绕组,适当增加匝数
运行中发出异响	1. 转子扫膛 2. 扇叶与风罩摩擦 3. 轴承缺油,干摩擦 4. 轴承损坏或润滑油中有硬粒异物 5. 定、转子铁心松动 6. 电源电压过高或不平衡	1. 检查并排除原因 2. 调整相对位置或更换修复 3. 清洁并加足润滑油 4. 更换轴承,清洗更换润滑油 5. 修复紧固松动部位 6. 检查电源,有条件时设法调整

第5章　典型机床控制线路的分析与制作

5.1　具有双重联锁的正反转控制线路

讲义6:电动机正反转电路所用元器件介绍

在工业生产中广泛使用的机械设备、自动化生产线等,一般都是由电动机拖动的。采用电动机作为原动机拖动生产机械运动的方式叫作电力拖动。对拖动系统的控制称为电气控制。最常见的是继电器接触器控制方式,也称继电接触器控制。继电接触器控制线路是由各种接触器、继电器、按钮、行程开关等电器元件组成的控制电路,电动机常用的控制环节有起停控制、正反转控制、降压起动控制、调速控制和制动控制等。本节主要介绍按钮接触器双重联锁的正反转控制线路的工作原理及线路安装调试方法。

5.1.1　三相异步电动机的点动控制

由继电接触器组成的基本控制电路有点动控制、自锁控制,它是组成复杂控制电路的基础。从业人员必须能熟练掌握其工作原理与控制要求。

电动机单向正转控制线路控制电动机的单向起动和停止,带动生产机械的运动部件朝一个方向旋转或运动,分为手动控制和自动控制方式两种。

1. 手动正转控制

手动正转控制是通过低压开关来控制电动机起动和停止的。图5-1(a)和图5-1(b)分别为用三相组合开关和低压断路器控制的手动正转控制线路。

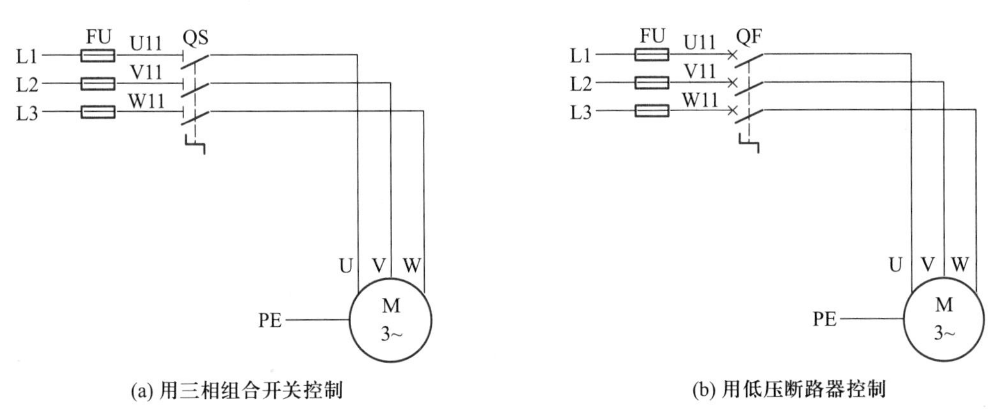

图5-1　手动正转控制线路

其中L1、L2、L3为三相电源,FU为熔断器,QS为三相组合开关,QF为低压断路器,M为三相交流异步电动机。电流从三相电源经过熔断器、组合开关或低压断路器流入电动机,电动机拖动负载运转。其中组合开关和断路器起接通、断开电源的作用,熔断器作短路保护用。

在工厂中手动正转控制线路一般用来控制比较简单的机械，仅限于容量在 10 kW 以下的电动机，如三相电风扇和砂轮机等设备常采用这种线路。

2. 点动正转控制

手动正转控制线路的优点是所用电器元件少，线路简单；缺点是操作劳动强度大，安全性差，不便于实现远距离控制。接触器是一种远距离的自动控制电器，我们可采用按钮和接触器来实现线路的自动控制。

点动控制是指按下按钮电动机就得电运转、松开按钮电动机就失电停转的控制方法。图 5-2 为点动正转控制线路，该线路是使用按钮、接触器来控制电动机运转的最简单的正转控制线路。

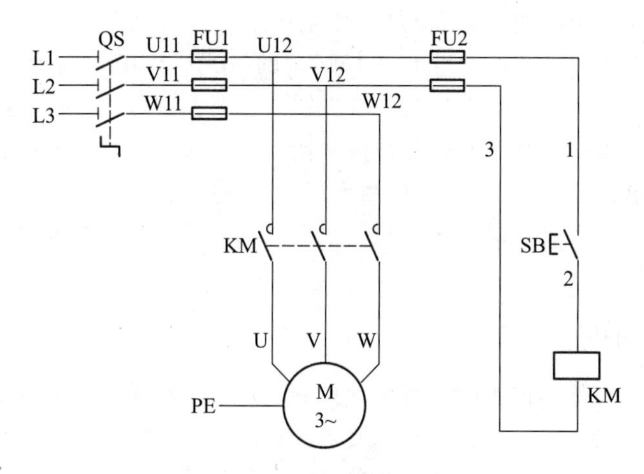

图 5-2　点动正转控制线路

线路构成：将电路分为电源电路、主电路、控制电路三部分，三相交流电源 L1、L2、L3 与三相组合开关 QS 组成电源电路；熔断器 FU1、接触器 KM 主触头和三相异步电动机 M 构成主电路；熔断器 FU2、起动按钮 SB 和接触器 KM 线圈组成控制电路。其中组合开关起通断电源的作用，FU1 为主电路短路保护用熔断器，FU2 为控制电路短路保护用熔断器。KM 主触头用来远距离接通电动机主回路，SB 用来发出起动指示命令。

工作原理：合上三相组合开关 QS，按下起动按钮 SB，KM 线圈得电，KM 主触头闭合，电源引入三相异步电动机定子绕组，电动机 M 得电起动运转。松开 SB，KM 线圈失电，KM 主触头断开复位，电动机失电停转。由此可见，电动机的运转不是由低压开关手动直接控制，而是由按钮、接触器配合实现自动控制。这里的接触器动合主触头相当于手动开关的刀闸，起着接通、断开电动机电源的作用。电动机接通电源运转时间的长短完全由起动按钮 SB 按下的时间长短决定。

5.1.2　三相异步电动机的连续控制

大部分的生产机械都要求电动机能实现连续运转。点动控制解决了手动控制线路的一些缺点，但是要想使电动机长期运行，起动控制按钮必须长时间按住不松手。如何将点动控制线路改装一下，实现起动按钮按下之后立即松开而电动机能保持连续运转的控制要求呢？

通过前面学习的接触器的知识可知接触器具有 3 对动合主触头，还具有数对动合和动断的辅助触头。这些辅助触头同主触头一样，均由衔铁的吸合与否使之闭合和断开。也就是说，当接触器线圈得电时,3 对动合主触头闭合,辅助的动合触头同时闭合,动断的辅助触头则要断开。对图 5-2 所示点动控制线路进行改装,在控制电路中串接一个停止按钮 SB1,在起动按钮 SB2 的两端并联一对接触器 KM 的辅助动合触头,通过并联的这对辅助动合触头实现自锁连续控制。

1. 自锁

当起动按钮松开后,接触器通过自身的辅助动合触头使其线圈保持得电的作用叫作自锁。与起动按钮并联起自锁作用的辅助动合触头叫作自锁触头。自锁的含义是:利用接触器自身动合辅助触头闭合这把“锁”来锁住线圈本身的电源。

2. 接触器自锁正转控制线路原理图

接触器自锁正转控制线路如图 5-3 所示。

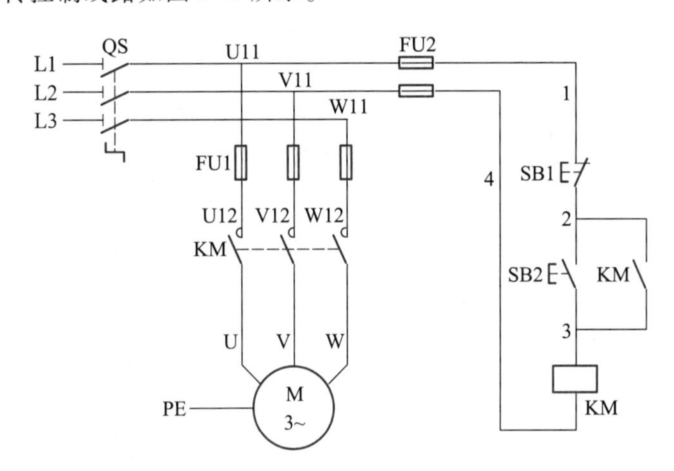

图 5-3　接触器自锁正转控制线路

3. 线路工作原理

首先合上三相组合开关 QS,按下起动按钮 SB2,KM 线圈得电,KM 主触头闭合,KM 辅助动合触头闭合自锁,电动机 M 起动并连续运转。停止时,按下 SB1,KM 线圈失电,KM 主触头分断,KM 辅助动合触头分断,电动机 M 失电停转。由以上分析可见,当松开起动按钮 SB2 后,SB2 的动合触头虽然恢复分断,但接触器 KM 的辅助动合触头闭合时,已将 SB2 短接,使控制电路仍保持接通,接触器 KM 继续得电,电动机 M 实现了连续运转。

4. 欠压保护和失压保护

接触器自锁控制线路不但能使电动机连续运转,而且还具有欠压和失压(或零压)保护作用。

(1) 欠压保护

“欠压”是指线路电压低于电动机应加的额定电压。当线路出现欠压时,电动机电磁转矩要降低,转速随之下降,会影响电动机正常工作,严重时还会损坏电动机,发生事故。欠压保护是指当线路电压下降到某一数值时,电动机能自动脱离电源停转,避免电动机在欠压下运行的一种保护。

由前面所介绍的接触器的工作原理可知,交流接触器线圈在 85%~105%的额定电压下,能保证可靠吸合。电压过低,电磁吸力不足,衔铁吸合不上,线圈电流会达到额定电流的十几倍。在接触器自锁控制线路中,当线路电压下降到一定值(一般指低于额定电压的 85%)时,接触器线圈两端的电压也同样下降到此值,使接触器线圈磁通减弱,产生的电磁吸力减小。当电磁吸力减小到小于反作用弹簧的拉力时,动铁心被迫释放,主触头和自锁触头同时分断,自动切断主电路和控制电路,电动机失电停转,起到了欠压保护的作用。

(2)失压保护

失压保护是指电动机在正常运行中,由于外界某种原因引起突然断电时,能自动切断电动机电源,当重新供电时,保证电动机不能自行起动的一种保护。接触器自锁控制线路可以实现失压保护作用,接触器自锁触头和主触头在电源断电时已经分断,使控制电路和主电路都不能接通,所以在电源恢复供电时,电动机就不能自行起动运转,保证了人身和设备的安全。

5. 具有过载保护的接触器自锁正转控制线路

电动机在运行的过程中,如果长期负载过大,或起动操作频繁,或者缺相运行,都可能使电动机定子绕组的电流增大,超过其额定值。长时间电流增大会引起定子绕组过热,使温度持续升高。若温度超过允许温升,就会造成绝缘损坏,缩短电动机的使用寿命,严重时甚至会烧毁电动机的定子绕组。因此,对电动机必须采取过载保护措施。过载保护是指当电动机出现过载时,能自动切断电动机的电源,使电动机停转的一种保护。

在图5-3的接触器自锁正转控制线路中,除本身线路具有的欠压和失压保护作用之外,熔断器FU1、FU2分别起主电路和控制电路的短路保护作用。在电动机控制线路中,最常用的过载保护电器是热继电器,它的热元件串接在三相主电路中,将其动断触头串接在控制电路中,如图5-4所示。电动机在运行过程中,由于过载或其他原因使电流超过额定值,经过一定时间后,串接在主电路中的热元件因受热发生弯曲,通过传动机构使串接在控制电路中的动断触头分断,切断控制电路,接触器KM线圈失电,其主触头和自锁触头分断,电动机M失电停转,达到过载保护的目的。

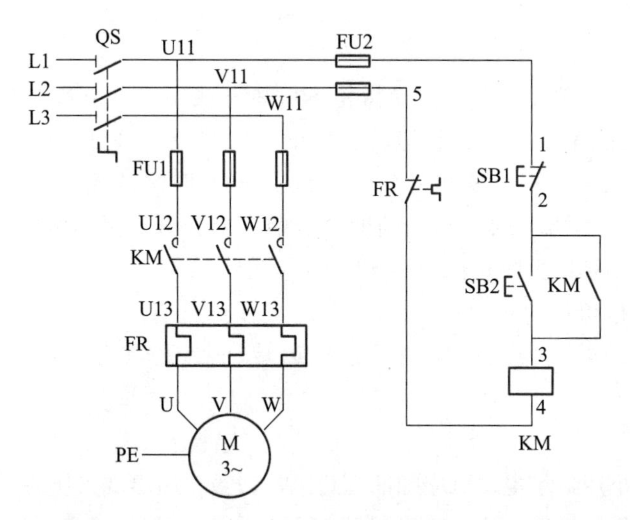

图5-4 具有过载保护的接触器自锁正转控制线路

值得注意的是,在照明、电加热等电路中,熔断器FU既可以作短路保护,也可以作过载保护。但在三相异步电动机控制线路中,熔断器只能作短路保护,不能作过载保护,而热继电器在三相异步电动机控制线路中只能作过载保护,不能作短路保护。热继电器和熔断器两者所起的作用不同,不能相互替代使用。熔断器的熔体额定电流应取电动机额定电流的1.5~2.5倍。热继电器的规格根据电动机的额定电流选择,一般应使热继电器的额定电流略大于电动机的额定电流。根据需要的整定电流值选择热元件的编号和电流等级。一般情况下,热元件的整定电流应为电动机额定电流的0.95~1.05倍。

5.1.3 连续与点动混合正转控制

有些生产机械要求电动机既可以连续运转又可以点动控制,如机床设备在正常工作时,通常需要电动机处在连续运转状态,但在试车或调整工件与刀具的相对位置时,又需要电动机点动控制,能实现这种工艺要求的线路是电动机连续与点动混合正转控制线路。

1. 连续与点动混合正转控制原理图

图5-5(a)所示线路是在具有过载保护的接触器自锁正转控制线路的基础上,把手动开关SA串接在自锁回路中。若需要点动控制,则断开SA,断开自锁回路。若为连续运转,则先将SA闭合,再按下运行起动按钮SB2,实现连续控制。图5-5(b)所示线路是在连续起动按钮SB2的两端并接一个复合按钮SB3,作为点动控制按钮。将SB3的动断触头与KM自锁触头串接,实现点动控制。

连续与点动混合正转控制设计思路是在需要点动控制时,断开自锁回路。

2. 线路工作原理

图5-5(b)线路工作原理描述:先合上电源开关QS。

(1) 连续控制

起动:按下SB2,KM线圈得电,KM自锁触头闭合自锁,同时KM主触头闭合,电动机M起动连续运转。

停止:按下SB1,KM线圈失电,KM自锁触头分断解除自锁,KM主触头分断,电动机M失电停转。

(2) 点动控制

起动:按下点动控制按钮SB3,SB3动断触头分断并切断自锁电路,SB3动合触头闭合,KM线圈得电,KM自锁触头闭合,KM主触头闭合,电动机M起动运转。

视频18:电动机正反转电路工作原理

停止:松开SB3,SB3动合触头恢复分断,KM线圈失电,KM自锁触头分断,KM主触头分断,电动机M停转。

5.1.4 三相异步电动机的正反转控制

讲义7:电动机正反转电路工作原理

正转控制只能使电动机朝一个方向旋转,带动生产机械的运动部件朝一个方向运行。在实际生产中,生产机械的运动部件往往要求实现正反两个方向运动,这就要求拖动电动机能正反向旋转。例如,在铣床加工中铣床主轴的正转与反转;铣床工作台的左右、前后和上下运动;起重机的上升与下降等。

如何实现电动机正、反转运行控制?从电动机的工作原理可知,要想实现三相异步电动机反向运转,只需要改变电动机旋转磁场的旋转方向,而实现这一点,只要改变输入电动机三相电源的相序。即把电动机三相电源进线中的任意两根对调接线即可。下面介绍几种常用的正反转控制线路。

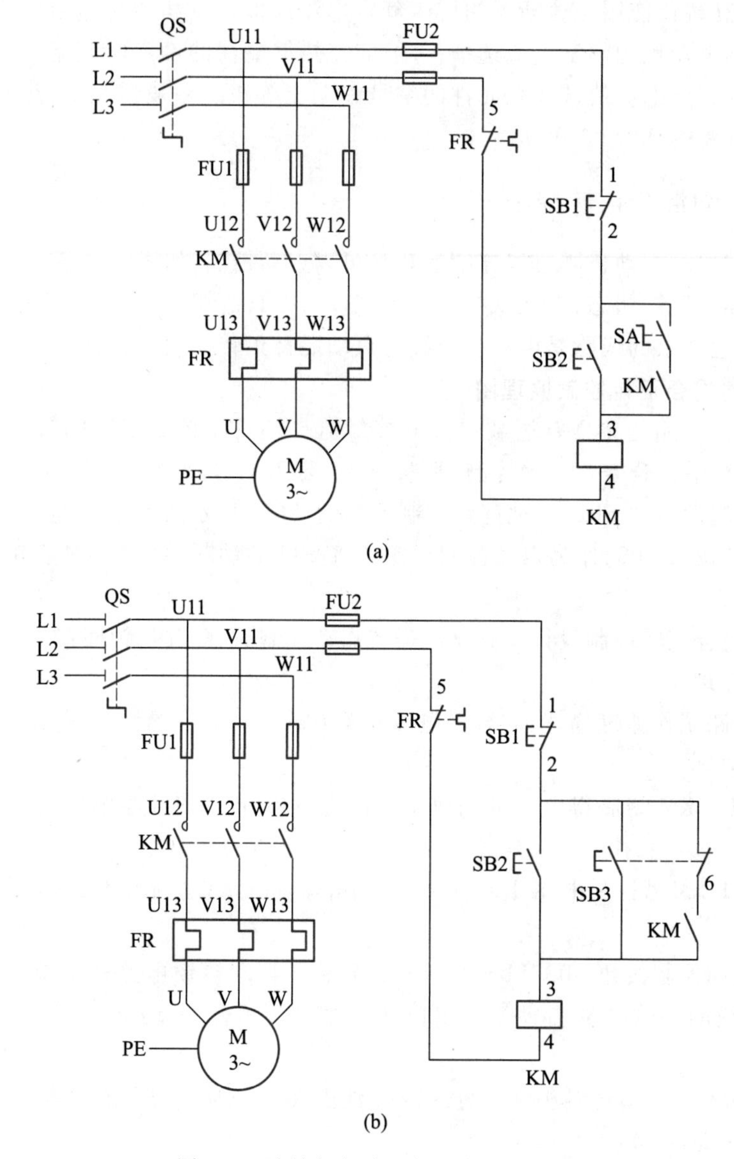

图 5-5 连续与点动混合正转控制线路

1. 接触器联锁的正反转控制线路

接触器联锁的正反转控制线路如图 5-6 所示。

联锁控制就是在同一时间里两个接触器只允许一个工作的控制方式,也称为互锁控制。实现联锁控制的常用方法有接触器联锁、按钮联锁和复合联锁控制等。

(1) 接触器联锁的正反转控制线路构成

在图 5-6 中,正转用接触器 KM1 和反转用接触器 KM2,分别由正转按钮 SB2 和反转按钮 SB3 控制。从主电路中可以看出,这两个接触器的主触头所接通的电源相序不同。KM1 按 L1—L2—L3 相序接线,KM2 按 L3—L2—L1 相序接线,实现了 L3 和 L1 的相序交换。必须注意的问题是:正转用接触器 KM1 和反转用接触器 KM2 的主触头绝对不允许同时闭合,否则将

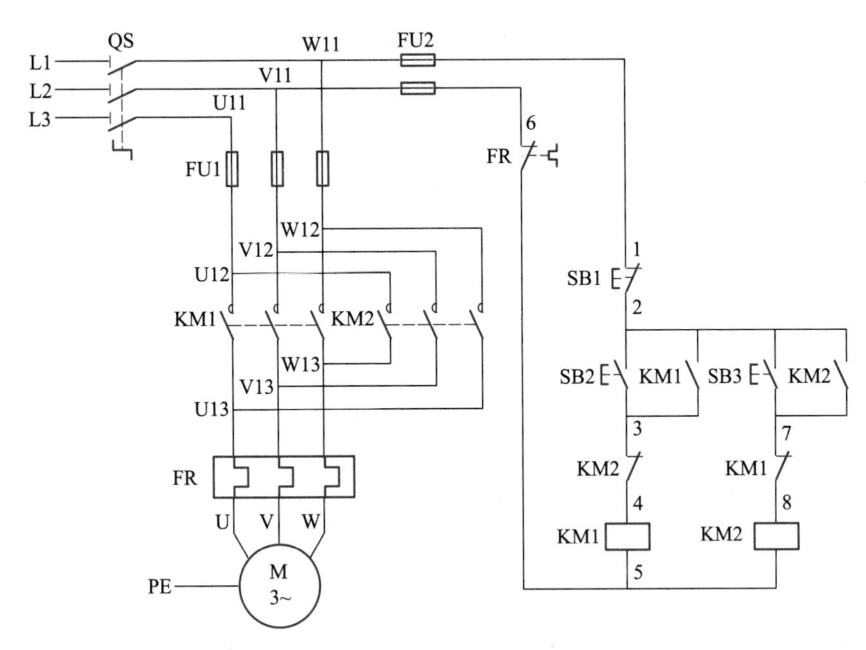

图 5-6　接触器联锁的正反转控制线路

造成两相电源短路事故。所以在正、反转控制电路中分别串接了对方接触器的一对辅助动断触头。

（2）接触器联锁

当一个接触器得电动作时，通过其辅助动断触头使另一个接触器不能得电动作，接触器之间这种相互制约的作用叫作接触器联锁（或互锁）。实现联锁作用的辅助动断触头称为联锁触头（或互锁触头）。

（3）电路工作原理

正转控制：首先合上开关 QS

起动：按下 SB2→KM1 线圈得电→
- KM1 动断触头断开→使 KM2 线圈无法得电（联锁）
- KM1 主触头闭合→电动机 M 通电起动正转
- KM1 动合触头闭合→自锁

停止：按下 SB1→KM1 线圈失电→
- KM1 动断触头闭合→解除对 KM2 的联锁
- KM1 主触头断开→电动机 M 停止正转
- KM1 动合触头断开→解除自锁

反转控制：首先合上开关 QS

起动：按下 SB3→KM2 线圈得电→
- KM2 动断触头断开→使 KM1 线圈无法得电（联锁）
- KM2 主触头闭合→电动机 M 通电起动反转
- KM2 动合触头闭合→自锁

停止：按下 SB1→KM2 线圈失电→
- KM2 动断触头闭合→解除对 KM1 的联锁
- KM2 主触头断开→电动机 M 停止反转
- KM2 动合触头断开→解除自锁

2. 接触器按钮双重联锁的正反转控制线路

接触器联锁的正反转控制线路中,电动机从正转变为反转时,必须先按下停止按钮后,再按反转起动按钮,才能反转。否则由于接触器的联锁作用,不能实现反转。此线路虽安全可靠,但操作不方便。若用复合按钮代替原有的正转按钮 SB2 和反转按钮 SB3,把两个复合按钮的动断触头串接在对方的控制电路中,构成接触器、按钮双重联锁正反转控制线路,能够克服接触器联锁正反转控制线路操作不便的缺点,使线路能够很方便地实现正转和反转的切换,控制线路如图 5-7 所示。

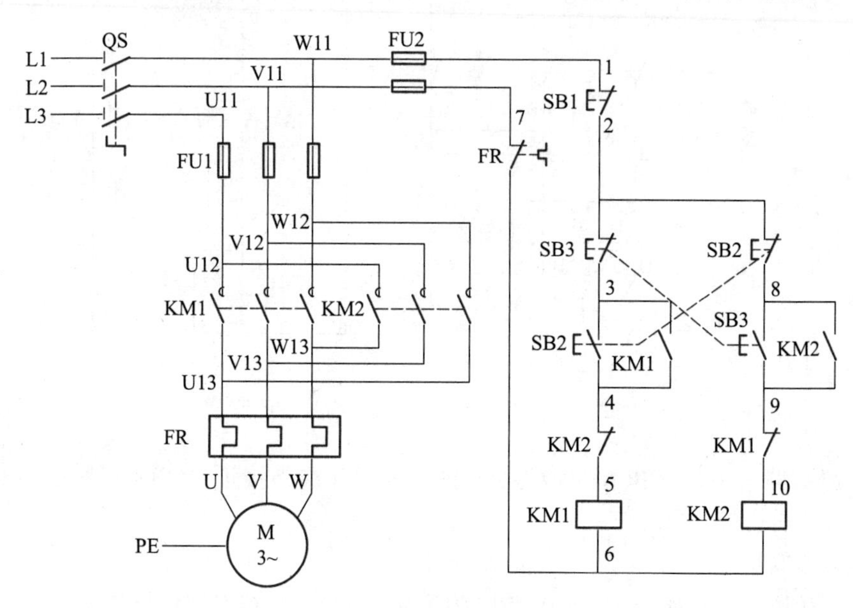

图 5-7 接触器、按钮双重联锁的正反转控制线路

(1) 线路工作原理描述:

在按起动按钮前先合上电源开关 QS。

① 正转控制

按下 SB2→{SB2 动断触头先分断→对 KM2 联锁(切断反转控制电路)
SB2 动合触头后闭合→KM1 线圈得电----→

----→{KM1 动断触头断开→使 KM2 线圈无法得电(联锁)
KM1 主触头闭合→电动机 M 通电起动正转
KM1 动合触头闭合→自锁

② 反转控制(由正转直接切换到反转)

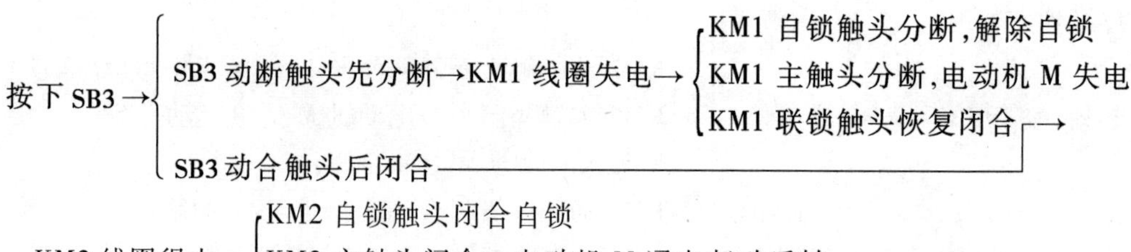

→KM2 线圈得电→{KM2 自锁触头闭合自锁
KM2 主触头闭合→电动机 M 通电起动反转
KM2 联锁触头分断,对 KM1 联锁(切断正转控制电路)

③ 停止

按下 SB1→整个控制电路失电→主触头分断→电动机 M 失电停转。

(2) 线路构成

接触器按钮双重联锁正反转控制线路涉及的低压电器有组合开关、熔断器、按钮开关、交流接触器、热继电器、三相异步电动机。

各低压电器作用如下:

① 组合开关 QS 作为电源隔离开关。

② 熔断器 FU1、FU2 分别作为主电路、控制电路的短路保护。

③ 停止按钮 SB1 控制接触器 KM1、KM2 的线圈失电。

④ 复合按钮 SB2 控制接触器 KM1 线圈得电,同时对接触器 KM2 线圈联锁。

⑤ 复合按钮 SB3 控制接触器 KM2 线圈得电,同时对接触器 KM1 线圈联锁。

⑥ 接触器 KM1、KM2 的主触头控制电动机 M 正反向的起动与停止。

⑦ 接触器 KM1、KM2 的动合辅助触头自锁;接触器 KM1、KM2 的动断辅助触头联锁。

⑧ 热继电器 FR 对电动机进行过载保护。

5.1.5　接触器、按钮双重联锁正反转控制线路的安装与调试

讲义 8:线槽电路板安装工艺

1. 实训目标

(1) 能正确理解和分析三相异步电动机接触器、按钮双重联锁正反转控制线路的工作原理。

(2) 能正确识读电路图、装配图。

(3) 能按照工艺要求正确安装三相异步电动机接触器、按钮双重联锁正反转控制线路。

(4) 能根据故障现象检修三相异步电动机正反转控制线路。

讲义 9:电动机正反转电路故障检修

2. 实训任务

某一生产设备用一台三相异步笼型电动机拖动,通过操作按钮可以实现电动机正转起动、反转起动、自动正反转切换以及停车控制。根据图 5-7 所示接触器、按钮双重联锁的正反转控制线路,按要求完成电气控制系统的安装与调试。

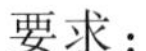

要求:

(1) 手工绘制元件安装接线图。

(2) 进行系统的安装接线。

视频 19:电动机正反转电路调试与检修

要求完成主电路、控制电路的安装布线,按要求进行线槽布线,导线必须沿线槽内走线,接线端加编码套管,线槽出线应整齐美观,线路连接应符合工艺要求,不损坏电器元件,安装前应对元器件进行检查。安装工艺应符合相关行业标准。

(3) 进行系统的调试。

进行器件的参数整定;简述系统调试步骤。

3. 实训准备

(1) 工具、仪表及器材

① 工具:测电笔、螺钉旋具、尖嘴钳、斜口钳、剥线钳、电工刀、校验灯等。

② 仪表:5050 型兆欧表、T301-A 型钳形电流表、MF47 型万用表。

③ 器材：接触器联锁正反转控制线路板一块。动力电路采用 BV1.5 mm^2 和 BVR1.5 mm^2（黑色）塑铜线；控制电路采用 BVR1 mm^2 塑铜线（红色）；接地线采用 BVR（黄绿双色）塑铜线（截面至少 1.5 mm^2）。紧固体及编码套管等的数量按需要而定。

（2）元器件明细表（见表 5-1）

表 5-1 元器件明细表

代号	名称	型号	规格	数量
M	三相异步电动机	Y112M-4	4 kW、380 V、Y 接法、8.8 A、1 440 r/min	1
QS	组合开关	HZ10-25/3	三极、25 A	1
FU1	熔断器	RL1-60/25	500 V、60 A、配熔体 25 A	3
FU2	熔断器	RL1-15/2	500 V、15 A、配熔体 2 A	2
KM1、KM2	交流接触器	CJ10-20	20 A、线圈电压 380 V	2
FR	热继电器	JR16-20/3	三极、20 A、整定电流 8.8 A	1
SB1～SB3	按钮	LA10-3H	保护式、380 V、5 A、按钮数 3	3
XT	端子排	JX2-1015	380 V、10 A、15 节	1

（3）场地要求

电力拖动实训室，电工工作台。

4. 实训步骤

（1）根据电路图绘制布置图和接线图（电器元件布置图及接线图如图 5-8 和图 5-9 所示）。

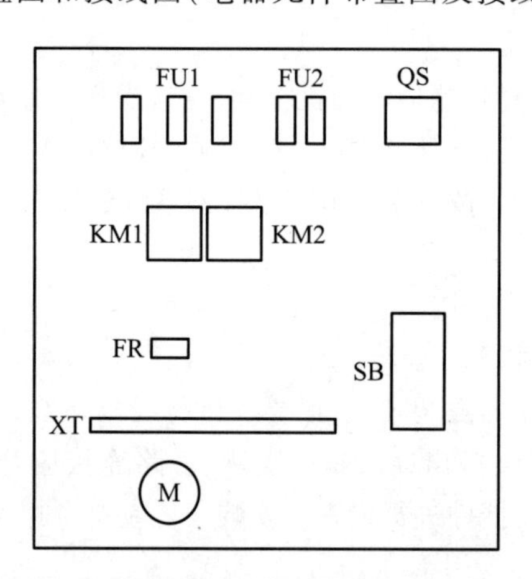

图 5-8 接触器、按钮双重联锁正反转控制线路电器元件布置图

（2）按元器件明细表配齐所用电器元件，并进行质量检验。确保电器元件完好无损，各项技术指标符合规定要求，否则应予以更换。

（3）在控制板上按图 5-8 所示的布置图安装所有的电器元件，并贴上醒目的文字符号。安装时，组合开关、熔断器的受电端子应安装在控制板的外侧；元件排列要整齐、匀称、间距合理，并且便

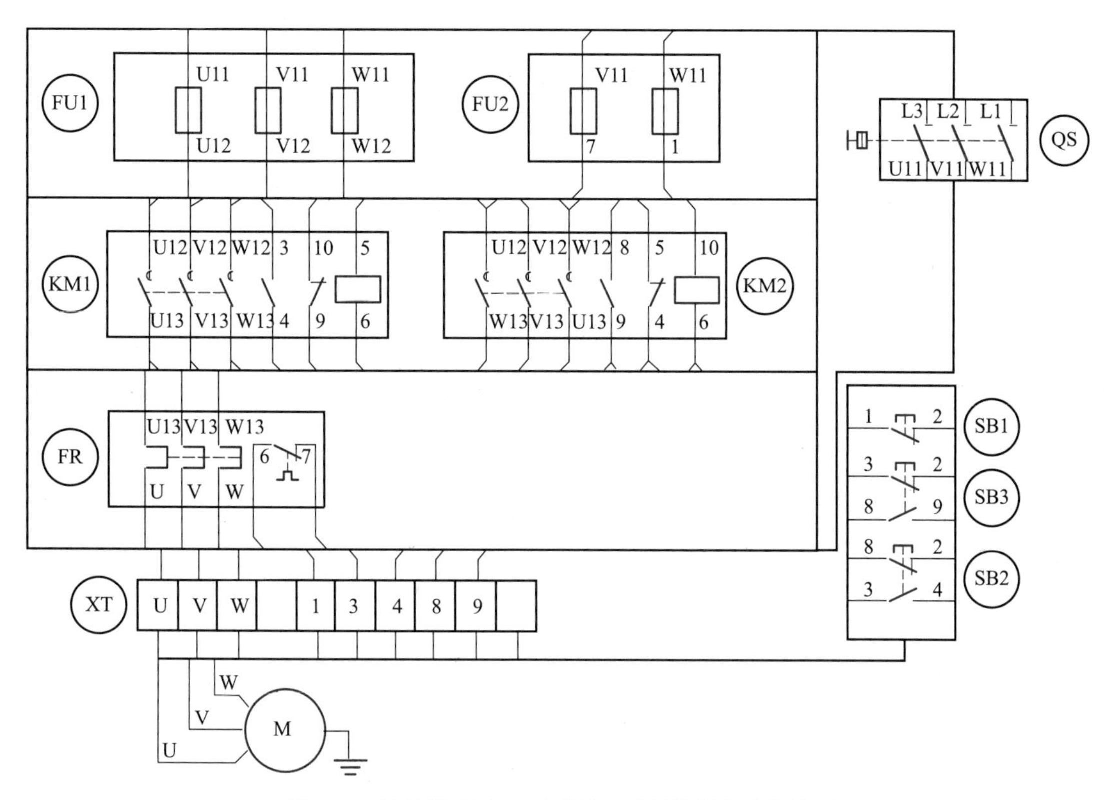

图 5-9　接触器、按钮双重联锁正反转控制线路接线图

于元件的更换;紧固电器元件时用力要均匀,紧固程度适当,做到既要使元件安装牢固,又不使其损坏。

(4) 按图 5-9 所示接线图进行线槽布线和套编码套管。做到布线横平竖直、整齐、分布均匀、走线合理;导线必须沿线槽内走线,接线端加编码套管,线槽出线应整齐美观,线路连接应符合工艺要求;套编码套管要正确;严禁损伤线芯和导线绝缘层;接点牢靠,不得松动,不得压绝缘层,不反圈及不露铜过长等。

(5) 根据图 5-7 所示电路图检查控制板布线的正确性。

(6) 安装电动机,做到牢固平稳。

(7) 可靠连接电动机和按钮金属外壳的保护接地线。

(8) 连接电源、电动机等控制板外部的导线。导线要敷设在导线通道内,或采用绝缘良好的橡皮线进行通电校验。

(9) 自检。安装完毕的控制线路板必须按要求进行认真检查,确保无误后才允许通电试车。

① 主电路接线检查:按电路图或接线图从电源端开始,逐段核对接线有无漏接、错接之处,检查导线接点压接是否牢固,是否符合要求,注意接点接触应良好,以免带负载运行时出现闪弧现象。

② 控制电路接线检查:用万用表电阻挡检查控制电路的通断情况。选用适当的电阻挡,并进行欧姆调零。断开主电路,将表笔分别搭在控制电路电源两端,如 V11、W11 线端,读数应为"∞"。按下 SB2 或 SB3 时,读数应为接触器线圈的电阻值。用手压下接触器,模拟接触器 KM1 或 KM2 通电情况,万用表读数应为接触器线圈的电阻值。若同时压下按钮 SB2 和 SB3,或者同时压下 KM1 和 KM2,万用表读数应为"∞"。

(10) 检验合格后,方可通电试车。

① 为保证人身安全,在通电试车时,要认真执行安全操作规程的有关规定。

② 通电时,必须经指导教师同意后再接通电源,并在现场进行监护。接通三相电源 L1、L2、L3,合上电源开关 QS,用验电笔检查熔断器出线端,氖管亮说明电源接通。分别按下 SB2、SB3 和 SB1,观察是否符合线路功能要求,观察电器元件动作是否灵活,有无卡阻及噪声过大现象,观察电动机运行是否正常。若有异常,立即停车检查。

③ 出现故障后,学生应独立进行检修。若需带电检查,必须有教师在现场监护。

(11) 通电试车完毕,停转、切断电源。先拆除三相电源线,再拆除电动机负载线。

5.2 CA6140 型车床电气控制线路分析与制作

讲义 10:认识 CA6140 型车床

车床是一种应用极其广泛的金属切削机床,能够车削外圆、内圆、端面、螺纹、螺杆、切断及割槽等,并可以装上钻头或铰刀进行钻孔和铰孔、倒角、割槽及切断等加工。按用途和结构的不同,车床主要分为卧式车床、落地车床、立式车床、转塔车床、单轴自动车床、多轴自动或半自动车床、仿形车床、多刀车床及各种专门化车床。在所有车床中,以卧式车床应用最为广泛。本节以 CA6140 型卧式车床为例进行车床电路分析。

5.2.1 CA6140 型车床的主要结构及型号含义

视频 20:认识 CA6140 型车床

1. CA6140 型车床结构

CA6140 型卧式车床主要由床身、主轴变速箱、溜板箱、进给箱、溜板、丝杠、光杠与刀架等部分组成,其外形及结构见图 5-10。机床是由主轴电动机通过带传动到主轴变速箱再旋转的,其主传动力是主轴的运动,工件的进给运动也由主轴传递,刀架快速移动由刀架快速移动电动机带动。

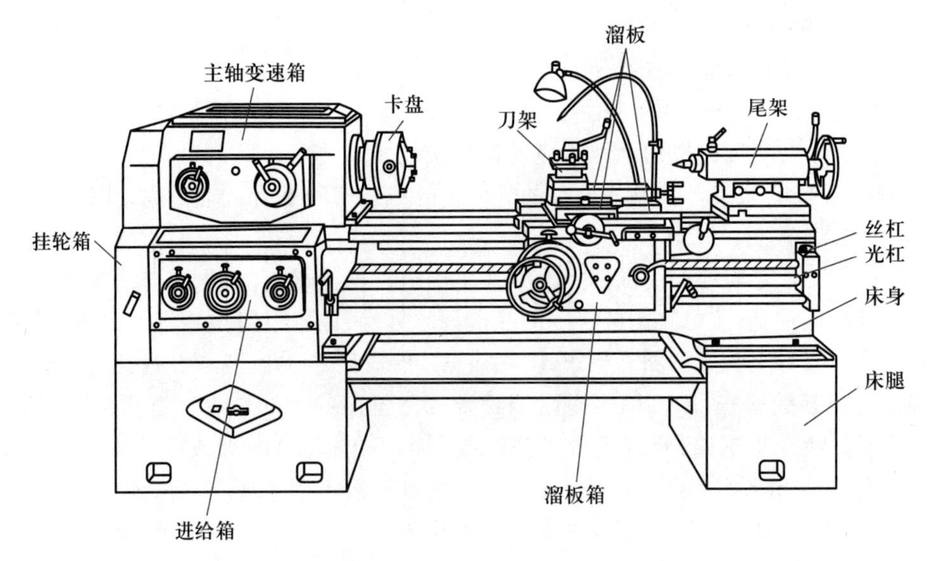

图 5-10 CA6140 型卧式车床外形及结构

主轴变速箱包含主轴及其轴承、传动机构、起停及换向装置、制动装置、操纵机构及润滑装置，其功能是支撑主轴和进行主传动，CA6140 型卧式车床的主传动可使主轴获得 24 级正转转速（10～1 400 r/min）和 12 级反转转速（14～1 580 r/min）。

进给箱通常由变换螺纹导程和进给量的变速机构、变换螺纹种类的移换机构、丝杠和光杠转换机构以及操纵机构等组成。其作用是变换被加工螺纹的种类和导程，以及获得所需的各种进给量。

溜板箱的作用是将丝杠或光杠传来的旋转运动转变为直线运动并带动刀架进给，控制刀架运动的接通、断开和换向等。刀架则用来安装车刀并带动其作纵向、横向和斜向进给运动。

2. CA6140 型车床型号含义（如图 5-11 所示）

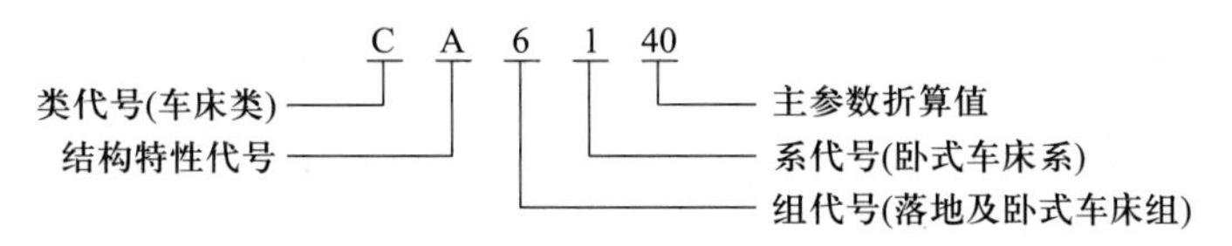

图 5-11　CA6140 型车床型号含义

5.2.2　CA6140 型车床的主要运动形式及控制要求

车床有两个主要运动，一个是卡盘或顶尖带动工件的旋转运动，另一个是溜板带动刀架的直线移动，前者称为主运动，后者称为进给运动。中、小型普通车床的主运动和进给运动一般是采用一台异步电动机驱动的。此外，车床还有辅助运动，如溜板和刀架的快速移动、尾架的移动以及工件的夹紧与放松等。

CA6140 型卧式车床的主要运动形式及控制要求见表 5-2。

表 5-2　CA6140 型车床的主要运动形式及控制要求

运动种类	运动形式	控制要求
主运动	主轴通过卡盘或顶尖带动工件的旋转运动	1. 主轴电动机选用三相笼型异步电动机，不进行调速，主轴采用齿轮箱进行机械有级调速 2. 车削螺纹时要求主轴有正反转，一般由机械方法（如摩擦离合器）实现，主轴电动机只作单向旋转 3. 主轴电动机的容量不大，可采用直接起动
进给运动	刀架带动刀具的直线运动	由主轴电动机拖动，主轴电动机的动力通过挂轮箱传递给进给箱来实现刀具的纵向和横向进给。加工螺纹时，要求刀具的移动和主轴转动有固定的比例关系
辅助运动	刀架的快速移动	刀架快速移动电动机拖动，该电动机可直接起动，不需要正反转和调速
	尾架的纵向移动	由手动操作控制
	工件的夹紧与放松	由手动操作控制
	加工过程的冷却	车削加工时，需用切削液对刀具和工件进行冷却。因此，应设置一台冷却泵电动机，拖动冷却泵输出冷却液。冷却泵电动机和主轴电动机要实现顺序控制，即冷却泵电动机应在主轴电动机起动后才可选择起动与否，冷却泵电动机也不需要正反转和调速

机床电路除了应完成必需的功能，还应有必要的保护环节、安全可靠的照明电路和信号电路。

5.2.3　CA6140 型车床电气控制线路分析

1. 绘制和识读机床电路图的基本知识

讲义 11：CA6140 型车床线路的分析与制作

一般机床电气控制线路所包含的电器元件和电气设备较多，其电路图的符号较多，线路通常较为复杂，在识读分析机床电路图时，除了应遵循绘制和识读典型电路的一般原则，还应明确以下几点：

（1）电路图按电路功能分成若干个单元，用文字将单元功能标注在电路图上部的栏内。

（2）在电路图下部或上部划分若干图区，并用阿拉伯数字编号。通常是一条回路或一条支路划分为一个图区。

视频 21：CA6140 型车床电气控制线路原理分析

（3）电路图中每个接触器线圈下方画出竖直线，分成左、中、右三栏，分别表示主触头所在图区、辅助动合触头所在图区、辅助动断触头所在图区。每个继电器下方画出一条竖直线，分成左、右两栏，分别表示动合触头、动断触头所在图区，把受其线圈控制而动作的触头所处的图区号填入相应的栏内；对备而未用的触头，可在相应的栏内用“×”标出或不标出任何符号。接触器和继电器触头在电路图中位置的标记见表 5-3、表 5-4。

表 5-3　接触器触头在电路图中位置的标记

栏目	左栏	中栏	右栏
触头类型	主触头所处图区	辅助动合触头所处图区	辅助动断触头所处图区
KM 2 │ 8 │ × 2 │ 10 │ × 2 │ │	表示 3 对主触头均在图区 2	表示一对辅助动合触头在图区 8，另一对动合触头在图区 10	表示两对辅助动断触头未用

表 5-4　继电器触头在电路图中位置的标记

栏目	左栏	右栏
触头类型	动合触头所处图区	动断触头所处图区
KA2 4 │ 4 │ 4 │	表示 3 对动合触头均在图区 4	表示动断触头未用

（4）继电器触头文字符号下面用数字表示该断电器线圈所处的图区号。

2. CA6140 型卧式车床电路图分析

机床电路的识图应从主电路入手，根据主电路电动机的控制形式，分析控制内容，包括起动方式、调速方式、停车制动方式、自动循环等基本控制环节。

(1) 主电路分析

CA6140 型卧式车床电路图如图 5-12 所示。

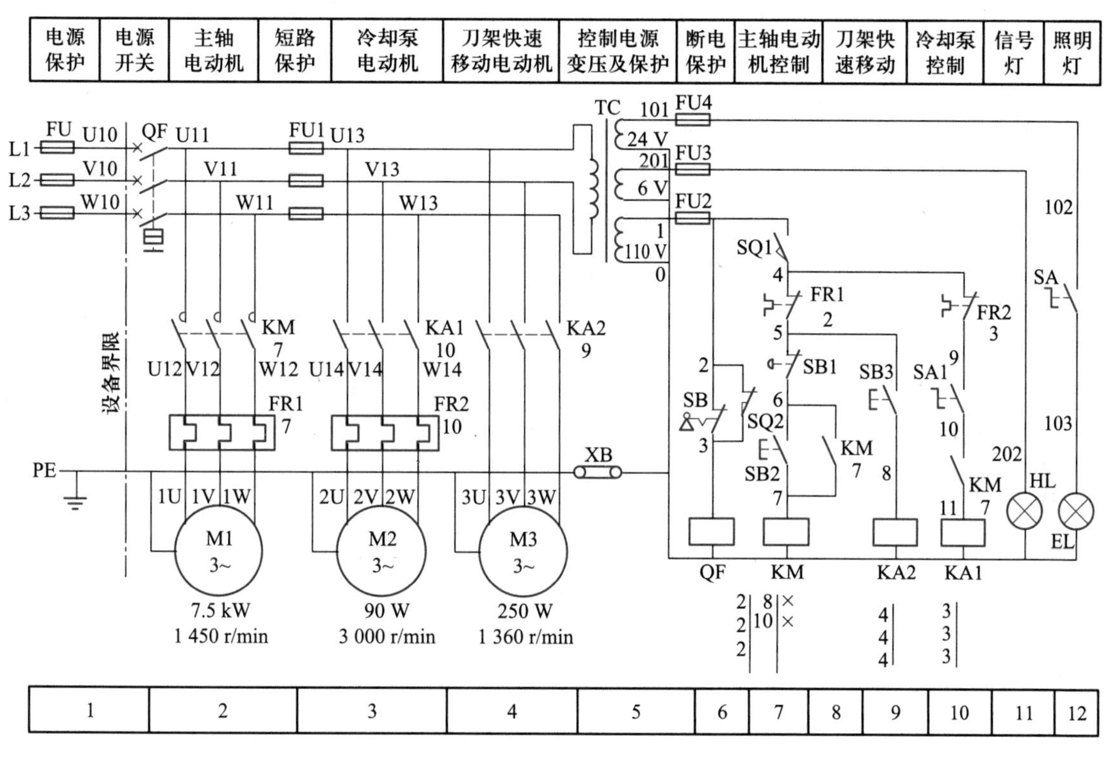

图 5-12　CA6140 型卧式车床电路图

将车床电路分为主电路、控制电路、辅助电路三部分。机床电源采用三相 380 V 交流电源供电，由电源开关断路器 QF 引入，总电源短路保护为熔断器 FU。电气控制线路中共有三台电动机：M1 为主轴电动机，带动主轴旋转和刀架作进给运动；M2 为冷却泵电动机，用以输送冷却液；M3 为刀架快速移动电动机，用以拖动刀架快速移动。主轴电动机 M1 的短路保护由 FU 来实现，而 M2、M3 的短路保护由 FU1 来实现，M1 和 M2 的过载保护由各自的热继电器 FR1 和 FR2 来实现。主电路的控制和保护电器见表 5-5。

表 5-5　主电路的控制和保护电器

名称及代号	作用	控制电器	过载保护电器	短路保护电器
主轴电动机 M1	带动主轴旋转和刀架作进给运动	KM	FR1	低压断路器 FU
冷却泵电动机 M2	供应冷却液	KA1	FR2	熔断器 FU1
快速移动电动机 M3	拖动刀架快速移动	KA2	无	熔断器 FU1

(2) 控制电路分析

控制电路通过控制变压器 TC 输出的 110 V 交流电源供电，由熔断器 FU2 作短路保护。电源开关是带有钥匙开关锁 SB 的断路器 QF，车床接通电源时需用钥匙开关操作，再合上 QF，增加了安全性。正常工作状态下SB和行程开关SQ2处于断开状态，QF线圈不通电，断路器QF能合闸。当需要合上电源时，先用开关钥匙插入SB开关锁并右旋，使QF线圈断电，再扳动断路器QF将其合上，机床电源接通。SQ2装于配电壁龛门后，当打开配电壁龛门时，SQ2闭合，QF线圈获电，断路器QF自动断开，切断车床电源。

① 主轴电动机M1的控制

为保证人身安全，车床正常运行时必须将皮带罩合上，位置开关SQ1装于主轴皮带罩后，起断电保护作用。主轴电动机M1起动由按钮SB2控制，按下SB2，接触器KM吸合，主触头闭合，KM辅助动合触头(6—7)闭合自锁，主轴电动机M1起动运转。同时KM另一对辅助动合触头(10—11)闭合，为KA1得电做准备。主轴电动机M1停止由SB1控制，按下SB1，KM线圈失电，KM触头复位断开，M1失电停转。

② 冷却泵电动机M2的控制

冷却泵电动机M2与主轴电动机M1是联锁控制的，只有当M1起动后，KM的动合触头(10—11)闭合，合上组合开关SA1，中间继电器KA1吸合，冷却泵电动机M2才能起动。当主轴电动机停止运行或断开组合开关SA1时，M2停止运行。

③ 刀架快速移动电动机M3的控制

从安全需要考虑，快速进给电动机M3采用点动控制，按下SB3就可以快速进给。SB3安装在进给操作手柄顶端，它与中间继电器KA2组成点动控制环节。将操作手柄搬到所需移动的方向，按下SB3，KA2得电吸合，电动机M3起动运转，刀架沿着指定的方向快速移动。因刀架快速移动电动机M3是短时工作，故未设置过载保护。

(3) 照明与信号电路分析

控制变压器TC的二次侧输出24 V和6 V电压，分别作为车床低压照明电源和指示灯电源。EL为车床的低压照明灯，由开关SA控制，FU4作短路保护；HL为电源指示灯，FU3作短路保护。

5.2.4 CA6140型车床电气控制线路的安装与调试

1. 实训目标

能够正确安装和调试CA6140型车床电气控制线路。

2. 实训准备

(1) 工具：电工常用工具。

(2) 仪表：MF47型万用表、500 V兆欧表、钳形电流表。

(3) 器材：控制板、走线槽、各种规格的软线和紧固件、金属软管、编码套管等。

3. 实训步骤

(1) 根据元器件明细表选配电器元件并进行质量检测，确保元器件能正常工作。

(2) 预先绘制元器件布置图，正确选配导线、接线端子、紧固件等。根据布置图在控制板上固定电器元件和走线槽，并在电器元件附近做好与电路图上相同代号的标记。

(3) 绘制接线图，按照工艺要求在控制板上进行板前线槽配线，并在导线端部套编码套管。

(4) 进行控制板外的元器件固定和布线(例如控制柜面板)。

(5) 检查所有电路的接线是否正确,是否连接牢固可靠,应用万用表等电工仪表进行线路功能检测。

(6) 检测电动机及线路的绝缘电阻,做好通电试运转的准备。

(7) 接通电源进行通电试车,调整各电器元件参数,使之符合工作要求。

4. 评分标准(见表 5-6)

表 5-6　评分标准

项目内容	配分	评分标准			扣分
器材选用	10 分	1. 电器元件选错型号和规格　每个扣 2 分 2. 导线选用不符合要求　扣 4 分 3. 穿线管、编码套管等选用不当　每项扣 3 分			
装前检查	10 分	电器元件漏检或错检　每处扣 1 分			
安装	20 分	1. 不按布置图安装　扣 10 分 2. 元件安装不牢固　每只扣 4 分 3. 元件安装不整齐、不匀称、不合理　每只扣 3 分 4. 损坏元件　每只扣 10 分 5. 电动机的安装不符合要求　每台扣 10 分			
布线	20 分	1. 不按电路图接线　扣 20 分 2. 布线不符合要求　每根扣 3 分 3. 接点松动、露铜过长、反圈等　每个扣 1 分 4. 损伤导线绝缘层或线芯　每根扣 5 分 5. 编码套管漏装或套装不正确　每处扣 1 分 6. 漏接接地线　扣 10 分			
通电试车	40 分	1. 热继电器未整定或整定错误　每只扣 5 分 2. 熔体规格选用不当　每只扣 5 分 3. 试车不成功　扣 40 分			
安全文明生产	违反安全文明生产规程扣 5~20 分				
定额时间	4 h,训练不允许超时,每超时 5 min(不足 5 min 以 5 min 计)扣 5 分				
备注	除定额时间外,各项内容的最高扣分不得超过配分数				
开始时间		结束时间		实际时间	

5. 注意事项

(1) 确保电动机和线路可靠接地。

(2) 控制箱外部的导线必须穿在导线通道或敷设在机床底座内的导线通道里,导线的中间不允许有接头。

(3) 注意运动部件的位置,在进行快速进给时要注意将运动部件置于行程的中间位置,以免运动部件与车头或尾架相撞。

(4) 试车时,要先合上电源开关,后按起动按钮;停车时,要先按停止按钮,后断开电源开关。

(5) 通电试车必须在教师的监护下进行,必须严格遵守安全操作规程。

5.3 X62W 型万能铣床电气控制线路分析与制作

万能铣床是一种用途广泛的机床,它可以用圆柱铣刀、圆片铣刀、角度铣刀、成型铣刀及端面铣刀等刀具对各种零件进行平面、斜面、沟槽、轮齿、螺旋面及成型表面加工。还可以加装万能铣头、分度头和圆工作台等机床附件以加工比较复杂的型面,扩大加工范围。

铣床的种类很多,按照结构形式和加工性能的不同,可分为立式铣床、卧式铣床、龙门铣床、仿形铣床和专用铣床等。

常用的万能铣床有两种,一种是 X62W 型卧式万能铣床,铣头水平方向放置;另一种是 X52K 型立式铣床,铣头垂直方向放置。X62W 型卧式万能铣床应用广泛,具有主轴转速高、调速范围宽、操作方便和加工范围广等特点。本节以 X62W 型万能铣床为例进行铣床电路分析。

5.3.1 X62W 型万能铣床的主要结构及型号含义

1. X62W 型万能铣床的主要结构

X62W 型万能铣床车床主要由底座、床身、主轴、刀杆、刀杆支架、工作台、回转盘、横溜板、升降台等组成。图 5-13 是 X62W 型万能铣床结构示意图。

讲义 12:认识 X62W 型万能铣床

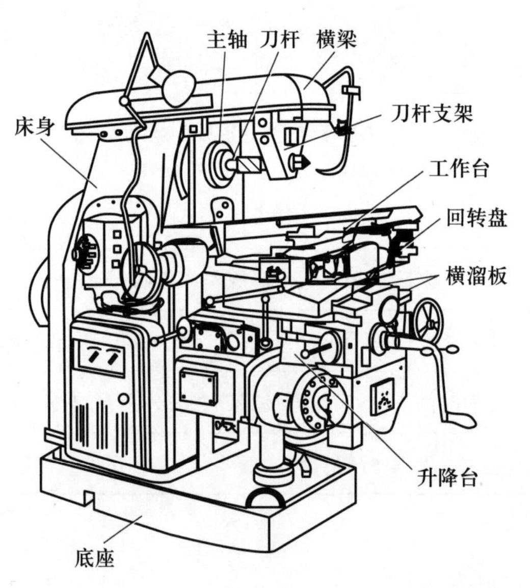

图 5-13 X62W 万能铣床结构示意图

床身固定于底座上,用于安装和支承铣床的各部件,床身顶部的导轨上装有横梁,横梁上装有刀杆支架。铣刀装在刀杆上,刀杆的一端装在主轴上,另一端装在刀杆支架上。刀杆支架可以在横梁上水平移动,横梁又可以在床身顶部的水平导轨上水平移动,因此可以适应各种不同长度的刀杆。

床身前部有垂直导轨,升降台可以沿导轨上下移动,升降台上的水平导轨上装有横溜板,可以沿导轨作平行于主轴轴线方向的横向移动,工作台又经过回转盘装在横溜板的水平导轨上,可以沿导轨作垂直于主轴轴线方向的纵向移动。工件紧固在工作台上,通过工作台、回转盘、横溜板和升降台在相互垂直的 3 个方向上实现进给和调整运动。

2. X62W 型万能铣床的型号含义

常用的万能铣床有两种,一种是 X62W 型卧式万能铣床,卧式是指铣头水平方向放置,图 5-13所示铣床为卧式。另一种是 X52K 型立式铣床,铣头垂直方向放置。X62W 型万能铣床型号含义如图 5-14 所示。

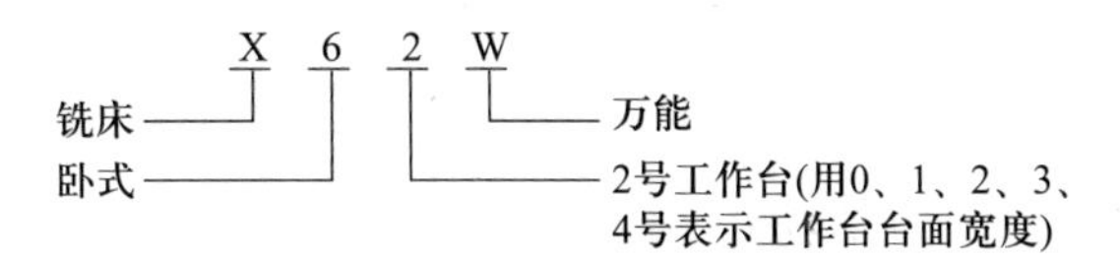

图 5-14　X62W 型万能铣床型号含义

5.3.2　X62W 型万能铣床的主要运动形式及控制要求

X62W 型万能铣床的运动形式有主运动、进给运动及辅助运动。铣床的电力拖动系统一般由 3 台电动机组成:主轴电动机、进给电动机和冷却泵电动机。

1. 主运动

X62W 型万能铣床的主运动是主轴带动铣刀的旋转运动。主轴电动机通过主轴变速箱驱动主轴旋转,若铣削加工过程中需要主轴调速,可通过改变变速箱的齿轮传动比来实现变速,以适应铣削工艺对转速的要求,而主轴电动机不需要调速。铣削加工有顺铣和逆铣两种加工方式,要求主轴电动机能正转和反转,大多数情况下一批或多批工件只用一个方向铣削,工作过程中不需要变换主轴电动机旋转方向,因此,常在主轴电动机电路内接入换向组合开关来控制电动机的正转和反转。因铣床加工是一种不连续切削加工方式,存在负载波动,故为减轻负载波动的影响,常常在主轴传动系统中加入飞轮(又称惯性轮),但随之又带来主轴停车惯性大、停车困难等问题,为实现快速准确停车,主轴电动机往往采用制动停车方式,常用的有电磁离合器制动停车和反接制动停车方式。

2. 进给运动

X62W 型万能铣床的进给运动是指工件随着工作台在前后、左右和上下六个方向的运动以及椭圆形工作台的旋转运动,进给运动由进给电动机拖动。

因为铣床的工作台要求有前后、左右、上下六个方向上的进给运动和快速移动,所以要求进给电动机能够正反转。为保证机床和刀具的安全,在铣削加工的任何时刻只允许有一个方向的进给运动,因此这六个方向的运动应该设有互锁。铣床一般采用机械操作手柄和行程开关相互配合的方式来实现六个方向的联锁。

某些铣床为扩大加工能力而加装圆形工作台,圆形工作台的回转运动由进给电动机经传动机构驱动。在使用圆形工作台时,进给工作台的上下、左右、前后几个方向的直线运动都不允许进行。

进给变速采用机械方式实现，进给电动机无须调速。铣床的主运动与进给运动间没有比例协调的要求，所以从机械结构合理角度考虑，采用两台电动机单独拖动。为防止损坏刀具或机床，主电动机与进给电动机之间应有可靠的互锁。要求主轴旋转后，才允许有进给运动，同时为了减小加工件的表面粗糙度，要求进给停止后，主轴才能停止或同时停止。

3. 辅助运动

X62W 型万能铣床的辅助运动包括工作台的快速移动以及主轴变速冲动和进给变速冲动。

工作台的快速运动是指工作台在前后、左右和上下六个方向之一上的快速移动。快速移动是在牵引电磁铁的作用下，将进给传动链换接为快速传动链，通过进给电动机的正反转来实现的。

为了适应各种不同的切削要求，铣床的主轴与进给运动都应具有一定的调速范围。为保证变速后齿轮能良好啮合，主轴和进给变速后，都要求电动机做瞬时点动，即变速冲动。

5.3.3 X62W 型万能铣床主轴制动控制线路相关知识

视频 22：单向启动反接制动典型电路

制动就是给电动机一个与转动方向相反的转矩使它迅速停转（或限制其转速）。制动的方法一般分为机械制动和电气制动。利用机械装置使电动机断开电源后迅速停转的方法叫作机械制动。电气制动是在电动机转子上加一个与电动机转向相反的制动电磁转矩，使电动机转速迅速下降，或稳定在另一转速。机械制动常用的方法有电磁抱闸制动器制动和电磁离合器制动两种，常用的电气制动方法有反接制动和能耗制动。

1. 三相异步电动机单向起动反接制动控制线路

反接制动主要依靠改变电动机定子绕组的电源相序来产生制动力矩，迫使电动机迅速停转。图 5-15 为三相异步电动机单向起动的反接制动控制线路。

反接制动控制的特点是制动迅速、效果好，但冲击电流大，所以通常要求在电动机主电路中串接一定的电阻 R 以限制反接制动电流。反接制动控制电路的另一要求是当电动机转速接近零时，应立即切断电动机电源，防止反向起动。常利用速度继电器 KS 来自动及时地切断电源。在结构上，速度继电器与电动机同轴连接，其动合触头串联在电动机控制电路中，当电动机转动至一定转速时，速度继电器的动合触头闭合；当电动机转速低于其动作速度时，其动合触头打开。

线路中 KM1 为正转运行接触器，KM2 为反接制动接触器，KS 为速度继电器。R 为三个限流电阻。线路工作原理如下。

先合上电源开关 QS。

单向起动：

按下 SB1→KM1 线圈得电→{ KM1 动断触头断开→使 KM2 线圈无法得电（联锁）
KM1 主触头闭合→电动机 M 通电起动运转-----→
KM1 动合触头闭合→自锁 }

-----→电动机转速上升至 KS 动作转速（约 120 r/min）时→KS 动合触头闭合为制动做准备。

反接制动：

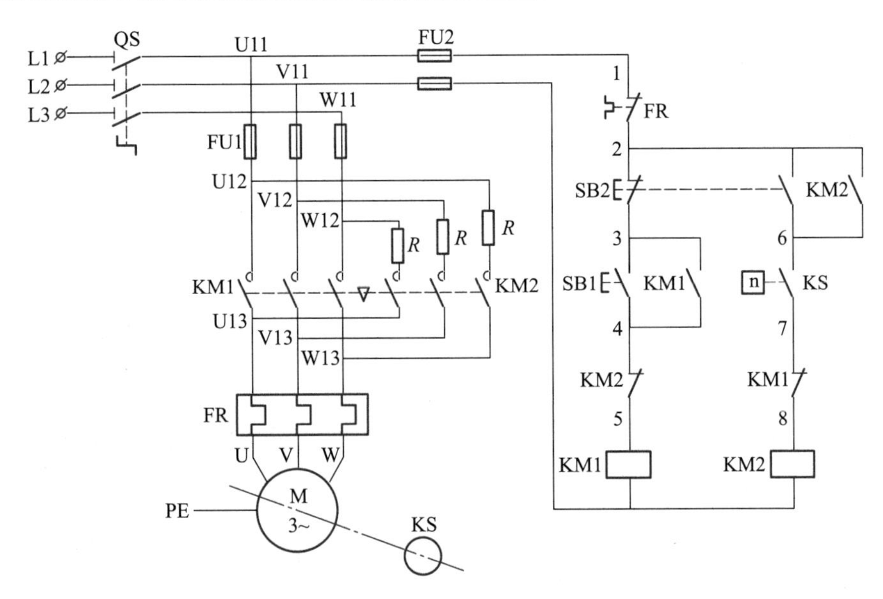

图 5-15 三相异步电动机单向起动反接制动控制线路

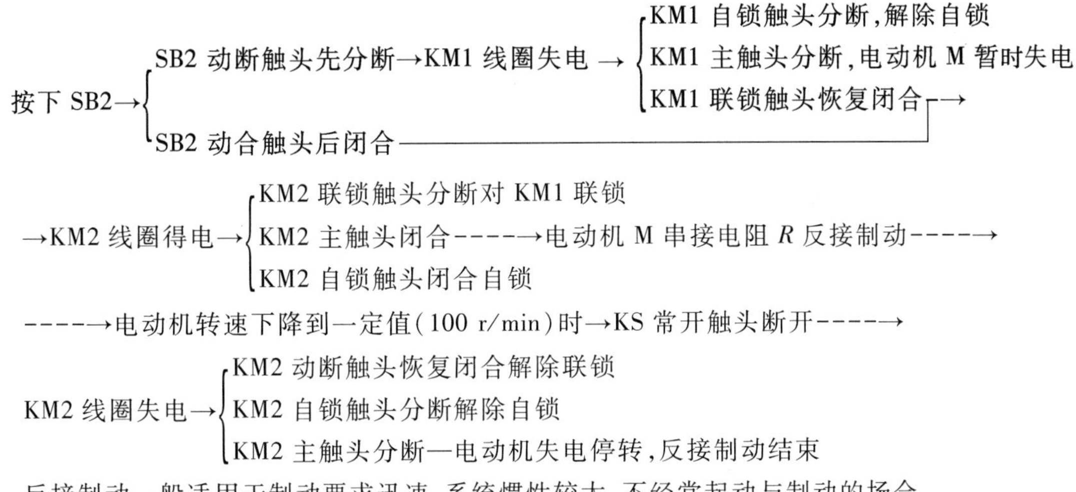

反接制动一般适用于制动要求迅速、系统惯性较大、不经常起动与制动的场合。

2. 三相异步电动机双向起动反接制动控制线路

很多生产机械要求电动机能够正反两个方向运转,且要求正反转时都要进行反接制动。根据控制要求,设计电动机双向起动反接制动控制线路,如图 5-16 所示。

图中 KM1 为正转运行接触器,KM2 为反转运行接触器,KM3 用于正常运转时短接限流电阻 *R*。速度继电器 KS 有两对动合触头,分别为正转运行动作触头 KS-1 和反转运行动作触头KS-2。

工作原理:合上开关 QS,按下正向起动按钮 SB2,KM1 通电自锁,电动机串电阻降压起动。当电动机转速升至 KS 动作值时,KS-1 动合触头闭合,使 KM3 线圈得电动作,KM3 主触头短接限流电阻 *R*,电动机全压运行。需要停止时,按停止按钮 SB1,SB1 动断触头(2—3)断开,KM1 线圈失电,KM1 主触头断开,电动机暂时停转。SB1 动合触头(2—15)闭合,KA3 线圈得电,KA3 动断触头(12—13)断开,KM3 线圈断电。KA3 动合触头(14—N)闭合,KA1 线圈通电,KA1 的动合触头(2—15)闭合,使 KA3 线圈继续保持得电。KA1 辅助动合触头(2—9)闭合,接通 KM2 线圈回路,KM2 主触头闭合,电动机串接限流电阻 *R* 反接制动。此时电动机转速迅速下降,当下降至 KS 的动作值时,KS-1 动合触头断开,KA1、KA3、KM2 相继断电,电动机断开制动电源,反接制动结束。

电动机反向起动和反接制动停车过程与正转时相似,反转起动按钮为 SB3,反转接触器为 KM2,KS-2 为反转时速度继电器的动作触头,请读者朋友自行分析。

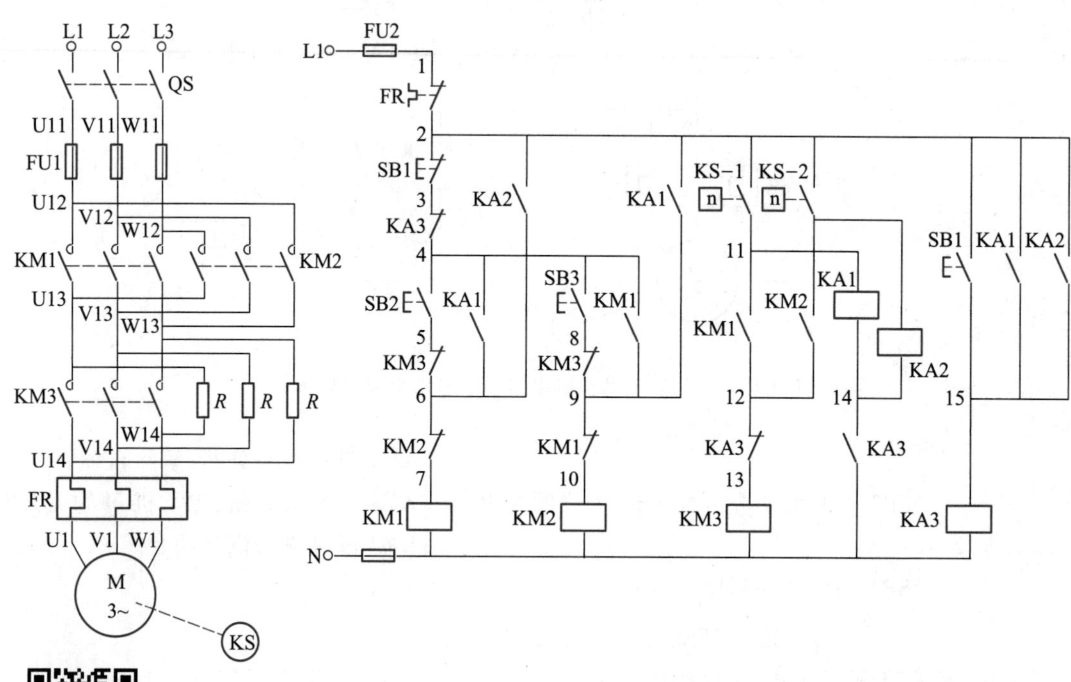

图 5-16 电动机双向起动反接制动控制线路

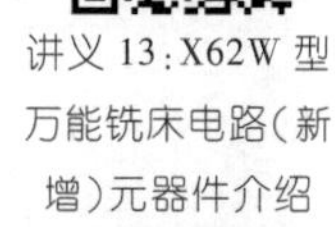

讲义 13:X62W 型万能铣床电路(新增)元器件介绍

讲义 14:X62W 型万能铣床电路工作原理

讲义 15:X62W 型万能铣床电路安装注意事项及电气排故

5.3.4 X62W 型万能铣床电气控制线路分析

X62W 型万能铣床电路图如图 5-17 所示,将整个电路分为主电路、控制电路、辅助电路三部分。机床采用三相 380 V 交流电源供电,由电源开关 QS 引入,总电源短路保护为熔断器 FU1。

1. 主电路分析

X62W 型万能铣床主电路共有三台电动机,分别为主轴电动机 M1、进给电动机 M2、冷却泵电动机 M3。主电路的控制和保护电器见表 5-7。

表 5-7 主电路的控制和保护电器

名称及代号	功能	控制电器	过载保护电器	短路保护电器
主轴电动机 M1	拖动主轴带动铣刀旋转	接触器 KM3、KM2 和组合开关 SA5	热继电器 FR1	熔断器 FU1
进给电动机 M2	拖动进给运动和快速移动	接触器 KM4、KM5、KM6	热继电器 FR2	熔断器 FU2
冷却泵电动机 M3	供应冷却液	接触器 KM1	热继电器 FR3	熔断器 FU2

视频 23：X62W 型万能铣床主电路工作原理

视频 24：X62W 型万能铣床进给电路工作原理

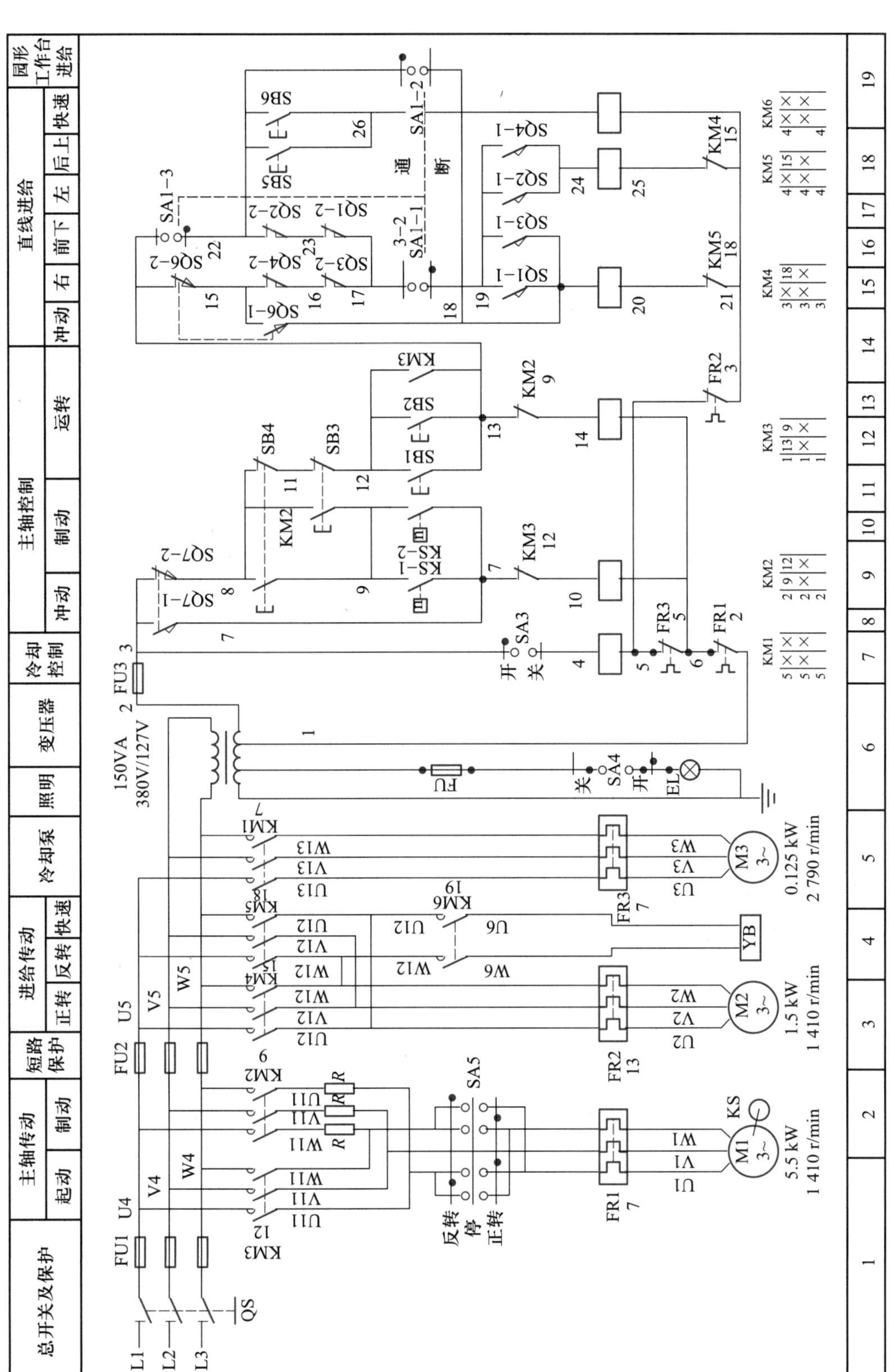

图5-17　X62W型万能铣床电路图

(1) 主轴电动机 M1 通过组合开关 SA5 与接触器 KM3 配合,能进行正反转控制,而与接触器 KM2、限流电阻 R 及速度继电器的配合,能实现串电阻瞬时冲动和正反转反接制动控制,并能通过机械进行变速。

(2) 进给电动机 M2 能进行正反转控制,通过接触器 KM4、KM5 与行程开关及接触器 KM6、牵引电磁铁 YA 配合,能实现进给变速时的瞬时冲动、六个方向的常速进给和快速进给控制。

(3) 冷却泵电动机 M3 只能正转。

(4) 熔断器 FU1 作机床总短路保护,也兼作 M1 的短路保护;FU2 作为 M2、M3 及控制变压器 TC、照明灯 EL 的短路保护;热继电器 FR1、FR2、FR3 分别作为 M1、M2、M3 的过载保护。

2. 控制电路分析

控制电路的电源由控制变压器 TC 二次侧输出的 127 V 电压供电。

(1) 主轴电动机 M1 的控制

主轴电动机 M1 的控制从起动控制、两地控制、反接制动停车控制、变速冲动控制等几方面进行分析。

① 主轴电动机起动控制:KM3 是主轴电动机起动接触器,KM2 是反接制动和主轴变速冲动接触器。主轴电动机需起动时,应根据加工顺铣、逆铣的要求,将转换开关 SA5 扳到主轴电动机所需要的旋转方向,然后再按起动按钮 SB1 或 SB2 来起动电动机 M1。主轴电机起动控制过程如下:

按下起动控制按钮 SB1 或 SB2,接触器 KM3 线圈通电并自锁,KM3 主触头闭合,主轴电机 M1 起动,其辅助动合触头(12—13)闭合,进给控制电路接通。

② 多地控制:能够在两地或多地控制同一台电动机的控制方式叫电动机的多地控制。对多地控制,只要把各地的起动按钮并联、停止按钮串联就可以实现。为方便操作,铣床主轴电动机 M1 采用两地控制方式,将一组起动按钮 SB1 和停止按钮 SB3 安装在铣床的工作台上,另一组起动按钮 SB2 和停止按钮 SB4 安装在铣床的床身上。

③ 反接制动停车:反接制动是依靠改变电动机定子绕组的电源相序来产生制动力矩,迫使电动机迅速停转的控制方式。当电动机转速接近零值时应立即切断电动机电源,否则电动机将反转。因此在反接制动设施中,为保证电动机的转速被制动到接近零值时能迅速切断电源,防止反向起动,常利用速度继电器 KS 来自动地及时切断电源。铣床电路图中 KM3 是主轴电动机起动接触器,KM2 是反接制动和主轴变速冲动接触器。为限制反接制动电流,在定子绕组回路中串入了限流电阻 R。主轴电动机的停车制动过程如下:

主轴电动机 M1 起动后,速度继电器 KS 动合触头(7—9)闭合,为主轴电动机的停转制动做好准备。

停车时,按停止按钮 SB3 或 SB4,其动断触头断开 KM3 线圈回路,其动合触头闭合使 KM2 线圈得电,KM2 主触头闭合,改变 M1 的电源相序进行串电阻反接制动。当 M1 的转速低于 120 r/min 时,速度继电器 KS 动合触头(7—9)恢复断开,切断 KM2 电路,M1 停转,反接制动结束。

④ 主轴电动机变速冲动控制:SQ7 是与主轴变速手柄联动的瞬时动作行程开关。主轴电动机变速时的瞬动(冲动)控制,是利用变速手柄与冲动行程开关 SQ7 通过机械上的联动机构实现的,变速冲动结构示意图如图 5-18 所示。变速操作可以在开车时进行,也可在停车时进行。

变速时,先下压变速手柄,然后拉到前面,当快要落到第二道槽时,转动变速盘,选择需要的转速。此时凸轮压下弹簧杆,使冲动行程开关 SQ7 的动断触头先断开,切断 KM3 线圈的电路,电

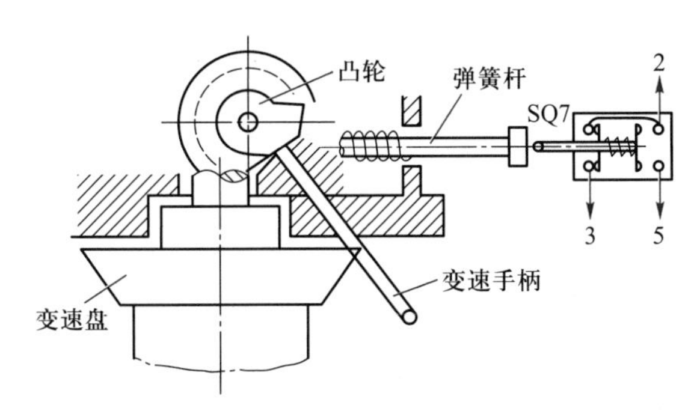

图 5-18 变速冲动结构示意图

动机 M1 断电;同时 SQ7 的动合触头接通,KM2 线圈得电动作,M1 被反接制动。当手柄拉到第二道槽时,SQ7 不受凸轮控制而复位,KM2 断电,M1 停转。接着把手柄从第二道槽推回原始位置,凸轮又瞬时压动行程开关 SQ7,使 M1 反向瞬时冲动一下,以利于变速后的齿轮啮合。

但要注意,不论是开车还是停车时,都应以较快的速度把手柄推回原始位置,以免通电时间过长,引起 M1 转速过高而打坏齿轮。

(2) 进给电动机 M2 的控制

铣床工作台要求有前后、左右和上下六个方向上的进给运动和快速移动,并且可在工作台上安装附件圆形工作台,进行对圆弧或凸轮的铣削加工。这些运动都由进给电动机 M2 拖动。接触器 KM4 和 KM5 使 M2 实现正反转,用以改变进给运动方向。

工作台的前后、上下、左右的运动是由两个机械操作手柄控制的。其中一个是左右(纵向)机械操作手柄,另一个是前后(横向)、上下(垂直)操作手柄。对照图 5-17 所示铣床电路图进行分析,左右进给操作手柄与行程开关 SQ1、SQ2 联动,上下、前后进给操作手柄与行程开关 SQ3、SQ4 联动。控制手柄的位置与工作台运动方向的关系见表 5-8。

另外在铣床线路中设置圆形工作台选择开关,设有接通与断开两个位置,当不需要圆形工作台工作时将开关扳到断开位置。

表 5-8 控制手柄的位置与工作台运动方向的关系表

控制手柄	手柄位置	行程开关动作	接触器控制	电动机 M2 转向	传动链搭合丝杠	工作台运动方向
左右进给手柄	右	SQ1	KM4	正转	左右进给丝杠	向右
	中	—	—	停止	—	停止
	左	SQ2	KM5	反转	左右进给丝杠	向左
上下和前后进给手柄	下	SQ3	KM4	正转	上下进给丝杠	向下
	上	SQ4	KM5	反转	上下进给丝杠	向上
	中	—	—	停止	—	停止
	前	SQ3	KM4	正转	前后进给丝杠	向前
	后	SQ4	KM5	反转	前后进给丝杠	向后

下面对进给电动机的左右、上下、前后运动控制,工作台快速进给控制,圆形工作台运动控制

进行分析。

① 工作台纵向(左右)运动的控制,工作台的纵向运动是由进给电动机 M2 驱动的,并由纵向操纵手柄来控制。此手柄是复式的,一个安装在工作台底座的顶面中央部位,另一个安装在工作台底座的左下方。手柄有三个位置:向左、向右、零位。当手柄扳到向右或向左运动方向时,手柄的联动机构压下行程开关 SQ1 或 SQ2,使接触器 KM4 或 KM5 动作,控制进给电动机 M2 的转向。工作台左右运动的行程,可通过调整安装在工作台两端的撞铁位置来实现。当工作台纵向运动到极限位置时,撞铁撞动纵向操纵手柄,使它回到零位,M2 停转,工作台停止运动,从而实现了纵向终端保护。

工作台向左运动:在 M1 起动后,将纵向操作手柄扳至向左位置,一方面机械接通纵向离合器,同时在电气上压下 SQ2,使 SQ2-2 断开,SQ2-1 接通,而其他控制进给运动的行程开关都处于原始位置,此时使 KM5 线圈通电,KM5 吸合,M2 反转,工作台向左进给运动。其控制电路的通路为:

2→FU3→3→SQ7-2→8→SB4→11→SB3→12→KM3→13→SQ6-2→15→SQ4-2→16→SQ3-2→17→SA1-1→19→SQ2-1→24→KM5 线圈→25→KM4→21→FR2→5→FR3→6→FR1→1

工作台向右运动:在 M1 起动后,当纵向操纵手柄扳至向右位置时,机械上仍然接通纵向进给离合器,但却压动了行程开关 SQ1,使 SQ1-2 断开,SQ1-1 接通,使 KM4 线圈通电,KM4 吸合,M2 正转,工作台向右进给运动,其控制电路的通路为:

2→FU3→3→SQ7-2→8→SB4→11→SB3→12→KM3→13→SQ6-2→15→SQ4-2→16→SQ3-2→17→SA1-1→19→SQ1-1→18→KM4 线圈→20→KM5→21→FR2→5→FR3→6→FR1→1

② 工作台垂直(上下)和横向(前后)运动的控制:工作台的垂直和横向运动,由垂直和横向进给手柄操纵。此手柄也是复式的,有两个完全相同的手柄分别装在工作台左侧的前、后方。手柄的联动机械一方面压下行程开关 SQ3 或 SQ4,同时能接通垂直或横向进给离合器。操纵手柄有五个位置(上、下、前、后、中间),五个位置是联锁的,工作台的上下和前后的终端保护是利用装在床身导轨旁与工作台座上的撞铁,将操纵十字手柄撞到中间位置,使 M2 断电停转实现的。

工作台向后(或者向上)运动的控制:M1 起动后,将十字操纵手柄扳至向后(或者向上)位置时,机械上接通横向进给(或者垂直进给)离合器,同时压下 SQ4,使 SQ4-2 断开,SQ4-1 接通,使 KM5 线圈通电,KM5 吸合,M2 反转,工作台向后(或者向上)运动。其控制电路的通路为:

2→FU3→3→SQ7-2→8→SB4→11→SB3→12→KM3→13→SA1-3→22→SQ2-2→23→SQ1-2→17→SA1-1→19→SQ4-1→24→KM5 线圈→25→KM4→21→FR2→5→FR3→6→FR1→1

工作台向前(或者向下)运动的控制:M1 起动后,将十字操纵手柄扳至向前(或者向下)位置时,机械上接通横向进给(或者垂直进给)离合器,同时压下 SQ3,使 SQ3-2 断开,SQ3-1 接通,使 KM4 线圈通电,KM4 吸合,M2 正转,工作台向前(或者向下)运动。其控制电路的通路为:

2→FU3→3→SQ7-2→8→SB4→11→SB3→12→KM3→13→SA1-3→22→SQ2-2→23→SQ1-2→17→SA1-1→19→SQ3-1→18→KM4 线圈→20→KM5→21→FR2→5→FR3→6→FR1→1

③ 进给电动机变速时的瞬动(冲动)控制:变速时,为使齿轮易于啮合,进给变速与主轴变速一样,设有变速冲动环节。进给变速冲动是由进给变速手柄配合进给变速冲动开关 SQ6 实现的。真实铣床进给变速时,应将转速盘的蘑菇形手轮向外拉出并转动转速盘,把所需进给量的标尺数字对准箭头,然后再把蘑菇形手轮用力向外拉到极限位置并随即推向原位,此时行程开关 SQ6 被瞬时压下,使 KM4 瞬时吸合,M2 作正向瞬动。由于进给变速瞬时冲动的通电回路要经过 SQ1~SQ4 四个行程开关的动断触头,因此只有当进给运动的操作手柄都在中间(停止)位置时,

才能实现进给变速冲动控制,以保证操作时的安全。与主轴变速时冲动控制一样,电动机的通电时间不能太长,以防止转速过高,在变速时打坏齿轮。

控制原理描述:压下SQ6触头,SQ6-2断开,SQ6-1闭合,电流经SA1-3、SQ2-2、SQ1-2到SQ3-2、SQ4-2,再到SQ6动合触头,使KM4线圈通电,电动机M2点动正转,电动机接通一下电源,齿轮系统产生一次抖动,使齿轮啮合顺利进行。

④ 工作台的快速进给控制:为提高劳动生产率,要求铣床在不做铣切加工时,工作台能快速移动。工作台快速进给也是由进给电动机M2来驱动的,在纵向、横向和垂直三种运动形式六个方向上都可以实现快速进给控制。

主轴电动机起动后,将进给操纵手柄扳到所需位置,工作台按照选定的速度和方向作常速进给移动时,再按下快速进给按钮SB5(或SB6),使接触器KM6通电吸合,接通快速进给电磁铁YA,电磁铁通过杠杆使摩擦离合器合上,减少中间传动装置,使工作台按运动方向作快速进给运动。当松开快速进给按钮时,电磁铁YA断电,摩擦离合器断开,快速进给运动停止,工作台仍按原常速进给时的速度继续运动。

⑤ 圆形工作台运动的控制:铣床如需铣切螺旋槽、弧形槽等曲线时,可在工作台上安装圆形工作台及其传动机械,圆形工作台的回转运动也是由进给电动机M2传动机构驱动的。

圆形工作台工作时,应先将进给操作手柄都扳到中间(停止)位置,然后将圆形工作台组合开关SA1扳到圆形工作台接通位置。此时SA1-1和SA1-3断开,SA1-2接通。准备就绪后,按下主轴起动按钮SB1或SB2,接触器KM3与KM4线圈通电并相继吸合。主轴电动机M1与进给电动机M2相继起动并运转,而进给电动机仅以正转方向带动圆形工作台做定向回转运动。其控制电路的通路为:

2→FU3→3→SQ7-2→8→SB4→11→SB3→12→KM3→13→SQ6-2→15→SQ4-2→16→SQ3-2→17→SQ1-2→23→SQ2-2→22→SA1-2→18→KM4线圈→20→KM5→21→FR2→5→FR3→6→FR1→1

由上可知,圆形工作台与工作台进给有互锁,即当圆形工作台工作时,不允许工作台在纵向、横向、垂直方向上有任何运动。若误操作而扳动进给运动操纵手柄(即压下SQ1~SQ4、SQ6中任一个),M2即停转。

圆形工作台组合开关SA1工作情况说明如表5-9所示。

表5-9 圆形工作台转换开关SA1工作情况说明

触头	圆形工作台	
	接通	断开
SA1-1(17—19)	-	+
SA1-2(18—22)	+	-
SA1-3(13—22)	-	+

注:表中"+"表示接通;"-"表示断开。

(3) 冷却泵的控制

要起动冷却泵时,扳动开关SA3,接触器KM1通电吸合,冷却泵电动机M3起动并运转。

(4) 照明电路的控制

控制变压器 TC 将 380 V 的交流电压降到 36 V 以下的安全电压,供照明用。照明灯由组合开关 SA4 控制,FU 作为照明电路的短路保护。

5.4 T68 型卧式镗床电气控制线路分析与制作

镗床是一种精密加工机床,可进行镗孔和钻孔加工,主要用于加工高精度圆柱孔。这些孔的轴心线的要求都是钻床难以胜任的。除此功能外,镗床还可进行扩、铰、车、铣等工序。因此,镗床的加工范围很广。按用途不同,镗床可分为立式镗床、卧式镗床、坐标镗床、金刚镗床及专用镗床等。本节主要讨论 T68 型卧式镗床电气控制线路。

5.4.1 T68 型卧式镗床的主要结构及运动形式

讲义 16:认识 T68 型卧式镗床

1. 镗床的主要结构

T68 型卧式镗床主要由床身、前后立柱、镗头架(主轴箱)、尾架、工作台、上下滑板、导轨、床头架升降丝杠、镗轴(主轴)、平旋盘、刀具溜板等组成,T68 型卧式镗床结构和外形图如图 5-19 所示。它的主传动是由主轴电动机拖动的,镗轴的快速移动、工作台的快速移动以及尾架、后立柱的快速移动都是由快速移动电动机拖动的。

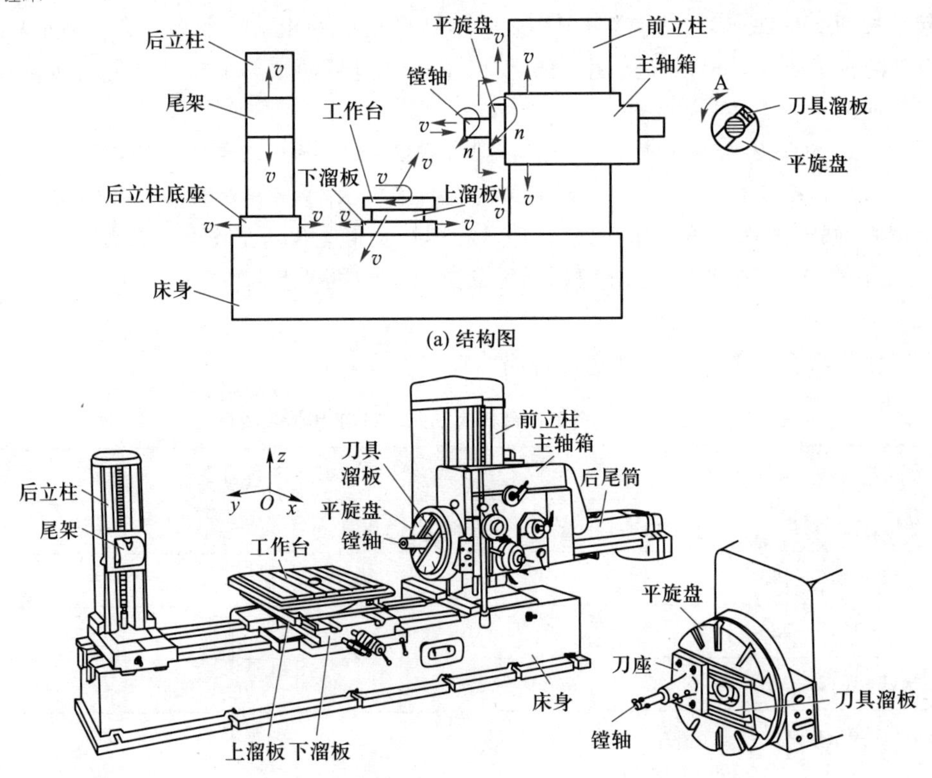

(a) 结构图

(b) 外形图

图 5-19 T68 型卧式镗床结构和外形图

2. T68 型卧式镗床的型号含义(如图 5-20 所示)

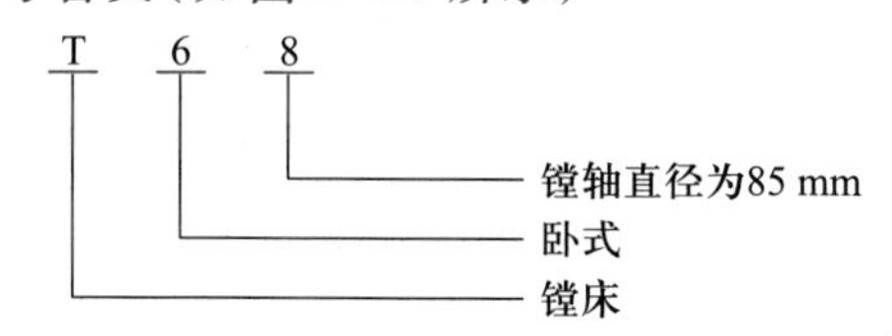

图 5-20　T68 型卧式镗床的型号含义

3. 镗床的运动形式

(1) 主运动:镗轴(主轴)旋转或平旋盘旋转。

(2) 进给运动:主轴轴向(进、出)移动、主轴箱(镗头架)的垂直(上、下)移动、刀具溜板的径向移动、工作台的纵向(前、后)和横向(左、右)移动。

(3) 辅助运动:有工作台的旋转运动、后立柱的水平移动和尾架的垂直移动。

主运动和各种常速进给运动由主轴电动机 M1 驱动,但各部分的快速进给运动由快速进给电动机 M2 驱动。

5.4.2　T68 型卧式镗床的电力拖动控制要求及电气控制线路的特点

1. 电力拖动控制要求

(1) 因机床主轴调速范围较大且恒功率,主轴电动机采用双速电动机(△-YY)用以拖动主运动和进给运动。

(2) 主轴电动机要求能正反转连续运行,也可以点动进行调整,点动时为低速。主轴要求快速准确制动,故采用反接制动,实现准确停车。控制电器采用速度继电器。为限制主轴电动机的起动和制动电流,在点动和制动时,定子绕组串入限流电阻 R。

(3) 主轴电动机低速运行时全压起动,高速运行是由低速起动延时后再自动转成高速运行的,以减小起动电流。

(4) 在主轴变速或进给变速时,主轴电动机需要缓慢转动,以保证变速齿轮进入良好啮合状态。主轴和进给变速均可在运行中进行,变速操作时,主轴电动机便作低速断续冲动,变速完成后又恢复运行。

(5) 各进给部分的快速移动,采用一台快速移动电动机拖动。

2. 双速电动机调速控制

(1) 双速电动机变极调速

三相异步电动机的转速公式为

$$n=\frac{60f}{p}(1-s) \tag{5-1}$$

由上式可知,改变异步电动机转速(n)的方法有三种:改变电源的频率(f),改变电动机定子绕组的磁极对数(p),改变转差率(s)。

改变异步电动机的磁极对数调速称为变极调速。根据公式 $n_1=60f/p$ 可知,在电源频率不变的条件下,异步电动机的同步转速与磁极对数成反比,磁极对数增加一倍,同步转速 n_1 下降至原转速的一半,电动机额定转速 n 也将下降近似一半,所以改变磁极对数可以达到改变电动机转速的目的。

双速异步电动机的调速属于异步电动机的变极调速，变极调速是通过改变定子绕组的连接方式来实现的，主要用于调速性能要求不高的场合，所需设备简单、体积小、质量轻，但电动机绕组引出头较多，调速级数少，级差大，不能实现无级调速。

（2）双速电动机定子绕组的连接

双速电动机三相定子绕组△-YY接线图如图5-20所示。图中，三相定子绕组接成△形，由三个连接点接出三个出线端U1、V1、W1，从每相绕组的中点各接出一个出线端U2、V2、W2，这样定子绕组支路共有6个出线端，通过改变这6个出线端与电源的连接方式就可以得到两种不同的转速。

低速时，U1、V1、W1接三相交流电源，U2、V2、W2悬空，如图5-21(a)所示，此时定子绕组接成三角形(△)，每相绕组中两个线圈串联，形成的磁极对数 $p=2$；高速时，U1、V1、W1短接，U2、V2、W2接电源，如图5-21(b)所示，这时电动机定子绕组连接成双星形(YY)，每相绕组中的两个线圈并联，磁极对数 $p=1$。

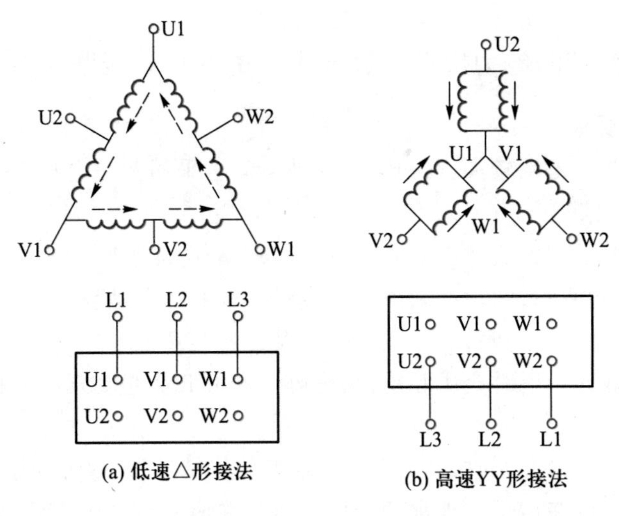

图5-21　双速电动机三相定子绕组△-YY接线图

值得注意的是，双速电动机定子绕组从一种接法改变为另一种接法时，必须把电源相序反接，以保证电动机的旋转方向不变。在T68型镗床控制电路中，主轴电动机高、低速的变换，由主轴孔盘变速机构内的行程开关SQ7控制，其动作说明见表5-10。

表5-10　主轴电动机高、低速变换行程开关SQ7动作说明

触头	主轴电动机低速	主轴电动机高速
SQ7(11—12)	关	开

（3）双速电动机的控制线路

① 按钮控制的双速电动机电路图见图5-22。

低速控制工作原理：合上电源开关QS，按下低速起动按钮SB2，接触器KM1线圈通电，辅助动断触头断开，对KM2、KM3线圈互锁。辅助动合触头闭合实现对KM1线圈的自锁，主电路中

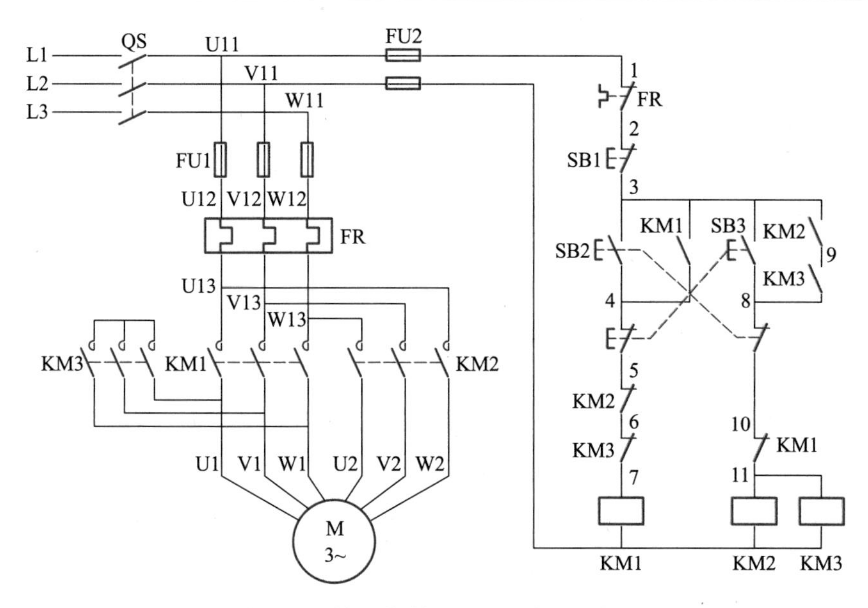

图 5-22　按钮控制的双速电动机电路图

KM1 主触头闭合,电动机定子绕组作三角形联结,电动机低速运转。

高速控制工作原理:合上电源开关 QS,按下高速起动按钮 SB3,SB3 动断触头断开使接触器 KM1 线圈断电,在解除 KM1 自锁和互锁的同时,主电路中的 KM1 主触头也断开,电动机定子绕组暂时断电。SB3 动合触头闭合,接通接触器 KM2 和 KM3 线圈。KM2 和 KM3 自锁和互锁同时动作,完成对 KM2 和 KM3 线圈的自锁及对 KM1 线圈的互锁。KM2 和 KM3 在主电路的主触头闭合,电动机定子绕组作双星形联结,电动机高速运转。

② 时间继电器控制的双速电动机电路图见图 5-23。

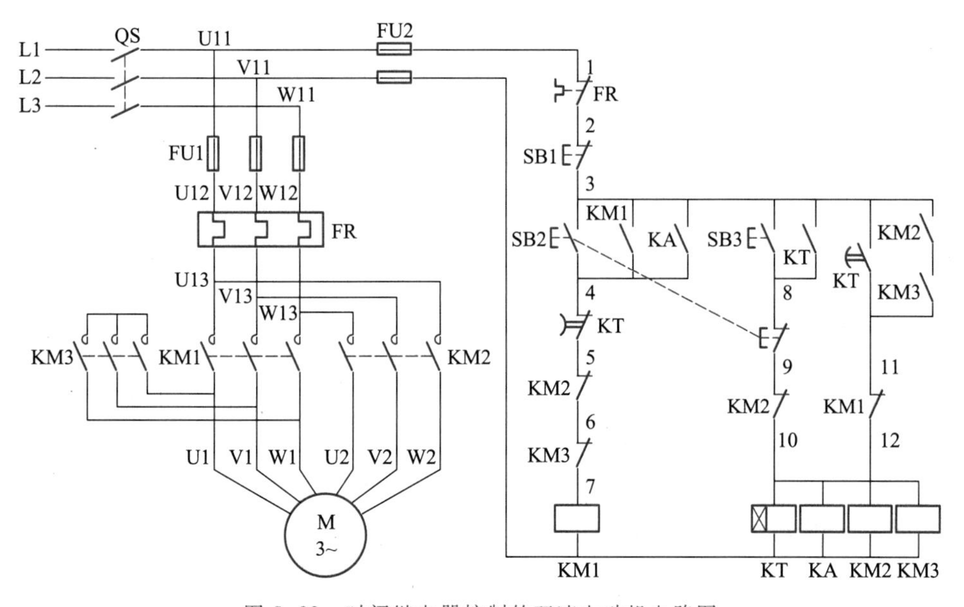

图 5-23　时间继电器控制的双速电动机电路图

线路工作原理：

首先合上电源开关 QS。

低速运行控制：按下 SB2 低速起动按钮，复合按钮 SB2 动断触头分断，时间继电器线圈 KT 不得电。SB2 动合触头闭合，接触器 KM1 线圈得电并自锁，KM1 的主触头闭合，电动机 M 的绕组连接成△形低速起动运转。

低速起动、高速运行控制：按下高速起动按钮 SB3，中间继电器 KA 线圈得电，使 KA 动合触头闭合，接触器 KM1 线圈得电并自锁，电动机 M 的绕组连接成△形低速起动；按下按钮 SB3，时间继电器 KT 线圈同时得电吸合，KT 瞬时动合触头闭合自锁，经过一定时间后，KT 延时断开的动断触头分断，接触器 KM1 线圈失电，KM1 主触头断开，KM1 动断触头恢复闭合，解除对 KM2、KM3 的联锁，KT 延时闭合的动合触头闭合，接触器 KM2、KM3 线圈得电并自锁，KM2、KM3 主触头同时闭合，电动机 M 的绕组连接成 YY 形高速运行。

停止时，按下 SB1 即可。

5.4.3 T68 型卧式镗床电气控制线路的分析

讲义 17：T68 型卧式镗床线路的分析与制作

T68 型卧式镗床的电路图如图 5-24 所示。

1. 主电路分析

在图 5-23 中，T68 型卧式镗床主电路有两台电动机：一台是主轴电动机 M1，作为主轴旋转及常速进给的动力，另一台是快速进给电动机 M2，作为各进给运动快速移动的动力。

M1 为双速电动机，低速时 KM4 吸合，M1 的定子绕组为三角形联结；高速时 KM5 吸合，KM5 为两只接触器并联，定子绕组为双星形联结。KM1、KM2 控制电动机 M1 的正反转。速度继电器 KS 与 M1 同轴，在 M1 停车时，由 KS 控制反接制动。为了限制起动、制动电流和减小机械冲击，M1 在制动、点动及主轴和进给的变速冲动时串入了限流电阻 R，M1 运行时 R 由 KM3 短接。

视频 25：T68 型卧式镗床主电路分析

M2 为快速进给电动机，由 KM6、KM7 控制正反转。由于 M2 是短时工作制，所以不需要用热继电器进行过载保护。

QS 为电源引入开关，FU1 提供整个电路的短路保护，FU2 为快速移动电动机 M2 和控制变压器 TC 提供短路保护，FR 为主轴电动机提供过载保护。

2. 控制电路分析

由控制变压器 TC 提供 127 V 工作电压，FU3 提供变压器二次侧的短路保护。

在起动 M1 之前，要选择好主轴的转速和进给量（主轴变速时，电动机的缓慢转动是由行程开关 SQ3 和 SQ5 完成的；进给变速时，电动机的缓慢转动是由行程开关 SQ4 和 SQ6 以及速度继电器 KS 共同完成的；在主轴变速和进给变速时，与之相关的行程开关 SQ3 ~ SQ6 的动作说明见表 5-11)，并且调整好主轴箱和工作台的位置（在调整好后，行程开关 SQ1、SQ2 的动断触头（1—2）均处于闭合接通状态）。

（1）主轴电动机的正、反转控制

① 主轴电动机正转低速控制：将速度选择手柄置于低速挡，行程开关 SQ7 的触头（11—12）处于断开位置，用于主轴变速和进给变速的行程开关 SQ3（4—9）、SQ4（9—10）均为闭合状态。

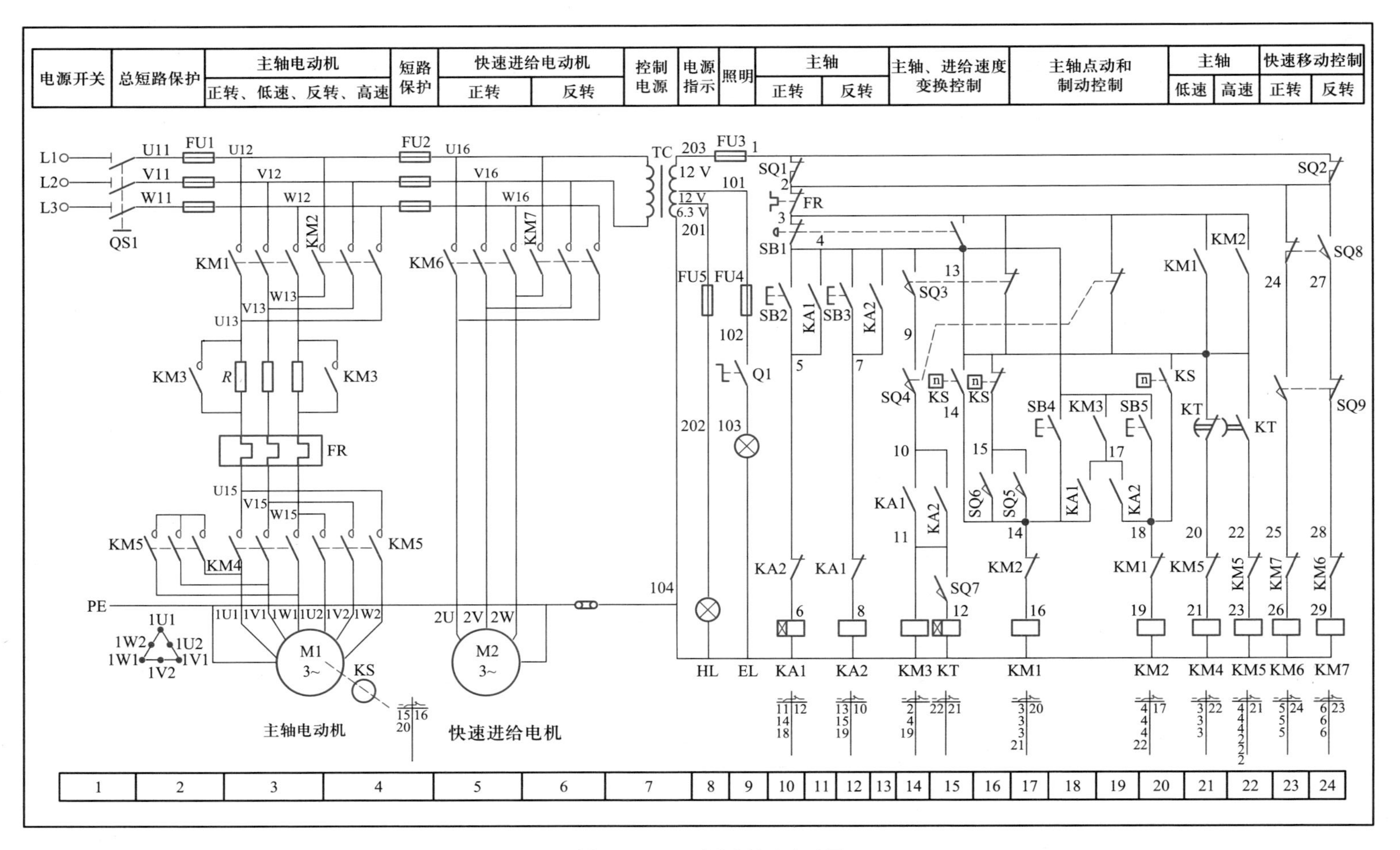

图5-24　T68型卧式镗床电路图

表5-11 主轴变速和进给变速时行程开关动作说明

触头	变速孔盘拉出(变速时)	变速后变速孔盘推回(正常工作时)	触头	变速孔盘拉出(变速时)	变速后变速孔盘推回(正常工作时)
SQ3(4—9)	-	+	SQ4(9—10)	-	+
SQ3(3—13)	+	-	SQ4(3—13)	+	-
SQ5(15—14)	+	-	SQ6(15—14)	+	-

注:表中"+"表示接通;"-"表示断开。

视频26:T68型卧式镗床低速运行控制

按下正转起动按钮SB2,中间继电器KA1线圈通电吸合,它有三对动合触头,KA1动合触头(4-5)闭合自锁;KA1动合触头(10—11)闭合,接触器KM3线圈通电吸合,KM3主触头闭合,电阻R短接;KA1动合触头(17—14)闭合和KM3的辅助动合触头(4—17)闭合,使接触器KM1线圈通电吸合,并将KM1线圈自锁。KM1的辅助动合触头(3—13)闭合,接通主轴电动机低速用接触器KM4线圈,使其通电吸合。由于接触器KM1、KM3、KM4的主触头均闭合,故主轴电动机在全电压、定子绕组三角形联结下直接起动,正转低速运行。

② 主轴电动机反转低速控制:主轴电动机的反向低速起动旋转过程与正向起动旋转过程相似,将速度选择手柄置于低速挡,按下反转起动按钮SB3,使中间继电器KA2、反转接触器KM2、低速运行接触器KM4相继通电吸合,由于接触器KM2、KM3、KM4的主触头均闭合,故主轴电动机在全电压、定子绕组三角形联结下直接起动,反转低速运行。

视频27:T68型卧式镗床高速运行控制

③ 主轴电动机正转高速控制:当要求主轴电动机高速旋转时,将速度选择手柄置于高速挡,行程开关SQ7的触头(11—12)处于闭合状态。用于主轴变速和进给变速的行程开关SQ3(4—9)、SQ4(9—10)均为闭合状态。按正转起动按钮SB2后,一方面KA1、KM3、KM1、KM4的线圈相继通电吸合,使主轴电动机在低速下直接起动;另一方面由于SQ7(11—12)闭合,使时间继电器KT(通电延时式)线圈通电吸合,经延时后,KT的动断触头(13—20)断开,KM4线圈断电,主轴电动机的定子绕组脱离三相电源,而KT的动合触头(13—22)闭合,使接触器KM5线圈通电吸合,KM5的主触头闭合,将主轴电动机的定子绕组接成双星形后,重新接到三相电源,故从低速起动转为高速旋转。

④ 主轴电动机反转高速控制:主轴电动机的反向高速起动旋转过程与正向起动旋转过程相似,但是反向起动旋转所用的电器为按钮SB3、中间继电器KA2、接触器KM3、KM2、KM4、KM5、时间继电器KT。

(2) 主轴电动机的点动控制

SB4和SB5分别为正转和反转点动控制按钮。当需要进行点动调整时,可按下按钮SB4或SB5。按下SB4,接触器KM1线圈通电吸合,KM1的辅助动合触头(3—13)闭合,使接触器KM4线圈通电吸合,三相电源经KM1的主触头、电阻R和KM4的主触头接通主轴电动机M1的定子绕组,接法为三角形,使电动机在低速下正向旋转;松开SB4,由于没有自锁作用,主轴电动机断电停止。

反向点动与正向点动控制过程相似,由按钮SB5、接触器KM2、KM4来实现。

(3) 主轴电动机的反接制动控制

当主轴电动机正转时,速度继电器KS正转,其动合触头(13—18)闭合,而正转的动断触头

(13—15)断开。主轴电动机反转时,KS 反转,其动合触头(13—14)闭合,为主轴电动机正转或反转停止时的反接制动做准备。按停止按钮 SB1 后,主轴电动机的电源反接,迅速制动,转速降至速度继电器的复位转速时,其动合触头断开,自动切断三相电源,主轴电动机停转。具体的反接制动过程如下。

① 主轴电动机正转时的反接制动:主轴电动机低速正转时,电器 KA1、KM1、KM3、KM4 的线圈通电吸合,KS 的动合触头(13—18)闭合。按下 SB1,其动断触头(3—4)断开,使 KA1、KM3 线圈断电,KA1 的动合触头(17—14)断开,又使 KM1 线圈断电,一方面 KM1 的主触头断开,主轴电动机脱离三相电源,另一方面 KM1(3—13)分断,使 KM4 断电;SB1 的动合触头(3—13)随后闭合,使 KM4 重新吸合,此时主轴电动机由于惯性转速还很高,KS(13—18)仍闭合,故使 KM2 线圈通电吸合并自锁,KM2 的主触头闭合,使三相电源反接后经电阻 R、KM4 的主触头接到主轴电动机定子绕组,进行反接制动。当转速接近零时,KS 正转动合触头(13—18)断开,KM2 线圈断电,反接制动完毕。

视频 28:T68 型卧式镗床反接制动控制

② 主轴电动机反转时的反接制动:反转时的制动过程与正转制动过程相似,但是所用的电器元件是 KM1、KM4、KS 的反转动合触头(13-14)。主轴电动机工作在高速正转及高速反转时的反接制动过程可仿照上述内容自行分析。在此仅指明,高速正转时反接制动所用的电器元件是 KM2、KM4、KS(13—18)触头;高速反转时反接制动所用的电器元件是 KM1、KM4、KS(13—14)触头。

(4) 主轴变速或进给变速时主轴电动机的缓慢转动控制

主轴变速或进给变速既可以在停车时进行,又可以在镗床运行中进行。为使变速齿轮更好地啮合,可接通主轴电动机的缓慢转动控制电路。

视频 29:T68 型卧式镗床变速冲动控制

当主轴变速时,将变速孔盘拉出,行程开关 SQ3 动合触头(4—9)断开,接触器 KM3 线圈断电,主电路中接入电阻 R,KM3 的辅助动合触头(4—17)断开,使 KM1 线圈断电,主轴电动机脱离三相电源。所以,该机床可以在运行中变速,主轴电动机能自动停止。旋转变速孔盘,选好所需的转速后,将孔盘推入。在此过程中,若滑移齿轮的齿和固定齿轮的齿发生顶撞,则孔盘不能推回原位,行程开关 SQ3 的动断触头(3—13)、SQ5 的动合触头(15—14)闭合,接触器 KM1、KM4 线圈通电吸合,主轴电动机经电阻 R 在低速下正向起动,接通瞬时点动电路。主轴电动机旋转转速达到某一转速时,速度继电器 KS 正转动断触头(13—15)断开,接触器 KM1 线圈断电,而 KS 正转动合触头(13—18)闭合,使 KM2 线圈通电吸合,主轴电动机反接制动。当转速降到 KS 的复位转速时,KS 动断触头(13—15)又闭合,动合触头(13—18)又断开,重复上述过程。这种间歇的起动、制动,使主轴电动机缓慢旋转,以利于齿轮的啮合。若孔盘推入原位,则 SQ3 的动断触头(3—13)、SQ5 的动合触头(15—14)断开,切断缓慢转动电路。SQ3 的动合触头(4—9)闭合,使 KM3 线圈通电吸合,其动合触头(4—17)闭合,又使 KM1 线圈通电吸合,主轴电动机在新的转速下重新起动。

进给变速时的缓慢转动控制过程与主轴变速时的相同,不同的是使用的电器元件是行程开关 SQ4、SQ6。

(5) 主轴箱、工作台或主轴的快速移动

该机床各部件的快速移动是由快速手柄操纵快速进给电动机 M2 来拖动完成的。当快速手柄扳向正向快速位置时，行程开关 SQ9 被压动，接触器 KM6 线圈通电吸合，快速进给电动机 M2 正转。同理，当快速手柄扳向反向快速位置时，行程开关 SQ8 被压动，KM7 线圈通电吸合，M2 反转。

(6) 主轴进刀与工作台联锁

为防止镗床或刀具的损坏，主轴箱和工作台的机动进给在控制电路中必须相互联锁，不能同时接通，这是由行程开关 SQ1、SQ2 实现。若同时有两种进给时，SQ1、SQ2 均被压动，切断控制电路的电源，避免机床或刀具的损坏。

3. 照明电路和指示灯电路

由变压器 TC 提供 12 V 安全电压供给照明灯 EL，SA 为灯开关，由 FU4 提供照明电路的短路保护。HL 为 6.3 V 的电源指示灯，由 FU5 提供照明指示电路的短路保护。

5.5　Z3050 型摇臂钻床电气控制线路分析与制作

钻床是一种孔加工设备，可以用来进行钻孔、扩孔、铰孔、攻丝及修刮端面等多种形式的加工。按用途和结构分类，钻床可以分为立式钻床、台式钻床、多孔钻床、摇臂钻床及其他专用钻床等。在各类钻床中，摇臂钻床操作方便、灵活，适用范围广，具有典型性，特别适用于单件或批量生产多孔大型零件的孔加工，是一般机械加工车间常见的机床。

本节主要讨论 Z3050 型摇臂钻床电气控制线路的工作原理。

5.5.1　Z3050 型摇臂钻床的主要结构和型号含义

1. Z3050 型摇臂钻床的型号含义(如图 5-25 所示)

讲义 18：认识 Z3050 型摇臂钻床

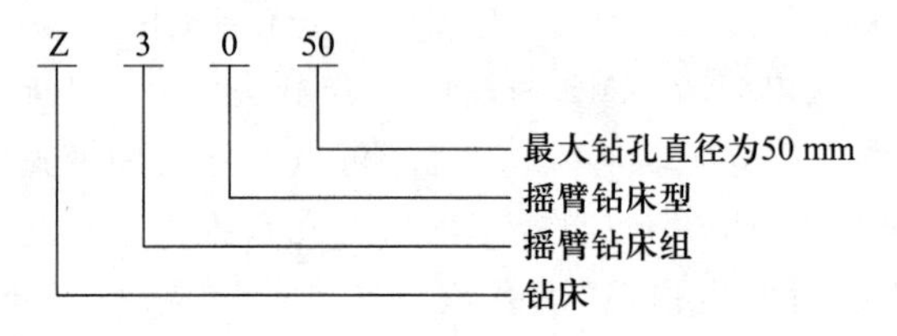

图 5-25　Z3050 型摇臂钻床的型号含义

2. Z3050 型摇臂钻床的主要结构

视频 30：认识 Z3050 型摇臂钻床

Z3050 型摇臂钻床主要由底座、内立柱、外立柱、摇臂、主轴箱、主轴、工作台等组成，其结构示意图如图 5-26 所示。

内立柱固定在底座上，在它外面套着空心的外立柱，外立柱可绕着内立柱回转 360°。摇臂与外立柱滑动配合，借助于丝杆，摇臂可沿着外立柱上下移动，但两者不能作相对转动，摇臂与外立柱一起相对内立柱回转。

主轴箱由主轴及主轴旋转部件和主轴进给的全部变速和操纵机构等组成，主轴箱安装在摇臂水平导轨上，借助手轮操作可沿着摇臂上的水平导轨作水平移动。

该机床具有两套液压控制系统：一套是操纵机构液压系统；另一套是夹紧机构液压系统。前

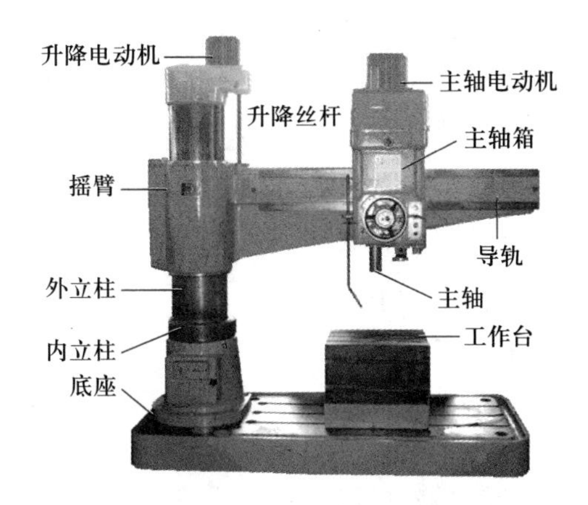

图5-26 Z3050型摇臂钻床结构示意图

者安装在主轴箱内,用以实现主轴正反、停车制动、空挡、预选及变速;后者安装在摇臂背后的电器盒下部,用以夹紧和松开主轴箱、摇臂及立柱。电源配电盘在立柱前下部。冷却泵电动机M4装于靠近立柱的底座上,升降电动机M2装于立柱顶部,其余电气设备置于主轴箱或摇臂上。由于Z3050型钻床内、外柱间未装设汇流环,故在使用时,不能沿一个方向连续转动摇臂,以免发生事故。

5.5.2 Z3050型摇臂钻床的运动形式及电力拖动控制要求

1. 摇臂钻床的运动形式

(1)主运动:主轴带动钻头的旋转运动;

(2)进给运动:主轴带动钻头的上下移动;

(3)辅助运动:主轴箱沿摇臂水平移动、摇臂沿外立柱上下移动和摇臂连同外立柱一起相对于内立柱的回转。

当进行加工时,可利用特殊的夹紧机构将摇臂紧固在外立柱上,外立柱紧固在内立柱上,主轴箱紧固在摇臂导轨上,然后进行钻削加工,钻削加工的过程中,钻头进行旋转切削的同时进行纵向进给。

2. 摇臂钻床电力拖动特点

(1)由于摇臂钻床的运动部件较多,使用多电动机拖动,可简化传动装置。电动机包括主轴电动机、摇臂升降电动机、液压泵电动机和冷却泵电动机,主轴电动机承担钻削及进给任务。摇臂升降、立柱夹紧与松开和冷却泵各用一台电动机拖动。

(2)为了适应多种加工方式的要求,主轴及进给应在较大范围内调速。但这些调速都是机械调速,用手柄操作变速箱进行调速,对电动机无任何调速要求。主轴变速机构与进给变速机构装在一个变速箱内,而且两种运动由一台电动机拖动。

(3)加工螺纹时要求主轴能正反转,摇臂钻床的正反转一般用机械方法实现,电动机只需单方向旋转。

(4)摇臂升降由单独的电动机拖动,要求能实现正反转。

(5)摇臂的夹紧与放松以及立柱的夹紧与放松由一台异步电动机配合液压装置来完成,要

讲义19:Z3050型摇臂钻床线路的分析与制作

求这台电动机能正反转,摇臂的回转和主轴箱的径向移动在中小型摇臂钻床上都采用手动。

(6) 钻削加工时,为对刀具及工件进行冷却,需由一台冷却泵电动机拖动冷却泵输送冷却液。

5.5.3 Z3050型摇臂钻床电气控制线路分析

视频31:Z3050型摇臂钻床电路工作原理

Z3050型摇臂钻床电路图如图5-27所示。

1. 主电路分析

Z3050型摇臂钻床共有四台电动机,分别为主轴电动机、摇臂升降电动机、液压泵电动机、冷却泵电动机。除冷却泵电动机采用断路器直接起动外,其余三台异步电动机均采用接触器直接起动。Z3050型摇臂钻床主电路的控制和保护电器如表5-12所示。

表5-12 Z3050型摇臂钻床主电路的控制和保护电器

名称及代号	作用	控制电器	过载保护电器	短路保护电器
主轴电动机M1	拖动主轴及进给传动系统运转(主轴的正反转由机械手柄操作,M1装于主轴箱顶部)	接触器KM1	热继电器FR1	低压断路器QF1中的电磁脱扣器
摇臂升降电动机M2	控制摇臂的上升和下降(装于立柱的顶部)	KM2控制正转 KM3控制反转	间歇性短时工作不设过载保护	低压断路器QF3中的电磁脱扣器
液压泵电动机M3	拖动油泵供给液压装置压力油,以实现摇臂、立柱以及主轴箱的松开和夹紧	KM4控制正转 KM5控制反转	热继电器FR2	低压断路器QF3中的电磁脱扣器
冷却泵电动机M4	供给冷却液	断路器QF2	断路器QF2	断路器QF2

主电路电源电压为交流380 V,断路器QF1作为电源引入开关。

2. 控制电路分析

控制电路电源为控制变压器TC降压后输出的220 V电压,熔断器FU1作为短路保护。

(1) 开机前的准备工作

合上QF3及总电源开关QF1,按下按钮SB2,KV吸合并自锁,“总起”指示灯亮,表示控制线路已经带电,为操作做好了准备。

(2) 主轴电动机M1的控制

按下起动按钮SB4,接触器KM1吸合并自锁,主轴电动机M1起动运行,同时“主轴起动”指示灯亮。按下停止按钮SB3,接触器KM1释放,使主轴电动机M1停止旋转,同时“主轴起动”指示灯熄灭。

(3) 摇臂升降控制

Z3050型摇臂钻床的摇臂升降由M2拖动,SB5、SB6分别为摇臂升、降的点动按钮。

按下上升按钮SB5(或下降按钮SB6),则时间继电器KT1通电吸合,其瞬时闭合的动合触头(16区)闭合,接触器KM4线圈(16区)通电,液压泵电动机M3起动,正向旋转,供给压力油。压力油经分配阀体进入摇臂的“松开油腔”,推动活塞移动,活塞推动菱形块,将摇臂松开。同时活

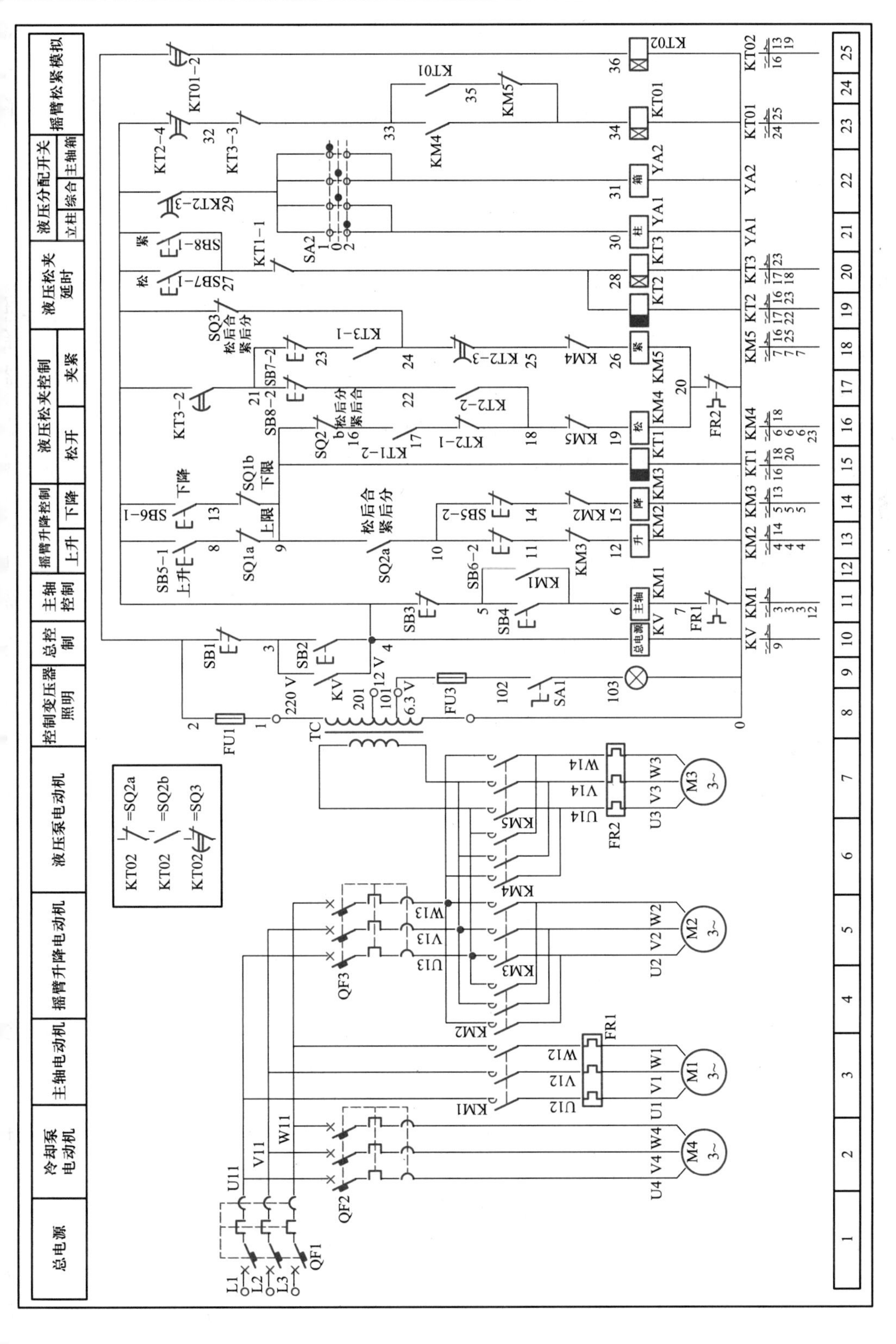

图5-27　Z3050型摇臂钻床电路图

塞杆通过弹簧片压下位置开关SQ2,SQ2动断触头(16区)断开,切断接触器KM4的线圈电路KM4主触头(6区)断开,液压泵电动机M3停止工作。SQ2动合触头(13区)闭合,使交流接触器KM2(或KM3)的线圈通电,KM2(或KM3)的主触头(4区或5区)接通M2的电源,摇臂升降电动机M2起动旋转,带动摇臂上升(或下降)。如果此时摇臂尚未松开,则位置开关SQ2的动合触头不能闭合,接触器KM2(或KM3)的线圈无电,摇臂就不能上升(或下降)。

当摇臂上升(或下降)到所需位置时,松开按钮SB5(或SB6),则接触器KM2(或KM3)和时间继电器KT1同时断电释放,M2停止工作,随之摇臂停止上升(或下降)。

由于时间继电器KT1断电释放,经3 s延时后,其延时闭合的动断触头(18区)闭合,使接触器KM5(18区)吸合,液压泵电动机M3反向旋转,随之泵内压力油经分配阀进入摇臂的"夹紧油腔"使摇臂夹紧。在摇臂夹紧后,活塞杆推动弹簧片压下位置开关SQ3,其动断触头(19区)断开,KM5断电释放,M3最终停止工作,完成了摇臂的松开→上升(或下降)→夹紧的整套动作。

组合开关SQ1a(13区)和SQ1b(14区)作为摇臂升降的超程限位保护。当摇臂上升到极限位置时,压下SQ1a使其断开,接触器KM2断电释放,M2停止运行,摇臂停止上升;当摇臂下降到极限位置时,压下SQ1b使其断开,接触器KM3断电释放,M2停止运行,摇臂停止下降。

摇臂的自动夹紧由位置开关SQ3控制。如果液压夹紧系统出现故障,不能自动夹紧摇臂或者由于SQ3调整不当,在摇臂夹紧后不能使SQ3的动断触头断开,都会使液压泵电动机M3因长期过载运行而损坏。为此电路中设有热继电器FR2,其整定值应根据电动机M3的额定电流进行整定。

摇臂升降电动机M2的正反转接触器KM2和KM3不允许同时获电动作,以防止电源相间短路。为避免因操作失误、主触头熔焊等造成短路事故,在摇臂上升和下降的控制电路中采用了接触器联锁和复合按钮联锁,以确保电路安全工作。

(4) 立柱和主轴箱的夹紧与放松控制

立柱和主轴箱的夹紧(或放松)既可以同时进行,也可以单独进行,由转换开关SA2和复合按钮SB7(或SB8)进行控制。SA2有三个位置,扳到中间位置时,立柱和主轴箱的夹紧(或放松)同时进行;扳到左边位置时,立柱夹紧(或放松);扳到右边位置时,主轴箱夹紧(或放松)。复合按钮SB7是松开控制按钮,SB8是夹紧控制按钮。

(5) 立柱和主轴箱同时松开、夹紧

将转换开关SA2拨到中间位置,然后按下松开按钮SB7,时间继电器KT2、KT3线圈同时得电。KT2延时断开的动合触头(22区)瞬时闭合,电磁铁YA1、YA2得电吸合。而KT3延时闭合的动合触头(17区)经1~3 s延时后闭合,使接触器KM4获电吸合,液压泵电动机M3正转,供出的压力油进入立柱和主轴箱的松开油腔,使立柱和主轴箱同时松开。

松开SB7,时间继电器KT2和KT3的线圈断电释放,KT3延时闭合的动合触头(17区)瞬时分断,接触器KM4断电释放,液压泵电动机M3停转。KT2延时分断的动合触头(22区)经1~3 s后分断,电磁铁YA1、YA2线圈断电释放,立柱和主轴箱同时松开的操作结束。

立柱和主轴箱同时夹紧的工作原理与松开的相似,只要按下SB8,使接触器KM5获电吸合,液压泵电动机M3反转即可。

(6) 立柱和主轴箱单独松开、夹紧

如果希望单独控制主轴箱,可将转换开关SA2扳到右侧位置。按下松开按钮SB7(或夹紧按钮 SB8)，时间继电器 KT2 和 KT3 的线圈同时得电，这时只有电磁铁 YA2 单独通电吸合，从而实现主轴箱的单独松开(或夹紧)。

松开复合按钮 SB7(或 SB8)，时间继电器 KT2 和 KT3 的线圈断电释放，KT3 延时闭合的动合触头瞬时断开，接触器 KM4(或 KM5)的线圈断电释放，液压泵电动机 M3 停转。经 1~3 s 的延时后，KT2 延时分断的动合触头(22 区)分断，电磁铁 YA2 的线圈断电释放，主轴箱松开(或夹紧)的操作结束。

同理，把转换开关 SA2 扳到左侧，可实现立柱的单独松开或夹紧。

因为立柱和主轴箱的松开与夹紧是短时调整工作，所以采用点动控制。

(7) 冷却泵电动机 M4 的控制

合上或分断断路器 QF2，就可以接通或切断电源，操纵冷却泵电动机 M4 的工作或停止。

(8) 照明、指示电路分析

照明、指示电路的电源分别为控制变压器 TC 降压后输出的 12 V、6.3 V 电压，由熔断器 FU2 作短路保护，EL 是照明灯。

5.6　M7120 型平面磨床电气控制线路分析与制作

磨床是用砂轮的周边或端面对工件的表面进行机械加工的一种精密机床。它可以加工各种表面，如平面、内外圆柱面、圆锥面和螺旋面等。通过磨削加工，使工件的形状及表面的精度、光洁度达到预期的要求。同时，它还可以进行切断加工。磨床根据其用途的不同可分为内圆磨床、外圆磨床、平面磨床、无心磨床、专用磨床等。其中以平面磨床使用最多。平面磨床又分为卧轴和立轴、矩台和圆台四种类型。M7120 型平面磨床是平面磨床中使用较普遍的一种机床，适应于加工各种机械零件的平面，且操作方便，磨削精度及光洁度较高。本节以 M7120 型平面磨床为例分析磨床的电气控制线路。

5.6.1　M7120 型平面磨床的主要结构和型号含义

讲义 20:认识 M7130 型平面磨床

1. M7120 型平面磨床的型号含义(如图 5-28 所示)

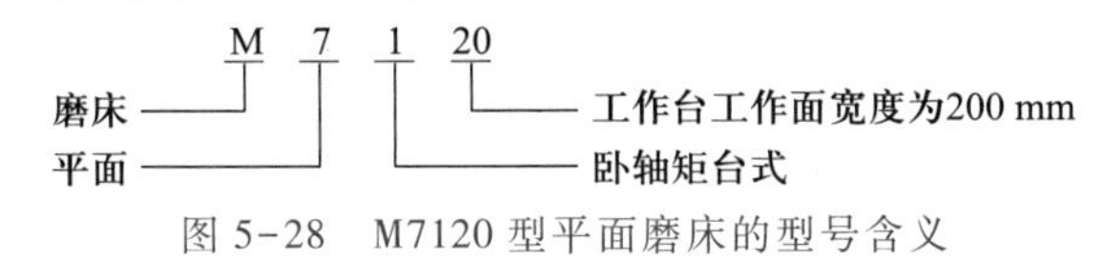

图 5-28　M7120 型平面磨床的型号含义

视频 32:认识 M7130 型平面磨床

2. M7120 型平面磨床的主要结构

M7120 型平面磨床为卧轴矩形工作台式磨床。其主要结构包括床身、立柱、滑座、砂轮箱、工作台和电磁吸盘，如图 5-29 所示。

磨床的工作台表面有 T 形槽，可以用螺钉和压板将工件直接固定在工作台上，也可以在工作台上装上电磁吸盘，用来吸持铁磁性的工件。在箱形床身中装有液压传动装置，以使矩形工作台在床身导轨上通过压力油推动活塞杆作往复运动，工作台往复运动的换向是通过换向撞块碰撞床身上的液压换向开关来实现的，工作台往复行程可通过调节撞块的位置来改变。在床身上固定有立柱,立柱导轨上装有滑座,滑座可以在立柱导轨上做上下移动,并可通过垂直进刀操作轮操纵,砂轮箱可沿滑座水平导轨作横向移动。

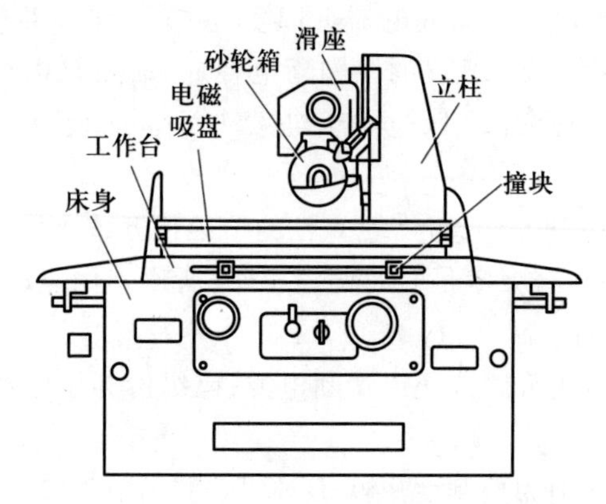

图 5-29　M7120 型平面磨床结构示意图

5.6.2　M7120 型平面磨床的运动形式及电力拖动控制要求

1. M7120 型平面磨床的运动形式

(1) 主运动:主运动即砂轮的旋转运动。

(2) 进给运动:包括垂直进给运动、横向进给运动和纵向进给运动。

① 纵向运动:工作台(带动电磁吸盘和工件)沿床身导轨作纵向往复运动。

② 横向运动:砂轮箱沿滑座上的燕尾槽作横向进给运动。

③ 垂直运动:砂轮箱和滑座一起沿立柱上的导轨作垂直进给运动。

磨床的主运动和进给运动示意图如图 5-30 所示,砂轮与砂轮电动机均装在砂轮箱内,砂轮直接由砂轮电动机带动旋转;砂轮箱装在滑座上,滑座装在立柱上。

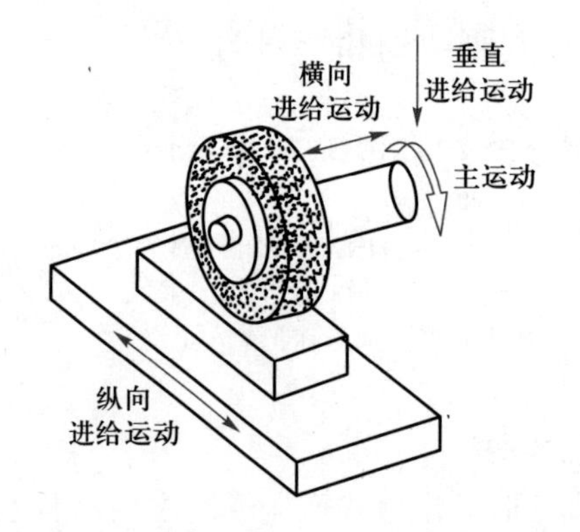

图 5-30　磨床的主运动和进给运动示意图

2. M7120 型平面磨床的电力拖动控制要求

M7120 型平面磨床采用多台电动机拖动,电动机包括砂轮电动机、液压泵电动机、冷却泵电动机和砂轮升降电动机,其电力拖动控制要求如下:

(1) 砂轮由一台笼型异步电动机拖动。砂轮的转速一般不需要调节,对砂轮电动机没有电气调速的要求，也不需要反转，可直接起动。

（2）平面磨床的纵向和横向进给运动一般采用液压传动，所以需要由一台液压泵电动机驱动液压泵，对液压泵电动机也没有电气调速、反转和降压起动的要求。

（3）砂轮升降电动机要求能实现正反双向旋转，无电气调速要求，可直接起动。

（4）由一台冷却泵电动机提供冷却液，要求砂轮电动机起动后才能开动冷却泵电动机。

（5）平面磨床往往采用电磁吸盘来吸持工件，电磁吸盘要有充磁、退磁磁控制电路。为防止在磨削加工时因电磁吸盘吸力不足而造成工件飞出，还要求有弱磁保护环节，并能在电磁吸力不足时使机床停止工作。

（6）具有完善的保护环节。各电路的短路保护和电动机的长期过载保护，零压、欠压保护。

（7）具有安全的局部照明装置。

5.6.3　M7120 型平面磨床电气控制线路分析

讲义 21：M7120 型平面磨床线路的分析与制作

M7120 型平面磨床的电路图如图 5-31 所示。从主电路、电动机控制电路、电磁吸盘电路、照明指示电路进行分析。

1. 主电路

三相交流电源由电源开关 QS 引入，由 FU1 作全电路的短路保护。M1 为液压泵电动机，由 KM1 控制，由热继电器 FR1 作过载保护。M2 为砂轮电动机，由 KM2 控制，由热继电器 FR2 作过载保护。M3 为冷却泵电动机，在砂轮起动后同时起动（在要求顺序控制时，冷却泵电动机由插头插座 X1 接通电源，在需要提供冷却液时才插上）。M4 为砂轮箱升降电动机，由 KM3、KM4 分别控制其正转和反转。M7120 型平面磨床主电路的控制和保护电器如表 5-13 所示。

视频 33：M7120 型平面磨床电路工作原理

表 5-13　M7120 型平面磨床主电路的控制和保护电器

代号	作用	控制电器	过载保护电器	短路保护电器
M1	液压泵电动机	KM1	FR1	FU1
M2	砂轮电动机	KM2	FR2	FU1
M3	冷却泵电动机	KM2	FR3	FU1
M4	砂轮升降电动机	KM3 KM4	无	FU1

2. 控制电路

控制电路采用 380 V 电源，SB2、SB4 和 SB1、SB3 分别为液压泵电动机 M1 和砂轮电动机 M2 的起动、停止按钮，通过 KM1、KM2 控制 M1 和 M2 的起动、停止。砂轮升降电动机 M4 由 SB5、SB6 控制。

（1）液压泵电动机 M1、砂轮电动机 M2 及冷却泵电动机 M3 的控制

合上开关 QS 后，控制变压器输出的交流电压经桥式整流变成直流电压，使继电器 KUD 吸合，其触头（4—W12）闭合，为液压泵电动机和砂轮电动机起动做好准备。

按下起动按钮 SB2，KM1 吸合，液压泵电动机运转，按下停止按钮 SB1，KM1 释放，液压泵电动机停止。

按下起动按钮 SB4，KM2 吸合，砂轮电动机起动，同时冷却泵电动机也起动，按下停止按钮

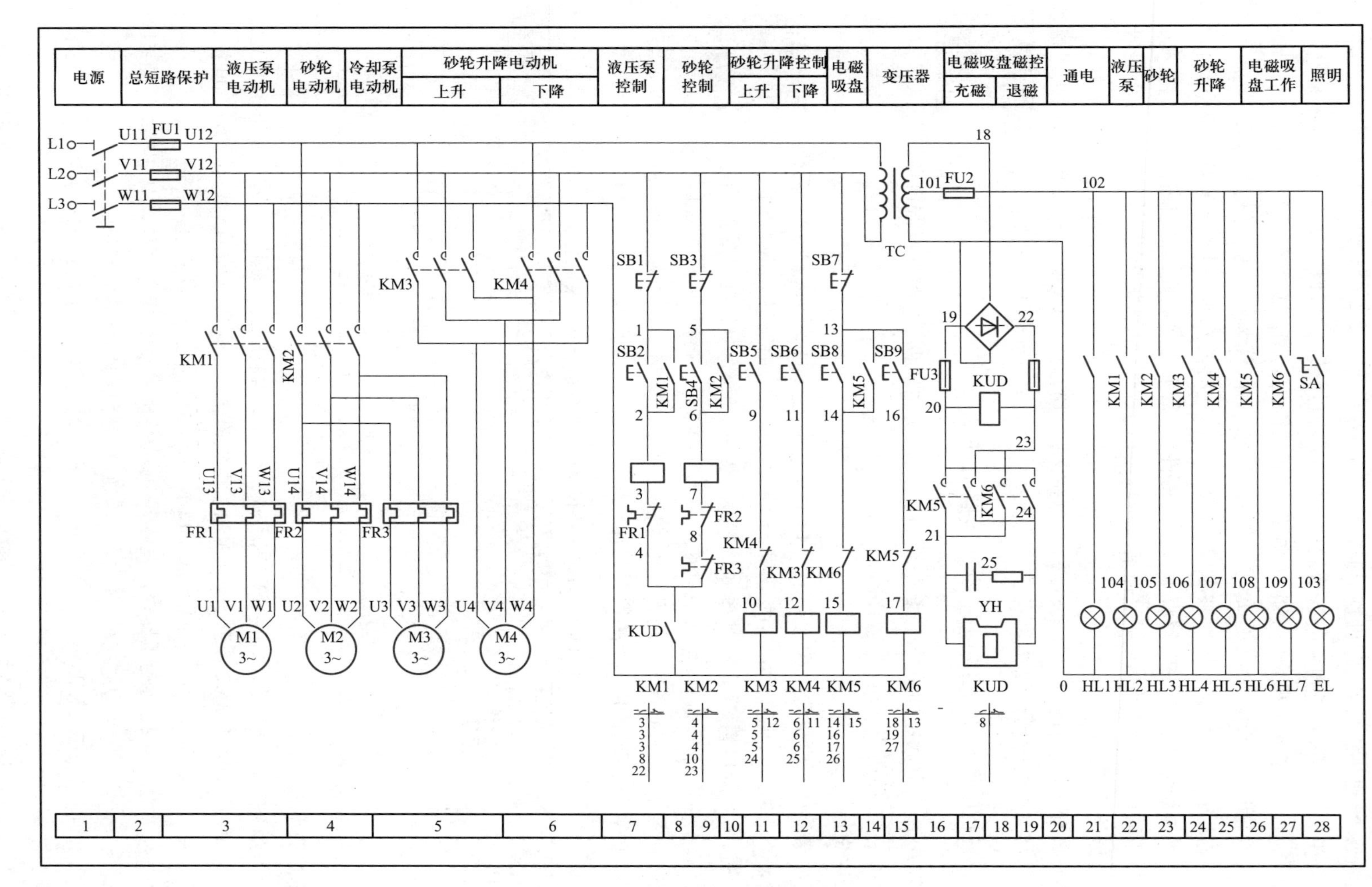

图5-31 M7120型平面磨床电路图

SB3,KM2 释放,砂轮电动机、冷却泵电动机同时停止。当欠压、零压时,KUD 不能吸合,其触头(4—W12)断开,KM1、KM2 断开,M1、M2 停止工作。

(2) 砂轮升降电动机的控制

砂轮箱的升和降都是点动控制,分别由 SB5 和 SB6 来完成。

按下 SB5,KM3 吸合,砂轮升降电动机正转,砂轮箱上升,松开 SB5,砂轮升降电动机停止。按下 SB6,KM4 吸合,砂轮升降电动机反转,砂轮箱下降,松开 SB6,砂轮升降电动机停止。

3. 电磁吸盘电路

电磁吸盘用来吸持铁磁性材料的工件,进行磨削加工。其线圈通以直流电,使芯体被磁化,将工件牢牢吸住。电磁吸盘结构与原理示意图如图 5-32 所示。

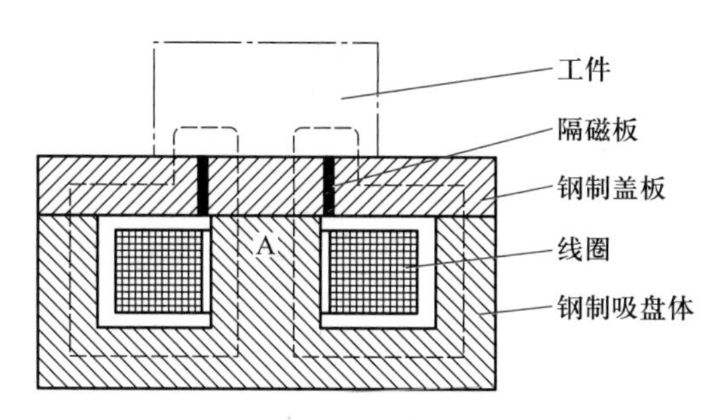

图 5-32　电磁吸盘结构与原理示意图

与机械夹具相比较,电磁吸盘具有操作简便,不损伤工件的优点,特别适合于同时加工多个小工件。采用电磁吸盘的另一优点是工件在磨削时发热能够自由伸缩,不至于变形。但是电磁吸盘不能吸持非铁磁性材料的工件,而且其线圈还必须使用直流电。

(1) 充磁控制

按下 SB8,KM5 吸合并自锁,其主触头闭合,电磁吸盘 YH 线圈得电进行充磁并吸住工件,同时其辅助触头(16—17)断开,使 KM6 不可能闭合。

(2) 去磁控制

在磨削加工完成之后,按下 SB7,切断电磁吸盘 YH 上的直流电源,由于吸盘和工件上均有剩磁,因此要对吸盘和工件进行去磁。

按下点动按钮 SB9,接触器 KM6 吸合,其主触头闭合,电磁吸盘通入反向直流电流,使吸盘和工件去磁,在去磁时,为防止因时间过长而使工作台反向磁化再次将工件吸位,去磁控制采用点动控制。

4. 指示、照明电路分析

将电源开关 QS 合上后,控制变压器输出电压,电源指示 HL1 亮,照明灯由开关 SA 控制,将 SA 闭合,照明灯亮;将 SA 断开,照明灯灭。HL2～HL7 分别为液压泵电动机、砂轮电动机、砂轮升降电动机上升和下降、电磁吸盘的运行工作指示。

第 6 章 典型机床线路的电气故障检修

机床电气设备在加工运行的过程中常常会产生故障，导致设备不能正常工作，不但影响生产效率，严重时还会造成人身或设备事故。因此，电气设备发生故障后，维修人员必须及时、熟练、准确、迅速、安全地查出故障并加以排除，尽快恢复其正常运行。

机床电路故障种类很多，同一种故障现象可对应多种故障原因，同一种故障原因又可能呈现多种故障现象。快速排除故障，保持机床设备的正常运行是维修人员非常重要的岗位职责，也是衡量其技能高低的重要标志。前面我们学习了典型机床电气设备的线路工作原理。机床电路不论是简单还是复杂，对其原理分析和对其故障检修都有一定的规律和方法可循。本章我们在学习电压测量法和电阻测量法的基础上，以 CA6140 型车床和 X62W 型万能铣床常见故障的检修与排除为例，学习机床电气设备维修的一般要求、检修方法、维修步骤及注意事项。

6.1 机床电气设备维修的一般要求和方法

6.1.1 机床电气设备维修的一般方法

电气设备的维修包括日常维护保养和故障检修两方面。

1. 机床电气设备的日常维护保养

机床电气设备在运行过程中出现的故障通常可分为人为故障和自然故障。人为故障是在设备使用过程中由于操作不当、安装不合理或维修不正确等人为因素造成的。自然故障则是由于设备在长期的运行过程中过载、机械振动、电弧烧损、自然磨损、周边环境温度和湿度的影响、金属屑和油污等有害介质的侵蚀以及电器元件的使用寿命等多种原因产生的。因此加强对电气设备的日常检查、维护和保养，及时发现一些非正常因素，并给予及时的修复或更换处理，可以防患于未然，将故障消灭在萌芽状态。使电气设备少出甚至不出故障，以保障设备的正常运行，从而提高生产效率。电气设备的日常维护包括电动机和控制设备的日常维护保养。

（1）电动机的日常维护

电动机是机床设备的心脏，在日常维护检查中应保持：电动机的表面清洁，通风散热良好，运转声音正常，运行平稳，三相电流平衡，绝缘电阻应大于 0.5 MΩ 且接地良好、温升正常，绕线转子异步电动机、直流电动机电刷下的火花在允许范围之内。

（2）控制设备的日常维护保养

① 操作台上的所有操纵按钮、主令开关的手柄、信号灯及仪表保护罩都应保持清洁完好；

② 各类指示信号装置和照明装置应完好；

③ 电器柜的门、盖应关闭严密，柜内保持清洁、无积灰和异物；

④ 接触器、继电器等电器触头系统吸合应良好，无噪声、卡住和迟滞现象；

⑤ 位置开关是否能起限位保护作用；

⑥ 各电器的操作机构应灵活可靠，参数整定值应符合技术要求；

⑦ 各线路接线端子连接牢固，无松脱现象；

⑧ 各部件之间的连接导线、电缆或保护导线的软管，不得被切削液、油污等腐蚀；

⑨ 电气柜及导线通道的散热情况应良好，接地装置可靠。

2. 机床电气设备故障检修的一般步骤和方法

机床设备通过日常维护保养可以降低电气故障的发生率，但绝不可能杜绝电气故障的发生。因此，维修电工除了做好日常的维护保养，还必须在电气故障发生后采取正确的方法检修故障和排除故障。

电气设备故障的类型大致可分为两大类：一类是有明显外表特征并容易被发现的，如电动机、电器元件的显著发热、冒烟甚至发出焦臭味或火花等；另一类是没有外表特征的，此类故障常发生在控制电路中，由元件调整不当、机械动作失灵、触头及压接端子接触不良或脱落、小零件损坏、导线断裂等原因引起。

（1）电气故障检修的一般步骤

① 第一步：检修前的故障调查。

在机床电气设备发生故障后，切忌盲目动手检修。检修前应通过问、看、听、摸、闻来了解故障前后的操作情况和故障发生后出现的异常现象，根据故障现象判断出故障发生的部位，进而准确地排除故障。

② 第二步：确定故障范围。

对简单的线路，可采取每个电器元件、每根连接导线逐一检查的方法找到故障点；对复杂的线路应根据电气设备的工作原理和故障现象，采用逻辑分析法结合外观检查法、通电试验法、模拟操作法等来确定故障可能发生的范围。

③ 第三步：查找故障点。

选择合适的检修方法查找故障点。常用的检修方法有：直观法、电压测量法、电阻测量法、短接法、试灯法、示波器波形测量法等。查找故障必须在确定的故障范围内，顺着检修思路逐点检查，直到找出故障点。

④ 第四步：排除故障。

针对不同故障情况和部位采取正确的方法修复故障。对更换的新元件应注意尽量使用相同规格、型号，并进行性能检测，确定性能完好后方可替换。在故障排除过程中，还要注意避免损坏周围的元件、导线等，防止故障扩大。

⑤ 第五步：通电试车。

故障修复后，应重新通电试车，检查生产机械的各项操作是否符合技术要求。

（2）故障检修的方法

① 故障调查分析。即检修前的调查，也是我们所说的“问、看、听、摸、闻”五个方面。

“问”是向机床的操作人员询问故障发生前后的情况，如询问故障发生时是否有烟雾、跳火、异常声音和气味，有无误操作等因素。

“看”是观察熔断器内熔体是否熔断，其他电气元件有无烧毁，电器元件和导线连接螺钉是否松动。

"听"是电动机、变压器、接触器及各种继电器通电后运行时的声音是否正常。

"摸"是将机床电气设备通电运行一段时间后切断电源,用手触摸电动机、变压器及线圈有无明显的温升,是否有局部过热现象。

"闻"是辨别有无异味,在机床运动部件发生剧烈摩擦、电气绝缘烧损时,会产生油、烟气、绝缘材料的焦煳味;放电会产生臭氧味,还能听到放电的声音。

② 故障检查测量

检修过程的初步是明确故障现象,检修过程的重点是判断故障范围和确定故障点。测量法是维修人员用来准确确定故障点的一种行之有效的检查方法。常用的测量工具和仪表有试电笔、万用表、校验灯、钳形电流表、兆欧表、示波器等。通过对电路进行带电或断电时的有关参数如电压、电阻、电流等的测量,来判断电器元件的好坏、设备的绝缘情况及线路的通断情况等。根据对故障原因、现象的分析,可有针对性地采用电压测量法、电阻测量法、电流法、元件替代法、短接法等。在用测量法检测故障点时,一定要保证各种测量工具和仪表完好,使用方法正确,还要注意防止感应电路、回路及其他并联支路的影响,以免产生误判断。

6.1.2 电压测量法

机床电路正常工作时,电路中各点的工作电压都有一个相对稳定的正常值或动态变化的范围,如果电路中出现开路故障、短路故障或器件参数发生变化,该电路的工作电压也会随着发生改变。

电压测量法是在机床电路带电的情况下,通过测量各节点之间的电压值,与机床正常工作时应具有的电压值进行比较,以此来判断故障点及故障元件的所在之处。它不需要拆卸元件及导线,同时机床处在实际使用条件下,提高了故障识别的准确性,是故障检测采用最多的方法。

使用万用表测量电压,测量范围很大,交直流电压均能测量。检测前应熟悉预计有故障的线路及各点的编号,清楚线路的走向、元件位置,明确线路正常时应有的电压值,将万用表拨至合适的电压倍率挡位,将测量值与正常值做出分析判断。使用电压测量法时要注意防止触电,确保人身安全,测量时人体不要接触表笔的金属部位。

用电压法测量机床电气故障的方法有:电压交叉测量法、电压分阶测量法、电压分段测量法三种。

图 6-1 所示电路为接触器自锁正转控制线路,故障现象为按下起动按钮 SB2,KM 不吸合。检测到 1—5 间无正常的 110 V 电源电压,但总电源正常,101—0 间有 110 V 电压。采用电压交叉测量法找出熔断器故障;若检测到 1—5 间有正常的 110 V 电源电压,采用电压分阶测量法或电压分段测量法查找故障。

1. 电压交叉测量法

万用表测 101—0 间有 110 V 正常电源电压,但 1—5 间无电压,采用电压交叉测量法找熔断器故障的流程见表 6-1。

表 6-1　电压交叉测量法查找熔管器故障

故障现象	测量点	电压值/V	故障点
101—0 间电压正常，但 1—5 间无电压	0、1	0	FU2 熔断
	101、5	0	FU3 熔断

2. 电压分阶测量法

电压分阶测量法是选电路中某一公共点作为参考点，然后逐阶测量出相对参考点的电压值。如图 6-1 所示。若电源电压正常，按下 SB2，接触器 KM 不吸合，电压分阶测量流程图如图 6-2 所示。

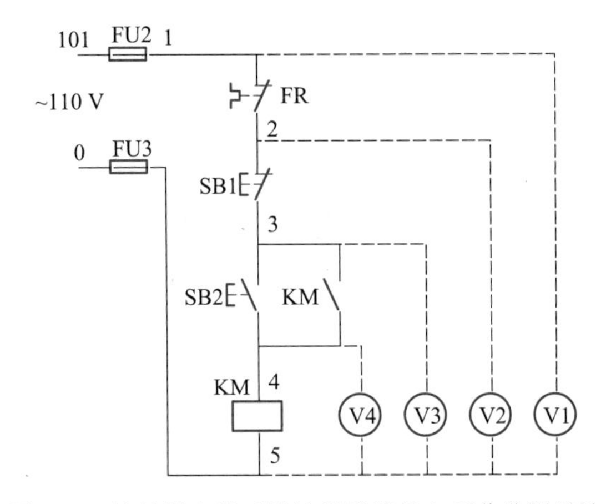

图 6-1　接触器自锁正转控制线路的电压分阶测量法

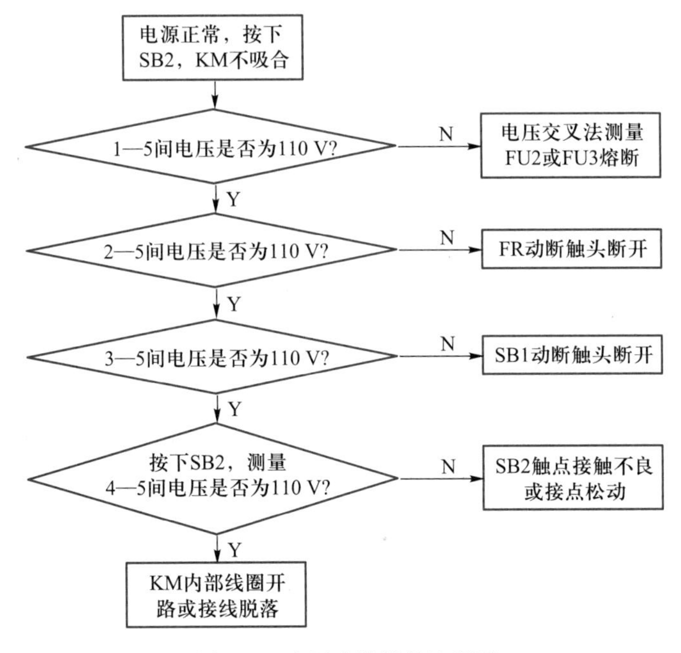

图 6-2　电压分阶测量流程图

3. 电压分段测量法

电压分段测量法是分别测量同一条支路上所有电器元件两端的电压值。以接触器自锁正转控制线路为例,其电压分段测量法如图 6-3 所示,当测量出某段的电压值为电源电压时,即可视为故障点,电压分段测量法查找故障过程见表 6-2。

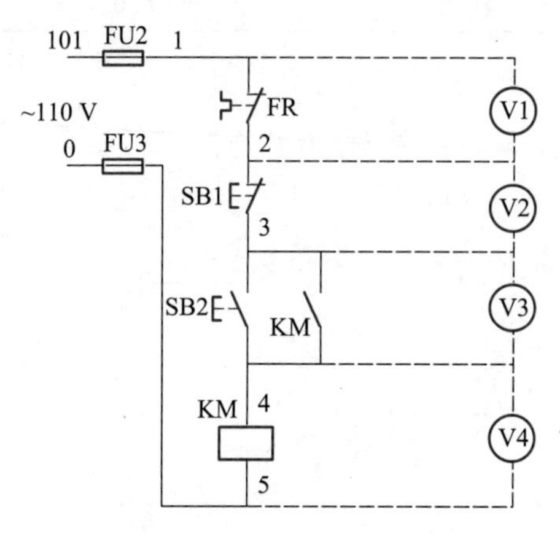

图 6-3 电压分段测量法

表 6-2 电压分段测量法查找故障过程

故障现象	测量点的电压值/V				故障点
	1—2	2—3	3—4	4—5	
1—5 间电压正常,按下 SB2,接触器 KM 不吸合	110	0	0	0	热继电器是否已动作,若排除热继电器动作,则考虑 FR 触头接触不良或接线脱落
	0	110	0	0	SB1 接触不良或接线脱落
	0	0	110	0	SB2 接触不良或接线脱落
	0	0	0	110	KM 线圈开路或接线脱落

6.1.3 电阻测量法

电阻测量法就是在电路切断电源后利用仪表测量线路上两点之间的电阻值,通过对电阻值的比较,进行电路故障检测的一种方法。在继电接触器控制系统中,当电路存在断路故障时,利用电阻测量法对线路中的断线、触头虚接触、导线虚焊等故障进行检查,可以快速找到故障点。

用电阻测量法查找故障的优点是安全,缺点是测量电阻值不准确时易产生误判断,快速性和准确性低于电压测量法。这种方法主要用万用表电阻挡对线路通断或元器件好坏进行判断。特别要注意的是:测量前一定要切断机床电源,否则会烧坏万用表;另外被测电路不应有其他支路并联,如被测支路与其他电路并联时,应将该电路与其他并联电路断开,否则会产生误判断;应适时调整万用表的电阻挡,并注意机械调零和欧姆调零,避免判断错误。电阻测量法包括电阻分阶测量法和电阻分段测量法。

1. 电阻分阶测量法

当测量某相邻两阶的电阻值突然增大时，说明该跨接点为故障点。仍以接触器自锁正转控制线路为例，假设控制回路电源正常，按下起动按钮，接触器不吸合，表明控制电路存在断路故障。用电阻法测量前先断开电源，将万用表转换开关置于 $R\times100\ \Omega$(或 $R\times1\ k\Omega$)挡，再按图 6-4 所示方法测量，电阻分阶测量流程图如图 6-5 所示。

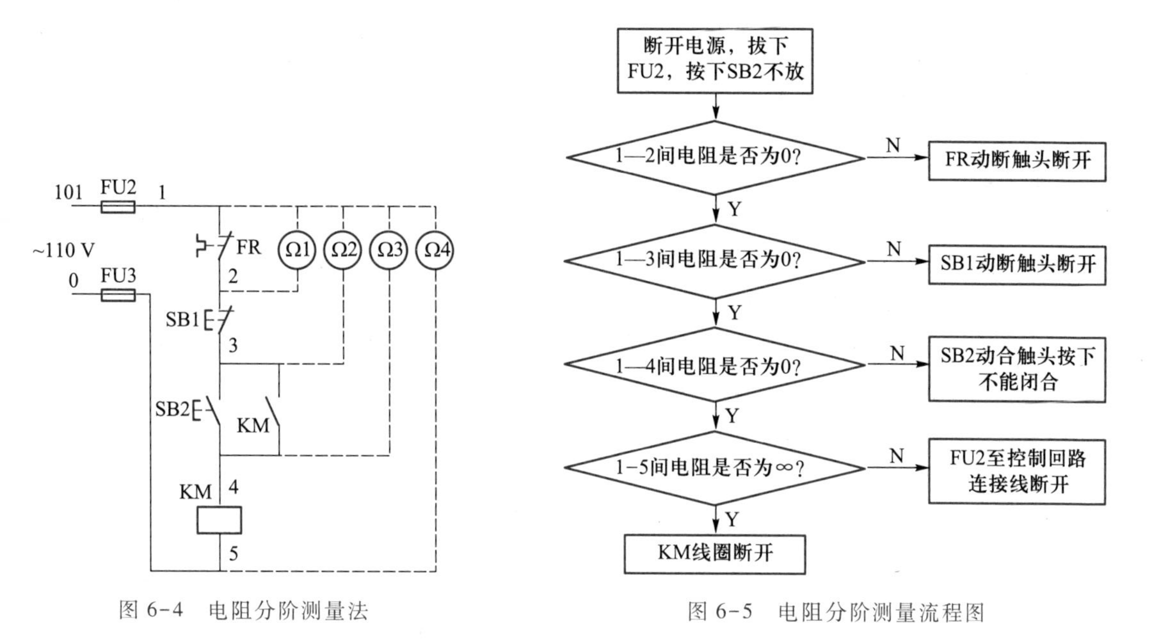

图 6-4　电阻分阶测量法　　图 6-5　电阻分阶测量流程图

2. 电阻分段测量法

电阻分段测量法如图 6-6 所示，测量检查时先切断电源，再用合适的电阻挡逐段测量相邻点之间的电阻，查找故障过程见表 6-3。

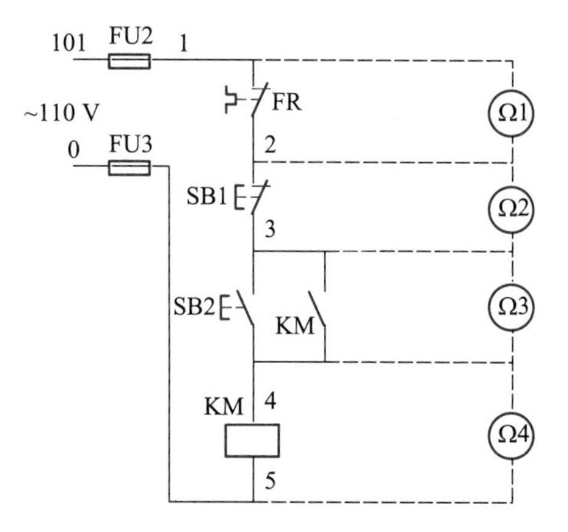

图 6-6　电阻分段测量法

表 6-3　电阻分段测量法查找故障过程

故障现象	测量点	电阻值/Ω	故障点
1—5间电压正常,按下SB2,接触器KM不吸合	1—2	∞	FR动断触头断开
	2—3	∞	SB1动断触头断开
	按下SB2,测3—4	∞	SB2按下未接通
	4—5	∞	KM线圈开路

6.1.4　其他测量法

1. 验电笔

低压验电笔是检验导线和电气设备外壳是否带电的一种常用检测工具,但只适用于检测对地电位高于氖管启辉电压(60~80 V)的场所,只能作定性检测,不能做定量检测。当电路接有控制和照明变压器时,用验电笔无法判断电源是否缺相;氖管的启辉发光消耗的功率极低,由绝缘电阻和分布电容引起的电流也能启辉,容易造成误判断。为避免测量中的误判断,验电笔只能作为验电工具。在使用验电笔测量电气设备是否带电时,要先找一个已知电源测试验电笔氖管能否正常发光,能正常发光才能使用。

2. 示波器

示波器是测量电压的一种工具,主要用于测量峰值电压、微弱信号电压。在机床电气设备故障检查中,主要用于电子线路部分的检测。

3. 电流法

电流法是利用电流表或钳形电流表在线监测负载电流,判断三相电流是否平衡;检测交流电动机运行状态,判断交流电动机是处于过载还是轻载运行,判断交流电动机某相是否存在匝间短路故障(空载电流明显偏大的一相有匝间短路故障)。钳形电流表在检测前应根据负载电流的大小选择合适的量程;改变量程时,应将被测导线推出钳口,不能带电旋转量程开关。

4. 元件替代法

元件替代法是利用相同型号、规格的元件去替代可能有故障的元件,替代以后看设备故障是否消除。元件替代法可核实采用电压测量法、电阻测量法所确定的故障点;核实是否因为元件参数裕度不够而带来的故障;核实模棱两可而无法确定的故障;核实元件参数选用不当带来的故障。元件替代法多用于电子线路检查和消除故障。

5. 短接法

短接法又称跨接线法,是用一根绝缘良好的导线,把所怀疑的断路部位短接,如短接过程中电路被接通,就说明该处断路,这种方法是检查线路断路故障的一种简便、可靠的方法。使用短接法的前提是必须相当熟悉电路,初学者慎用。

(1) 局部短接法

局部短接法是用一根绝缘良好的导线分别短接标号相邻的两点来检查线路断路故障的方法。局部短接法如图6-7所示,故障现象为按下起动按钮SB2,KM1不吸合。

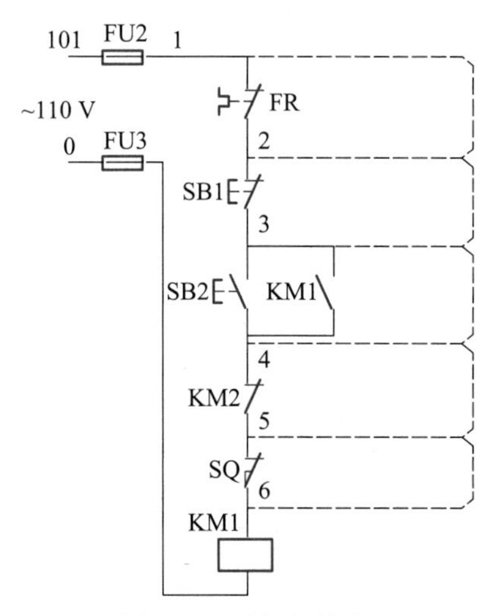

图 6-7　局部短接法

检查前,先用万用表测量 1—0 间的电压,若电压正常,可按下 SB2 不放,然后用一根绝缘良好的导线分别短接标号相邻的两点 1—2、2—3、3—4、4—5、5—6(注意绝对不能短接 6—0 两点,否则会造成电源短路),当短接到某两点时,接触器 KM1 动作,可说明故障点在该两点之间,用局部短接法查找故障过程见表 6-4。

表 6-4　用局部短接法查找故障过程

故障现象	测试状态	短接点标号	电路状态	故障点
按下 SB2,触器 KM 不吸合	按下 SB2 不放	1—2	KM1 吸合	FR 动断触头接触不良或误动作
		2—3	KM1 吸合	SB1 触头接触不良
		3—4	KM1 吸合	SB2 触头接触不良
		4—5	KM1 吸合	KM2 动断触头接触不良
		5—6	KM1 吸合	SQ 触头接触不良

(2) 长短接法

长短接法是一次短接两个或两个以上触头来检查线路断路故障的方法。长短接法如图 6-8 所示。故障现象为按下 SB2,KM1 不吸合。用长短接法将 1—6 短接,若 KM1 吸合,则说明 1—6 间有断路故障,然后再用局部短接法逐段找出故障点。也可先短接 3—6,若 KM1 不吸合,再短接 1—3,KM1 吸合,说明故障在 1—3 间。由此可见用长短接法可把故障范围缩小到一个较小的范围,与局部短接法结合使用,能很快找出故障点。

用短接法检测故障时必须注意:因为是用手拿着绝缘导线带电操作,所以一定要注意用电安全;短接法一般只适用于检查控制电路,不能在主电路中使用,而且绝对不能短接负载或压降较大的电器,如电阻、线圈、绕组等的断路故障,否则将发生短路现象;对于生产机械的某些要害部位,必须保证在电气设备或机械部件不会出现事故的情况下,才能使用短接法。

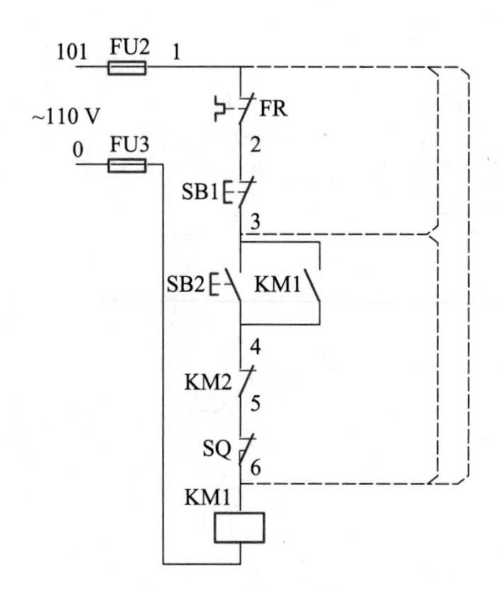

图 6-8　长短接法

6.1.5　电气故障的修复

当找出电气设备的故障点后,就要着手进行修复、试运转、记录等,然后交付使用,在此过程中应注意以下几点:

① 当找出故障点和修复故障时,应注意不要把找出故障点作为寻找故障的终点,还必须进一步分析查明产生故障的根本原因,避免类似故障再次发生;

② 找出故障点后,一定要针对不同故障情况和部位相应采取正确的修复方法,不要轻易采用更换元器件和补线等方法,更不允许轻易改动线路或更换规格不同的元器件,以防产生人为故障;

③ 在故障点的修复过程中,一般情况下应尽量复原;

④ 电气故障修复完毕,需要通电试运行时,应避免出现新的故障;

⑤ 每次修复故障后,应及时总结经验,并做好维修记录,作为档案以备日后维修时参考,并通过对历次故障的分析,采取相应的有效措施,防止类似事故的再次发生或对电气设备本身的设计提出改进意见等。

6.2　CA6140 型车床常见电气故障排除与检修

本节对 CA6140 型车床电气控制线路中的常见故障及原因进行分析,并提出故障检修方法,希望对于从事机床电气控制线路维修的人员能起到一定的帮助和借鉴作用。

1. 检修前的准备工作

检修前必须先准备好检修工具,主要有螺丝刀、尖嘴钳、电工刀、活络扳手等电工常用工具,准备好万用表、试电笔、兆欧表等电工常用仪表。

2. 检修过程中的注意事项

(1) 检修机床时,应穿戴好绝缘鞋、工作服;

（2）应保持头脑清醒，避免安全事故；

（3）停电检修机床时，应由两人合作进行，一人监护，守护在动力箱前，以防止有人合闸，并且悬挂“有人工作，严禁合闸”的警示牌，另一人检修机床；

（4）停电操作时，应先拉断路器，然后拉隔离开关，送电时，应先合隔离开关，然后合断路器，否则将发生安全事故；

（5）检修前，应将验电笔、万用表等校准，确保准确无误后方能使用；

（6）在用手接触导线或电器元件之前，应先用验电笔或万用表检测其是否带电，确保不带电后才能用手触摸，否则禁止用手触摸电器元件和导线；

（7）在带电检修机床测量电压时，注意观察万用表挡位开关是否拨在了电压挡位，禁止在电阻挡位上测量电压。

3. CA6140型车床常见电气故障检修实例分析

参看图5-12 CA6140型卧式车床电路图进行车床常见电气故障检修实例分析。

（1）主轴电动机不能起动

故障现象：合上电源总开关QF，按下主轴电动机起动按钮SB2，主轴电动机M1不能起动运转。

故障分析：根据电气原理图，分析产生故障的原因，包括电源故障、主轴电动机故障、主电路故障、控制电路故障。为进一步缩小故障区域，可先用万用表测试电源开关QF进出线端的电压，若电压正常，可排除电源故障。合上电源开关，按下主轴起动按钮，检查主接触器KM是否吸合，若KM吸合，则故障必定出在主电路或主轴电动机；若KM不吸合，则故障应出在控制电路。

故障检查1：按下起动按钮，KM吸合但主轴电动机M1不转的故障属于主回路故障，应立即切断电动机电源，应用电阻测量法逐一排查故障，不可通电测量，以防在检修过程中因电动机缺相故障引起电动机烧毁。CA6140型车床主电路原理图见图6-9。

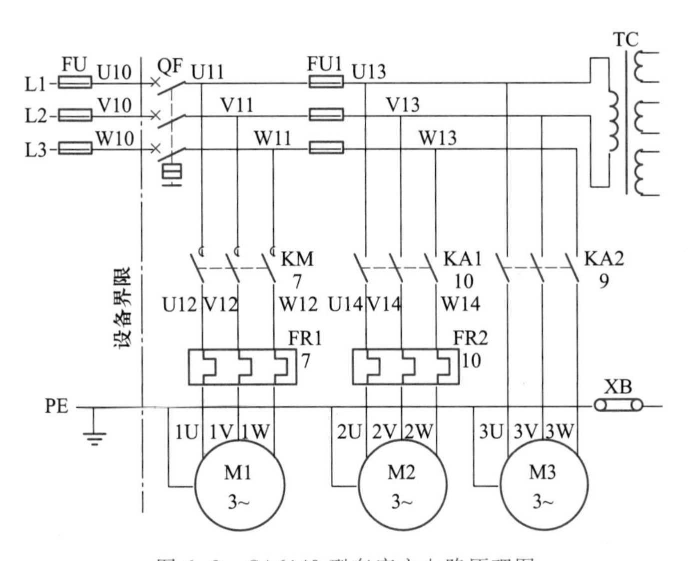

图6-9　CA6140型车床主电路原理图

车床故障检测流程图如图6-10所示。

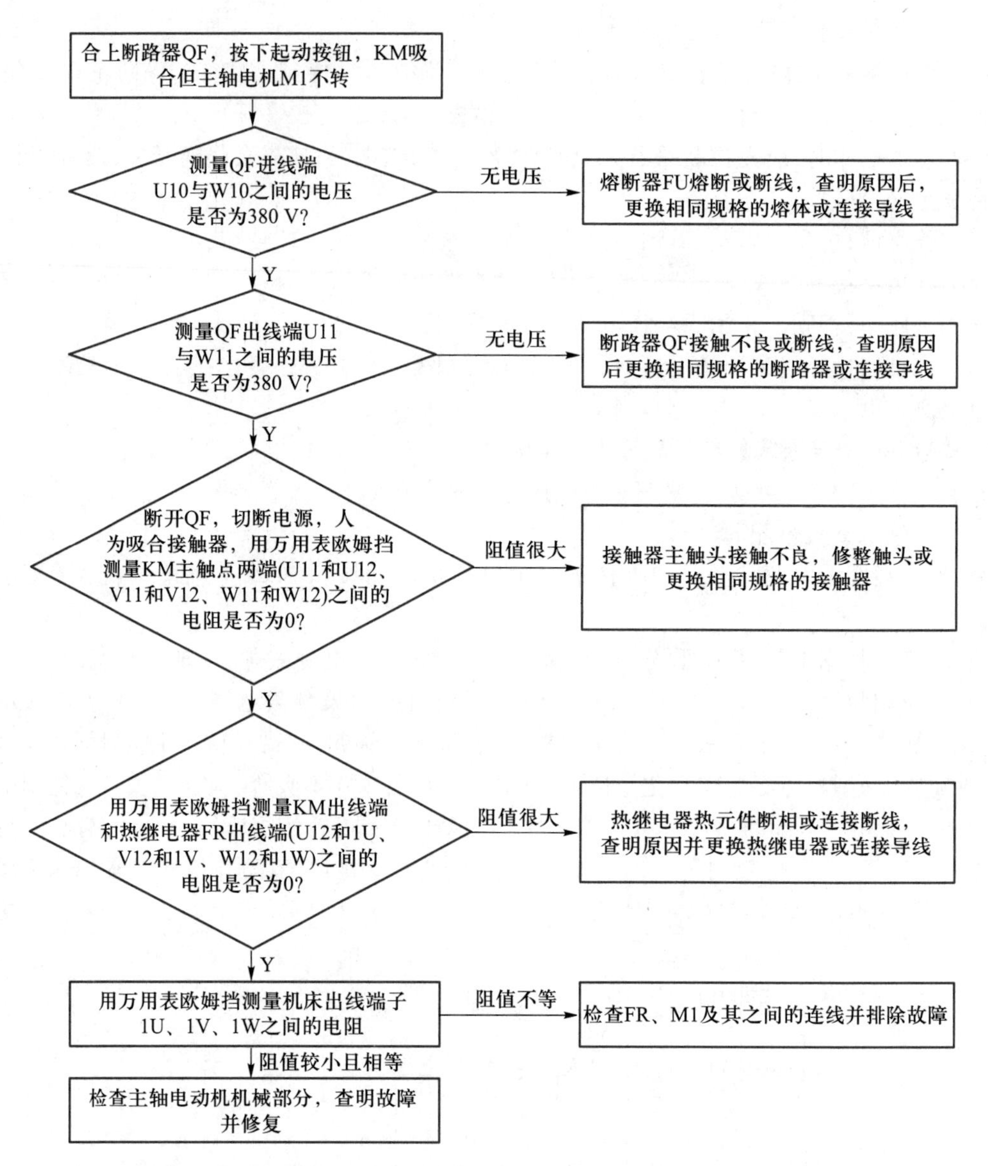

图 6-10　按下起动按钮，KM 吸合但主轴电动机 M1 不转的故障检测流程图

故障检查 2：按下起动按钮，主轴电动机 M1 不转且接触器 KM 不吸合。此故障应为控制电路故障。CA6140 型车床控制电路原理图见图 6-11。故障检测流程图如图 6-12 所示。

（2）三台电动机均不能起动

故障现象：合上电源总开关 QF，电源指示灯 HL 亮，但按下 SB2、SB3 及扳动 SA1，三台电动机均不能起动运转。

故障分析：扳动 SA1，冷却泵电动机 M2 不能起动运转，是因为冷却泵电动机 M2 必须在主轴电动机 M1 起动后才能起动运转，故 M2 不起动运转可以不考虑为故障。至于按下 SB2、SB3 不起动运转，但当合上 QF 时，电源指示灯 HL 亮，则可以认为是控制电路中 KM 及 KA2 线圈公共回路有问题，故查找故障点应从它们的共有线路入手。

故障检查：合上电源总开关QF，分别按下SB2、SB3，接触器KM和中间继电器KA2不闭合。

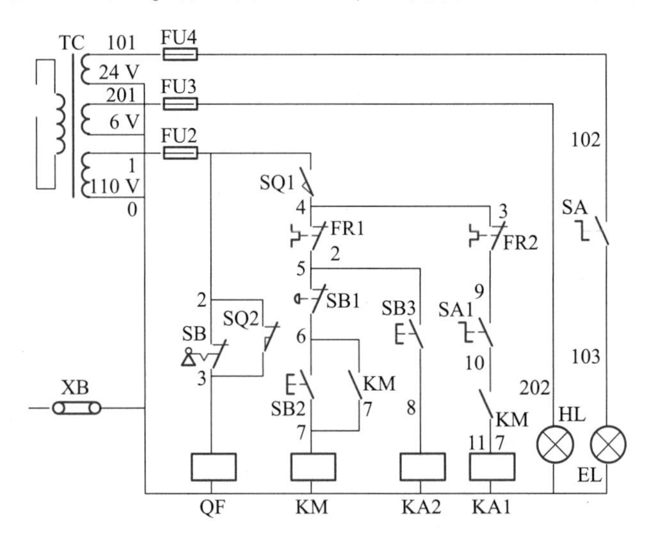

图6-11　CA6140型车床控制电路原理图

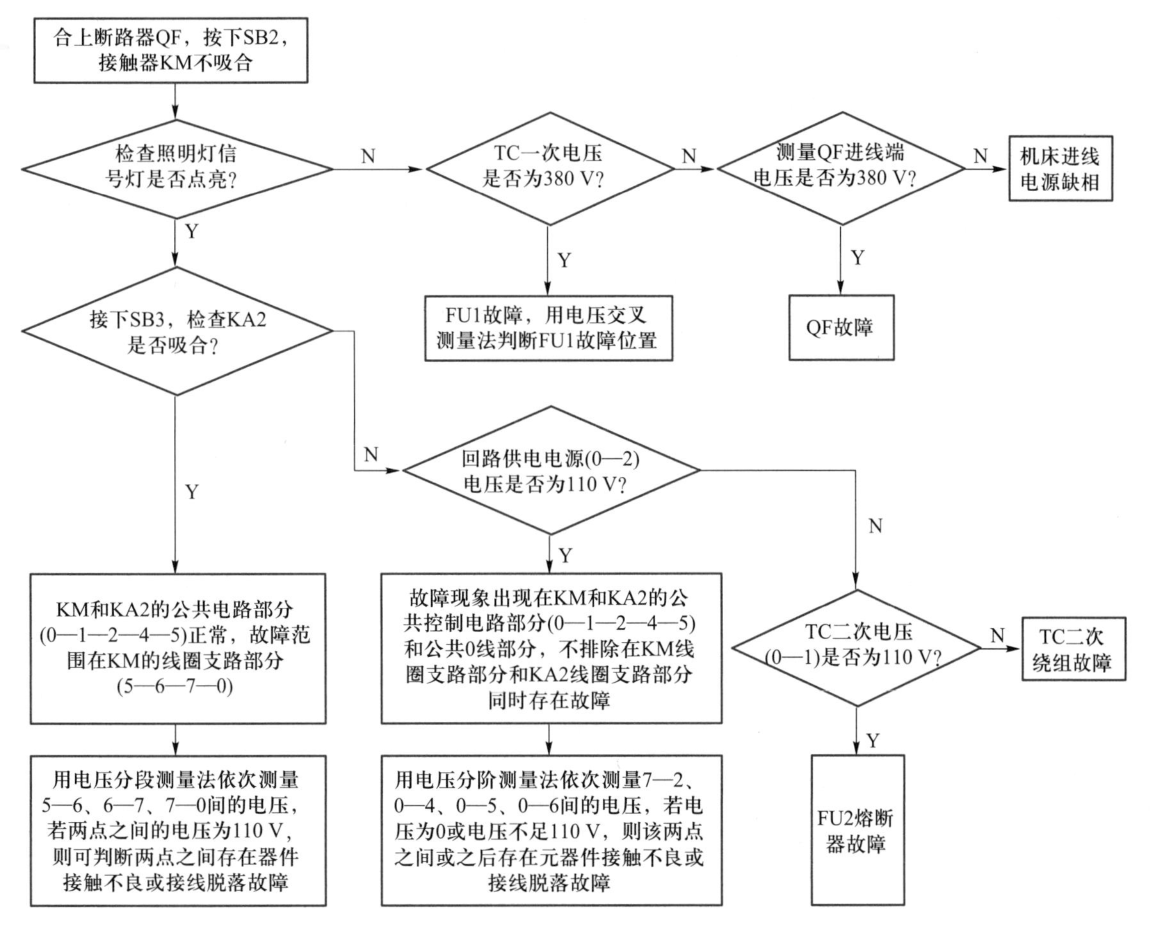

图6-12　按下起动按钮，主轴电动机M1不转，KM不吸合的故障检测流程图

方法1:采用短路法短接1号线和4号线,分别按下SB2、SB3,接触器KM、中间继电器KA2仍不闭合。将1号线和5号线用导线短接,再按SB2,接触器依然不闭合。故怀疑是接触器KM、中间继电器KA2线圈的0号线与从控制变压器TC引出来的0号线有断点。将从控制变压器引出来的0号线与中间继电器KA2线圈的0号线用导线短接,并使SB3、KA2闭合,工作台快速移动电动机M3能点动运转,说明接触器KM、中间继电器KA2的0号线与从控制变压器TC引出来的0号线之间确有断点。

方法2:采用电阻测量法测量KM及KA2线圈的公共回路,先测量线号1—5间的阻值,若阻值为无穷大,则继续依次测量1—4、1—2间的阻值,直至找到断点。若1—5间的阻值为0,则继续测量接触器KM、中间继电器KA2线圈的0号线至控制变压器TC引出来的0号线之间的阻值。仔细查找,发现控制变压器0号线接往接触器KM、中间继电器KA2的接线脱落。询问工作人员,被告之在此之前,因机床照明原因已有人检修过机床照明故障。但未修理好,接上脱线,故障排除。此故障属于人为扩大性故障。

(3)工作台不能快速移动

故障现象:扳动操作杆,压下点动按钮SB3,工作台不能快速移动。

故障分析:工作台不能快速移动,可能为主电路的问题,也可能为控制电路的问题。是主电路问题还是控制电路问题,只要扳动操纵杆,压下点动按钮SB3,观察KA2是否闭合就可以判断。

故障检查:扳动操纵杆,压下点动按钮SB3,KA2不闭合,由此确定为控制电路故障。

方法1:用"短路法"将控制电路中2号线和8号线短接,KA2闭合;再短接5号线和8号线,KA2闭合,这说明是点动按钮SB3动合触头接触不良。拆出SB3,发现SB3有油垢,按下SB3,用万用表电阻挡测量SB3动合触头,阻值为无穷大。更换SB3,故障排除。

方法2:故障检测时应根据电路的特点,通过相关和允许的试车,尽量缩小故障范围。合上QF,若信号照明灯工作正常,说明电源工作正常,若起动后主轴电动机能够正常运转,说明故障局限在5→SB3→8→KA2→0支路上,以0为参考点,按下SB3,用电压分阶测量法依次测量5—0、8—0间电压,发现5—0间电压正常,8—0间电压为0,由此判断SB3动合触头接触不良,予以更换,更换后故障排除。

(4)CA6140型车床其他常见电气故障检修

CA6140型车床其他常见电气故障检修见表6-5。

表6-5 CA6140型车床其他常见电气故障检修

故障现象	故障原因和故障范围	检测和处理方法
主轴电动机M1起动后不能自锁,即按下SB2,M1起动运转,松开SB2,M1随之停止	接触器KM的自锁触头接触不良或连接导线松脱	合上QF,测量KM自锁触头两端(6—7)电压,若电压正常,故障是自锁触头接触不良;若无电压,故障是自锁触头的连线出现断线或松脱
主轴电动机M1能起动,但不能停止	KM主触头熔焊;停止按钮SB1被击穿或线路中5—6间连接导线出现短路;KM铁心端面被油垢粘牢不能脱开	断开QF,若KM释放,说明故障时停止按钮SB1被击穿或导线短路;若KM不释放,则故障为KM主触头熔焊或KM铁心端面被油垢粘牢不能脱开

续表

故障现象	故障原因和故障范围	检测和处理方法
主轴电动机运行过程中出现停车	热继电器FR1动作,动作原因可能是:电源电压不平衡或电压过低;热继电器动作整定值偏小;电动机负载过重;连接导线接触不良	找出FR1动作的原因,排除后使其复位
主轴电动机M1起动后,冷却泵电动机M2不能起动	主电路中KA1触头接触不好;FR2两端出现断路;冷却泵电动机M2烧毁;动合触头KM1两端连线(10—11)接触不良;KA1线圈损坏	根据具体情况更换或修复器件;排除连线接触不良的问题
机床无工作照明	FU4熔断;SA接触不良;照明灯EL损坏或灯泡和灯头接触不良;变压器TC损坏或接点松动	根据具体情况更换灯泡或TC,采取相应的措施修复线路问题

在机床电气故障的检修过程中,通常采用多种检修测量方法进行配合。控制电路的故障通常采用电压测量法,主回路故障除电源故障外,最好采用电阻测量的检修方法。在检修之前一定要熟悉电路图并了解机床的操作过程,根据电路的特点,通过相关操作和通电试车,尽量缩小故障范围。

6.3　X62W型万能铣床常见电气故障排除与检修

X62W型万能铣床是典型的机电一体化控制的设备,其机械操作与电气控制配合十分密切,因此调试与维修时,不仅要熟悉电气原理,还要对机床的操作与机械结构,特别是对机电配合有足够的了解。铣床工作原理的难点是工作台的控制,铣床电气故障维修的重点应注意电气与机械配合之间的联锁关系。试车时的进给行程不要过大,尤其是快速进给时,应注意避免顶撞或工作台脱离轨道等事故。

1. X62W型万能铣床检修前的准备工作

检修前必须先准备好检修工具,主要有螺丝刀、尖嘴钳、电工刀、活络扳手等电工常用工具,准备好万用表、验电笔、兆欧表等电工常用仪表。

2. X62W型万能铣床检修过程中的注意事项

(1) 检修机床时,应穿戴好绝缘鞋、工作服;

(2) 应保持头脑清醒,避免安全事故;

(3) 停电检修机床时,应由两人合作进行,一人监护,守护在动力箱前,以防止有人合闸,并且悬挂“有人工作,严禁合闸”的警示牌,另一人检修机床;

(4) 停电操作时,应先拉断路器,然后拉隔离开关,送电时,应先合隔离开关,然后合断路器,否则将发生安全事故;

（5）检修前，应将验电笔、万用表等校准，确保准确无误后方能使用；

（6）在用手接触导线或电器元件之前，应先用验电笔或万用表检测其是否带电，确保不带电后才能用手触摸，否则禁止用手触摸电器元件和导线；

（7）在带电检修机床测量电压时，注意观察万用表挡位开关是否拨在了电压挡位，禁止在电阻挡位上测量电压。

3. X62W型万能铣床常见电气故障检修实例分析

在第5章我们已经详细介绍了X62W型万能铣床的工作原理。X62W型万能铣床的主轴运动由主轴电动机M1拖动，采用齿轮变换实现调速，在变速过程中要求实现主轴变速冲动控制，在主轴停车时要求能制动停车。铣床的工作台要求能够进行前后左右上下六个方向的常速和快速进给运动，同样工作台的进给速度也需要变速，变速采用变换齿轮来实现，电气控制原理与主轴变速相似。其控制是由电气和机械系统配合进行的，当工作台出现进给故障时，若对机、电系统的部件逐个进行检查，难以快速确定故障范围。可依次进行其他进给方向、进给变速冲动、圆形工作台的进给控制试车。逐步缩小故障范围，用逻辑分析法分析故障原因，继而在故障范围内对电器元件和接线逐点排查。参考图5-17所示X62W型万能铣床电路图进行铣床电气故障检修实例分析。

（1）故障现象1：铣床主轴电动机不能正常起动。

故障分析：主轴故障的分析可参照CA6140型车床的类似故障分析检查，可先判断是主电路故障还是控制电路故障，继而选用电压测量法或电阻测量法从上到下逐一测量。合上电源开关QS，将转换开关SA5拨至正转或反转，按下起动按钮SB1或SB2，若KM3吸合，主轴电动机不转，或虽然旋转但转速很低并伴随着嗡嗡的噪声，可判断存在主电路故障，应立即切断电源，以免在缺相情况下烧毁电动机。对于主电路故障，可采用电阻测量法对主电路逐一进行测量。若KM3未吸合，主轴电动机不转，可判断为控制电路故障。对于控制电路的故障检查，可根据自身的熟练情况采用电压测量法、电阻测量法相结合的方式进行。若选用电阻测量法，切记要切断控制电源，选用合适的电阻挡位进行测量。故障检测流程图如图6-13所示。

（2）故障现象2：工作台能向左右进给、不能向前后上下方向进给。

故障分析：进给工作台能够向左右方向进给，说明进给电动机既能正转也能反转，可排除进给电动机M2主电路故障。进一步分析控制电路故障，左右进给正常，前后、上下进给不正常，表明左右进给的公共通道（13→SQ6-2→15→SQ4-2→16→SQ3-2→17）正常，故障应该出在前后、上下进给的公共通道（13→SA1-3→22→SQ2-2→23→SQ1-2→17）。在切断电源的情况下用电阻测量法逐一查找故障点。若以上通道中的器件和连线均无问题，则应考虑SQ3、SQ4经常被压合，导致螺钉松动、开关位移、动合触头SQ3-1和SQ4-1接触不良或线路松动，引起故障。

故障排除：检查与调整SQ3-1、SQ4-1，予以修复；检查SQ1-2或SQ2-2，予以修复或更换；检查圆形工作台通断开关SA1-3接点连线，使其连接可靠。

（3）故障现象3：接通电源后，按下主轴电动机起动按钮，主轴电动机能正常起动，操作工作台操作手柄，工作台各个方向都不能进给。

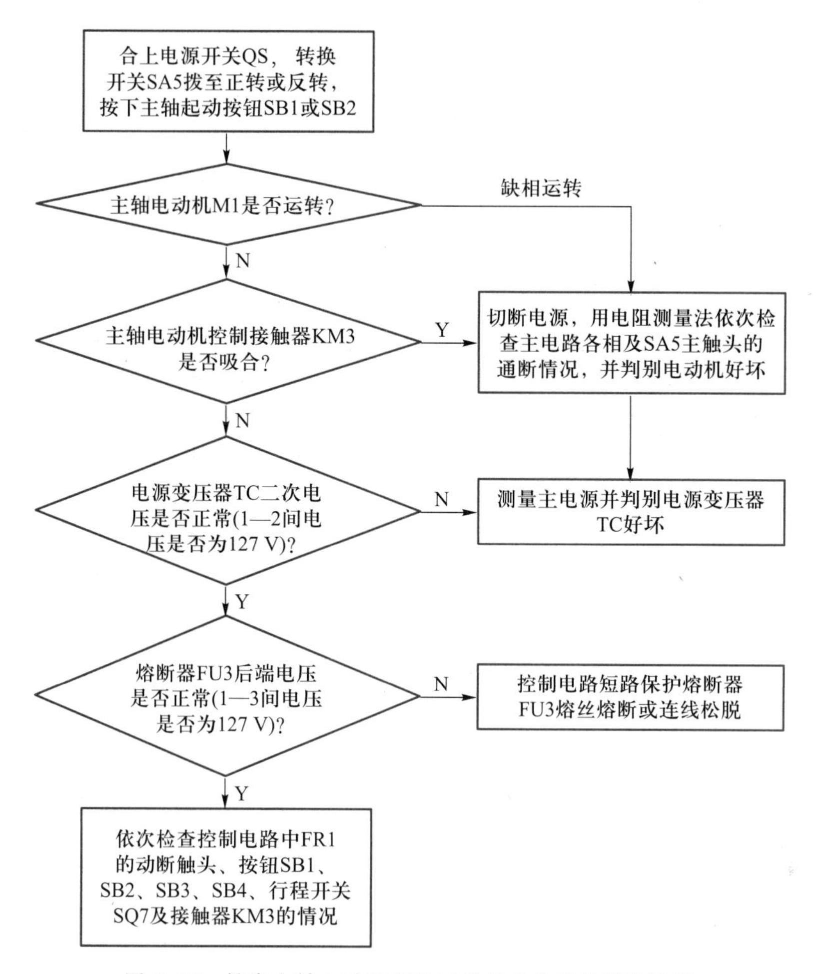

图 6-13　铣床主轴电动机不能正常起动故障检测流程图

故障分析：主轴工作正常，而进给方向均不能进给。首先应检查圆形工作台的控制开关 SA1 是否在“断开”位置，若没有问题，可通过查看进给电动机接触器 KM5 或 KM4 是否吸合来判断故障是出在进给电动机主电路还是控制电路，若为控制电路，故障多出现在工作台进给控制公共支路上，可通过通电试车逐步判断故障位置，再进行测量。故障检测流程图见图 6-14。

（4）故障现象 4：工作台能向左进给正常，但不能向右进给

故障分析：铣床工作台正常工作情况下，工作台向右、向下、向前进给时，KM4 吸合，进给电动机 M2 正转。工作台向左、向上、向后进给时，KM5 吸合，进给电动机 M2 反转。因此可通过操作向下或向后手柄观察工作台进给工作情况进一步缩小故障范围。若向下或向前进给正常，可判断故障为 SQ1-1 触头接触不良或触头两端接线松动，若向下或向前进给不正常，观察向下或向前进给时，正转接触器 KM4 是否吸合。若 KM4 吸合，说明故障出在 M2 主电路，应为 KM4 主触头接触不良或连线松动引起，若 KM4 不能吸合，故障在控制电路，因为向左进给正常，所以排除进给电动机公共支路故障，故障应出现在 KM4 的线圈支路，用万用表依次检测，若出现 KM4 线圈断线或连线松脱，KM5 动断触头断线或连线松脱都会导致该故障发生。

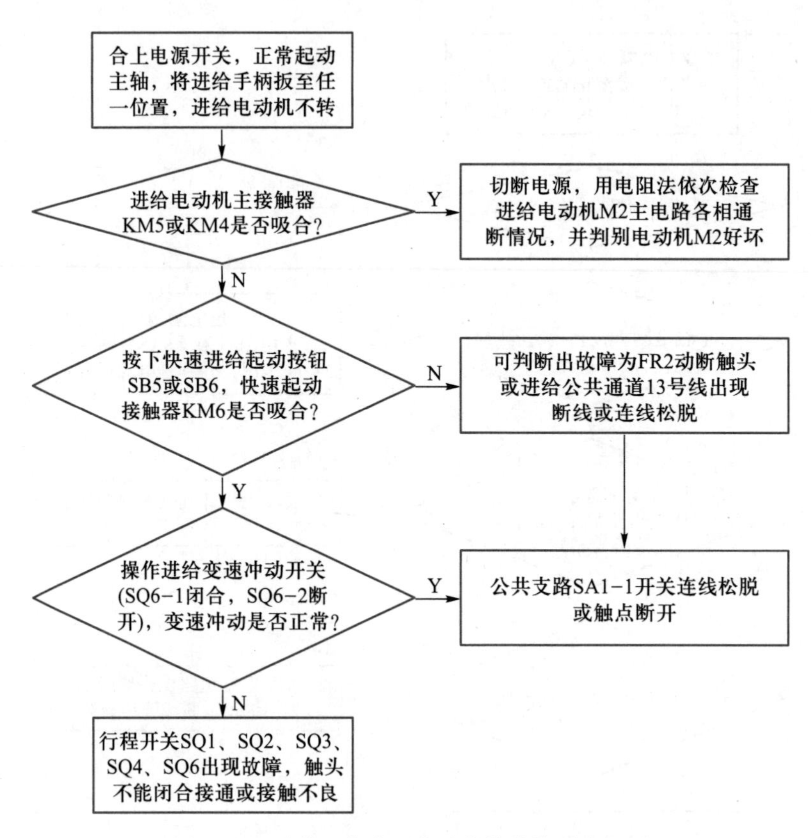

图 6-14　进给工作台不能进给故障检测流程图

故障排除:检查或修复更换接触器 KM4;检查 KM5 触头情况并修复,检查其接线是否松动并使之连接牢固。

(5) X62W 型万能铣床其他常见电气故障检修

X62W 型万能铣床其他常见电气故障检修见表 6-6。

表 6-6　X62W 型万能铣床其他常见电气故障检修

故障现象	故障原因和故障范围	检测和处理方法
主轴能正常起动,但是停车时没有制动作用	停止按钮 SB3 或 SB4 可靠按下,若 KM2 线圈吸合,则判断为 KM2 主回路故障,若 KM2 线圈不吸合,则检查 KM2 线圈回路是否工作正常,尤其是速度继电器能否可靠动作	检查速度继电器 KS 的触头是否可靠动作;KM3 动断触头有无松动或接触不良的现象;KM2 线圈回路接线有无松脱,线圈是否正常;按钮 SB3、SB4 动合触头是否接线松脱
按下主轴制动按钮后主轴电动机不能停止	KM3 主触头熔焊;KM3 铁心端面被油垢粘牢不能脱开;停止按钮 SB3 或 SB4 被击穿	检查接触器 KM3 主触头是否熔焊,予以修复或更换;一旦主触头出现熔焊故障,应该马上松开停止按钮,防止主轴电动机因过载而烧毁;修复或更换停止按钮

续表

故障现象	故障原因和故障范围	检测和处理方法
工作台不能快速移动	快速进给电磁铁YA故障;控制回路快速进给接触器KM6线圈断线故障;按钮SB5、SB6接线松脱	采用电压测量法与电阻测量法相结合的方式,分别测量对应控制回路的电源电压;测量线圈阻值;测量按钮通断情况;对于器件故障予以修复或更换;对于线路予以紧固接线处理
主轴电动机不能变速冲动	行程开关SQ7因经常受到冲击,使开关位置改变、开关底座被撞碎或解除不良	修复或更换开关,调整开关动作行程
主轴电动机运行过程中出现停车	热继电器FR1动作,动作原因可能是:电源电压不平衡或电压过低;热继电器动作整定值偏小;电动机负载过重;连接导线接触不良	找出FR1动作的原因,排除后使其复位

4. 检修小结

不同的机床各有各的特点,X62W型万能铣床电路相对复杂,掌握铣床的检修,对于其他种类机床的电气维修能起到举一反三的作用。在进行机床线路故障检修前,重点要掌握机床电路图和电气线路的一般分析方法,应清楚机床设备元器件的位置及线路的大致走向,熟悉机床设备的运行特点。在实际检修中,机床电气故障也是多样的,同一种故障现象,发生故障的部位往往也是不同的。应灵活采用逻辑分析法、电压测量法和电阻测量法等检修测量方法,力求快速准确地找出故障点。在找故障点和修复故障时,应注意不要把找出故障点作为检修的终点,还要进一步分析产生故障的根本原因,避免类似故障再次发生。每次修复故障后,应及时总结经验,并做好维修记录,供日后参考。

6.4　机床电气故障考核系统

教育技术装备是实践教学的重要载体,我们选用由亚龙科技集团有限公司生产的亚龙YL-115型四合一机床电气培训考核装置作为学生机床检修实训用模拟机床。本节将介绍电路的工作原理及排除故障的步骤和方法,装置的器件布置、接线图以及智能答题器的操作使用。

6.4.1　设备安全使用维护保养须知

① 使用设备前必须熟悉产品技术说明书、使用说明书和实验指导书,按厂方提出的技术规范和程序进行操作和实验,设备使用后按顺序关断电源、水源和气源。

② 注重设备的环境保护,减少暴晒、水浸及腐蚀物的侵袭,确保设备的绝缘电阻、耐压系数、接地装置及室内的温度、湿度和净化度,在安全用电状态下工作。

③ 提倡设备在常规技术参数要求范围下工作,谨防在极限技术参数要求范围下操作,禁止设备在超越技术要求范围外工作,即做常规性实验,限做极限性实验,禁做破坏性实验。

④ 实验、培训时，对于搭建的各种电路，在检查无误后方能通电。

⑤ 严防重物、重力、机械物撞击和超越设备的承载能力和受冲击能力，使设备变形，直至损坏。

⑥ 对于各种单元板、单元模块和仪表要轻拿、稳放，切勿产生拖、摔、砸等现象以免损坏。

⑦ 如设备出现漏电、缺相、短路，各种仪表、灯光显示异常及电火花、机械噪音或异味、冒烟等现象，应使用急停开关并立即断电、待查，及时进行设备维修，设备切勿带病操作和使用。

⑧ 减少电灾害、磁干扰及振动对设备允许范围外的伤害。

⑨ 机械运动必须注重摩擦、撞击等异常阻力，必要时要实施润滑处理。

⑩ 长期不使用的设备，要做定期检查维护、保养处理，方能进行工作。

6.4.2 设备使用时注意事项

对该设备使用时应注意如下几点：

1. 故障点设置原则

（1）唯一正确答案原则；

（2）不损坏元器件原则（短路点，如变压器一次线圈或二次线圈、交流接触器线圈两端、线电压短路、相电压短路）；

（3）特殊故障，协商原则。

2. 故障点编号原则

（1）故障点编号顺序：控制电路、主电路、显示电路（含照明电路）、辅助电路依次编辑序号，顺序为从上至下、从左至右、数字递增原则；

（2）以触头元器件引线为端子号，端子号与端子号之间为线号原则；

（3）不允许出现重复号（即无公共号）原则。

3. 该设备在未设置故障时，机床电路属于正常运转状态，可进行应知应会的单独培训和实操。在设置故障点后，可加电检查、判断故障现象的区域，用万用表检查故障点（注意：对于三相异步电动机缺相运行的加电时间不宜过长），并通过智能答题器输入故障点序号，加以排除。

4. 请在交流接触器允许动作次数下工作（小于600次/小时）。

5. 该机床电路电压380 V、220 V、127 V、110 V都属于有效电压范围，操作时谨防触电。

6. 接地装置必须可靠，并符合技术要求。

6.4.3 机床检修控制柜结构及操作指南

1. 技术指标

（1）基本技术指标

使用电源：三相五线式电源

空载功耗≤250 W，额定输出电流≤1 A

（2）使用条件

温度：-10℃～+40℃

相对湿度：不大于90%

三相电源:380 V±10%,频率 50 Hz±5%

2. 机床检修控制柜结构

(1) 控制柜操作面板图

YL-115 型四合一机床电气培训考核装置控制柜操作面板图如图 6-15 所示。控制柜柜门中间部位为电动机转换开关,开关置于“上”为车床操作和检修状态,置于“下”为铣床操作和检修状态。

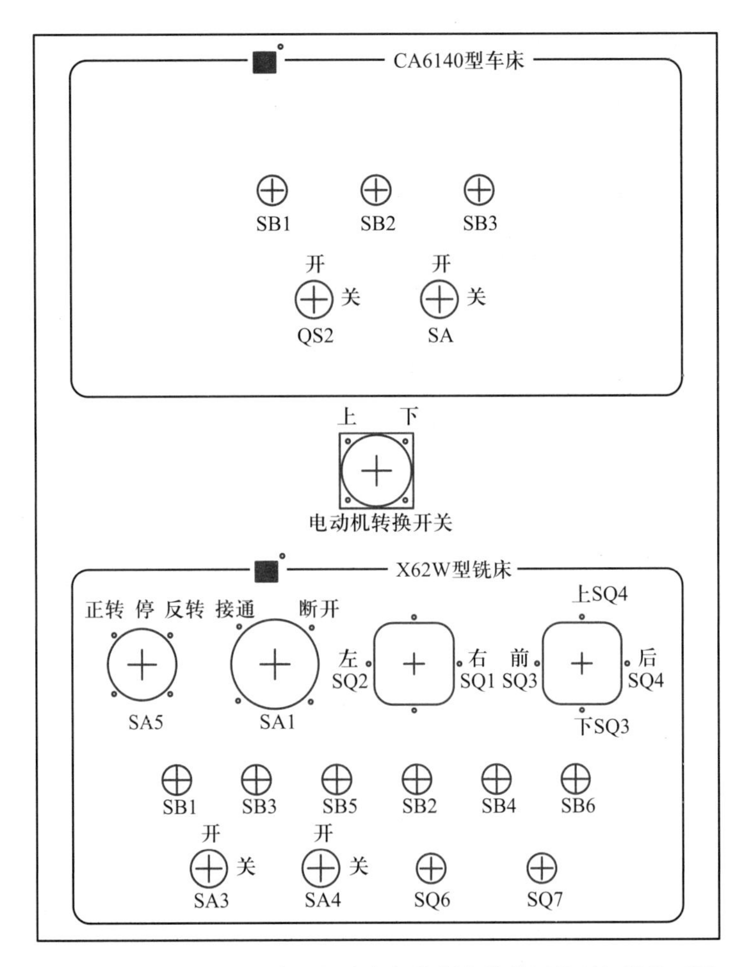

图 6-15　YL-115 型四合一机床电气培训考核装置控制柜操作面板

(2) 控制柜前面板布置图

YL-115 型四合一机床电气培训考核装置控制柜前面板布置如图 6-16 所示。在控制柜前面板上装有总电源开关 QS,电路试运行时,合上电源开关 QS,当出现故障现象,用电阻测量法检测时,须将电源开关 QS 断开。

3. 故障考核装置的操作与使用

(1) 检测电路故障

断开电源开关 QS,根据故障现象,采用逻辑分析法与电阻测量法对电路进行检测。

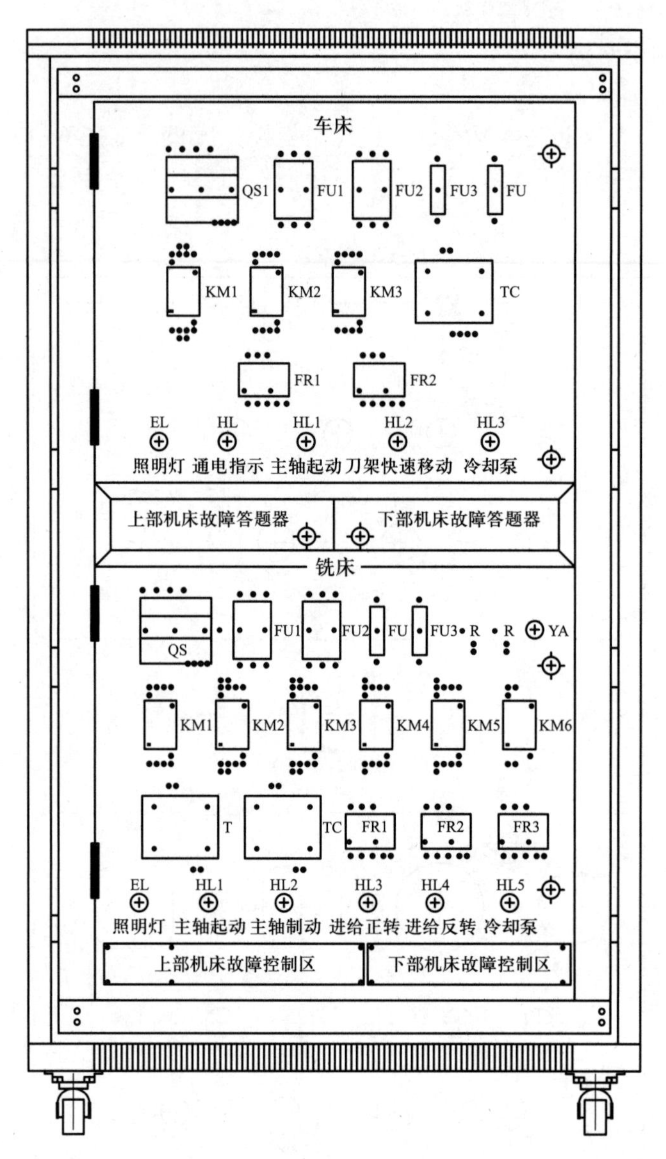

图 6-16　YL-115型四合一机床电气培训考核装置控制柜前面板布置

(2) 答题器的操作与使用

智能答题器操作面板如图6-17所示,其具体使用方法如下。

① 考核开始

按检测结果输入节点编号。按数字键,在答题器“题目编号”端(故障始端)输入相应的节点编号(三位数)。按数字键,在答题器“故障点数”端(故障末端)输入相应的节点编号(三位数)。按“确认”键结束。重复上述操作,直至排除该题所有故障。若有多道题,完成上题解答后,按“下一题”,答题器“题目编号”端显示该题题号,答题器“故障点数”端显示故障点数。重复上题操作,直至排除该题所有故障,按“确认”键结束。

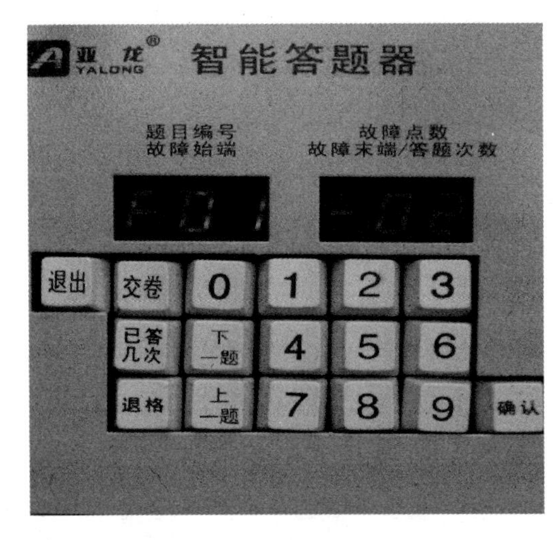

图 6-17　智能答题器操作面板

② 输入错误

若输入错误,按“确认”键后,“故障点数”端故障点数显示无变化。按“退格”键 6 次,清除所有节点输入编号,检测确定后重新输入,直至完成所有考核。

③ 考核超时

考核设置了考核时间,若在规定的时间内没完成考核工作,系统会自动关闭,后续操作无效,成绩锁定在当前状态。

④ 考核输入次数

每道题均设置了输入次数,每错误输入一次,根据设置,系统将扣除相应分数。当扣除该题所有分数后,成绩锁定在当前状态,再输入正确或错误的任何节点编号均无效。

⑤ 考核结束

完成所有考核工作,按下“交卷”键后,接着按下“确认”键,断开电源(柜内 QS),结束考核。

(3) 排故操作

因为本故障考核系统所设故障全部为断路型故障,所以推荐采用逻辑分析法与电阻测量法检测故障,同时在相对熟练的情况下,也可结合电压测量法进行检测,以快速诊断故障范围。

6.4.4　CA6140 型车床电路智能故障考核

讲义 22:车床智能故障考核

一、电路分析

CA6140 型车床电气培训考核装置控制柜前面板布置见图 6-16,其安装接线图见图 6-18,CA6140 型车床电气培训考核装置电路图见图 6-19。

1. 主电路分析

视频 34:车床故障考核装置操作

主电路中共有三台电动机:M1 为主轴电动机,带动主轴旋转和带动刀架做进给运动;M2 为冷却泵电动机;M3 为刀架(或工作台)快速移动电动机。三相交流电源通过开关 QS1 引入。主轴电动机 M1 由接触器 KM1 控制起动,热继电器 FR1 为主轴电动机 M1 的过载保护。冷却泵电动机 M2 由接触器 KM2 控制起动,热继电器 FR2 为 M2 的过载保护。刀架快速移动电动机 M3 由接触器

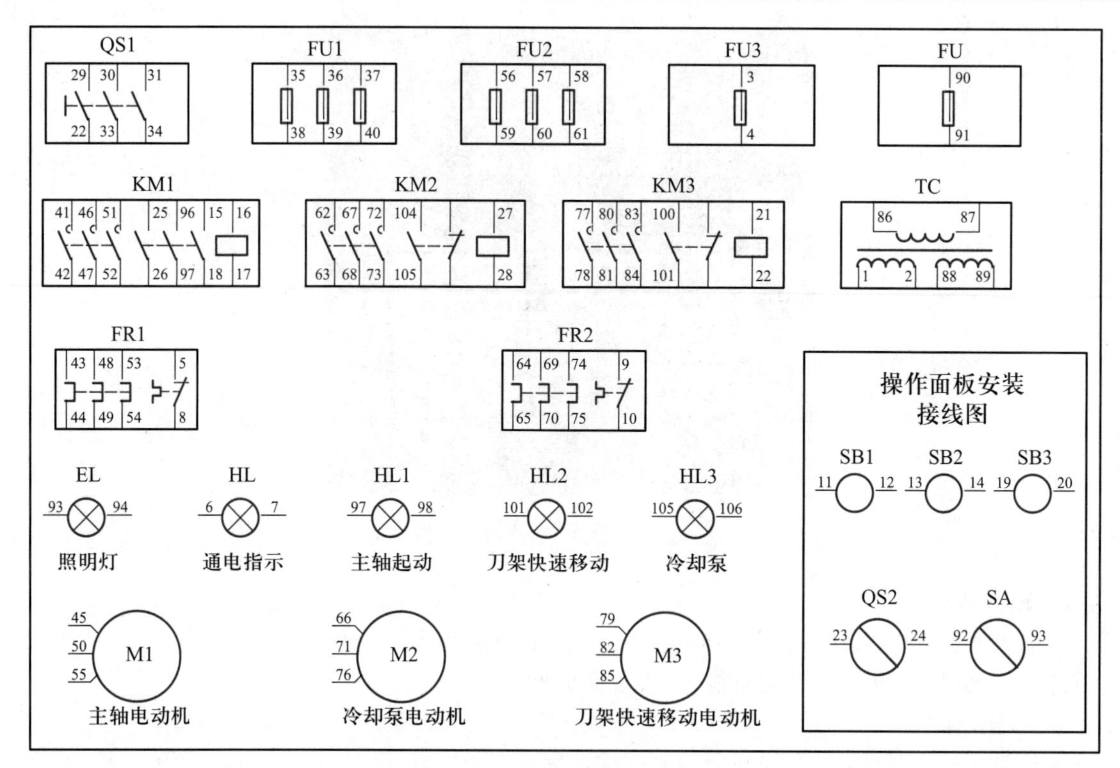

图 6-18 CA6140 型车床电气培训考核装置控制柜前面板安装接线图

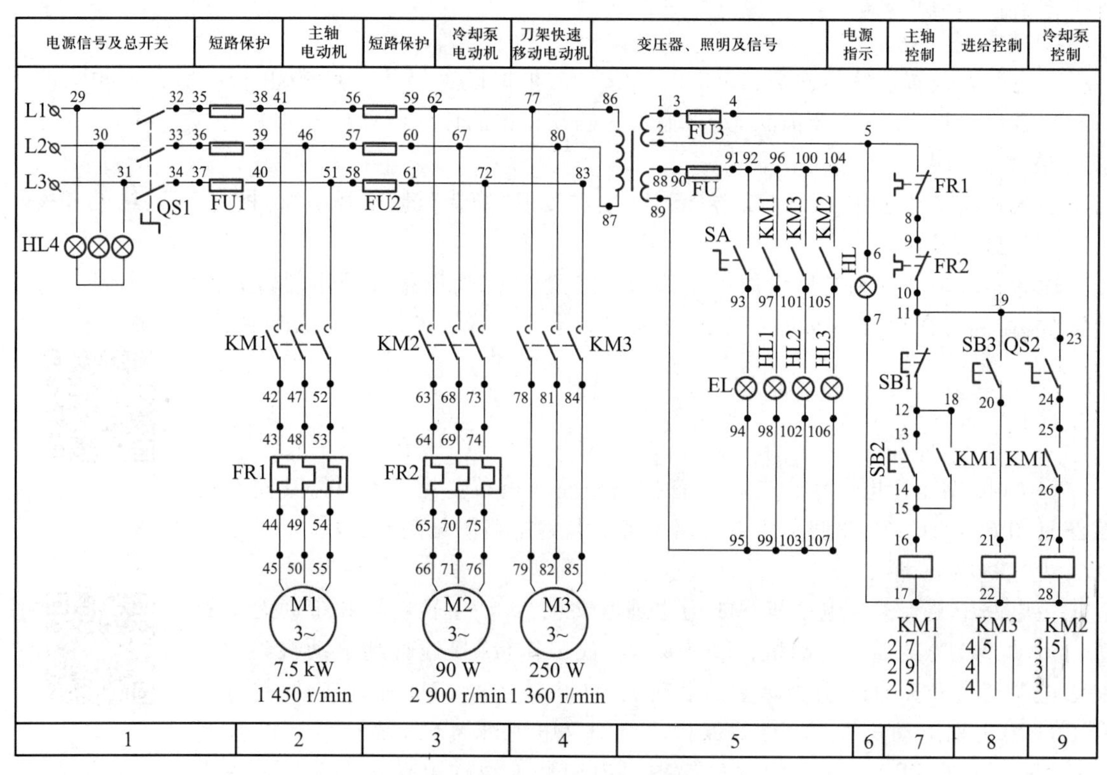

图 6-19 CA6140 型车床电气培训考核装置电路图

KM3 控制起动，由于 M3 是短期工作，故未设有过载保护。

2. 控制电路分析

控制回路的电源为控制变压器 TC 输出的 127 V 电压。

（1）主轴电动机的控制

按下起动按钮 SB2，接触器 KM1 的线圈获电动作，其主触头闭合，主轴电动起动运行，同时 KM1 自锁触头和另一副动合触头闭合。按下按钮 SB1，主轴电动机 M1 停车。

（2）冷却泵电动机的控制

车削加工过程中，工艺需要使用冷却液时，可以合上开关 QS2，在主轴电动机 M1 运转的情况下，接触器 KM2 线圈通电吸合，其主触头闭合，冷却泵电动机获电运行。由电路图可知，只有电动机 M1 起动后，冷却泵电动机 M2 才有可能起动，当 M1 停止运行时，M2 也自动停止。

（3）刀架快速移动电动机的控制

刀架快速移动电动机 M3 的起动是由按钮 SB3 来控制的，SB3 与接触器 KM3 组成点动控制环节。将操纵手柄扳到所需的方向，压下按钮 SB3，接触器 KM3 获电吸合，M3 起动，刀架就向指定方向快速移动。

3. 照明、信号灯电路分析

控制变压器 TC 的二次侧分别输出 36 V 和 127 V 电压，作为机床低压照明灯、信号灯的电源。EL 为机床的低压照明灯，由开关 SA 控制；HL 为电源的信号灯。它们分别采用 FU 和 FU3 作为短路保护。

二、YL-115 型四合一机床中 CA6140 型车床电气培训考核常见故障现象

（1）全部电动机均缺一相，所有控制回路失效；

（2）主轴电动机缺一相；

（3）进给电动机缺一相；

讲义 23：铣床智能故障考核

视频 35：铣床故障考核装置

（4）M2、M3 电动机缺一相，控制回路失效；

（5）冷却泵电动机缺一相；

（6）刀架快速移动电动机缺一相；

（7）除照明灯外，其他控制均失效；

（8）控制回路失效；

（9）指示灯亮，其他控制均失效；

（10）主轴电动机不能起动；

（11）除刀架快移动控制外，其他控制均失效；

（12）刀架快速移动电动机不能起动，刀架快速移动失效；

（13）机床控制均失效；

（14）主轴电动机起动，冷却泵控制失效，QS2 不起作用。

其故障具体部位请读者自行分析。

6.4.5　X62W 型万能铣床电路智能故障考核

一、电路分析

X62W 型万能铣床电气培训考核装置控制柜面板布置见图 6-16，其安装接线图见图 6-20，X62W 型万能铣床电气培训考核装置电路图见图 6-21。

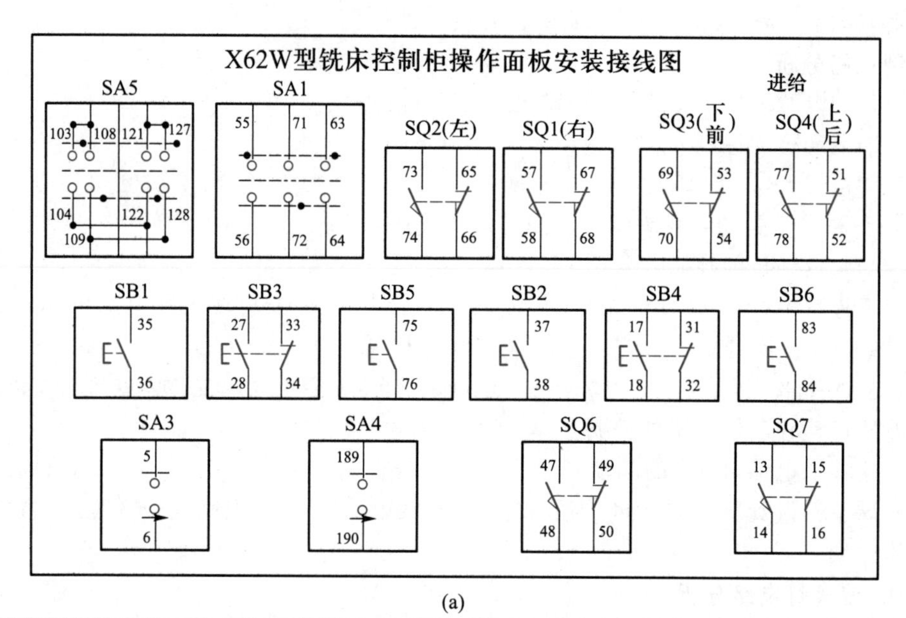

(a)

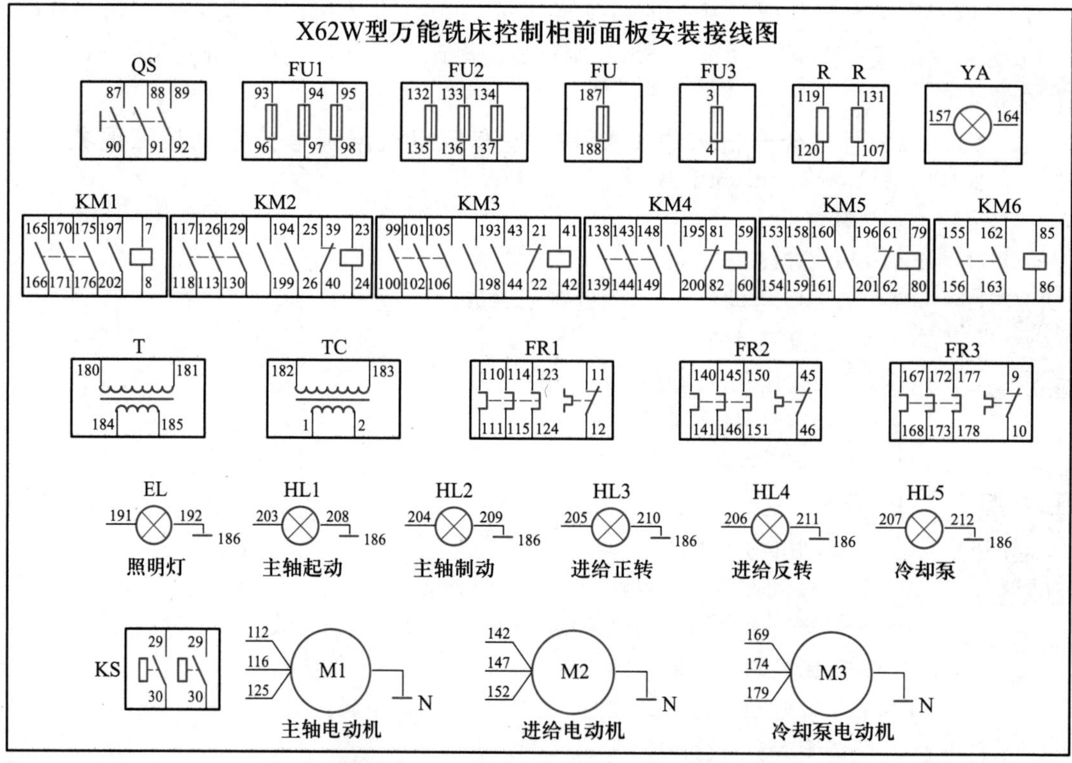

(b)

图6-20 X62W型万能铣床电气培训考核装置控制柜面板安装接线图

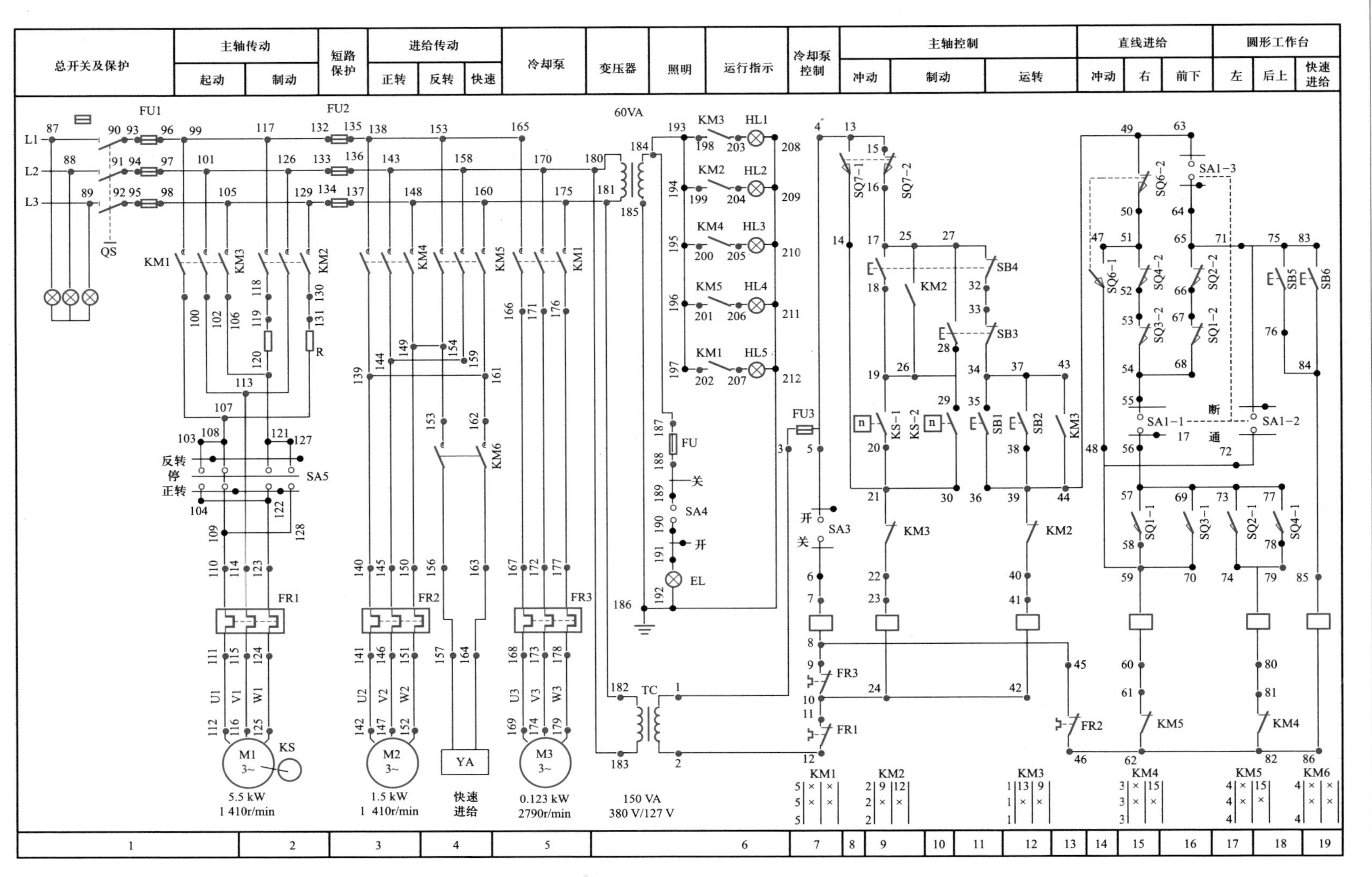

图6-21　X62W型万能铣床电气培训考核装置电路图

1. 主轴电动机的控制

控制线路的起动按钮 SB1 和 SB2 为异地控制按钮，方便操作。SB3 和 SB4 是停止按钮。KM3 是主轴电动机 M1 的起动接触器，KM2 是主轴反接制动接触器，SQ7 是主轴变速冲动开关，KS 是速度继电器。

(1) 主轴电动机的起动

起动前先合上电源开关 QS，再把主轴转换开关 SA5 扳到所需要的旋转方向，然后按起动按钮 SB1(或 SB2)，接触器 KM3 获电动作，其主触头闭合，主轴电动机 M1 起动，指示灯 HL1 亮。

(2) 主轴电动机的停车制动

铣削完毕，需要主轴电动机 M1 停车，此时电动机 M1 运转速度在 120 r/min 以上，速度继电器 KS 的动合触头闭合(9 区或 10 区)，为停车制动做好准备。当要 M1 停车时，就按下停止按钮 SB3(或 SB4)，KM3 断电释放，由于 KM3 主触头断开，电动机 M1 断电做惯性运转，紧接着接触器 KM2 线圈获电吸合，电动机 M1 串联电阻 *R* 反接制动，指示灯 HL2 亮。

当转速降至 100 r/min 时，速度继电器 KS 动合触头断开，接触器 KM2 断电释放，停车反接制动结束。

(3) 主轴的冲动控制

当需要主轴冲动时，按下冲动开关 SQ7，SQ7 的动断触头 SQ7-2 先断开，而后动合触头 SQ7-1 闭合，使接触器 KM2 通电吸合，电动机 M1 起动，松开开关，机床模拟冲动完成。

2. 工作台进给电动机控制

转换开关 SA1 是控制圆形工作台的，在不需要圆形工作台运动时，转换开关扳到“断开”位置，此时 SA1-1 闭合，SA1-2 断开，SA1-3 闭合；当需要圆形工作台运动时，将转换开关扳到“接通”位置，则 SA1-1 断开，SA1-2 闭合，SA1-3 断开。

(1) 工作台纵向进给

工作台左右(纵向)运动由“工作台纵向操作手柄”控制。手柄有三个位置：向左、向右、零位(停止)。当手柄扳到向左或向右位置时，手柄有两个功能，一是压下位置开关 SQ1 或 SQ2，二是通过机械机构将电动机的传动链拨到工作台下面的丝杆上，使电动机的动力唯一地传到该丝杆上，工作台在丝杆带动下做左右进给运动。在工作台两端各设置一块挡铁，当工作台纵向运动到极限位置时，挡铁撞到纵向操作手柄，使它回到中间位置，工作台停止运动，从而实现纵向运动的终端保护。

① 工作台向右进给：主轴电动机 M1 起动后，将操纵手柄向右扳，其联动机构压动位置开关 SQ1，动合触头 SQ1-1 闭合，动断触头 SQ1-2 断开，接触器 KM4 通电吸合，电动机 M2 正转起动，带动工作台向右进给。

② 工作台向左进给：控制过程与向右进给的相似，只是将纵向操作手柄扳向左，这时位置开关 SQ2 被压着，SQ2-1 闭合，SQ2-2 断开，接触器 KM5 通电吸合，电动机反转，工作台向左进给。

(2) 工作台升降和横向(前后)进给

工作台上下和前后运动的操纵是用同一手柄完成的。该手柄有五个位置，即上、下、前、后和中间位置。当手柄扳向上或扳向下时，机械手上接通了垂直进给离合器；当手柄扳向前或扳向后时，机械手上接通了横向进给离合器；手柄在中间位置时，横向和垂直进给离合器均不接通。在手柄扳到向下或向前位置时，手柄通过机械联动机构使位置开关 SQ3 被压动，接触器 KM4 通电吸合,电动机正转;在手柄扳到向上或向后位置时,位置开关SQ4被压动,接触器KM5通电吸合,电动机反转。此五个位置是联锁的,各方向的进给不能同时接通,所以不可能出现传动紊乱的现象。

① 工作台向上(下)运动:在主轴电动机起动后,将纵向操作手柄扳到中间位置,把横向和升降操作手柄扳到向上(下)位置,其联动机构一方面接通垂直传动丝杆的离合器;另一方面它使位置开关SQ4(SQ3)动作,KM5(KM4)获电,电动机M2反(正)转,工作台向上(下)运动。将手柄扳回中间位置,工作台停止运动。

② 工作台向前(后)运动:手柄扳到向前(后)位置,机械装置将横向传动丝杆的离合器接通,同时压动位置开关SQ3(SQ4),KM4(KM5)获电,电动机M2正(反)转,工作台向前(后)运动。

3. 联锁问题

铣床上下、前后、左右六个方向的进给必须进行联锁保护,否则将造成机床重大事故,当上下前后四个方向进给时,若操作纵向任一方向,SQ1-2或SQ2-2两个开关中的一个被压开,接触器KM4(KM5)立刻失电,电动机M2停转,起到保护作用。同理,当纵向操作时选择了向左或向右进给时,SQ1或SQ2被压着,它们的动断触头SQ1-2或SQ2-2是断开的,接触器KM4或KM5都由SQ3-2和SQ4-2接通。若发生误操作,而选择上、下、前、后某一方向的进给,就一定使SQ3-2或SQ4-2断开,使KM4或KM5断电释放,电动机M2停止运转,避免了机床事故。

(1) 进给冲动

机床为使齿轮进入良好的啮合状态,将变速盘向里推。在推进时,挡块压动位置开关SQ6,首先动断触头SQ6-2断开,而后动合触头SQ6-1闭合,接触器KM4通电吸合,电动机M2起动。但它并未转起来,位置开关SQ6已复位,首先断开SQ6-1,而后闭合SQ6-2。接触器KM4失电,电动机失电停转。这样一来,使电动机接通一下电源,齿轮系统产生一次抖动,使齿轮啮合顺利进行。要冲动时按下冲动开关SQ6,模拟冲动。

(2) 工作台的快速移动

在工作台向某个方向运动时,按下按钮SB5或SB6(两地控制),接触器KM6通电吸合,它的动合触头(4区)闭合,电磁铁YA通电(指示灯亮)模拟快速进给。

(3) 圆形工作台的控制

把圆形工作台控制开关SA1扳到“接通”位置,此时SA1-1断开,SA1-2接通,SA1-3断开,主轴电动机起动后,圆形工作台即开始工作,其控制电路经过SQ4-2、SQ3-2、SQ1-2、SQ2-2、SA1-2和KM4线圈。接触器KM4通电吸合,电动机M2运转。为了扩大机床的加工能力,可在机床上安装附件圆形工作台,这样可以进行圆弧或凸轮的铣削加工。拖动时,所有进给系统均停止工作,只让圆形工作台绕轴心回转。该电动机带动一根专用轴,使圆形工作台绕轴心回转,铣刀铣出圆弧。在圆形工作台开动时,其余进给一律不准运动,若有误操作动了某个方向的进给,则必然会使开关SQ1~SQ4中的某一个动断触头断开,使电动机停转,从而避免了机床事故的发生。按下主轴停止按钮SB3或SB4,主轴停转,圆形工作台也停转。

4. 冷却照明控制

要起动冷却泵时,合上SA3,接触器KM1通电吸合,电动机M3运转,冷却泵起动,指示灯HL5亮。

机床照明由变压器 TC 供给 36 V 电压，工作灯由 SA4 控制，接通时指示灯 EL 亮。

二、YL-115 型四合一机床中 X62W 型万能铣床电气培训常见故障现象

(1) 主轴电动机正、反转均缺一相，进给电动机、冷却泵电动机缺一相，控制变压器及照明变压器均没电；

(2) 主轴电动机正、反转均缺一相；

(3) 进给电动机反转缺一相；

(4) 快速进给电磁铁不能动作；

(5) 照明及控制变压器没电，照明灯不亮，控制回路失效；

(6) 控制变压器缺一相，控制回路失效；

(7) 照明灯不亮；

(8) 控制回路失效；

(9) 主轴制动、冲动失效；

(10) 主轴电动机不能起动；

(11) 工作台进给控制失效；

(12) 工作台向下、向右、向前进给控制失效；

(13) 工作台向后、向上、向左进给控制失效；

(14) 两处快速进给全部失效。

其故障具体部位请读者自行分析。

讲义 24:主轴不能工作

讲义 25:主轴不能制动

讲义 26:工作台不能向左、后、上进给

讲义 27:进给工作台不能工作

讲义 28:工作台不能快速进给

讲义 29:控制电路失效

第 7 章 PLC 原理及应用

继电接触器控制系统作为一种传统的控制方式,在工业控制领域中得到广泛应用。但由于继电接触器控制系统使用了大量的机械触点,连线复杂,触点在关闭时易受电弧损害,寿命短、功耗高、可靠性低、通用性和灵活性较差,适应不了日益复杂多变的生产过程的控制要求。随着微电子技术的发展,人们将微电子技术与继电接触器控制技术结合起来,形成了一种新的工业控制器——可编程逻辑控制器(programmable logic controller,PLC)。

可编程逻辑控制器,诞生于 20 世纪 60 年代末。国际电工委员会(IEC)定义 PLC 为一种数字运算电子系统,专为工业环境应用而设计。PLC 采用可编程存储器,用在内部存储执行逻辑运算、顺序控制、定时和算术运算等操作指令,并通过数字和模拟的输入输出,控制各种类型的机械生产过程。

PLC 是在继电接触器控制技术基础上开发出来的,并已逐渐发展成以微处理器为核心,将自动化技术、计算机技术、通信技术融为一体的新型工业控制器。它具有功能完善、通用性强、可靠性高、接线简单、编程灵活、体积小、功耗低等特点,在国内外已被广泛应用于机械、冶金、轻工、化工、电力、汽车等行业。当前 PLC 又融合了大数据、云计算、物联网、人工智能等先进技术,是制造业发展的重要推动力。

7.1 PLC 控制系统的构成

7.1.1 PLC 的硬件系统组成

PLC 控制系统由硬件和软件两部分组成,其结构框图如图 7-1 所示。硬件系统主要由 CPU 模块、输入输出(I/O)接口、外部设备及接口、电源等部分组成。其控制过程主要是外部的各种开关信号或模拟信号作为输入量,经输入接口输入到主机,经 CPU 处理后的信号以输出变量形式由输出接口送出,再去驱动所控制的输出设备。

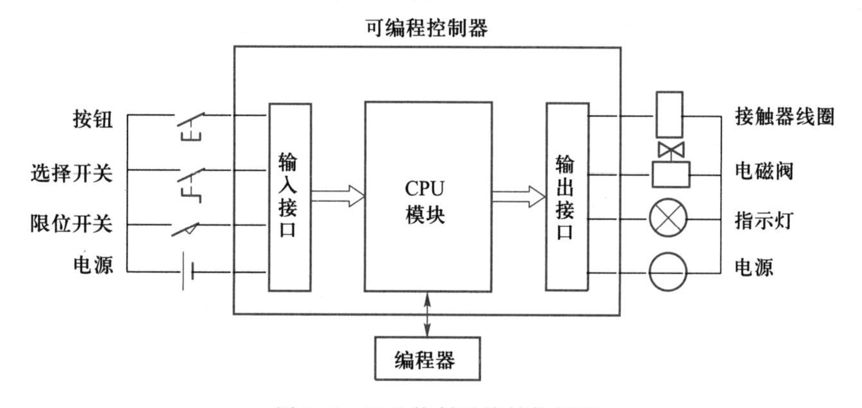

图 7-1 PLC 控制系统结构框图

1. CPU 模块

PLC 的 CPU 模块主要由 CPU 芯片和存储器组成。CPU 是 PLC 的核心,主要用来实现运算和控制。存储器分为两种,一种是存放系统程序的存储器,用只读存储器(ROM、PROM、EPROM、EEPROM)来实现;另一种是存放用户程序的存储器,一般用随机存储器(RAM)来实现,方便用户随时修改和增删程序。

2. 输入输出(I/O)接口

输入接口的作用是将生产现场的各种开关、触点的状态信号从输入接口引入,经过处理转换成主机要求的电平信号。如果输入的是电压、电流等模拟信号,还需经过模数(A/D)转换电路转换成数字信号,再送入主机。

输出接口的作用是将主机对生产过程或设备的控制信号通过输出接口送到现场执行机构,如接触器线圈、指示灯和电磁阀等。由于现场执行机构运作的电源各不相同,有电压源或电流源、直流电源和交流电源等,故 PLC 的输出接口形式多样,如图 7-2 所示,包括继电器输出型、双

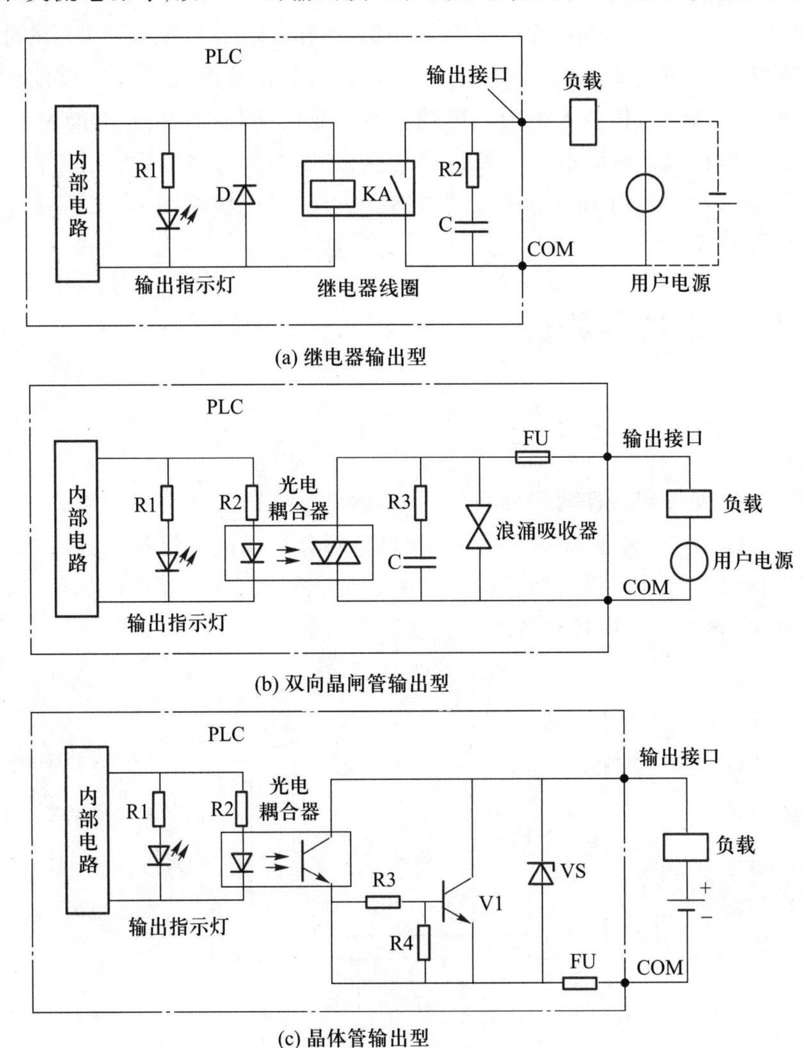

(a) 继电器输出型

(b) 双向晶闸管输出型

(c) 晶体管输出型

图 7-2　PLC 输出接口形式

向晶闸管输出型、晶体管输出型。继电器输出型为有触点输出方式,多用于开关通断频率较低的直流负载或交流负载,缺点是存在触点寿命问题。晶体管输出型为无触点输出方式,可用于开关通断频率较高的直流负载。

3. 电源

电源为 CPU 模块、输入输出接口等内部电子电路提供所需的直流电,保证 PLC 的正常工作,因此电源是 PLC 控制系统的重要组成部分。PLC 内部电源将交流电转换为直流电,并提供给主机、输入输出接口。为保证 PLC 安全可靠地工作,通常采用高性能开关稳压电源供电,用锂电池作交流电停电时的备用电源。

4. 外部设备及接口

PLC 的外部设备主要包括编程器、盒式磁带机、打印机、EPROM 写入器等。因编程器功能简陋、操作不便,现在大多数的 PLC 生产厂家已经不再提供编程器,取而代之的是能在 PC 上运行的基于 Windows 的编程软件。使用编程软件不仅可以编辑和下载用户程序,还可实现实时监控,功能非常强大。

7.1.2　PLC 的软件系统组成

PLC 软件系统由系统程序(即系统软件)和用户程序(即应用程序和应用软件)组成。系统程序由 PLC 制造商设计、编写并存入 PLC 的系统程序存储器中,用户不能直接读写与更改。用户程序是用户根据现场控制要求,使用 PLC 编程语言编制的应用程序。下面介绍 PLC 的编程语言和编程原则。

1. 编程语言

目前,市面上有多种型号的 PLC 产品,如日本欧姆龙(OMRON)的 C 系列、三菱(MITSUBISHI)的 F 系列,德国西门子(SIEMENS)的 S7 系列等。虽然不同厂商 PLC 的编程语言不尽相同,但基本语言主要有梯形图语言(LAD)、指令表语言(STL)、功能模块图语言(FBD)、顺序功能流程图语言(SFC)等。其中,梯形图语言是 PLC 编程的基本语言,而且由梯形图语言很容易获得 PLC 的指令表语言。

(1) 梯形图语言。梯形图是梯形图语言的简称,由继电接触器控制电路图演变而来。梯形图沿用了触点、线圈、串并联术语和类似的图形符号,西门子的 PLC 梯形图符号与继电接触器控制符号的对照,如表 7-1 所示。梯形图是融逻辑操作、控制于一体的面向对象的图形化编程语言,具有简单易储、现象直观、便于掌握等特点。

表 7-1　西门子 PLC 的梯形图符号与继电接触器控制符号的对照

元件名称	继电接触器控制符号	梯形图符号
动合触点	—／—	—| |—
动断触点	—|／—	—|/|—
线圈	—□—	——( )

下面举例说明梯形图的组成,如图 7-3 所示。左右两条竖线为母线,其中右母线(竖虚线)在 S7-200 系列 PLC 梯形图中通常省掉(不画出)。在左母线上可连接多梯级,每个梯级称为一

个连接行，在S7-200系列PLC梯形图中称为网络，一个网络相当于一个逻辑方程，且为仅有的一个逻辑方程。其输入是一些触点的串并联组合，画在左母线与线圈之间。输出线圈可以是一个网络的最后一个元件，也可以是一个指令盒，即代表一些较复杂的功能指令，如定时器、计数器、数学运算等。

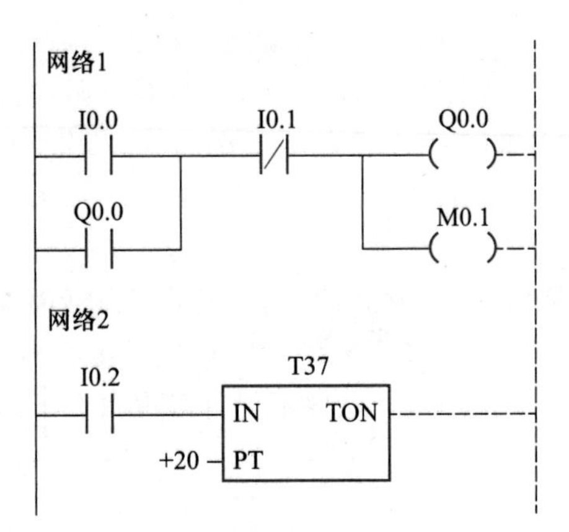

图7-3 梯形图的组成

值得注意的是，虽然梯形图与继电接触器图形符号较相似，但元件构造有着本质区别。梯形图中的继电器不是物理继电器，称为软器件（软继电器），每个继电器与PLC内部的一位存储器相互对应。当相应存储器位为1状态时，表示继电器接通，动合触点闭合，动断触点断开，因此梯形图中继电器的触点可无限次使用。另外，梯形图中继电器不接任何实际的电源，因而梯形图流过的不是物理电流，而仅是"概电流"，也称为"能流"，"能流"实际是控制系统的信号流。"能流"在梯形图中按先上后下、从左向右的原则流动，不得逆转。

（2）指令表语言。指令是一种与计算机汇编语言指令相似的助记符表达式，由指令组成的程序称为指令表语言（程序）。所谓的指令就是指挥PLC执行各种操作的命令，是由操作代码和地址（助记符）组成的、具有指令功能的英文名称简写。PLC指令表语言也是助记符按控制要求组成语句表的一种编程方式。尽管不同厂商生产的PLC采用不同的指令（助记符），但编程方法是一致的。

2. 梯形图编程原则

（1）梯形图程序由网络（逻辑行）组成，每个网络由一个或几个梯级组成。

（2）每一"梯级"都是从左母线开始，所有触点不能出现在线圈的右边。图中与"能流"有关的线圈或指令盒不可直接画在左母线上，而应通过触点连接；而与"能流"无关的指令盒或线圈直接接在左母线上，如LBL、SCR、SCRE等。

（3）梯形图中的继电器、触点、接点、线圈不是物理的，而是PLC存储器中的位（1=ON；0=OFF）；编程时动合或动断触点可多次重复使用，但同一线圈输出只能是一次（置位、复位除外）。

（4）遵循上重下轻、左重右轻原则。几个串联支路并联，应将触点多的支路安排在上面；几个并联支路串联，应将并联支路数多的安排在左面，以缩短用户程序扫描时间。

（5）若几个并联回路串联，应将触点最多的回路放在梯形图的最左面；若几个串联回路并联，应将触点最多的回路放在梯形图的最上面。

（6）梯形图没有实际的电流流动，"能流"实际是控制系统的信号流，只能单方向流动，不能产生反流。即梯形图应符合从上到下、从左到右的执行原则,否则不能直接编程。

(7) 梯形图中的触点应画在水平线上,不能画在垂直线上。不包含触点的分支应放在垂直方向上,不能放在水平方向上,以便识别触点的组合和对输出线圈的控制路径。

7.2 PLC的工作原理

PLC是采用顺序扫描、不断循环的方式进行工作的,PLC的CPU根据用户程序做周期性循环扫描。在无跳转指令的情况下,CPU从第一条指令开始顺序逐条执行用户程序,直到用户程序结束,再重新返回第一条指令,开始新的一轮扫描。在每次扫描过程中,PLC还要对输入信号进行采集、对输出状态进行刷新。PLC就这样周而复始地重复上述扫描循环的。

PLC的工作过程可分为输入采样、程序执行、输出刷新三个阶段,完成三个阶段的工作即为一个扫描周期。因此,PLC工作方式为按周期性循环扫描,如图7-4所示。

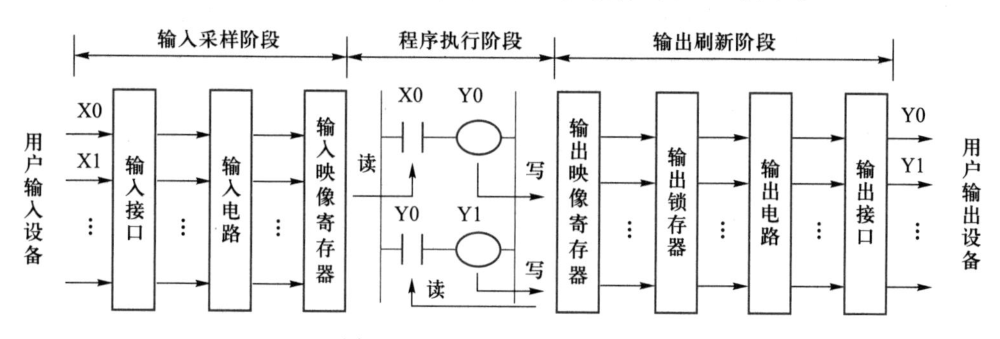

图7-4　PLC循环扫描工作方式

1. 输入采样阶段

PLC在输入采样阶段,首先按顺序采样所有的输入接口,并将输入接口的状态或输入的数据存入内存中对应的输入映像寄存器,即输入刷新。随后立即关闭输入映像寄存器,接着进入程序执行阶段。当PLC处于程序执行阶段时,即使输入状态发生变化,输入映像寄存器中的内容也不会改变。输入信号变化的状态只能在下一个扫描周期的输入采样阶段读入。

2. 程序执行阶段

PLC按用户程序指令的存放顺序逐条扫描,在扫描每一条指令时,所需的输入状态可从输入映像寄存器中读入,当前的输出状态可从输出映像寄存器读入,然后按程序进行相应的运算和处理,并将结果再存入输出映像寄存器。因此,输出映像寄存器中的内容会随着程序的执行过程而改变。

3. 输出刷新阶段

PLC将全部指令执行完毕,输出映像寄存器中所有输出继电器的状态(接通或断开),在输出刷新阶段转存到输出锁存器中,并通过一定方式(继电器输出型或晶体管输出型)输出,驱动外部相应的负载,这才是PLC的实际输出。

7.3 PLC的编程元件

PLC可视为由多个可编程的软继电器、定时器、计数器等元件组成的继电接触器控制系统。

这些可编程元件设置在PLC的不同区域,为了有效使用这些元件,需对PLC内的存储器进行寻址,即对不同的编程元件进行编码命名。本节以S7-200系列PLC为例进行介绍。

1. 输入映像寄存器(I)

输入映像寄存器的标识符为I(I0.0~I15.7),在每个扫描周期的开始阶段,CPU对物理输入点进行采样,并将采样值写入输入映像寄存器。

输入映像寄存器是PLC接收外部输入信号的窗口。PLC通过光电耦合器将外部输入信号的状态读入并存储在寄存器中,外部输入电路接通时对应的映像寄存器状态为ON(1状态)。输入端可外接动合、动断触点,触点使用次数不受限制,也可接多个触点的串并联电路。I可按位、字节、字或双字存取输入映像寄存器中的数据,其格式为

位: I[字节地址].[位地址] 如I0.1

字节、字或双字: I[长度][起始字节地址] 如IB4

2. 输出映像寄存器(Q)

输出映像寄存器标识符为Q(Q0.0~Q15.7),在每个扫描周期的末尾,CPU将输出映像寄存器的数据传输给输出接口,再由输出接口驱动外部负载(物理输出点)。如果梯形图中Q0.0线圈通电,输出接口中对应的硬件继电器的动合触点闭合,使接在标号为0.0接口的外部负载工作。Q可按位、字节、字或双字存取输出映像寄存器中的数据,其格式为

位: Q[字节地址].[位地址] 如Q1.1

字节、字或双字: Q[长度][起始字节地址] 如QB5

3. 变量存储器(V)

变量存储器的标识符为V(V0.0~V0.204 7),用于存储程序执行过程中控制逻辑操作的中间结果,也可用于保存与工序或任务相关的其他数据。变量存储器在全局有效,可被所有的POU(程序组织单元,包括主程序、子程序和中断程序)存取。其有4种寻址方式,即V可按位、字节、字或双字存取变量存储器中的数据,其格式为

位: V[字节地址].[位地址] 如V10 .2

字节、字或双字: V[长度][起始字节地址] 如VBO、VWO、VDO

4. 局部存储器(L)

S7-200系列PLC有64个字节的局部存储器,其中60个字节可用作临时存储器或者给子程序传递参数。S7 -200系列PLC给每个POU(程序组织单元)分配64个局部存储器。局部存储器只在创建它的程序单元中有效,各程序不能访问别的程序的局部变量存储器。局部存储器在参数传递过程中不传递数值,在分配时不被初始化,可能包含任意数值。L可按位、字节、字或双字存取局部存储器中的数据,其格式为

位: L[字节地址].[位地址] 如L0.0

字节、字或双字: L[长度][起始字节地址] 如LB33

5. 位存储器(M)

逻辑运算中通常需要一些存储中间操作信息的元件,但并不能直接驱动负载,只起中间状态的暂存作用,类似于继电接触器控制系统中的中间继电器。在S7-200系列PLC中可用位存储器作为控制继电器来存储中间操作状态和控制信息,一般以位为单位使用。M可按位、字节、字或双字存取位存储器中的数据,其格式为

位：　　　　　　M[字节地址].[位地址]　　如 M26.7

字节、字或双字：　M[长度][起始字节地址]　　如 MB4、MW10、MD4

6. 特殊存储器(SM)

特殊存储器标志位为 CPU 与用户程序之间传递信息提供了一种手段。使用特殊标志位可选择和控制 S7-200 系列 PLC 中 CPU 的某些特殊功能,如第一次扫描的 ON 位、以固定速度触发位、数学运算操作指令位。SM 可按位、字或双字存取存储器中的数据,其格式为

位：　　　　　　SM[字节地址].[位地址]　　如 SM0.1

字节、字或双字：　SM[长度][起始字节地址]　　如 SMB86、SMW4、SMD120

7. 定时器(T)

定时器可用于时间累计,S7-200 系列 PLC 的 CPU 中有 256 个定时器,其分辨率(时基增量)分为 1 ms、10 ms 和 100 ms 三种。定时器有两种寻址方式:当前值寻址,使用 16 位有符号整数存储定时器所累计的时间;定时器位寻址,按照当前值和预置值的比较结果置位或者复位。两种寻址方式使用同样的格式,其格式为

T[定时器编号]　　如 T24

8. 计数器(C)

计数器可以用于累计输入端脉冲电平由低到高的次数。在 S7-200 系列 PLC 的 CPU 中有 256 个计数器,分为增计数器、减计数器、增减计数器三种类型。由于计数器计数频率受 CPU 扫描速率的限制,当需要对高频信号计数时,可以采用高频计数器(HSC)。计数器也有两种寻址方式:当前值寻址,使用 16 位有符号整数存储累计脉冲数;计数器位寻址,按照当前值和预置值的比较结果置位或者复位。两种寻址方式使用同样的格式,其格式为

C[计数器编号]　　如 C0

9. 顺序控制继电器存储区(S)

顺序控制继电器(SCR)又称为状态元件,用来组织机器操作或进入等效程序段的步骤,以实现顺序和步进控制。状态元件是使用 SCR 指令的重要元件,在 PLC 内部为数字量。S 可按位、字节、字或双字存取状态元件存储区的数据,其格式为

位：　　　　　　S[字节地址].[位地址]　　如 S3.1

字节、字或者双字：S[长度][起始字节地址]　　如 SB4

7.4　PLC 的基本编程指令

指令是用户程序中最小的独立单位,由若干条指令顺序排列在一起就可构成用户程序。本节主要介绍 S7-200 系列 PLC 常用的基本指令。

7.4.1　位逻辑指令

位逻辑指令主要用来完成基本的位逻辑运算和控制,也是以位为单位对 PLC 内部存储器进行逻辑操作的指令。其操作数的有效区域为 I、Q、M、SM、T、C、V、S、L,且其数据类型为 BOOL(布尔)型。

1. 触点和输出指令

(1) LD(load) 、LDN(load not):LD 为取指令,用于网络块逻辑运算开始的动合触点与母线的连接。LDN 为取非指令,用于网络块逻辑运算开始的动断触点与母线的连接。

(2) = (out):=为输出指令(线圈驱动指令),必须放在梯形图的最右端。

LD、LDN 和=指令的应用举例如图 7-5 所示。

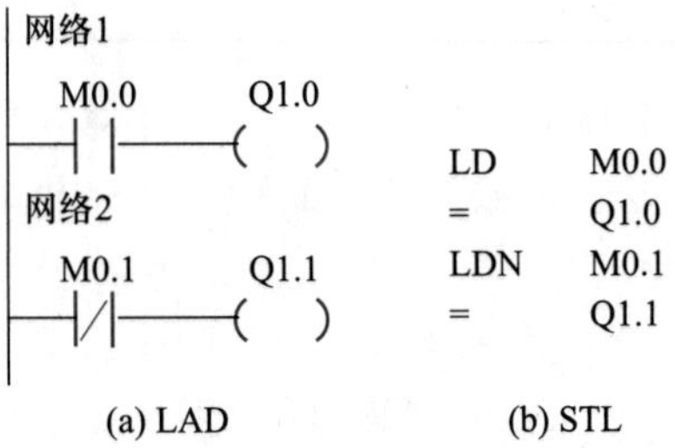
网络1
M0.0
Q1.0
网络2
M0.1
Q1.1
LD M0.0
= Q1.0
LDN M0.1
= Q1.1
(a) LAD
(b) STL

图 7-5 LD、LDN 和=指令

(3) A(and)、AN(and not):A 为逻辑与指令,用于单个动合触点串联。AN 为逻辑与非指令,用于单个动断触点串联。A 和 AN 指令的应用举例如图 7-6 所示。

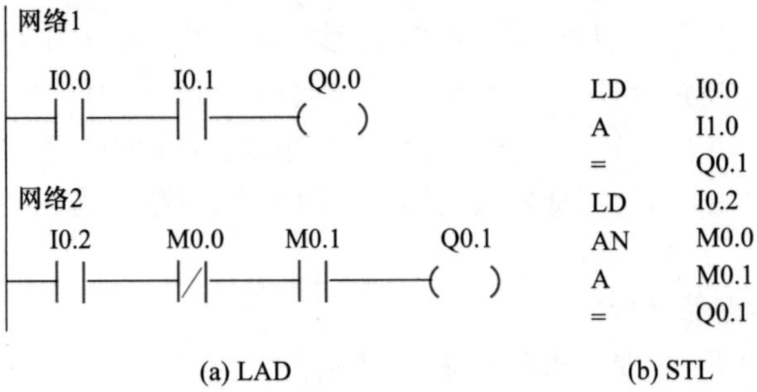
网络1
I0.0
I0.1
Q0.0
网络2
I0.2
M0.0
M0.1
Q0.1
LD I0.0
A I1.0
= Q0.1
LD I0.2
AN M0.0
A M0.1
= Q0.1
(a) LAD
(b) STL

图 7-6 A、AN 指令

(4) O(or)、ON(or not):O 为逻辑或指令,用于单个动合触点的并联。ON 为逻辑或非指令,用于单个动断触点的并联。O 和 ON 指令的应用举例如图 7-7 所示。

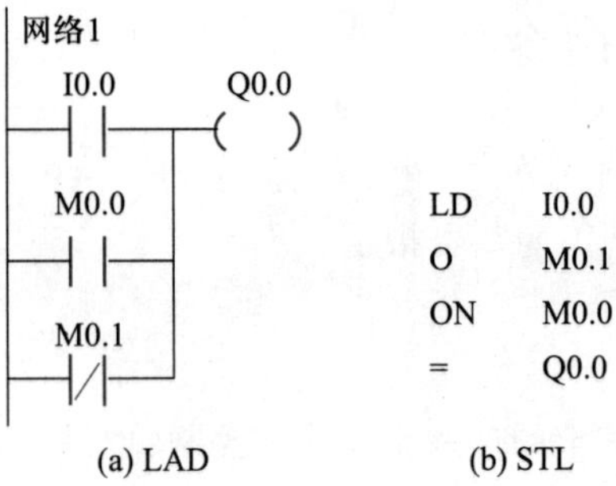
网络1
I0.0
Q0.0
M0.0
M0.1
LD I0.0
O M0.1
ON M0.0
= Q0.0
(a) LAD
(b) STL

图 7-7 O、ON 指令

（5）ALD（and load）：ALD 为逻辑与块指令，用于并联逻辑块的串联连接。ALD 指令无操作数。ALD 指令的应用举例如图 7-8 所示。

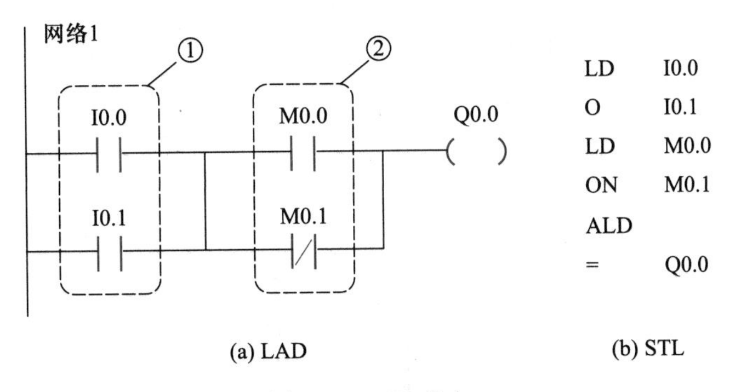

图 7-8　ALD 指令

（6）OLD（or load）：OLD 为逻辑或块指令，用于串联逻辑块的并联连接。OLD 指令无操作数。OLD 指令的应用举例如图 7-9 所示。

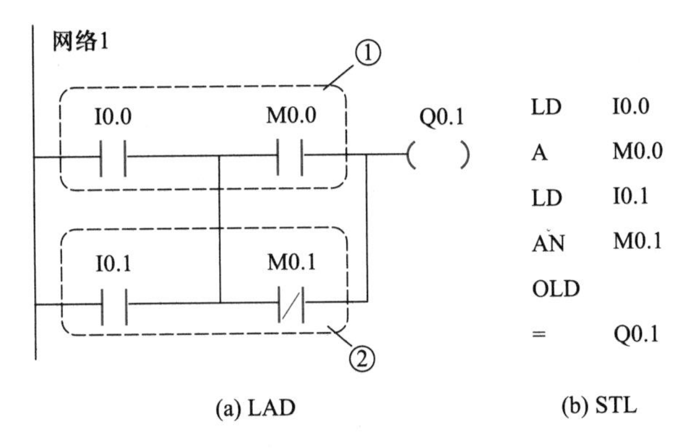

图 7-9　OLD 指令

2. 堆栈指令

S7-200 系列 PLC 使用一个 9 层的堆栈处理所有逻辑操作。堆栈是一组能够存储和取出数据的暂存单元，特点是“先进后出”。每一次进行入栈操作，新值放入栈顶，栈底值丢失；每一次进行出栈操作，栈顶值出栈，第 2 级堆栈内容上升到栈顶，栈底自动生成随机数。逻辑堆栈指令主要完成触点的复杂连接。栈顶用于存储逻辑运算的结果，其余 8 层用于存储中间运算结果。使用 OLD 和 ALD 指令的堆栈操作应用举例如图 7-10 所示。

堆栈操作指令包含 LPS、LRD、LPP 和 LDS，各指令功能描述如下。

（1）LPS（logic push）：逻辑入栈指令（分支电路开始指令）。从梯形图的分支结构中可以看出，LPS 用于生成一条新母线，左侧为原来的逻辑块，右侧为新的逻辑块，故可直接编程。LPS 指令的作用是将栈顶值复制后压入堆栈。

（2）LRD（logic read）：逻辑读栈指令（中间分支电路使用）。在梯形图分支结构中，当新母线左侧为主逻辑块时，LPS 用于开始右侧的第一个从逻辑块编程，LRD 用于开始第二个及以后的从逻辑块编程。

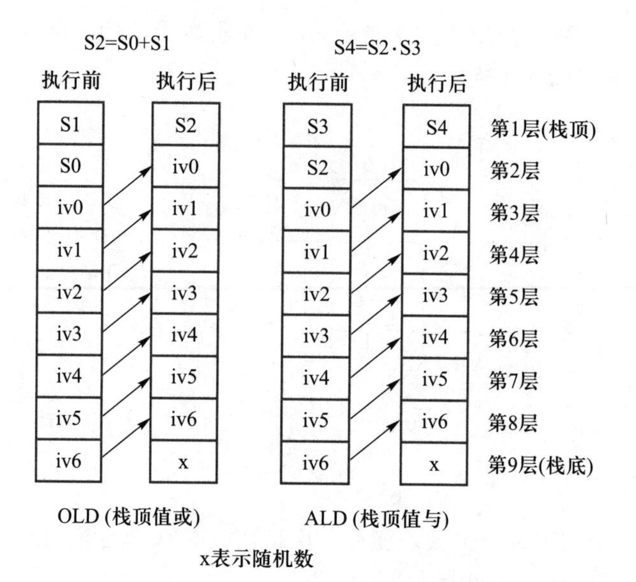

图 7-10　使用 OLD 和 ALD 指令的堆栈操作

（3）LPP(logic pop)：逻辑出栈指令(分支电路结束指令)。在梯形图中 LPP 用于 LPS 的新母线右侧的最后一个从逻辑块程序，该指令使栈中各层的数据向上移一层，原第二层数据成为新的栈顶值。

（4）LDS(logic stack，LDS n，n 为 1，…，8)：装载堆栈指令。该指令复制堆栈中第 n 层的值到栈顶，栈中原来的数据依次向下推移一层，栈底丢失。

堆栈指令 LPS、LRD、LPP 和 LDS 的堆栈操作如图 7-11 所示。

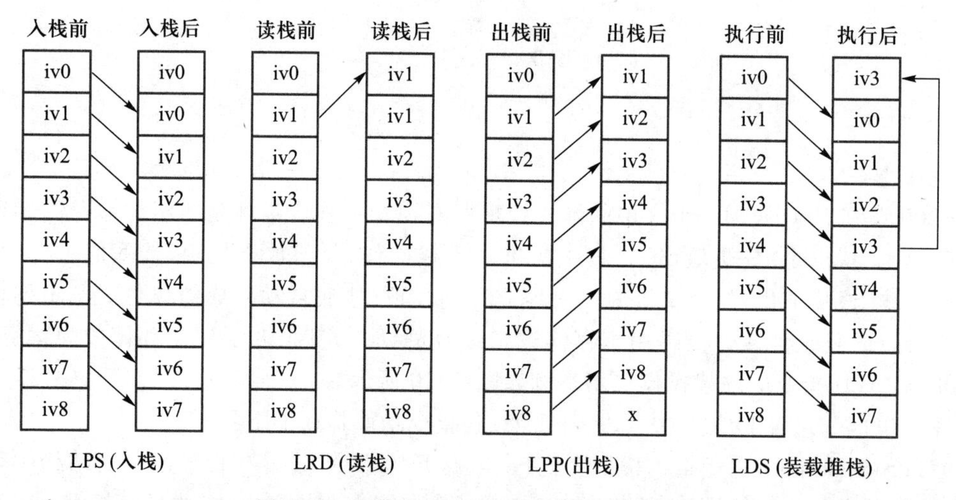

图 7-11　LPS、LRD、LPP 和 LDS 的堆栈操作

使用堆栈指令编程时应注意两点。

① 入栈的目的就是要将当前的逻辑运算结果暂时保存起来，然后就像没有入栈指令一样完成本指令，再从入栈点上将暂存的运算结果读出，进行下一个重新输出行。如果是最后一次使用栈内

结果,必须用 LPP、LRD 指令,去除结果后参与运算。应注意的是 LPS、LPP 指令必须成对出现。

② 栈操作指令 LPS、LRD 和 LPP 在使用时可理解为:除对分支电路进行操作外,在程序中没有其他作用。在编写程序时,既要保证栈操作的正确性,又要在阅读程序时可不看栈操作指令。应注意的是 LPS、LPP 、LRD 均无操作数。

3. 置位和复位指令

(1) S(set):置位指令,格式为 S bit,N(1~255)。将 bit 开始的 N 个同类存储器置位(ON),并具有记忆功能。继电器一旦被指令置位,就保持为 ON,直到对其进行复位操作。

(2) R(reset):复位指令,格式为 R bit,N(1~255) 。将 bit 开始的 N 个同类存储器复位(OFF),继电器一旦被指令复位,就保持为 OFF,直到对其进行置位操作。

置位和复位指令应用的梯形图与指令表语言如图 7-12 所示。

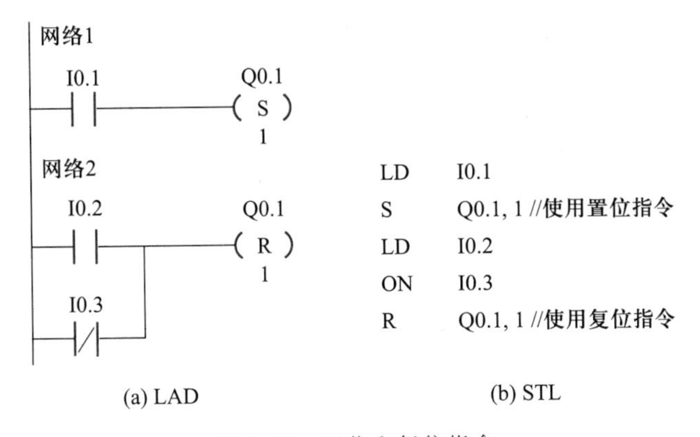

图 7-12　置位和复位指令

4. 立即操作指令

I(immediate):在每个标准触点指令的后面加“I”。指令在执行时,立即读取物理输入点的值,但不刷新相应映像寄存器的值。当用立即操作指令访问输出点时,对 Q 进行操作,新值同时写到 PLC 的物理输出点和相应的输出映像寄存器中。I 指令包含 LDI 、LDNI、OI、ONI、AI、ANI、=I、SI、RI 等指令。功能如下。

(1) LDI、LDNI:立即取、立即取非指令。

(2) OI、ONI:立即或、立即或非指令。

(3) AI、ANI:立即与、立即与非指令。

(4) =I:立即输出指令。

(5) SI、RI:立即置位、立即复位指令。

立即指令应用举例如图 7-13 所示。

5. 其他指令

(1) NOT:取反指令。将其左边指令的逻辑运算结果取反,该指令无操作数。其应用举例如图 7-14 所示。

(2) EU、ED:正、负跳变触点指令,在梯形图中以触点形式使用。用于检测脉冲的正跳变(上升沿)或负跳变(下降沿)。触点符号之间分别用 P 和 N 表示。

EU(无操作数):正跳变指令。正跳变触点检测到脉冲的每一次正跳变后,产生一个微分脉

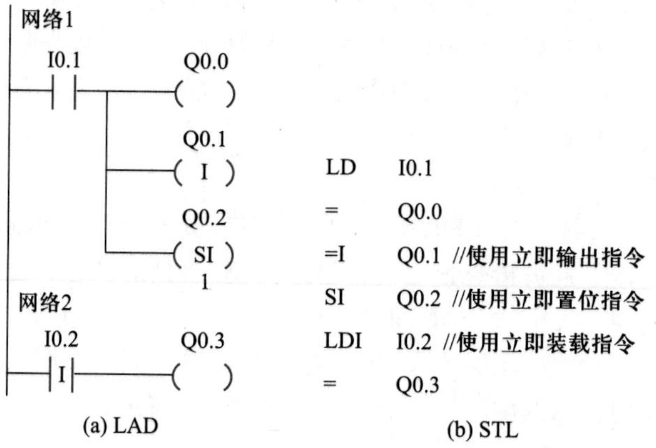

网络1
I0.1
Q0.0
Q0.1
I
Q0.2
SI
1
网络2
I0.2
I
Q0.3
LD　I0.1
=　Q0.0
=I　Q0.1 //使用立即输出指令
SI　Q0.2 //使用立即置位指令
LDI　I0.2 //使用立即装载指令
=　Q0.3
(a) LAD
(b) STL

图 7-13　立即指令

I0.0
I0.1
Q0.0
Q0.1
NOT
LD　I0.0
A　I0.1
=　Q0.0
NOT
=　Q0.1
I0.0
I0.1
Q0.0
Q0.1
(a) LAD
(b) STL
(c) 时序图

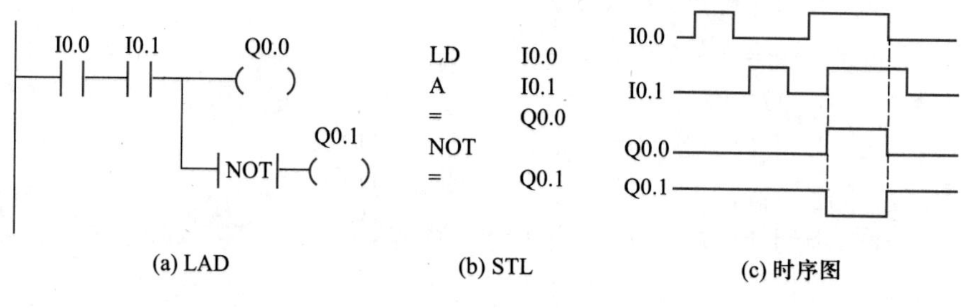

图 7-14　NOT 指令

冲，脉冲持续时间为一个扫描周期。

ED(无操作数)：负跳变指令。负跳变触点检测到脉冲的每一次负跳变后，产生一个微分脉冲，脉冲持续时间为一个扫描周期。

跳变指令应用举例如图 7-15 所示。

网络1
I0.0
P
Q0.0
网络2
I0.0
N
Q0.1
LD　I0.0
EU　//脉冲正跳变
=　Q0.0
LD　I0.0
ED　//脉冲负跳变
=　Q0.1
I0.0
Q0.0
Q0.1
(a) LAD
(b) STL
(c) 时序图

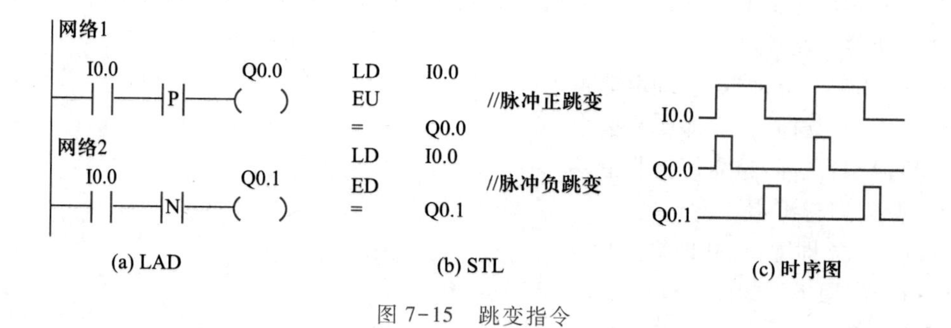

图 7-15　跳变指令

7.4.2　定时器指令

定时器指令是 PLC 常用的编程指令之一，S7-200 系列 PLC 有 TON、TOF 和 TONR 三种类型的定时器，共计 256 个，编号为 T0～T255 。其中 TON 和 TOF 共 192 个，TONR 为 64 个。应注意，同一定时器编号不能既作为通电延时定时器(TON),又作为断电延时定时器(TOF),两者只能选择其一。定时器的精度(即分辨率 S)有 1 ms、10 ms 和 100 ms 三个等级。不同类型定时器的分辨率和编号如表 7-2 所示。

表 7-2　不同类型定时器的分辨率和编号

类型	分辨率 S/ms	定时范围/s	定时器编号
TONR	1	32.767	T0,T64
	10	327.67	T1~T4,T65~T68
	100	3 276.7	T5~T31,T69~T95
TON、TOF	1	32.767	T32,T96
	10	327.67	T33~T36,T97~T100
	100	3 276.7	T37~T63,T101~T255

(1) TON(on-delay timer):通电延时型定时器指令。用于单一间隔时间的定时。输入端(IN)接通时,开始定时。当前值大于或等于设定值(PT)时,定时器位变为 ON,对应动合触点闭合,动断触点断开。达到设定值后,当前值仍继续计数,直到最大值 32 767 为止。输入电路断开时,定时器复位,当前值被清零。

TON 指令的编程举例和时序图如图 7-16 所示。定时器 T37 开始计时,其当前值达到设定值 100(即延时 10 s)时,T37 的动合触点闭合,使得 Q0.0 变为 ON。随后 T37 的当前值继续增加,直到 32 767 后保持不变。当 I0.0 断开时,定时器立即复位,其状态位和当前值均被清零。

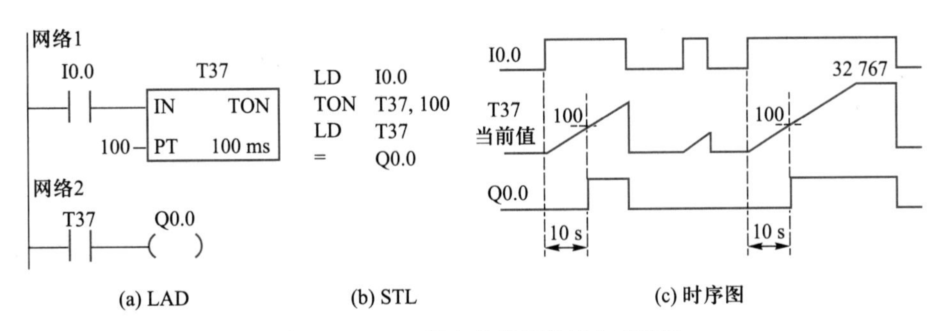

图 7-16　TON 指令的编程举例和时序图

(2) TOF(off-delay timer):断电延时定时器指令。用于断电后单一间隔时间的定时。输入端(IN)接通时,定时器位为 ON,当前值为 0。当 IN 由接通到断开时,定时器的当前值从 0 开始加 1 计数。当前值等于 PT 时,输出位变为 OFF,当前值保持不变,停止计时。

TOF 指令的编程举例和时序图如图 7-17 所示。当 I0.0 接通时,断电延时定时器 T37 的动合触点闭合,使得 Q0.0 变为 ON。当 I0.0 断开时,T37 开始计时,延时 10 s 后,T37 的动合触点再次变为断开,Q0.0 变为 OFF。

(3) TONR(retentive on-delay timer):保持型通电延时定时器指令。用于许多间隔的累计定时。当 IN 接通时,定时器开始计时,当前值从 0 开始加 1 计数,当前值大于或等于 PT 时,定时位

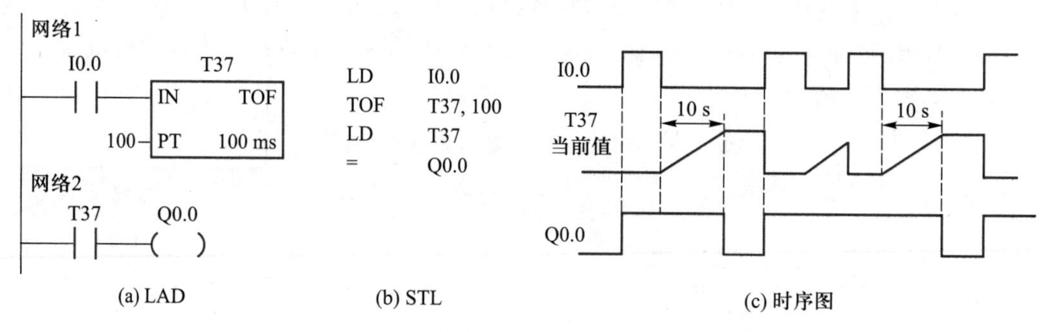

(a) LAD　(b) STL　(c) 时序图

图 7-17　TOF 指令的编程举例和时序图

置 1。当 IN 无效时，当前值保持，IN 再次有效时，当前值在原保持值基础上继续计数，TONR 定时器用复位指令 R 进行复位，复位后定时器当前值清零，定时器位为 OFF。

TONR 指令的编程举例和时序图如图 7-18 所示。当 I0.0 接通时，定时器 T65 开始计时，其当前值从 0 开始增加（间隔 10 ms，当前值加 1）。当 I0.0 第一次断开时，T65 当前值保持不变。I0.0 再次接通时，T65 当前值在原来的基础上继续增加。当 T65 的当前值达到设定值 1 000 时，T65 状态位变为 ON，其动合触点接通，使得 Q0.0 状态位变为 ON。之后，T65 当前值继续增加，最终达到最大值 32 767。当 Q0.0 接通时，T65 的当前值和状态位清零。

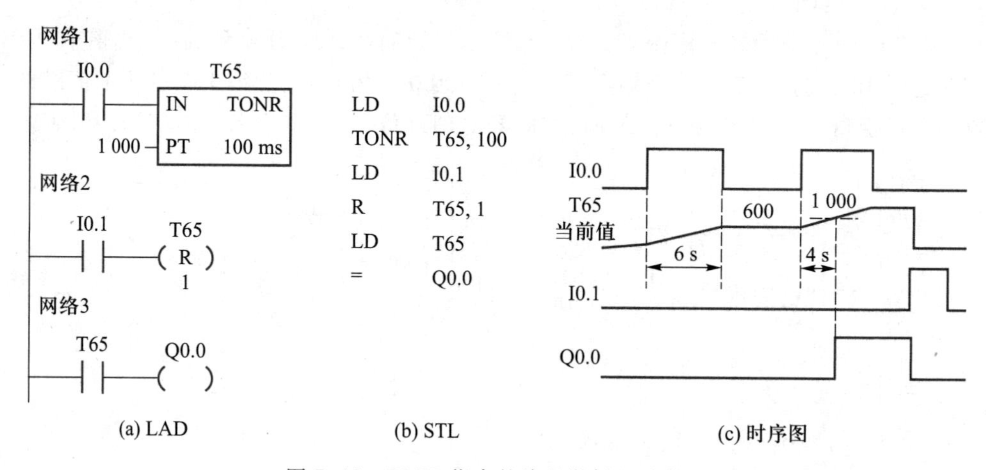

(a) LAD　(b) STL　(c) 时序图

图 7-18　TONR 指令的编程举例和时序图

（4）定时器刷新方式：定时器更新当前值的方式。在 S7-200 系列 PLC 的定时器中，刷新方式有 1 ms、10 ms、100 ms 三种。定时器不同的刷新方式在使用方法上也有不同。因此，使用时应根据使用场合和要求选择适当的定时器。

① 1 ms 定时器：每隔 1 ms 刷新一次，与扫描周期、程序处理无关（即采用中断刷新方式）。因此，当扫描周期较长时，在一个周期内可能被多次刷新，当前值在一个扫描周期内不一定保持一致。

② 10 ms 定时器：定时器对起动后的 10 ms 间隔计数。执行定时器指令时开始定时，在每一个扫描周期开始时刷新定时器，将一个扫描周期内增加的 10 ms 间隔的个数加到当前值。定时器的当前值和定时器位在一个扫描周期内的其余时间保持不变。

③ 100 ms 定时器:定时器是对起动后的 100 ms 间隔计数。在每一个扫描周期开始时刷新定时器,将一个扫描周期内增加的 100 ms 间隔的数加到当前值。只是在程序执行到定时器指令时,才对 100 ms 定时器的当前值刷新。因此,如果起动了 100 ms 定时器,但没有在一个扫描周期内执行定时器指令,将会丢失时间。如果在一个扫描周期内执行同一个 100 ms 定时器指令,将会多计时间。使用 100 ms 定时器时,应保证每一个扫描周期内同一定时器指令只执行一次。

7.4.3 计数器指令

计数器主要用于累计输入脉冲的个数。S7-200 系列 PLC 有 CTU、CTD 和 CTUD 三种计数器,共 256 个。

(1) CTU(count up):加计数器指令。当复位输入端 R=0 时,计数脉冲有效;当计数脉冲输入端 CU 有上升沿输入时,计数器当前值加 1。当计数器当前值大于或等于设定值(PV)时,该计数器的状态位 C-bit 置 1,即动合触点闭合。计数器仍计数,但不影响计数器的状态位,直至计数达到最大值(32 767)。当 R=1 时,计数器复位,即当前值清零,状态位 C-bit 也清零。加计数器计数范围为 0~32 767。

加计数器指令编程举例和时序图如图 7-19 所示。当 I0.0 出现跳变时,计数器 C0 的当前值加 1,当前值达到设定值 5 时,C0 的动合触点闭合,Q0.0 接通后 C0 的当前值继续增大,当达到 32 767后保持不变。当 I0.1 接通时,其状态位和当前值均被清零,Q0.0 断开。

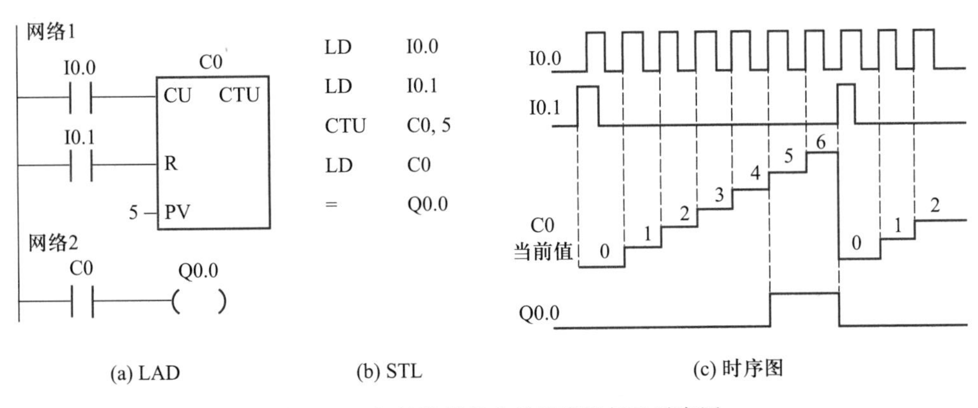

图 7-19　加计数器指令的编程举例和时序图

(2) CTD(count down):减计数器指令。当 LD=1 时,复位输入端 LD 有效,计数器将设定值(PV)装入当前值存储器,计数器状态位复位(置 0)。当 LD=0,即计数脉冲有效时,开始计数,CD 端每来一个输入脉冲上升沿,减计数器的当前值从设定值开始递减计数,当前值等于 0 时,计数器状态位置位(置 1),停止计数。

减计数器指令编程举例和时序图如图 7-20 所示。当 I0.1 接通时,计数器状态位复位,Q0.0 断开,当前值被赋予 5。I0.0 出现正跳变时,计数器 C1 的当前值减 1,当前值减到 0 时,C1 的动合触点闭合,Q0 .0 接通,而 C1 的当前值保持 0 不变。

(3) CTUD(count up/down):加减计数器指令。当 R=0 时,计数脉冲有效;当 CU 端(CD 端)有上升沿输入时,计数器当前值加 1(减 1)。当计数器当前值大于或等于设定值时,C-bit 置 1,

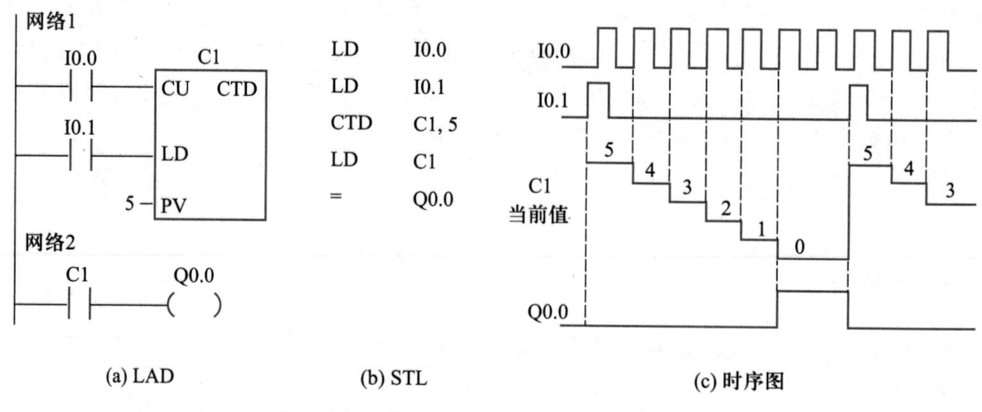

(a) LAD (b) STL (c) 时序图

图 7-20 减计数器指令编程举例和时序图

即其动合触点闭合。当 R=1 时,计数器复位,当前值清零,C-bit 也清零。加减计数器计数范围为-32 768~+32 767。

加减计数器指令编程举例和时序图如图 7-21 所示。I0.0 出现正跳变时,计数器 C3 的当前值加 1。当前值大于或等于设定值 5 时,C3 的动合触点闭合, Q0.0 接通。I0.1 出现正跳变时,计数器当前值减 1。当前值小于设定值 5 时,C3 的动合触点断开,Q0.0 断开。I0.2 接通时,计数器复位,其状态位和当前值清零。

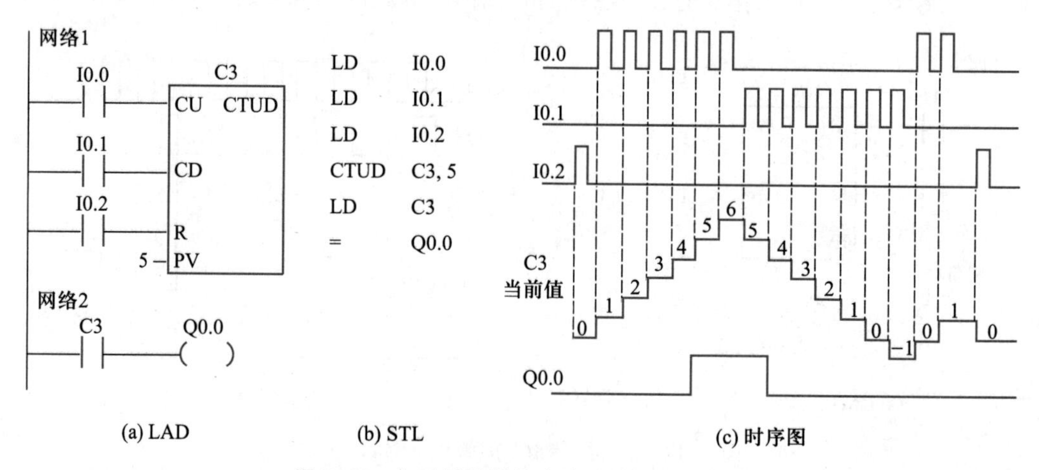

(a) LAD (b) STL (c) 时序图

图 7-21 加减计数器指令编程举例和时序图

7.4.4 顺序控制指令

在实际生产机械中,往往需要多台电动机按控制要求分先后顺序工作,如机床的冷却泵电动机和主轴电动机等。在顺序控制中通常将控制过程分为若干个顺序控制继电器(SCR)段,一个 SCR 段也称为控制功能步(简称为步)。每个 SCR 段都是一个相对稳定的状态,均有段开始、段转移和段结束。在 S7-200 系列 PLC 中有 3 条简单的 SCR 指令与之对应。

(1) LSCR(load sequence control relay):段开始指令,用于标记一个 SCR 段的开始,其操作数为顺序控制继电器 Sx.y(如 S0.0),它是当前 SCR 段的标志位。当 Sx.y 置 1 时,执行该段工作。

(2) SCRT(sequence control relay transition):段转移指令。用于将当前的 SCR 段切换到下一个 SCR 段,其操作数为下一个 SCR 段的标志位 Sx.y(如 S0.1)。当允许输入有效时,进行切换,即停止当前 SCR 段工作,起动下一个 SCR 段工作。

(3) SCRE(sequence control relay end):段结束指令。用于标记一个 SCR 段的结束。每个 SCR 段必须使用段结束指令,以表示该 SCR 段的结束。

顺序控制指令 LAD 形式和 STL 格式如表 7-3 所示。

表 7-3　顺序控制指令 LAD 形式和 STL 格式

指令名称	LAD 形式	STL 格式	功能
LSCR	├──[SCR]	LSCR Sx.y	顺序状态开始
SCRT	├──(SCRT)	SCRT Sx.y	顺序状态转移
SCRE	├──(SCRE)	SCRE	顺序状态结束

在使用顺序控制指令时应注意以下几点:

(1) 顺序控制指令 SCR 只对状态元件 S 有效。为了保证程序的可靠运行,驱动状态元件 S 的信号应采用短脉冲。

(2) 当输出需要保持时,可使用 SCR 指令。

(3) 不能把同一编号的状态元件用在不同的程序中。例如,在主程序中使用 S0.1,就不能在子程序中再使用。

(4) 在 SCR 步中不能使用 JMP 和 LBL 指令,即不允许跳入或跳出 SCR 段,也不允许在 SCR 步内跳转。可以使用跳转和标号指令在 SCR 步周围跳转。

(5) 不能在 SCR 步中使用 FOR、NEXT 和 END 指令。

7.4.5　停止和结束指令

(1) STOP(无操作数):停止指令。用于 PLC 立即停止程序的执行。如果中断程序执行停止指令,中断程序立即停止,并忽略全部等待执行的中断,继续执行主程序的剩余部分,并在主程序的结束处完成从运行方式至停止方式的转换。STOP 指令在 PLC 梯形图中以线圈形式编程。

(2) END、MEND(无操作数):结束指令。两条指令区别在于:END 为条件结束指令,不能直接连接母线,当条件满足时,结束主程序,并返回主程序的第一条指令执行,如图 7-22(a)所示;MEND 为无条件结束指令,直接连接母线,程序执行到该指令时,立即无条件结束主程序,并返回主程序第一条指令,如图 7-22(b)所示。

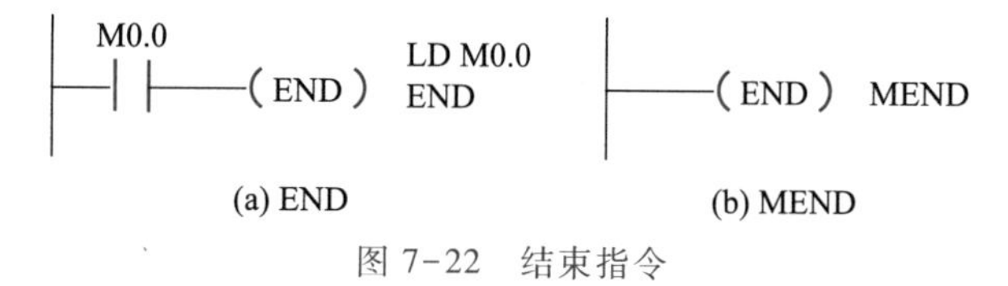

图 7-22　结束指令

7.5 PLC控制系统程序设计举例

7.5.1 三相异步电动机的直接起停控制任务

视频36:PLC小系统构建(以三菱F系列为例)

1. 任务提出

图7-23所示为三相异步电动机直接起停控制电路,本任务要求用PLC实现图示控制。

图示控制原理:当按下起动按钮时,KM接触器线圈得电,KM辅助动合触头闭合自锁,KM主触头闭合,电动机起动连续运转;当按下停止按钮时,KM线圈失电,KM主触头断开,电动机停止运行。如电动机出现过载时,热继电器FR动断触头动作,电动机停转。

2. 任务分析

为了用PLC实现图7-23所示控制功能,首先要进行PLC的输入输出信号地址分配。控制电路中设有起动按钮、停止按钮以及热继电器的触头信号,因此PLC需要3个输入继电器信号;电动机的起停控制采用交流接触器,因此PLC需要1个输出继电器信号。

3. 任务实施

(1) PLC的I/O接口分配表

根据控制要求,PLC的输入输出接口信号地址分配表见表7-4。

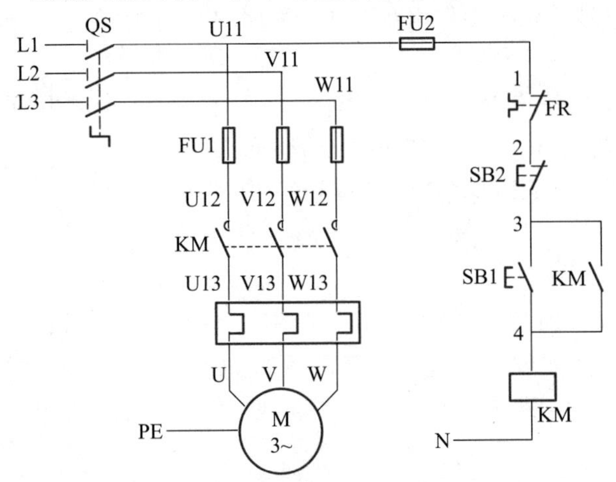

图7-23 三相异步电动机直接起停控制电路

表7-4 PLC的I/O接口信号地址分配表

输入信号			输出信号		
输入信号地址	输入元件	功能与作用	输出信号地址	输出元件	功能与作用
I0.0	SB1	起动按钮	Q0.0	KM	运行接触器
I0.1	SB2	停止按钮			
I0.2	FR	热过载保护			

（2）PLC 的 I/O 接口接线图（如图 7-24 所示）

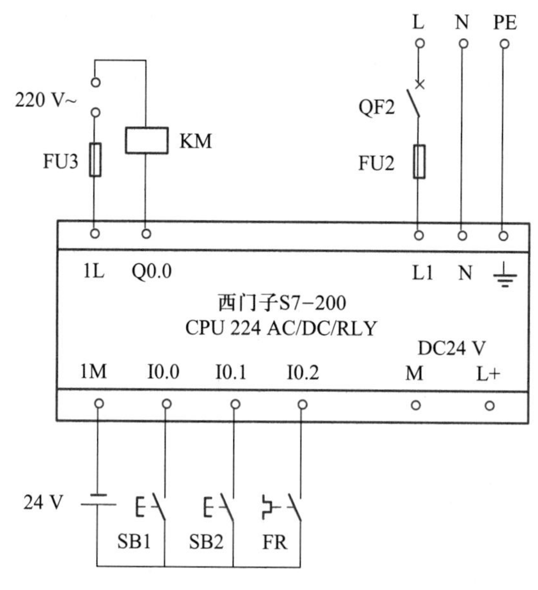

图 7-24　PLC 的 I/O 接口接线图

（3）三相异步电动机起停控制的 PLC 程序和时序图（如图 7-25 所示）

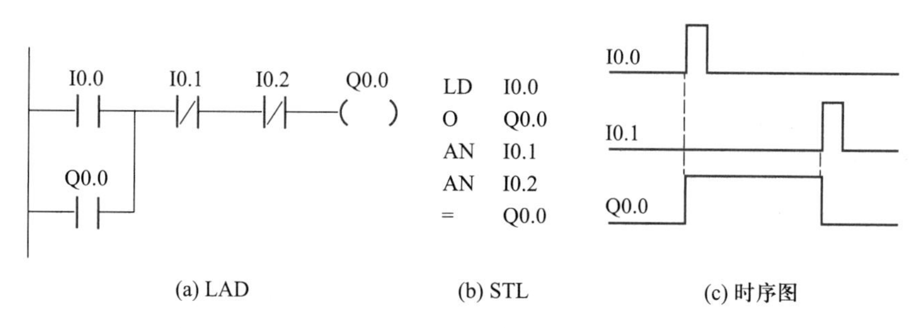

图 7-25　三相异步电动机起停控制的 PLC 程序和时序图

（4）PLC 控制程序编写

① 编程软件 STEP 7-Micro/WIN V4.0 窗口组件及功能。

双击 STEP 7-Micro/WIN V4.0 编程软件图标，打开编程软件，主界面如图 7-26 所示。主界面一般可分为菜单栏、工具栏、浏览栏、指令树、输出窗口和用户窗口 6 个区域。

② 项目创建。

单击菜单“文件”中的“新建”选项或单击工具栏的新建按钮，可以生成一个新的项目。单击菜单“文件”中的“打开”选项或单击工具栏的打开按钮，可以打开已有的项目，项目以扩展名为.mwp的文件格式保存。

③ 设置与读取 PLC 的型号。

单击菜单“PLC”中的“类型”选项，在弹出的对话框中，选择 PLC 型号和 CPU 版本。或者双击指令树的“项目 1”，然后双击 PLC 型号和 CPU 版本选项，在弹出的对话框中进行设置即可。如果已经建

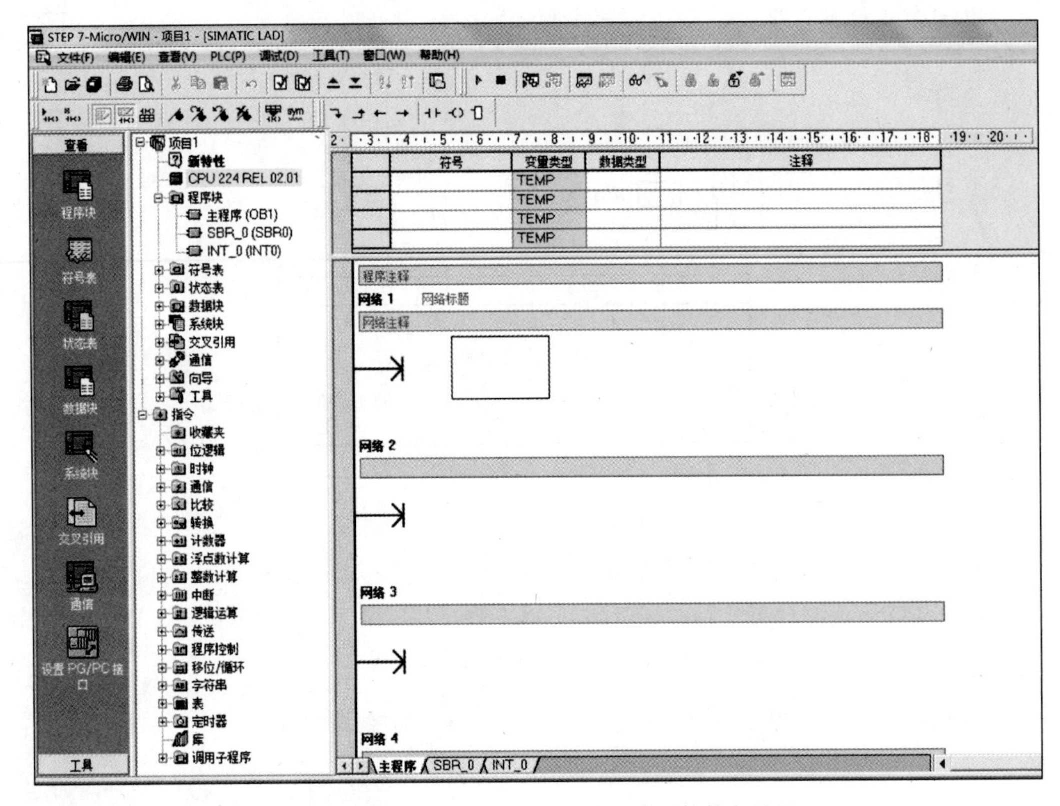

图 7-26 STEP 7-Micro/WIN V4.0 编程软件主界面

立通信连接，则单击对话框中的“读取 PLC”按钮，便可以通过通信读出 PLC 型号与 CPU 版本。

④ 选择编程语言和指令集。

S7-200 系列 PLC 支持的指令集有 SIMATIC 和 IEC1131-3 两种。SIMATIC 编程模式，通过单击菜单“工具”→“选项”→“常规”→SIMATIC 选项来选择。

编程软件可实现 3 种编程语言之间的任意切换，单击菜单“查看”中的“梯形图”或“STL”或“FBD”选项便可进入相应的编程环境。

⑤ 程序编写和调试。

点击 STEP 7-Micro/WIN V4.0 编程软件界面中指令树程序块中的主程序，进入主程序界面，在用户窗口编写程序，见图 7-27。

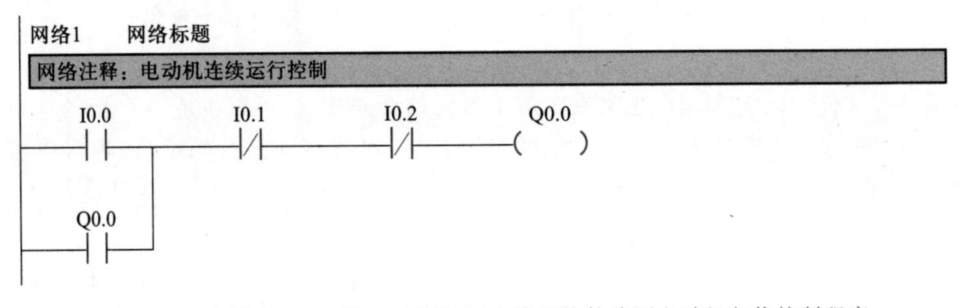

图 7-27 应用 STEP 7-Micro/WIN V4.0 编程软件编写电动机起停控制程序

点击工具栏中的“下载”，通过连接好的编程电缆将电动机起停控制程序下载并传送到 PLC 中。在软件中应用程序监控功能和状态监视功能，操作相关按钮，监测 PLC 输入继电器状态和输出继电器状态的变化。

7.5.2　三相异步电动机的正反转控制任务

1. 任务提出

图 7-28 为三相异步电动机正反转控制电路，本任务要求用 PLC 实现三相异步电动机正反转控制要求。

控制原理：当按下正转起动按钮 SB1 时，KM1 辅助动合触头闭合自锁，KM1 主触头闭合，电动机正转运行；当按下反转起动按钮时，KM2 辅助动合触头闭合并自锁，KM2 主触头闭合，电动机反转运行；当按下停止按钮时，电动机停止运行。本电路采用的是按钮接触器双重联锁电路，正、反转按钮 SB1、SB2 和接触器 KM1、KM2 的动断触头分别串联在对方接触器线圈回路中，当接触器 KM1 通电闭合时，接触器 KM2 不能通电闭合，反之当接触器 KM2 通电闭合时，接触器 KM1 不能通电闭合，正反转之间具备互锁保护功能。如电动机出现过载时，热继电器 FR 动断触头动作，电动机停转。

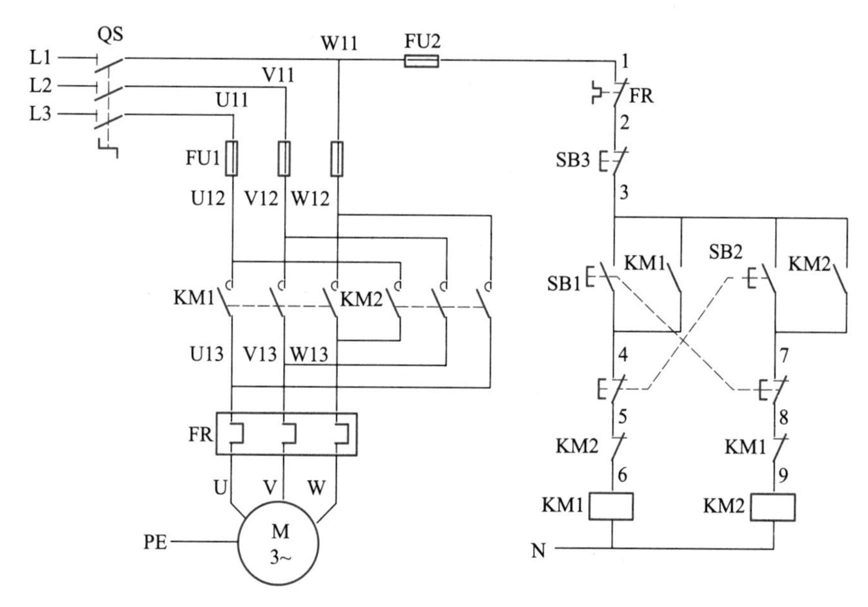

图 7-28　三相异步电动机正反转控制电路

2. 任务分析

为了将图 7-28 所示控制电路用 PLC 来实现，首先要进行 PLC 的输入输出信号地址分配。控制电路中设有正转起动按钮、反转起动按钮、停止按钮以及热继电器的触点信号，因此 PLC 需要 4 个输入点信号；电动机的正反转控制采用正转接触器和反转接触器，因此 PLC 需要 2 个输出点信号。

3. 任务实施

(1) PLC 的 I/O 接口分配表

根据控制要求，PLC 的输入输出接口信号地址分配表见表 7-5。

表 7-5 PLC 的 I/O 接口信号地址分配表

输入信号			输出信号		
输入信号地址	输入元件	功能与作用	输出信号地址	输出元件	功能与作用
I0.0	SB1	正转起动按钮	Q0.0	KM1	正转接触器
I0.1	SB2	反转起动按钮	Q0.1	KM2	反转接触器
I0.2	SB3	停止按钮			
I0.3	FR	热过载保护			

(2) PLC 的 I/O 接口接线图(如图 7-29 所示)

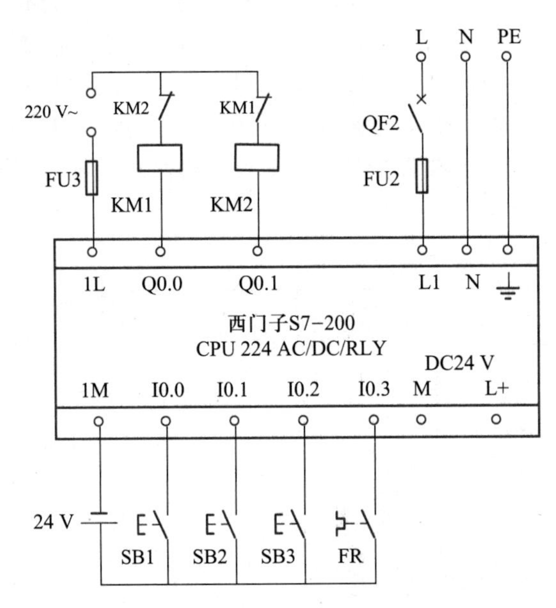

图 7-29 PLC 的 I/O 接口接线图

按照控制线路要求,将正转按钮、反转按钮、停止按钮、热继电器触点接入 PLC 的输入端,将正转接触器和反转接触器线圈接入 PLC 的输出端。注意硬件电路设计中必须将正转接触器和反转接触器进行互锁。

(3) PLC 控制程序

根据控制要求,三相异步电动机正反转控制的 PLC 程序如图 7-30 所示。

根据控制要求,将正转起动输入信号 I0.0 和反转起动输入信号 I0.1 进行互锁,同时将正转运行输出信号 Q0.0 和反转运行输出信号 Q0.1 进行互锁。该程序可实现正转和反转的直接切换控制,若按下停止按钮,可立即停止运行。

(4) PLC 控制程序编写与调试

在电脑上运行编程软件 STEP 7-Micro/WIN V4.0 ,首先对电动机正反转控制程序的 I/O 接口及存储器进行分配和符号表的编辑,然后实现电动机正反转控制程序的编写,并通过编程电缆将程序下载至 PLC 中。

```
 I0.0    I0.1    I0.2    I0.3    Q0.1    Q0.0
─┤ ├──┬──┤/├─────┤/├─────┤/├─────┤/├─────( )
 Q0.0 │
─┤ ├──┘

 I0.1    I0.0    I0.2    I0.3    Q0.0    Q0.1
─┤ ├──┬──┤/├─────┤/├─────┤/├─────┤/├─────( )
 Q0.1 │
─┤ ├──┘
```

(a) LAD

```
LD   I0.0
O    Q0.0
AN   I0.1
AN   I0.2
AN   I0.3
AN   Q0.1
=    Q0.0
LD   I0.1
O    Q0.1
AN   I0.0
AN   I0.2
AN   I0.3
AN   Q0.0
=    Q0.1
```

(b) STL

图 7-30　三相异步电动机正反转控制的 PLC 程序

① 点击“符号表”中的“用户定义 1”，在符号栏中输入符号名称，在地址栏中输入对应寄存器的地址，如图 7-31 所示。再单击“查看”中的“符号表”，选择“将符号应用于项目”。

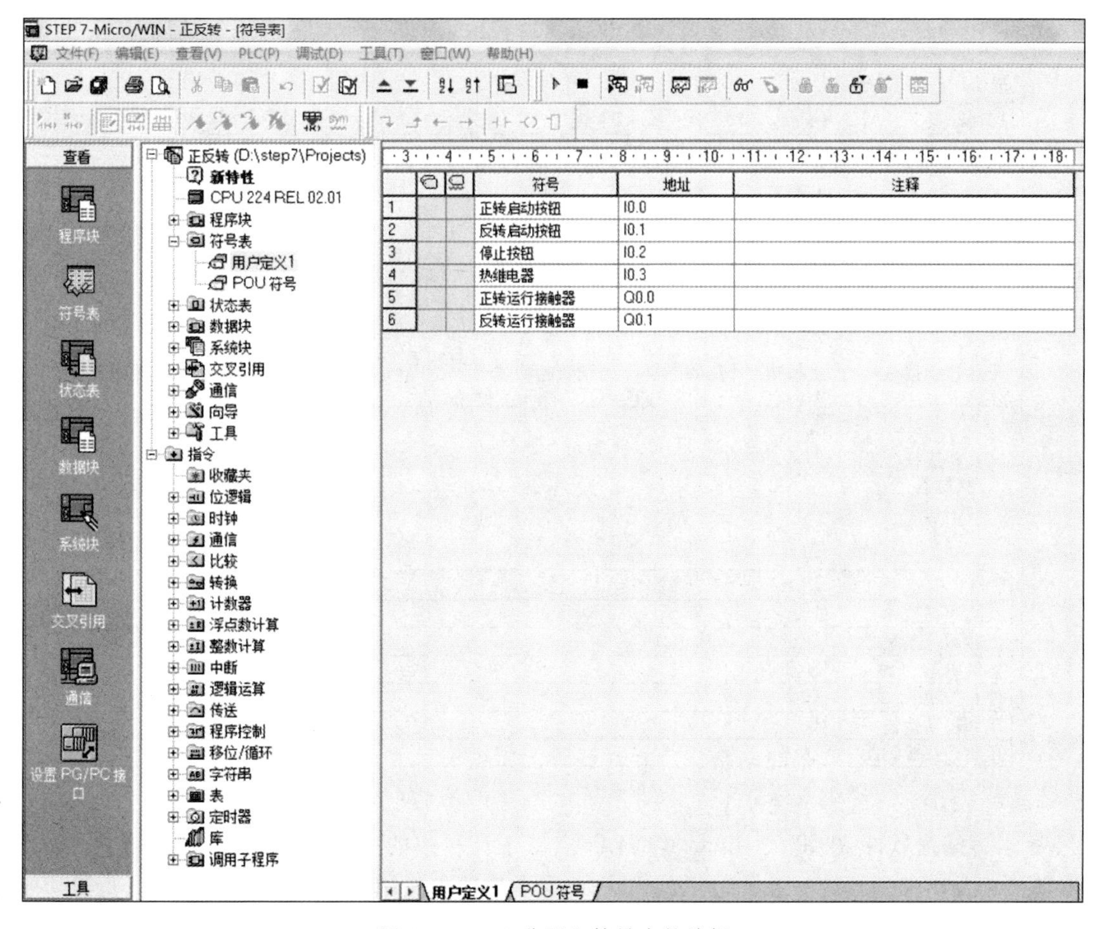

图 7-31　I/O 分配和符号表的编辑

② 符号地址定义完成后,进入主程序用户窗口,编写电动机正反转控制程序,如图7-32所示。

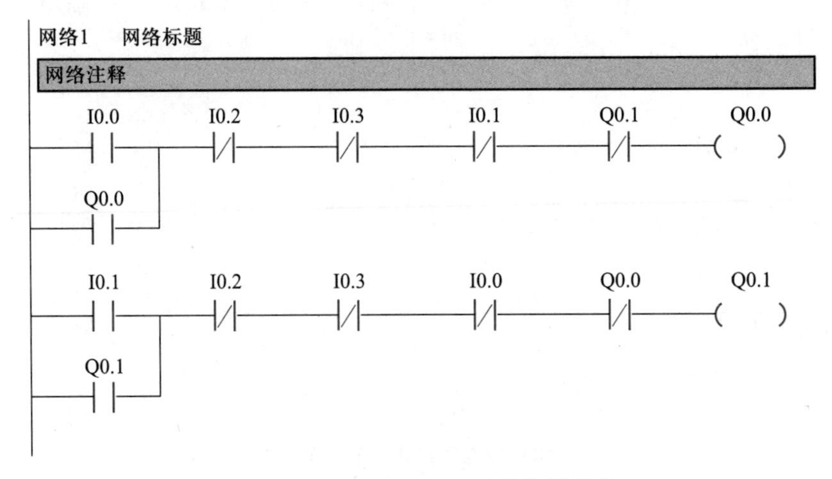

图7-32　编写电动机正反转控制程序

③ 点击“查看”中的“符号寻址”选项时,程序会自动出现符号编址。点击“查看”中的“符号信息表”选项时,每一个网络都会显示相关的符号信息,见图7-33。

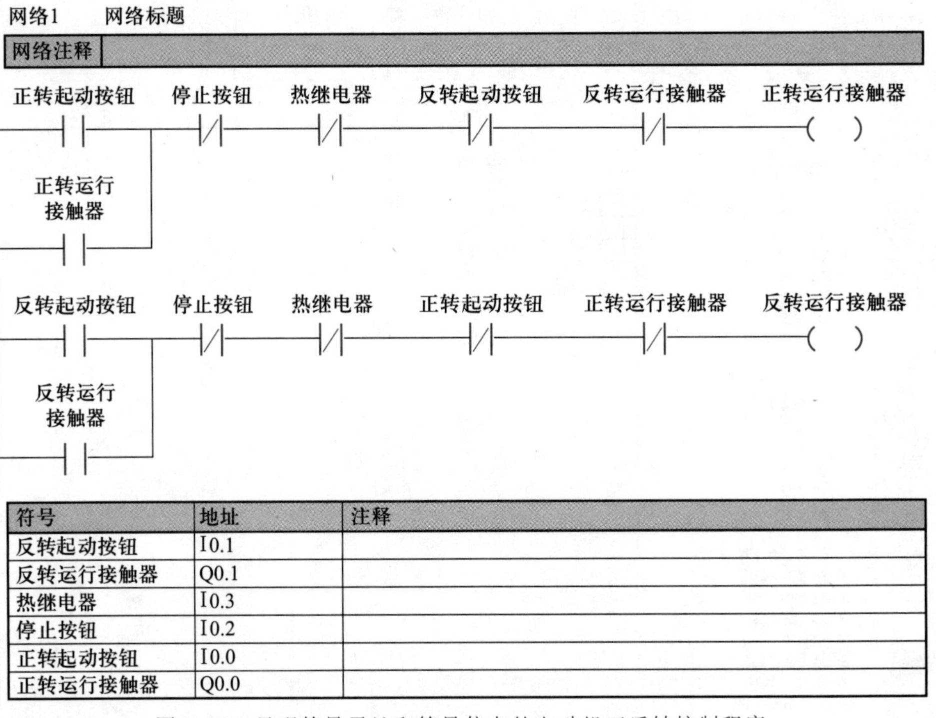

符号	地址	注释
反转起动按钮	I0.1	
反转运行接触器	Q0.1	
热继电器	I0.3	
停止按钮	I0.2	
正转起动按钮	I0.0	
正转运行接触器	Q0.0	

图7-33　呈现符号寻址和符号信息的电动机正反转控制程序

④ 运行编程软件STEP 7-Micro/WIN4.0,点击工具栏中的“下载”,通过连接好的编程电缆将电动机正反转控制程序下载并传送到PLC中。在软件中应用程序监控功能和状态监视功能,操作相关按钮,监测PLC输入继电器状态和输出继电器状态的变化。

第2篇　电子部分

第 8 章　常用电子元器件

电子元器件是电子线路中具有独立电气功能的基本单元。了解常用元器件的图形、文字符号，熟悉常用元器件的工作性能、特点，掌握常用元器件的识别及检测方法，是选择、使用电子元器件的基础，也是组装、调试电子线路必须具备的基本技能。

讲义 30：常用电子元器件介绍

8.1　电阻器

8.1.1　电阻器的符号

电阻器是用电阻材料制成的、有一定结构形式、能在电路中起限制电流通过作用的二端电子元件，简称电阻。电阻的文字符号为 R，图形符号如图 8-1 所示，单位为欧姆、千欧、兆欧，分别用 Ω、kΩ、MΩ 表示。其中，1 MΩ = 1 000 kΩ，1 kΩ = 1 000 Ω。

固定电阻　　可变电阻

图 8-1　电阻器的图形符号

电阻是电子设备中使用最多的元件之一，在电路中一般起限流、分流、降压、分压、负载、阻抗匹配等作用，还可与电容配合做滤波器。

8.1.2　电阻器的分类

电阻器的种类很多：

① 按照导电体的结构特征分为实心电阻器、薄膜电阻器和线绕电阻器等；

② 按电阻器的材料、结构又分为碳膜电阻器、金属氧化膜电阻器、线绕电阻器、热敏电阻器、压敏电阻器等；

③ 按照各种电阻器的特性，还可分为高精度、高稳定、高阻、高压、大功率、高频以及超小型等各种专用类型的电阻器。

下面分别叙述几类常用电阻器：

1. 碳膜电阻器（型号 RT）

碳膜电阻器是在陶瓷骨架表面上，将碳氢化合物在真空中通过高温蒸发分解沉积成碳结晶导电膜而成的。其特点是阻值稳定性好、噪声低、阻值范围较宽、价格较便宜。它既可制成小至几欧的低值电阻器，也能制成几十兆欧的高值电阻器。一般用于精度和温度稳定性要求不高的普通电路中。

2. 金属膜电阻器（型号 RJ）

金属膜电阻器的外形及结构与碳膜电阻器相似，不同的是金属膜电阻是在陶瓷骨架表面，经真空高温或烧渗工艺蒸发沉积一层金属膜或合金膜而成的，表面涂以红色或棕色保护漆。其性能比碳膜电阻器好，主要表现在耐热性能高（能在 125℃下长期工作）、工作频率范围宽、精度高、稳定性好、噪声低、体积小、高频特性好、温度系数低等方面。金属膜电阻器常用于高初始精度、低温度系数和低噪声的精密应用场合。在同样的功率条件下,其体积只有碳膜电阻器的一半左右。

3. 金属氧化膜电阻器(型号 RY)

金属氧化膜电阻器是在玻璃、瓷器等材料上,通过高温以化学反应形式生成以二氧化锡为主体的金属氧化层。金属氧化膜电阻器的阻燃特性及抗氧化能力都较金属膜电阻器强,因此多用于高温、有过载要求的电路中。

4. 线绕电阻器(型号 RX)

线绕电阻器是将高阻值的康铜丝或镍铬合金丝绕在瓷管上,外层涂以珐琅或玻璃釉加以保护而成的。其种类较多,一般可分为固定式和可调式两种。线绕电阻器具有高稳定性、高精度、大功率、温度系数小、精度高,噪声小、耐高温(能在300℃左右的温度下连续工作)、能承受较大负载等特点。其最大的不足是自身电感和分布电容比较大,不能用于高频电路。

5. 金属玻璃釉电阻器(型号 RI)

金属玻璃釉电阻器是由金属氧化物和玻璃釉黏合剂混合后,涂覆在陶瓷骨架上,再经烧结,在陶瓷基体上形成电阻膜而成的。该电阻具有稳定性好、阻值范围大(4.7~200 MΩ)、噪声小、耐高温性能好、耐潮湿性能好等特点,常用它制成小型化贴片式电阻。由于其各种优点,玻璃釉电阻器广泛用于要求可靠性高、耐热性能好的彩色监视器及各种交直流、脉冲电路中。

6. 熔断电阻器

熔断电阻器又叫保险电阻,在正常情况下起着电阻和保险丝的双重作用,当电路出现故障而使其功率超过额定功率时,它会像保险丝一样熔断使连接电路断开。保险电阻阻值一般较小(0.33 Ω~10 kΩ),功率也较小。保险电阻常用型号有:RF10 型、RF111-5 型、RRD0910 型、RRD0911 型等。

7. 敏感电阻器

敏感电阻器是指其电阻值对于某种物理量(如温度、湿度、光照、电压、机械力及气体浓度等)具有敏感特性,当这些物理量发生变化时,敏感电阻的阻值就会随物理量变化而发生改变,呈现不同的电阻值。根据对不同物理量敏感,敏感电阻器可分为热敏、湿敏、光敏、压敏、力敏、磁敏和气敏等类型。

热敏电阻器是用一种对温度极为敏感的半导体材料制成的、电阻值随温度变化的非线性元件。其中电阻值随温度升高而变小的叫负温度系数热敏电阻器;随温度升高而增大的为正温度系数热敏电阻器。

光敏电阻器通常由光敏层、玻璃基片(或树脂防潮膜)和电极等组成。它是利用半导体光电效应制成的一种特殊电阻器,对光线十分敏感。它在无光照射时呈高阻状态,当有光照射时其电阻值迅速减小。

压敏电阻器是一种特殊的非线性电阻器,当加到电阻器上的电压在其标称值以内时,电阻器的阻值呈现无穷大状态,几乎无电流通过。当压敏电阻器两端的电压略大于标称电压时,压敏电阻迅速击穿导通,其阻值很快下降,使电阻器处于导通状态;当电压减小至标称电压以下时,其阻值又开始增加,压敏电阻又恢复为高阻状态,这样使电路中的电压一直保持在较稳定的状态。压敏电阻器按伏安特性可分为对称型(无极性)和非对称型(有极性)两种。它们都具有电压范围宽、非线性特性好、电压温度系数小、耐浪涌能力强、体积小、寿命长等特点,在电子线路中,常用作过压保护和稳压元件。

8.1.3　电阻器的主要特性参数

1. 标称阻值

标称阻值是指电阻器上面所标示的阻值。阻值是电阻的主要参数之一，电阻的类型不同，它的阻值范围也不同。不同精度的电阻其阻值系列不同，根据我国标准，常用电阻器标称阻值表如表 8-1 所示。表中的数值再乘以 10^n，其中 n 为整数。

表 8-1　常用电阻器标称阻值表

系列	允许误差	电阻器的标称阻值
E_{24}	Ⅰ级(±5%)	1.0,1.1,1.2,1.3,1.5,1.6,1.8,2.0,2.2,2.4,2.7,3.0,3.3,3.6 3.9,4.3,4.7,5.1,5.6,6.2,6.8,7.5,8.2,9.1
E_{12}	Ⅱ级(±10%)	1.0,1.2,1.5,1.8,2.2,2.7,3.3,3.9,4.7,5.6,6.8,8.2
E_6	Ⅲ级(±20%)	1.0,1.5,2.2,3.3,4.7,6.8

2. 允许误差

标称阻值与实际阻值的差值跟标称阻值之比的百分数称为阻值偏差，它表示电阻器的精度。常用电阻允许偏差等级如表 8-2 所示。其中，精密电阻器的精度等级分为±0.5%、±1%、±2%三级，普通电阻的精度等级分为±5%、±10%和±20%三级。

表 8-2　常用电阻允许偏差等级

允许偏差	±0.5%	±1%	±2%	±5%	±10%	±20%
精度等级	0.05	0.1	0.2	Ⅰ	Ⅱ	Ⅲ

3. 额定功率

电阻器的额定功率是指在正常的大气压及环境温度条件下，电阻器长期工作所允许消耗的最大功率。常用电阻器的额定功率等级如下。

线绕电阻器额定功率(W)系列为：1/20、1/8、1/4、1/2、1、2、4、8、10、16、25、40、50、75、100、150、250、500。

非线绕电阻器额定功率(W)系列为：1/20、1/8、1/4、1/2、1、2、5、10、25、50、100。

4. 极限电压

电阻两端电压加到一定时，会发生电击穿现象，使电阻损坏。当电阻的额定电压升高到一定值而不允许再增加的电压称为极限电压。

5. 温度系数

温度系数是指温度每变化 1℃所引起的电阻值的相对变化。温度系数越小，电阻的稳定性越好。阻值随温度升高而增大的为正温度系数，反之则为负温度系数。

6. 老化系数

老化系数是指电阻器在额定功率长期负荷下阻值相对变化的百分数。它是表示电阻器寿命长短的参数。

7. 噪声

噪声是指产生于电阻器中的一种不规则的电压起伏,包括热噪声和电流噪声两部分。热噪声是由于导体内部不规则的电子自由运动,使导体任意两点的电压不规则变化。电流噪声是指电阻器中电子的不规则热运动造成的很微弱的电信号被放大后的“声音”。

8.1.4 电阻器的命名及标示

1. 电阻器的命名

根据 GB/T 2470—1995,国产电阻器的产品型号由四个部分组成,如图 8-2 所示。

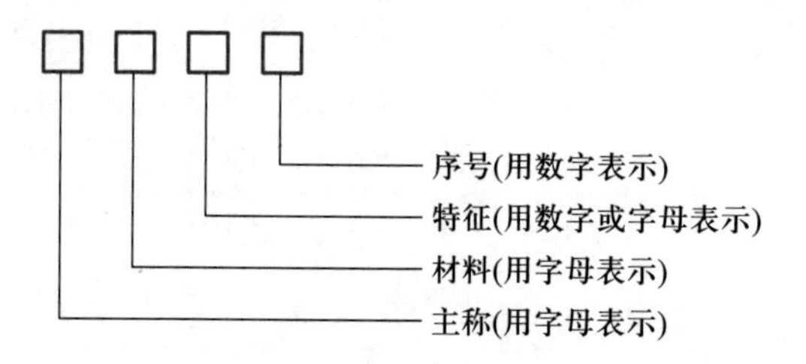

图 8-2 电阻器的命名

图中:第一部分为主称,用字母表示,表示产品的名字。如 R 表示电阻。第二部分为材料,用字母表示,表示电阻体用什么材料组成,如:T——碳膜、H——合成膜、S——有机实心、N——无机实心、J——金属膜、Y——氧化膜、I——玻璃釉膜、X——线绕等。第三部分是特征,一般用数字表示,个别特征用字母表示,表示产品属于什么类型。第四部分是序号,用数字表示,表示同类产品中的不同品种,以区分产品的外形尺寸和性能指标等。

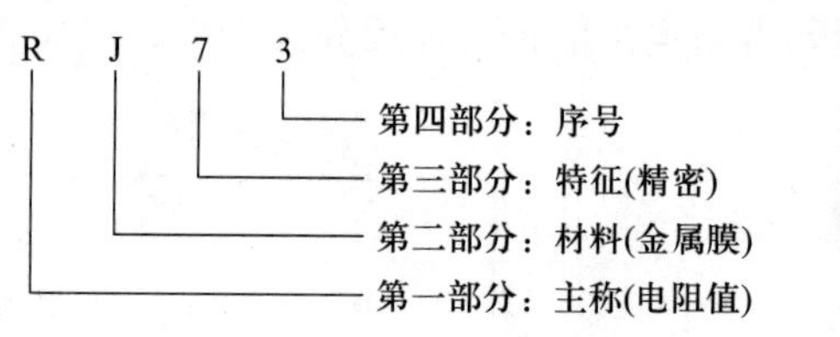

图 8-3 电阻器命名示例

例如 RJ73 为精密金属膜电阻器,如图 8-3 所示。

2. 电阻器的标示

电阻有多项技术指标,但限于表面积有限和对参数关心的程度,一般只标明阻值、精度、功率和材料。电阻的阻值和允许偏差的标注方法有直标法、色标法和文字符号法。

(1) 直标法

将电阻的阻值和误差直接用数字和字母印在电阻上(无误差标示为允许误差的±20%),例如在电阻器上印有“22 kΩ±5%”,则表示该电阻器的阻值为 22 kΩ,误差为±5%。也有厂家采用习惯标记法,如:

3 Ω 3 Ⅰ 表示电阻值为 3.3 Ω、允许误差为±5%;

1 k 8 表示电阻值为 1.8 kΩ、允许误差为±20%;

5 M 1Ⅱ 表示电阻值为 5.1 MΩ、允许误差为±10%。

(2) 色标法

将不同颜色的色环涂在电阻器(或电容器)上来表示电阻(电容器)的标称值及允许误差,各种颜色所对应的数值见表 8-3。普通电阻器采用四环表示,精密电阻器采用五环表示,电阻器的标注阻值示例如图 8-4 所示。

表 8-3　电阻器色环颜色代号表

颜色	有效数字	倍乘数	允许误差
棕	1	10^1	±1%
红	2	10^2	±2%
橙	3	10^3	—
黄	4	10^4	—
绿	5	10^5	±0.5%
蓝	6	10^6	±0.25%
紫	7	10^7	±0.1%
灰	8	10^8	—
白	9	10^9	—
黑	0	10^0	—
金	—	10^{-1}	±5%
银	—	10^{-2}	±10%
无色	—	—	±20%

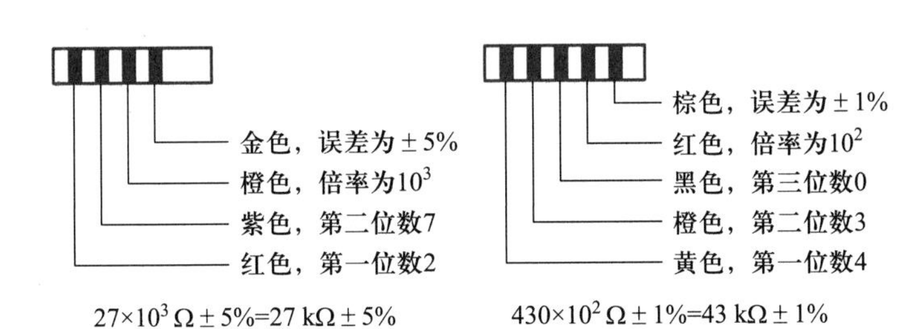

图 8-4　电阻器的标注阻值示例

（3）文字符号法

用数字和文字符号按一定规律组合表示电阻器的阻值，文字符号 R、k、M、G、T 表示电阻单位，文字符号前面的数字表示阻值的整数部分，文字符号后面的数字表示小数部分。例如：R1 表示 0.1 Ω，2k7 表示 2.7 kΩ，9M1 表示 9.1 MΩ。

8.1.5　电阻器的选用

电阻器的种类有很多，特点各不相同，而不同电路对电阻器的特性要求也有所不同。因此，电阻器在选用时要根据实际电路的需要综合考虑工作环境、温度、噪声、精度、成本等因素。

8.1.6　电阻器的测量

（1）电阻器额定功率的简单判断

小型电阻器的额定功率一般在电阻体上并不标出，但根据电阻器的长度和直径大小是可以大致判断其额定功率值大小的。一般来说,长度越长、直径越粗的电阻器相对功率就越大。

(2) 测量实际电阻值

一般使用万用表对电阻进行测量,其测量方法如下:

① 将万用表的功能选择开关旋转到合适的挡位,调零后再进行测量(数字万用表无须调零),并且在测量中每次变换挡位后,都必须重新进行调零后再测量;

② 将两只表笔(不分正负)分别接触电阻器的两端;

③ 观察表的读数,完成测量。

(3) 电阻器测量注意事项

① 测量电阻器时,特别是测几十千欧以上阻值的电阻器时,人体不要触及表笔和电阻器的导电部分;

② 被检测的电阻器必须从电路中拆焊下来,至少要焊开一端,以免电路中的其他元件对测试产生影响,造成测量误差;

③ 色环电阻器的阻值虽然能以色环标志来确定,但在使用时最好还是用万用表测试一下其实际阻值。

8.2 电位器

8.2.1 电位器的符号

电位器是一种可调电阻器,它对外有三个引出端,其中两个为固定端,另一个是中心抽头(也叫可调端)。转动或调节电位器转轴,其中心抽头与固定端之间的阻值将发生变化。电位器的主要作用是调节电压和电流,经常在收音机、录音机、电视机等电子设备中用于调节音量、音调、亮度、对比度等。电位器的文字符号用 W 表示,图形符号如图 8-5 所示。

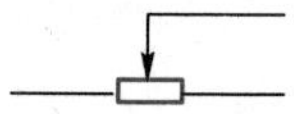

图 8-5 电位器的图形符号

8.2.2 电位器的分类

电位器的种类较多:

① 按材料可分为:合金型(线绕)、合成型(实心)、薄膜型;

② 按调节机构的运动方式可分为:旋转式、直滑式;

③ 按结构可分为单联、多联、带开关、不带开关,开关形式又有旋转式、推拉式、按键式等;

④ 按用途可分为:普通电位器、精密电位器、功率电位器、微调电位器和专用电位器等。

8.2.3 电位器的参数

电位器的参数有很多,主要有标称阻值、额定功率、极限电压、阻值变化规律等,其中前三项与电阻器基本相同。下面具体解释一下阻值变化规律这个指标。阻值变化规律是指电位器的阻值随转轴的旋转角度而变化的关系,变化规律可以是任何函数形式,常用的有直线式、指数式和对数式。

直线式电位器的阻值随转轴的旋转均匀变化,并与旋转角度成正比。也就是说,阻值随旋转角度的增大而增大。这种电位器适用于调整分压、偏流。

对数式电位器的阻值随转轴的旋转呈对数关系变化,也就是说阻值的变化开始较大,而后变化逐渐减慢。这种电位器适于音调控制和电视机对比度的调整。

指数式电位器的阻值随转轴的旋转呈指数规律变化。也就是说阻值变化开始时比较缓慢,以后随转角的加大,阻值变化逐渐加快。这种电位器适用于音量控制。

8.2.4　电位器的选用

电位器的规格品种繁多,合理选用电位器不仅可以满足电路的要求,还可以降低成本。

① 电位器结构和尺寸的选择

选用电位器时应注意尺寸大小、旋转轴柄的长短、轴上是否需要锁紧装置等。需要经常调节的电位器,应选择轴端铣成平面的,以便于安装旋钮;不经常调整的电位器,可选择轴端带有刻槽的;一经调好就不再变动的电位器,一般选择带锁紧装置的。另外,电位器还需选转轴旋转灵活、松紧适当的,还应检查开关是否良好。

② 电位器阻值变化特性的选择

应根据用途选择,如音量控制电位器应选用指数式或用直线式代替,但不宜使用对数式;用作分压器时,应选用直线式;用作音量调控器时,应选用对数式。

8.2.5　电位器的测量

电位器通常使用万用表进行测量:

① 测量两固定端的阻值是否和标称值相符合;

② 测量中心抽头到固定端的阻值是否随中心抽头的滑动而均匀变化;

③ 如电位器带开关,理论上开关合上时电阻为零,断开时电阻为无穷大。

符合以上条件的电位器为好的,否则为坏的。

8.3　电容器

8.3.1　电容器的符号

电容器简称电容,是由两个中间隔有绝缘材料(介质)的电极组成的、具有存储电荷功能的电子元件,在电子通信、测量和控制设备中使用非常广泛。电容器的文字符号为 C,图形符号如图 8-6 所示。电容的基本单位为法拉,简称法(F)。为了使用方便,电容常用毫法(mF)、微法(μF)、纳法(nF)和皮法(pF)等表示。它们与基本单位法拉(F)的换算关系为:1 mF = 10^{-3} F,1 μF = 10^{-6} F,1 nF = 10^{-9} F,1 pF = 10^{-12} F。

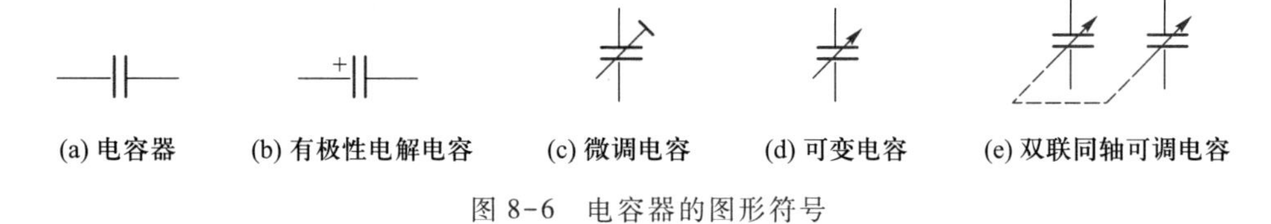

图 8-6　电容器的图形符号

电容具有阻止直流电流通过、允许交流电流通过的特性,通常在电路中可起到旁路、滤波、隔直流、储存电能、振荡和调谐等作用。

8.3.2 电容器的分类

电容器的种类很多,分类方法也各有不同。

① 根据结构和容量是否可调,可分为固定电容器、可变电容器和微调电容器等;

② 根据介质材料的不同,可分为气体介质电容器(空气电容器、真空电容器、充电式电容器)、液体介质电容器(油浸电容器)、无机固体介质电容器(纸介电容器、涤纶电容)、电解介质电容器(分液式和干式两种)、复合介质电容器(纸膜混合电容器)等。

下面介绍几种常见电容器。

1. 瓷介电容器

瓷介电容器是以陶瓷材料作为电容器的介质,在瓷片表面用烧结渗透的方法形成银面的电极面构成的,其优点是有很好的绝缘性能,可制成耐高压型电容器;有很大的介电系数,能使电容器的电容量增大,体积缩小;温度系数宽,能耐热;最高工作电压可达30kV。高频瓷介电容器损耗小、稳定性好,不因温度的变化而改变特性,可用于谐振电路和高频电路。低频瓷介电容器损耗大、稳定性差,电容随温度呈非线性变化,主要用于对损耗和电容量稳定性不高的低频电路。

2. 云母电容器

云母电容器分两种。一种是在两块铝箔或铜片间夹上云母绝缘层,从金属箔片上接出引线,构成云母电容器。这两块金属箔是电容器的极片,云母层是它的介质。另一种是在云母表面直接喷涂上银层,作为电容器的电极。常见的云母电容器,在它们外面有用胶木粉压制成的外壳,绝缘性能好,即使在高频时使用也只有很小的介质损耗;固有电感小,工作频率高,且有耐压范围宽、可靠性高、性能稳定、容量精度高等优点,广泛用于高频、脉冲、高稳定性的电路中。

3. 涤纶电容器

涤纶电容器是以涤纶薄膜作介质的电容器。该种电容器的特点是体积小、电容量大、工作电压范围宽、耐热(130℃左右)、耐湿、成本低等。其中金属化涤纶电容器的容量更宽,耐压可达万伏左右,其缺点是稳定性不高。涤纶电容器主要用于要求不高的电子电路和低频电路中。如收音机、收录机等中档家用电器小的耦合、退耦、隔直、旁路等电路。

4. 电解电容器

电解电容器的介质是一层氧化膜,其阳极是附着在氧化膜上的金属极,阴极则是液体、半液体和胶状的电解液,可以制成很大电容量的电容器。电解电容器按阳极材料不同可分为:铝电解、钽电解、铌电解电容器;按极性又可分为有极性和无极性两种,使用较多的是有极性的铝电解电容器。铝电解电容器一般简称为电解电容器,电解电容器的漏电流较其他电容器大得多,损耗也大,因此不宜在高频电路中使用。各种有极性的电解电容器在使用前必须要先判断好极性、将电容器的正端接电位高的一端,负端接电位低的一端。如极性接反,电解电容器的漏电流增大,会导致电容器过热损坏,甚至炸裂。

8.3.3　电容器的参数

电容器的参数很多，但在实际使用中，一般仅以电容器的容量、额定工作电压和绝缘电阻等几个重要参数作为选择依据，只有在要求较高的电路中，才考虑电容器的容量误差、高频损耗等参数。

下面来介绍一下电容器的几个重要参数。

1. 标称容量及偏差

在电容器上标示的容量值称为标称容量，但实际容量和标称容量是存在一定偏差的，这个偏差称为电容量误差。电容器实际容量对于标称容量的允许最大偏差范围称为电容量的允许误差。在实际生产中，电容器的电容量具有一定的分散性，无法做到和标称容量完全一致。为了便于生产的管理和使用，又规定了电容器的精度等级，确定了电容器在不同等级下的允许误差，如表 8-4 所示。

表 8-4　电容器的标称值和允许误差表

系列	允许误差	电容器的标称值
E_{24}	Ⅰ级(±5%)	1.0,1.1,1.2,1.3,1.5,1.6,1.8,2.0,2.2,2.4,2.7,3.0,3.3 3.6,3.9,4.3,4.7,5.1,5.6,6.2,6.8,7.5,8.2,9.1
E_{12}	Ⅱ级(±10%)	1.0,1.2,1.5,1.8,2.2,2.7,3.3,3.9,4.7,5.6,6.8,8.2
E_{6}	Ⅲ级(±20%)	1.0,1.5,2.2,3.3,4.7,6.8

2. 额定工作电压

当电容器两极板间的电压达到一定值时，极板间的绝缘介质就会被击穿，这个电压值称为击穿电压。电容器的额定工作电压是指在线路中能够长期可靠地工作而不被击穿所能承受的最大直流电压或交流电压有效值。它直接与电容的绝缘介质及其厚度有关，电容器的介质被击穿后，两极板变短，电容器就损坏了(空气介质电容器击穿后仍能恢复)，因此电容器在使用时，要注意实际工作电压不要超过其额定工作电压。通常所标明的电容器的耐压都是直流电压，如果用在交流电路中，则应该注意所加的交流电压的最大值(峰值)不能超过这个直流电压值。

3. 绝缘电阻和损耗

理想的电容器两极板之间的电阻应为无穷大，但任何介质都不是绝对的绝缘体，因此，其电阻值不是无穷大而是一个很大的数值，这个电阻值就称为电容器的绝缘电阻或漏电电阻。电容器的绝缘电阻表明电容器漏电的大小，电容器漏电越小越好，所以绝缘电阻越大越好。一般电解电容器的绝缘电阻为数百千欧以上，高质量的电容器绝缘电阻一般为几百兆欧至几千兆欧。

电容器在外加交变电压的作用下，由于存在漏电以及其他原因，都会有能量损耗，这些能量的损耗称为电容器的损耗。电容器的损耗是有害的，它不仅会降低电容器的寿命，有时还会严重影响电路的工作。

8.3.4　电容器的命名及标示

1. 电容器的命名

根据 GB/T 2470—1995，国产电容器的产品型号由四个部分组成，如图 8-7 所示。

图中，第一部分为主称，用字母表示，电容器用 C 表示；第二部分为材料，用字母表示；第三部分是特征，一般用数字表示，个别用字母表示；第四部分是序号，用数字表示。

用字母表示产品的材料：A——钽电解、B——非极性有机薄膜介质、C——1 类陶瓷介质、D——铝电解、E——其他材料电解、G——合金电解、H——复合介质、I——玻璃釉介质、J——金属化纸介质、L——极性有机薄膜介质、N——铌电解、O——玻璃膜介质、Q——漆膜介质、T——2 类陶瓷介质、V——云母纸介质、Y——云母介质、Z——纸介质。

例如 CC1-1 为圆形 1 类陶瓷介质电容器，如图 8-8 所示：

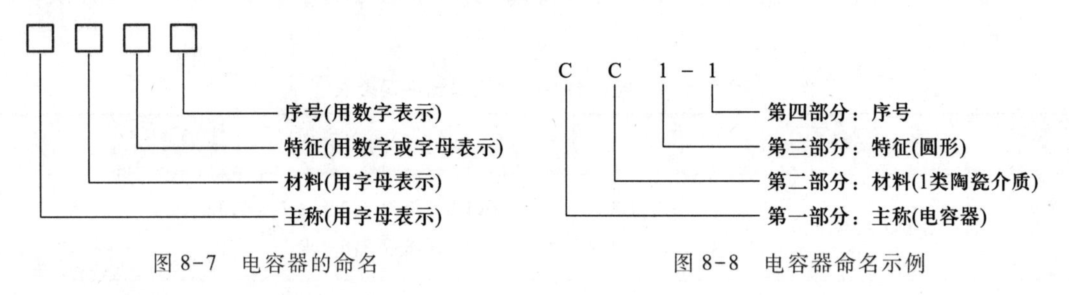

图 8-7　电容器的命名　　　图 8-8　电容器命名示例

2. 电容器的标示

电容器容量标示方法一般有直标法、数字标注法和色标法三种。

(1) 直标法

将标称容量及其偏差直接标在电容器上。用于体积小的电容时有以下规定：

① 遇小数点时，用 m、μ、n、p 代替小数点，例如 1p2 表示 1.2 pF；4n7 表示 4.7 nF；

② 在没有单位的情况下，用大于 1 的 3 位数表示 pF，小于 1 的 3 位数表示 μF。例如 0.22 表示 0.22 μF；510 表示 510 pF。

(2) 数字标注法

数字标注法一般用 3 位数字表示电容器的容量。其中前两位数字为有效值数字，第三位数字为倍乘数(即表示有效值后有多少个 0)，但第三位数是 9 时，则有效数字乘以 10^{-1}。

例如：

102　表示 10×10^{2} pF = 1 000 pF；

104　表示 10×10^{4} pF = 0.1 μF；

159　表示 15×10^{-1} pF = 1.5 pF。

(3) 色标法

电容器的色标法与电阻器的色标法类似，颜色涂在电容器一端或从顶端向另一侧排列。前两位为有效数字，第三位为倍率，单位为 pF。

8.3.5　电容器的选用

电容器的种类很多，为了合理选用电容器应做到以下几点。

(1) 了解每个电容器在电路中的作用,明确电路对电容器的要求,如耐压、频率、容量允许误差、介质损耗、工作环境、体积、价格等。

(2) 了解电容器的使用注意事项。

① 在低频耦合或旁路等对技术性能要求不很高的应用中,可选用一般性的电容器;在高频电路中应用时,则应选择介质损耗小和频率特性好的电容器;在开关电源及退耦电路中,宜选用电解电容器。

② 电解电容器有极性和无极性两种结构,在使用有极性电解电容器时应严格按电容器上标明的极性使用。除有特殊技术说明外,电解电容器不允许在反向电压条件下使用;在脉动电路工作时,脉动电压中的叠加交流电压(有效值)分量不能超过技术条件的规定;直流电压和交流电压峰值之和不能超过额定工作电压。

8.3.6 电容器的检测

测量电容器的容量要用电容表;有的数字万用表也带有电容挡,一般可以测量容量较大的电容器容量(微法级)。

对电解电容器的检测如下:

(1) 正、负极性的判别

有极性铝电解电容器外壳的塑料封套上,通常有一颜色较浅的色带,标有“-”(负极);未剪脚的电解电容器,长引脚为正极,短引脚为负极。对于标志不清的电解电容器,可以根据电解电容器反向漏电流比正向漏电流大这一特性,通过用指针式万用表 $R\times10$k 挡测量电容器两端的正、反向电阻值来判别;当表针稳定时,比较两次所测电阻值读数的大小,在阻值较大的一次测量中,黑表笔所接的是电容器的正极,红表笔接的是电容器的负极。

(2) 漏电电阻的测量

将指针式万用表置于 $R\times100$ 挡或 $R\times1$k 挡,黑表笔接电解电容器的正极,红表笔接其负极时,电容器开始充电,所以万用表指针缓慢向右摆动,摆动至某一角度后(充电结束)又会慢慢向左返回(表针通常不能返回“∞”的位置)。漏电较小的电解电容器,指针向左返回后所指示的漏电电阻会大于 500 kΩ。若漏电电阻值小于 100 kΩ,则说明该电容器已漏电,不能继续使用。再将两表笔对调(黑表笔接电解电容器负极,红表笔接电容器正极)测量,正常时表针应快速向右摆动(摆动幅度应超过第一次测量时表针的摆动幅度)后返回,且反向漏电电阻应大于正向漏电电阻。若测量电解电容时表针不动或第二次测量时表针的摆动幅度不超过第一次测量时表针的摆动幅度,则说明该电容器已失效或充放电能力变差。若测量电解电容器的正、反向电阻值均接近 0,则说明该电解电容器已击穿损坏。

8.4 电感器

8.4.1 电感器的符号

电感器简称电感,是电子电路中常用的元件之一,它是根据电磁感应原理制成的,特性是通直流阻交流,频率越高,线圈阻抗越大。电感器的文字符号为 L,图形符号如图 8-9 所示。

电感量的单位是亨利(H),简称亨,常用的单位还有毫亨(mH)和微亨(μH),其换算关系为:1 H=1 000 mH=1 000 000 μH。

图 8-9 电感器图形符号

电感器的用途极为广泛,例如 *LC* 滤波器、调谐放大器或振荡器中的谐振回路、均衡电路、去耦电路等。

8.4.2 电感器的分类

电感器的种类很多,可以按照以下标准分类:

(1) 按照电感量是否可调,分为固定电感和可变电感两种;

(2) 按其导磁性质,可以分为带磁芯(实心线圈)和不带磁芯(空心线圈)的电感器;

(3) 按工作性质,可以分为高频电感器(各种天线线圈、振荡线圈)和低频电感器(扼流线圈、滤波线圈)。

8.4.3 电感器的参数

电感器的参数主要有电感量、品质因数、分布电容、额定电流、感抗等。

1. 电感量

电感量是线圈本身的固有特性,与电流大小无关,只与电感线路的匝数、几何尺寸、有无磁芯(铁心)、磁芯的磁导率等因素有关。在同等条件下,匝数越多电感量越大,线圈直径越大电感量越大,有磁芯比没磁芯电感量大,而且插入的铁心或磁芯质量越好,线圈的电感量就增加的越多。用于高频电路的电感量相对较小,用于低频电路的电感量相对较大。除专门的电感线圈(色码电感)外,电感量一般不专门标注在线圈上,而以特定的名称标注。

2. 品质因数

品质因数是表示电感器质量的重要参数,简称 Q 值。它是指线圈在某一频率的交流电压下工作时,线圈所呈现的感抗和线圈的直流电阻的比值,即

$$Q=\frac{wL}{R} \tag{8-1}$$

式中,w 为工作角频率,L 为电感线圈电感量,R 为电感线圈的总损耗电阻。

3. 分布电容

电感线圈的圈与圈之间存在匝间电容,线圈与地之间以及线圈与屏蔽罩之间也存在电容,这些电容称为分布电容。分布电容对高频信号有很大影响,分布电容越小,电感器在高频工作时的性能越好。

4. 额定电流

电感器长期工作所允许通过的最大电流称为额定电流,它是高频、低频扼流线圈和大功率谐振线圈的重要参数。实际使用电感线圈时,通过的电流一定要小于标称电流值,否则电感线圈将

被烧毁或特性将改变。

5. 感抗

电感线圈对交流电流阻碍作用的大小称为感抗,符号为 XL,单位是欧姆。它与电感量和交流电频率 f 的关系为

$$XL = 2\pi f \tag{8-2}$$

8.4.4　电感器的命名及标示

1. 电感器的命名

我们常见的是国产电感线圈,其型号由以下四部分组成:

第一部分为主称,用字母表示(L 为线圈、ZL 为阻流圈);

第二部分为特征,用字母表示(G 为高频);

第三部分为型号,用字母表示(X 为小型);

第四部分为区别代号,用字母 A、B、C、…表示。

例如 LGX 表示小型高频电感线圈,如图 8-10 所示。

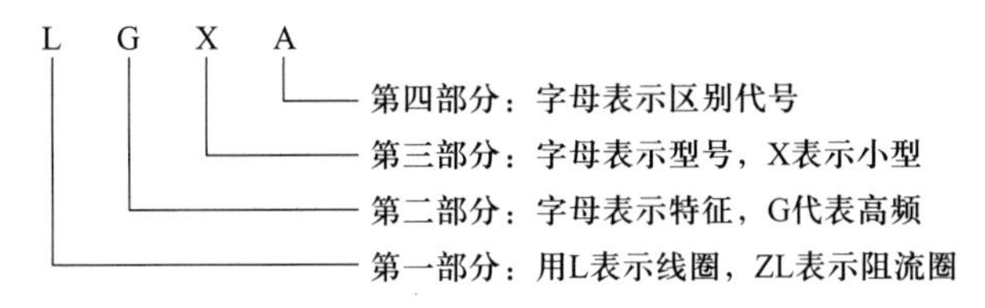

图 8-10　电感器命名示例

2. 电感器的标示

电感器的电感量标示方法有直标法、文字符号法和色标法。

(1) 直标法:将电感器的标称电感量用数字和文字符号直接标示在电感器外壁上,电感量单位后面用一个英文字母表示其偏差,标称电感量的单位是 μH(微亨)。

(2) 文字符号法:将电感器的标称值和允许偏差值用数字和文字符号按一定的规律组合标示在电感体上。小功率电感器常采用这种标示方法。

(3) 色标法:在电感器表面涂上不同的色环来代表电感量(与电阻器类似),通常用四色环表示,紧靠电感体一端的色环为第一环,露着电感体本色较多的另一端色环为末环。其第一色环是十位数,第二色环为个位数,第三色环为应乘的倍数(单位为 μH),第四色环为误差率。

8.4.5　电感器的选用

电感器的选用应注意以下两点:

(1) 电感线圈在线路板上有立式和卧式两种安装方式,使用时应注意其磁场对邻近元器件的影响。卧式电感器的引线是从两端引出的,它绕在棒形的磁芯上,工作时磁力线向四周发散,会影响邻近部件的工作,特别是在高频工作时影响更大。立式电感器无此缺点,其线圈是绕在“工”字形或“王”字形磁芯上的,工作时磁力线很少发散,对周围部件无影响,分布电容也小。

(2) 带磁芯电感器的工作频率要受磁芯材料最高工作频率的限制。在音频段工作的电感线

圈,通常采用硅钢片或坡莫合金为磁芯材料,中波广播的线圈采用铁氧体做磁芯,也可用空心线圈;频率高于几兆赫兹时线圈采用高频铁氧体做磁芯,也可用空心;在100M Hz以上一般不能用铁氧体磁芯,只能用空心线圈;如做微调,可用铜芯调节。

8.4.6 电感器的检测

普通的指针式万用表不具备测试电感器的挡位,使用这种万用表只能大致测量电感器的好坏:用指针式万用表的 $R\times1$ 挡测量电感器的阻值,若其电阻值极小(为零),则说明电感器基本正常;若测量的电阻为∞,则说明电感器已经开路损坏。具有金属外壳的电感器(如中周),若检测到振荡线圈的外壳(屏蔽罩)与各引脚的阻值不是∞,而是有电阻值或为零,则说明该电感器存在问题。

采用具有电感挡的数字万用表来检测电感器是很方便的,将数字万用表量程开关拨至合适的电感挡,将电感器两个引脚与两个表笔相连,显示屏上则显示出该电感器的电感量。若显示的电感量与标称电感量相近,则说明该电感器正常;若显示的电感量与标称值相差较大,则说明该电感器有问题。

值得注意的是:在检测电感器时,数字万用表的量程选择很关键,最好选择接近标称电感量的量程去测量,否则,测试的结果将会与实际值有很大的误差。

8.5 半导体元器件

半导体是组成各种晶体管和集成电路的基本材料。下面介绍两种基础半导体元件:二极管和晶体管。

8.5.1 二极管

二极管是用半导体材料制成的具有单向导电特性的二端元器件,简称二极管。二极管的核心是一个PN结,当电源的正极通过电阻接它的阳极,电源的负极接它的阴极时,二极管处于正向导通状态;反之,当电源的负极通过电阻接它的阳极,电源的正极接它的阴极时,则二极管处于反向截止状态。根据其正向导通、反向截止的特点,二极管可用于整流、检波、限幅、开关及各种保护。

1. 二极管的分类及符号

(1) 按照所用的半导体材料,可分为锗二极管(Ge管)和硅二极管(Si管);

(2) 根据其不同用途,可分为检波二极管、整流二极管、稳压二极管、开关二极管等;

(3) 按照管芯结构,又可分为点接触型二极管、面接触型二极管及平面型二极管。

点接触型二极管是用一根很细的金属丝压在光洁的半导体晶片表面,通以脉冲电流,使触丝一端与晶片牢固地烧结在一起,形成一个PN结。由于是点接触,只允许通过较小的电流(不超过几十毫安),适用于高频小电流电路,如收音机的检波等。

面接触型二极管的PN结面积较大,允许通过较大的电流(几安至几十安),主要用于把交流电变换成直流电的整流电路中。

平面型二极管是一种特制的硅二极管,它不仅能通过较大的电流,而且性能稳定可靠,多用于开关、脉冲及高频电路中。

二极管的文字符号为 D,图形符号如图 8-11 所示。

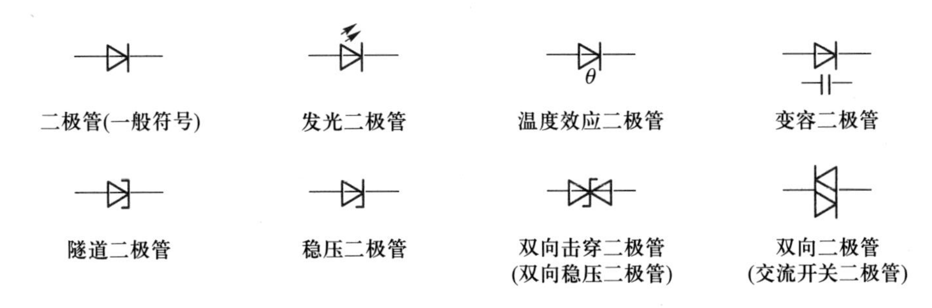

图 8-11　二极管的图形符号

2. 二极管的主要参数

(1) 最大平均整流电流(I_F)

指二极管长期工作时允许通过的最大正向平均电流。该电流由 PN 结的结面积和散热条件决定,使用时应注意通过二极管的平均电流不能大于此值,并要满足散热条件。

(2) 最大反向工作电压(U_R)

指二极管两端允许施加的最大反向电压。若大于此值,则反向电流(I_R)剧增,二极管的单向导电性被破坏,从而引起反向击穿。通常取反向击穿电压(V_R)的一半作为 U_R。

(3) 反向电流(I_R)

指二极管未击穿时的反向电流值,温度对 I_R的影响很大。

(4) 击穿电压(V_R)

指二极管反向伏安特性曲线急剧弯曲点的电压值。反向为软特性时,则指给定反向漏电流条件下的电压值。

(5) 最高工作频率(f_M)

主要由 PN 结的结电容及扩散电容决定,若工作频率超过 f_M,则二极管的单向导电性能将不能很好地体现。

3. 二极管的选用原则

① 要求导通电压低时选锗管,要求反向电流小时选硅管;

② 要求导通电流大时选面结合型,要求工作频率高时选点接触型;

③ 要求反向击穿电压高时选硅管;

④ 要求耐高温时选硅管。

4. 二极管的测量

(1) 二极管极性的判别

① 观察外壳上的符号标记。通常在二极管的外壳上标有二极管的符号,带有三角形箭头的一端为正极,另一端则为负极。

② 观察外壳上的色点。在点接触型二极管的外壳上,通常标有极性色点(白色或红色),一般标有色点的一端为正极。还有的二极管上标有色环,带色环的一端为负极。

③ 观察玻璃壳内触针。对于点接触型二极管,如果标记已模糊不清,可以将外壳上的黑色

或白色漆层轻轻刮掉一点,透过玻璃观察二极管的内部结构,有金属触针的一端为正极,连半导体片的一端为负极。

④ 用万用表测量判别。将指针式万用表置于 $R\times1$k 挡,先用红、黑表笔任意测量二极管两端之间的电阻值,然后交换表笔再测量一次。如果二极管是好的,两次测量结果必定出现一大一小,以阻值较小的一次测量为准,黑表笔所接的一端为正极,红表笔所接的一端为负极(指针式万用表欧姆挡的红表笔接内置电池的负极,黑表笔接电池的正极)。

(2)二极管好坏及材料的判别

将数字万用表的挡位拨到二极管挡位(即蜂鸣挡),将红黑表笔分别接在二极管的两端,观察读数,然后将红黑表笔调换位置,再观察读数,若两次读数都显示无示数,则该二极管已坏;若两次读数中有一次显示数,则红表笔接的一端为二极管的正极,黑表笔接的一端为二极管的负极。该示数为二极管的结电压;结电压为 0.2××~0.4××表示二极管是锗管,结电压为0.5××~0.7××表示二极管是硅管。

8.5.2 晶体管

晶体管具有电流放大作用,是半导体基本元器件之一,也是电子电路的核心元件。晶体管是在一块半导体基片上制作两个相距很近的 PN 结,两个 PN 结把整块半导体分成三部分,中间部分是基区,两侧部分分别是发射区和集电区,排列方式有 PNP 和 NPN 两种,从三个区引出相应的电极,分别为基极 B、发射极 E 和集电极 C。

1. 晶体管的结构及其分类

(1)两种晶体管的结构和图形符号如图 8-12 所示。

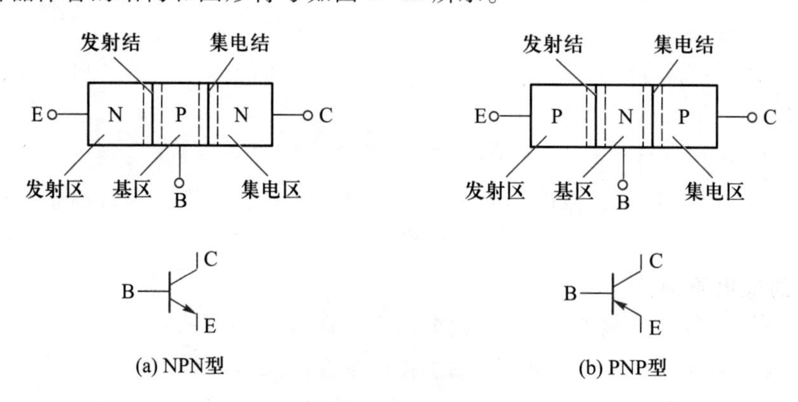

图 8-12 晶体管的结构和图形符号

(2)晶体管的分类

① 按材料和极性分,有硅材料的 NPN 与 PNP 晶体管、锗材料的 NPN 与 PNP 晶体管;

② 按用途分,有高频放大管、中频放大管、低频放大管、低噪声放大管、光电管、开关管、高反压管、达林顿管、带阻尼的晶体管等;

③ 按功率分,有小功率晶体管、中功率晶体管、大功率晶体管;

④ 按工作频率分,有低频晶体管、高频晶体管和超高频晶体管;

⑤ 按制作工艺分,有平面型晶体管、合金型晶体管、扩散型晶体管;

⑥ 按外形封装的不同，可分为金属封装晶体管、玻璃封装晶体管、陶瓷封装晶体管、塑料封装晶体管等。

2. 晶体管的主要参数

（1）共射电流放大系数 β

当共射极放大电路有交流信号输入时，因交流信号的作用，必然会引起 I_B 变化，相应的也会引起 I_C 变化，两电流变化量的比值称为共射电流放大系数 β，即

$$\beta=\frac{\Delta I_C}{\Delta I_B} \tag{8-3}$$

（2）集电极最大允许电流 I_{CM}

晶体管的集电极电流 I_C 在相当大的范围内使 β 值基本保持不变，但当 I_C 的数值大到一定程度时，电流放大系数 β 值将下降，使 β 明显减少的 I_C 即为 I_{CM}。为了使晶体管在放大电路中能正常工作，I_C 不应超过 I_{CM}。

（3）集电极最大允许功耗 P_{CM}

晶体管工作时，集电极电流在集电结上将产生热量，产生热量所消耗的功率就是集电极的功耗 P_{CM}，即 $P_{CM}=I_C\times U_{CE}$。

（4）反向击穿电压 $U_{BR(CEO)}$

反向击穿电压 $U_{BR(CEO)}$ 是指基极开路时，加在集电极与发射极之间的最大允许电压。使用中，如果管子两端的电压 $U_{CE}>U_{BR(CEO)}$，集电极电流 I_C 将急剧增大，这种现象称为击穿。晶体管电路在电源 E_C 的值选得过大时有可能会出现击穿；当管子截止时，$U_{CE}>U_{BR(CEO)}$，也可能导致晶体管击穿而损坏的现象。一般情况下，晶体管电路的电源电压 E_C 应小于 1/2 $U_{BR(CEO)}$。

（5）集电极-发射极反向电流 I_{CEO}

集电极-发射极反向电流 I_{CEO} 是指基极开路时，集电极与发射极之间的反向电流，也称穿透电流。穿透电流的大小受温度的影响较大，穿透电流小的管子热稳定性好。

3. 晶体管的管脚判别

（1）万用表判别

首先将万用表打到二极管挡（即蜂鸣挡），用黑表笔接触晶体管的一个管脚，用红表笔测试其余的管脚，如果其余两个管脚都导通且有电压显示，那么此晶体管为 PNP 晶体管，且黑表笔所接的管脚为晶体管的基极 B，用上述方法测试时，红表笔接其中一个管脚的电压稍高，那么此管脚为晶体管的发射极 E，剩下的电压偏低的管脚为集电极 C。若用红表笔接其中一个管脚，而用黑表笔测其他两个管脚都导通且有电压显示，那么此晶体管为 NPN 晶体管，且红表笔所接的管脚为晶体管的基极 B，用上述方法测试时，黑表笔接其中一个脚的电压稍高，那么此管脚为晶体管的发射极 E，剩下的电压偏低的管脚为集电极 C。

（2）直接判别

一般晶体管如图 8-13 所示，使其平面朝向自己，三个引脚朝下放置，则从左到右依次为 E、B、C。具体晶体管的管脚位置请参考其对应的数据手册。

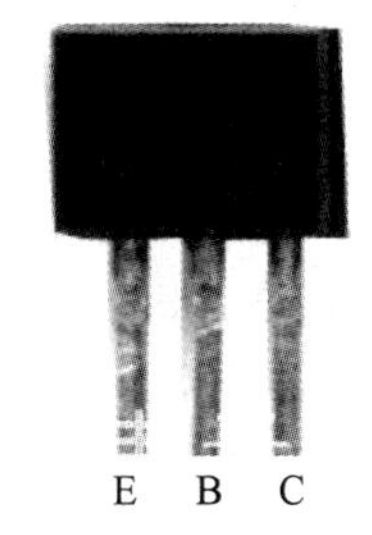

图 8-13　一般晶体管的管脚判别

8.5.3 集成电路

集成电路(integrated circuit,简称IC)是一种新型半导体器件。它是经过氧化、光刻、扩散、外延、蒸铝等半导体制造工艺,把构成具有一定功能的电路所需的半导体、电阻、电容等元件及它们之间的连接导线全部集成在一小块硅片上,然后焊接封装在一个管壳内的电子器件。其封装外壳有圆壳式、扁平式、双列直插式等多种形式。

1. 集成电路的命名

集成电路的型号繁多,至今国际上对集成电路的命名无统一标准,各生产厂都按自己所规定的方法对集成电路进行命名。国外许多集成电路制造公司将自己公司名称的缩写字母或者公司的产品代号放在型号的开头,然后是器件编号、封装形式和工作温度范围等信息。根据国家标准(GB 3430—89),我国集成电路的命名由五部分组成,如图8-14所示,示例如图8-15所示,国产集成电路命名各部分的含义如图8-16所示。

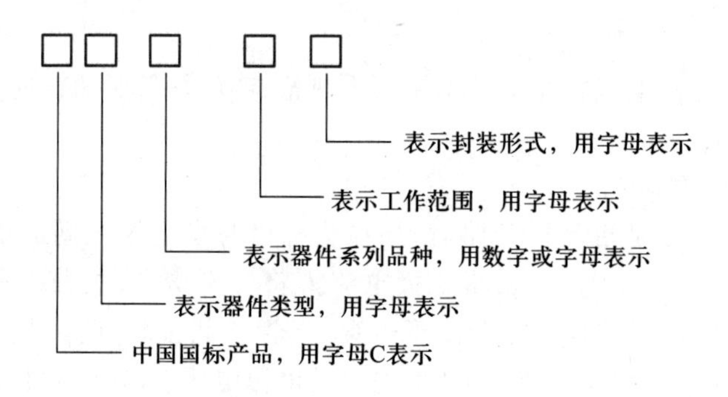

图8-14 我国集成电路的命名

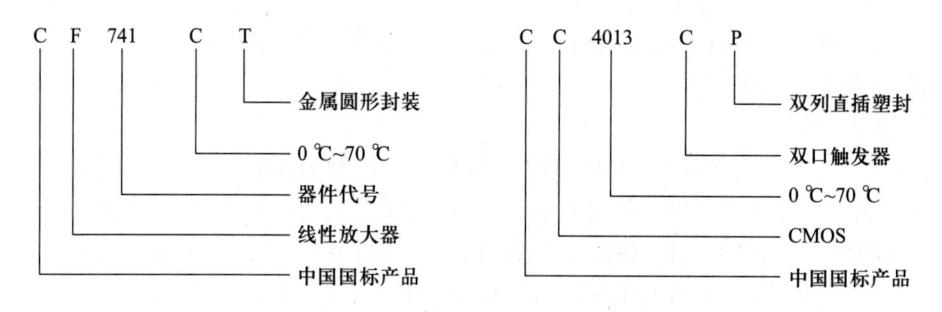

图8-15 我国集成电路命名示例

2. 集成电路的分类

(1)集成电路按其功能、结构的不同,可以分为模拟集成电路和数字集成电路两大类。

(2)集成电路按制作工艺可分为半导体集成电路和膜集成电路。膜集成电路又分为厚膜集成电路和薄膜集成电路。

(3)集成电路按集成度高低的不同,可分为小规模集成电路、中规模集成电路、大规模集成电路和超大规模集成电路。

(4)集成电路按导电类型可分为双极型集成电路和单极型集成电路。双极型集成电路的制

部标规定的命名方法				
X 电路类型 T：TTL H：HTTL E：ECL I：I-L	XXX 电路系列和 品种序号码 (三位数字)	X 电路规格符号 (拼音字母)	X 电路封装 A：陶瓷扁平 B：塑料扁平 C：陶瓷双列直插 D：塑料双列直播	
P：PMOS			Y：金属圆壳	
N：NMOS F：线性放大器 W：集成稳压器 I：接口电路			F：金属菱形	
原国标规定的命名方法				
C 中国制造	X 器件类型 T：TTL H：HTTL	X 器件系列和品种代号 (器件序列)	X 工作温度范围 C：(0~70) ℃ E：(−40~85) ℃	X 器件封装符号 W：陶瓷扁平 B：装料扁平
	E：ECL		R：(−55~85) ℃	F：全密封扁平
	C：CMOS F：线性放大器 D：音响，电视电路 W：稳压器 J：接口电路 B：非线性电路 M：存储器 U：微机电路		M：(−55~125) ℃	D：陶瓷双列直插 P：塑料双列直插 J：黑瓷双理直插 K：金属菱形 I：金属圆壳
其中，TTL中标准系列为CT1000系列。				

图 8-16　国产集成电路命名各部分的含义

作工艺复杂，功耗较大，代表集成电路有 TTL、ECL、HTL、LST-TL、STTL 等类型。单极型集成电路的制作工艺简单，功耗也较低，易于制成大规模集成电路，代表集成电路有 CMOS、NMOS、PMOS 等类型。

(5) 集成电路按用途可分为电视机用集成电路、音响用集成电路、影碟机用集成电路、录像机用集成电路、电脑(微机)用集成电路、电子琴用集成电路、通信用集成电路、照相机用集成电路、遥控集成电路、语言集成电路、报警器用集成电路及各种专用集成电路。

3. 集成电路的封装

(1) 单列直插式封装(SIP)

引脚从封装体的一个侧面引出,排列成一条直线。通常,它们是通孔式的,引脚插入印制电路板的金属孔内,当装配到印制基板上时封装呈侧立状。这种形式的一种变化是锯齿型单列式封装(zero insertion package,ZIP),它的引脚仍是从封装体的一边伸出,但排列成锯齿型。这样,在一个给定的长度范围内提高了引脚密度。引脚中心距通常为2.54 mm,引脚数为2~23,多数为定制产品。封装的形状各异,也有的企业把形状与ZIP相同的封装称为SIP。

(2) 双列直插式封装(DIP)

DIP(dual-in-line-package)是指采用双列直插形式封装的集成电路芯片,绝大多数中小规模集成电路(IC)均采用这种封装形式,其引脚数一般不超过100个。采用DIP封装的CPU芯片有两排引脚,需要插入到具有DIP结构的芯片插座上。当然,也可以直接插在有相同焊孔数和几何排列的电路板上进行焊接。DIP封装的芯片在从芯片插座上插拔时应特别小心,以免损坏引脚。

DIP封装具有以下特点:

① 适合在PCB(印制电路板)上穿孔焊接,操作方便;

② 芯片面积与封装面积之间的比值较大,故体积也较大。

Intel系列CPU中8088就采用这种封装形式,缓存(Cache)和早期的内存芯片也是这种封装形式。

(3) 塑料方型扁平式封装(QFP)和塑料扁平组件式封装(PFP)

QFP(plastic-quad-flat-package)封装的芯片引脚之间距离很小,引脚很细,一般大规模或超大规模集成电路采用这种封装形式,其引脚数一般在100个以上。用这种形式封装的芯片必须采用SMD(表面安装设备技术)将芯片与主板焊接起来。采用SMD安装的芯片不必在主板上打孔,一般在主板表面上有设计好的相应引脚的焊点,将芯片各脚对准相应的焊点,即可实现与主板的焊接。用这种方法焊上去的芯片,如果不用专用工具是很难拆卸下来的。

PFP(plastic-flat-package)方式封装的芯片与QFP方式封装的芯片基本相同,唯一的区别是QFP一般为正方形,而PFP既可以是正方形,也可以是长方形。

QFP/PFP封装具有以下特点:

① 适用于SMD表面安装技术在PCB电路板上安装布线;

② 适合高频使用;

③ 操作方便,可靠性高;

④ 芯片面积与封装面积之间的比值较小。

(4) 插针网格阵列封装(PGA)

PGA(pin grid array package)芯片封装形式在芯片的内外有多个方阵形的插针,每个方阵形插针沿芯片的四周间隔一定距离排列。根据引脚数目的多少,可以围成2~5圈安装,将芯片插入专门的PGA插座。为使CPU能够更方便地安装和拆卸,从486芯片开始,出现一种名为ZIF的CPU插座,专门用来满足PGA封装的CPU在安装和拆卸上的要求。

ZIF(zero insertion force socket)是指零插拔力的插座。把这种插座上的扳手轻轻抬起,CPU

就可以很轻松地插入插座中,然后将扳手压回原处,利用插座本身特殊结构生成的挤压力,使 CPU 的引脚与插座牢牢地接触,绝对不存在接触不良的问题。而拆卸 CPU 芯片只需将插座的扳手轻轻抬起,则压力解除,CPU 芯片即可轻松取出。

PGA 封装具有以下特点:

① 插拔操作更方便,可靠性高;

② 可适应更高的频率。

(5) 球栅阵列封装(BGA)

随着集成电路技术的发展,对集成电路的封装要求更加严格,这是因为封装技术关系到产品的功能性,当 IC 的频率超过 100MHz 时,传统封装方式可能会产生所谓的 Cross-Talk 现象,而且当 IC 的引脚数大于 208 时,传统的封装方式有其困难度。因此,除使用 QFP 封装方式外,现今大多数的高脚数芯片(如图形芯片与芯片组等)皆使用 BGA(ball grid array package)封装技术。BGA 一出现便成为 CPU 主板上南北桥芯片等高密度、高性能、多引脚封装的最佳选择。

BGA 封装具有以下特点:

① I/O 引脚数虽然增多,但引脚之间的距离远大于 QFP 封装方式,提高了成品率;

② 虽然 BGA 的功耗增加,但采用了可控塌陷芯片法焊接,改善电热性能;

③ 信号传输延迟小,适应频率大大提高;

④ 组装可用共面焊接,可靠性大大提高。

(6) 芯片尺寸封装(CSP)

随着全球电子产品个性化、轻巧化的需求成为风潮,封装技术已进步到 CSP(chip size package),它减小了芯片封装外形的尺寸,做到裸芯片尺寸有多大,封装尺寸就有多大,即封装后的 IC 尺寸边长不大于芯片的 1.2 倍,IC 面积只比晶粒(die)大不超过 1.4 倍。

CSP 封装具有以下特点:

① 满足了芯片 I/O 引脚不断增加的需要;

② 芯片面积与封装面积之间的比值很小;

③ 极大地缩短延迟时间。

常见封装类型如图 8-17 所示。

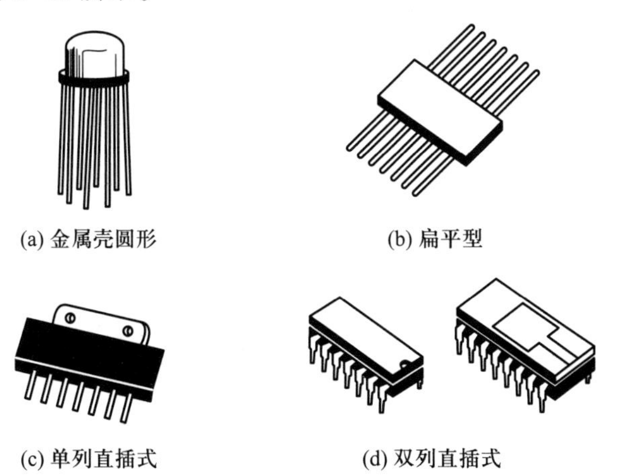

图 8-17　常见封装类型

8.6 表面安装元器件

表面安装元器件亦称片状元器件,记为SMC或SMD,它是无引线或引线很短、适于表面安装的微型电子元器件。随着表面组装技术和片式元器件的飞速发展,片式元器件的种类和数量显著增加,成为电子元器件的主流产品。

8.6.1 表面安装元器件的特点

表面安装元器件的组装与以往通孔分立元器件的组装方法有着本质的区别:表面组装技术是布线的印制电路板上不打孔,所有焊点及元器件都在一个平面上,且焊点较小,密度较大。

表面安装元器件与传统元器件相比有以下特点:

① 安装密度较高,引线间的分布电容大大降低,使寄生电容、寄生电感明显减少;

② 有较好的高频特性;

③ 抗电磁干扰和射频干扰的能力得到了很大的提高。

8.6.2 表面安装元器件的分类

表面安装元器件的分类:

(1) 按产品功能分类

① 无源器件

电阻器:厚膜电阻、薄膜电阻;

电位器:微调电位器、多圈电位器;

电容器:陶瓷电容、电解电容;

电感器:叠层电感、线绕电感。

② 有源器件

分立器件:二极管、晶体管、场效应管等;

集成电路。

③ 机电元件

开关:轻触开关;

继电器;

连接器:片状跨线、插片连接器、插座;

电机。

(2) 按形状分类

① 薄片矩形:各种无源及机电元件。

② 扁平封装

双列封装:SOP/SOJ、SSP、TSOP等;

四面引线封装:QFP;

无引线片式载体:LCC、PLCC;

焊球阵列:BGA。

③ 圆柱形:各种电阻、电容、二极管等。

④ 其他形状

可调电阻、线绕电阻;

可调电容、电解电容;

滤波器、晶体振荡器;

开关、继电器、电机。

8.6.3　几种常用贴片元器件的介绍

1. 电阻器

表面贴装电阻通常比穿孔安装电阻体积小,有矩形(chip)、圆柱形(MELF)和电阻网络(SOP)三种封装形式。与通孔元件相比,表面贴装电阻具有微型化、无引脚、尺寸标准化,特别适合在 PCB 板上安装等特点。

电阻器按功能和形状可分为如下 4 类。

(1) 矩形片式电阻器

① 矩形片式电阻器的基本结构

矩形片式电阻器是多层结构。其中,厚膜型电阻的第一层是扁平的高纯度 Al_2O_3陶瓷基片,第二层是在基板上印刷金属电阻体浆料 (RuO_2),烧结后经光刻而成;第三层是低熔点玻璃釉保护层,另外在端面涂敷电极浆料制作成可焊端子,即为引线端。薄膜型电阻是在基体上溅镀一层镍铬合金而成。薄膜型电阻性能稳定,阻值精度高,但价格较贵。由于在电阻层上涂覆特殊的低熔点玻璃釉涂层,故电阻在高温、高压下性能非常稳定。矩形片式电阻器的结构如图8-18 所示。

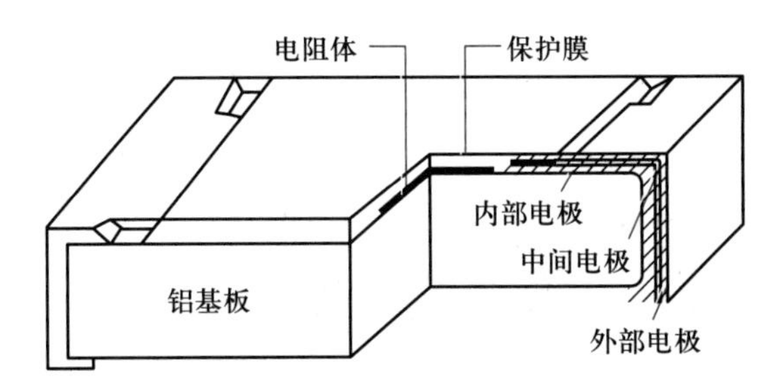

图 8-18　矩形片式电阻器的结构

② 矩形片式电阻器的端电极结构

矩形片式电阻器的端电极也有三层结构,俗称三层端电极。最内层为银钯合金,它与陶瓷基片有良好的结合力,称为内部电极;中间层为镀镍层,它用于防止在焊接期间银层浸析;最外层为助焊层,不同的国家采用不同的材料,日本通常采用 Sn-Pb 合金,厚度为 0.025 mm,美国则采用 Ag-Pd 合金。

③ 矩形片式电阻器的工艺流程

制备陶瓷基片→背电极印刷(Ag-Pd)→烧结→面电极印刷→烧结→电阻体印刷(RuO_2)→烧结→一次玻璃釉(浆料)印刷→烧结→激光刻调阻值→二次玻璃釉(浆料)印刷→标记印刷→烧结→一次切割→封端→烧结→二次切割→电镀→电极→测试分选→编带包装。

④ 矩形片式元器件的标识

一种是在元件上的标注，当矩形片式电阻精度为5%时，采用3个数字表示；跨接线记为000，阻值小于10 Ω，在两个数字之间补加“R”表示；阻值在10 Ω以上的，则最后一数值表示增加的零的个数。另一种是在料盘上的标注，如RC05K103JT，其中，左起两位RC为产品代号，表示矩形片状电阻器；左起第3~4位05表示型号（0805）；第5位表示电阻温度系数，K为±250；左起第6~8位表示电阻值，如103表示电阻值为10 kΩ；左起第9位表示电阻值误差，如J为±5%；最后一位表示包装，T为编带包装。

（2）圆柱形片式电阻器

① 圆柱形片式电阻器的基板与电阻材料及制作工艺等与矩形片式电阻器的基本一样。圆柱形片式电阻器的结构如图8-19所示。

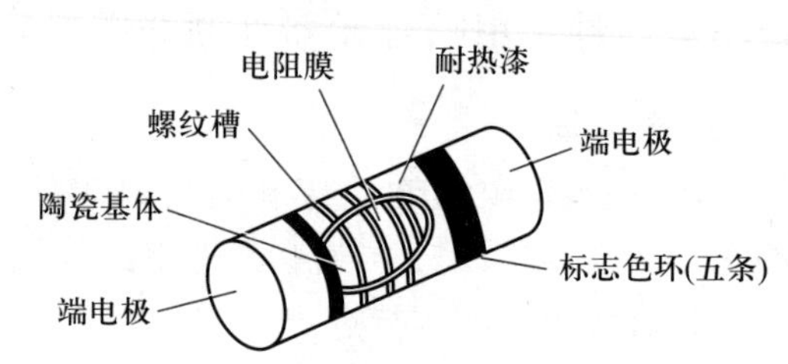

图8-19　圆柱形片式电阻器的结构图

② 圆柱形片式电阻器的制造工艺

制备电阻瓷棒→在电阻瓷棒上披覆电阻浆料层→压装金属帽盖→刻槽调整阻值→清洗→涂保护漆→打印标记→测试分选→编带包装。

③ 圆柱形片式电阻的标识

圆柱形片式电阻器上用不同颜色的环来表示电阻的规格，在电阻器一节中已专门介绍过，此处不再赘述。

（3）电阻网络

表面安装电阻器网络是将多个片状矩形电阻按设计要求连接成的集合元件。其封装结构与含有集成电路的封装相似，采用SOP封装。表面安装电阻器网络的结构如图8-20所示。

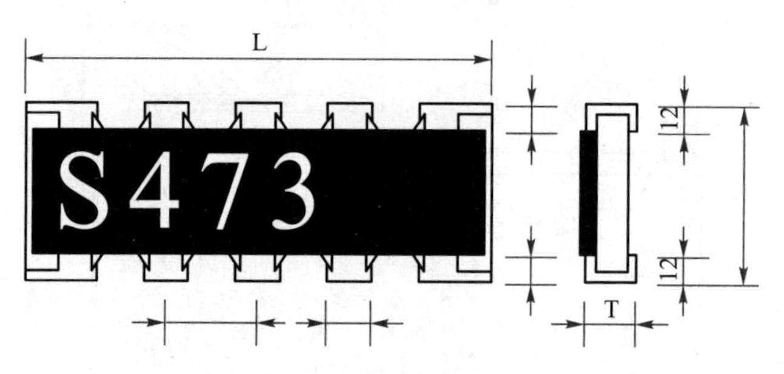

图8-20　表面安装电阻器网络的结构

（4）表面组装电位器

表面组装电位器是一种可连续调节的可变电阻器。它有片状、圆柱状、扁平矩形等结构类型，在电路中起调节分电路电压或电阻的作用。片式微调电位器的外形和结构如图8-21所示。

2. 表面安装电容器

表面安装电容器又称片状电容器，目前用得比较多的有如下几种：

（1）多层瓷介电容器

它是在陶瓷胺上印刷金属浆料，经叠片、烧结成一个整体。根据容量的需要，少则几层，多则几十层，如图8-22所示。

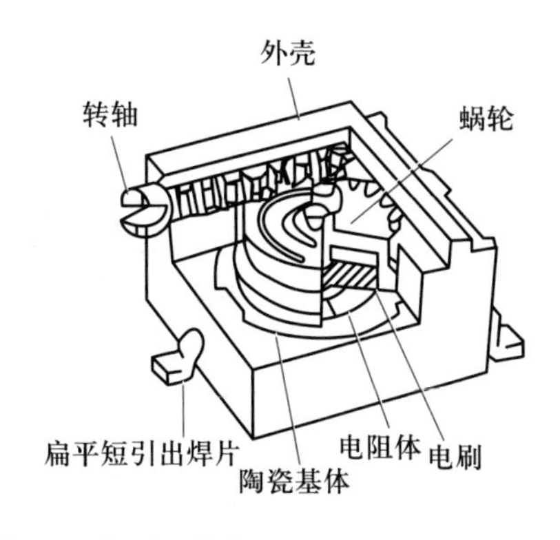

图 8-21　片式微调电位器的外形和结构

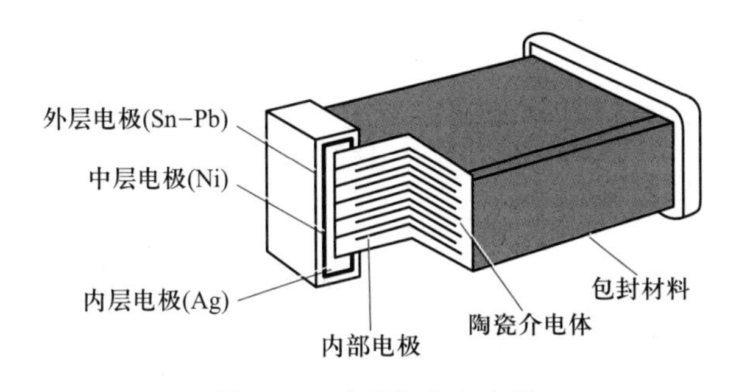

图 8-22　多层瓷介电容器

(2) 片状铝电解电容器

它有矩形和圆柱形两种,其结构如图 8-23 所示。

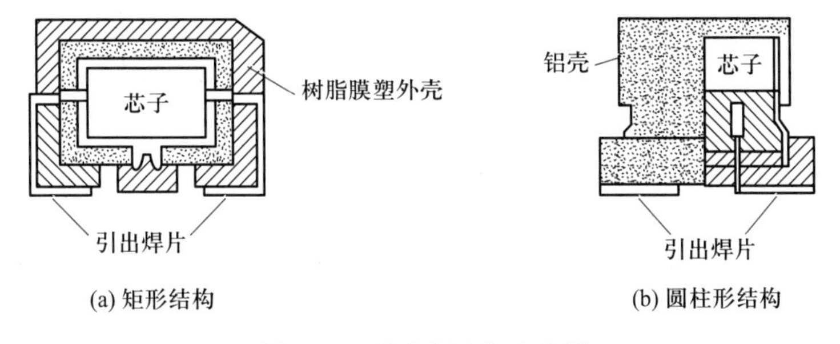

(a) 矩形结构　　(b) 圆柱形结构

图 8-23　片状铝电解电容器

(3) 片式钽电解电容器

片式钽电解电容器是用金属钽做正极,用稀硫酸等配液做负极,用钽表面生产的氧化膜作为介质制成的。矩形钽电解电容器外壳为有色塑料封装,印有深色标志线的一端为正极。在封装面上有电容量的数值及耐压值,一般有醒目的标志以防用错,其外形如图 8-24 所示。片式钽电解电容器的电解质是固体,并可以在其上直接连接引出线,因而体积小,使用寿命长,已逐步替代铝电解电容器。

(4) 片式云母电容器

片式云母电容器的形状多为方块状,云母电容器采用天然云母作为电容极间的介质,其耐压

图 8-24　片式钽电解电容器

性能好。云母电容由于受介质材料的影响，容量不能做得太大，一般容量为 10~10 000 pF，而且造价相对其他电容器高。云母电容器可以做很小的电容量，具有高稳定性、高可靠性、温度系数小等特点。其外形和结构如图 8-25 所示。

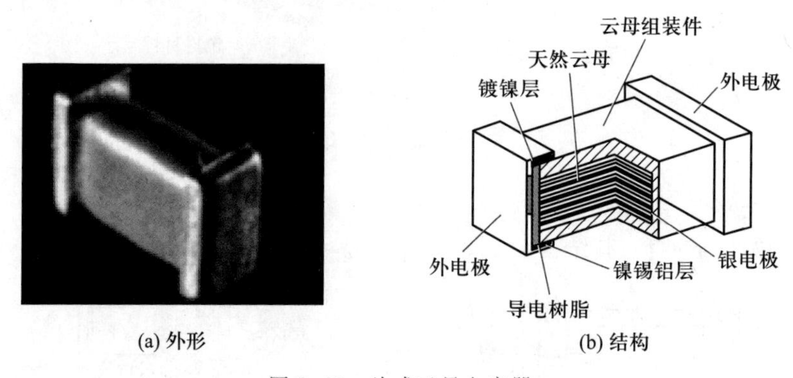

图 8-25　片式云母电容器

3. 片式电感器

片式电感器亦称表面贴装电感器，它与其他片式元器件(SMC 及 SMD)一样，是适用于表面贴装技术(SMT)的新一代无引线或短引线微型电子元件。其引出端的焊接面在同一平面上，在电路中起扼流、退耦、滤波、调谐、延迟、补偿等作用。

(1) 绕线型片式电感器

通常采用微小工字型磁芯，经绕线、焊接、电极成型、塑封等工序制成，如图 8-26 所示。这种类型的片式电感器具有生产工艺简单、电性能优良、适合大电流通过、可靠性好等优点。

(2) 氧化铝陶瓷叠层片式电感器

氧化铝陶瓷叠层片式电感器具有体积小、无引线，适合于高密度、高速度贴片组装，具有高的自谐振频率，在高频下 Q 值高，电感值稳定，无交叉耦合等特性。包装形式通常为编带包装，可广泛应用于高清晰数字电视、高频头、计算机板卡等。其外形和结构如图 8-27 所示。

4. 表面组装器件

表面组装器件主要有片式二极管，片式晶体管和片式集成电路。

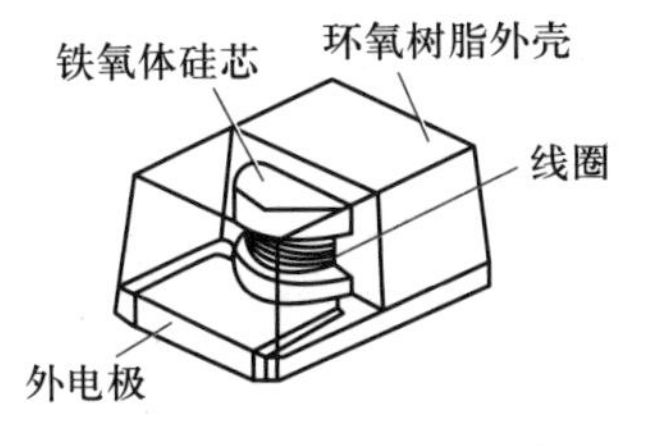

(a) 工字形结构绕组形片式

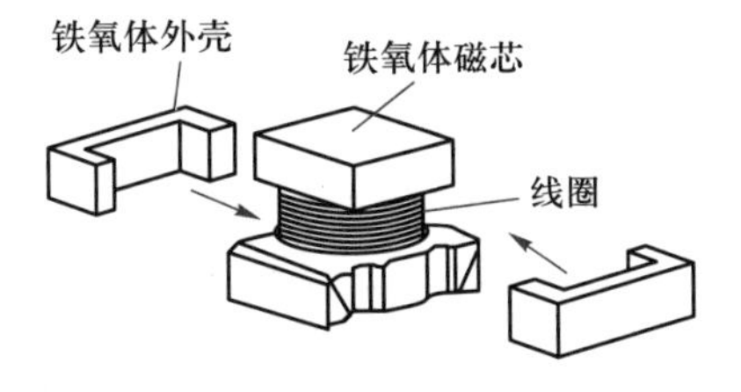

(b) 工字形结构绕线形片式

图 8-26　绕线型片式电感器

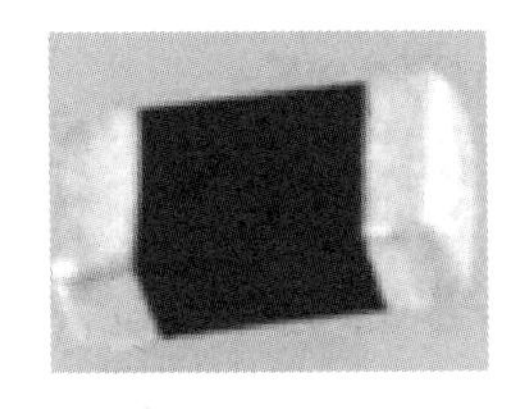

(a) 外形

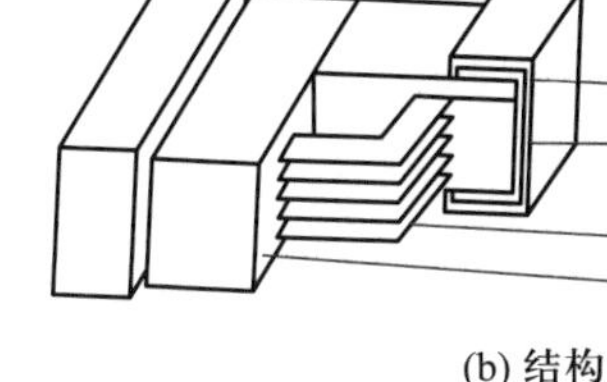

(b) 结构

图 8-27　氧化铝陶瓷叠层片式电感器

(1) 片式分立器件

大多数片式分立器件采用小型模压塑封(SOT、SOD)形式,带翼型引线。其中 SOT 是片式晶体管的封装形式,SOD 是片式二极管的封装形式。片式二极管的封装如图 8-28 所示;片式晶体管的封装如图 8-29 所示。

图 8-28　片式二极管的封装

图 8-29　片式晶体管的封装

(2) 集成电路

随着工艺和加工制作水平的提高,微小型集成电路越来越精巧,规格和形式也趋于多样化。常见片式集成电路的封装如图 8-30 所示。

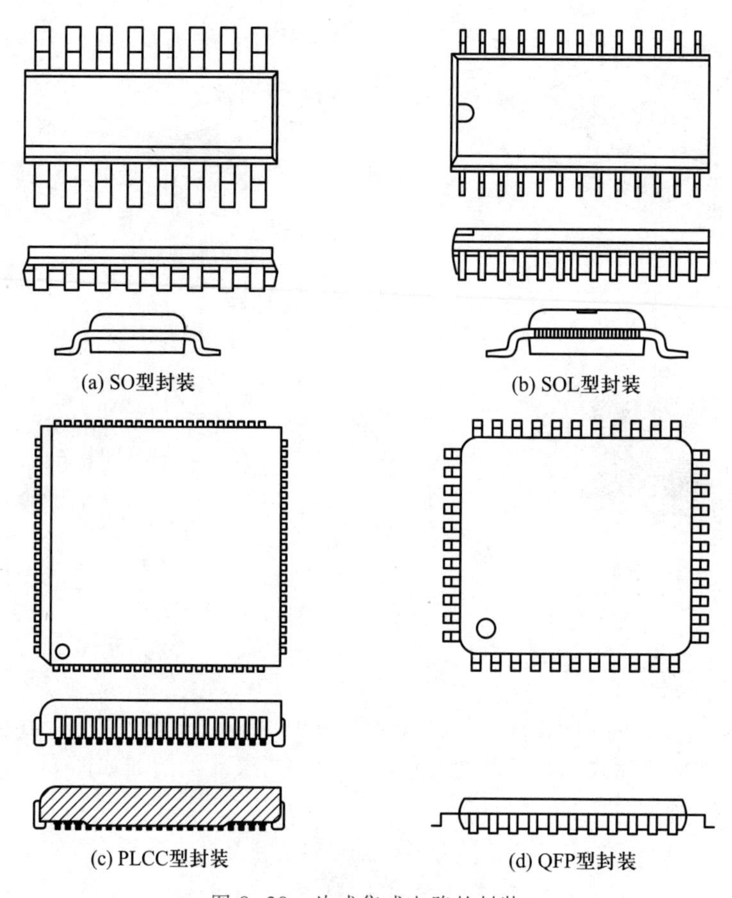

图 8-30 片式集成电路的封装

5. 其他表面组装元器件

除了前面介绍的几种表面组装元器件，常用的表面组装元器件还有片式滤波器、片式振荡器、片式延长线、片式磁芯、片式开关、片式继电器及近年发展起来的 BGA、CSP 封装器等。

第9章　焊接技术

9.1　焊接基础知识

讲义31:手工焊接技术基础

在电子产品的整机装配和维修过程中,焊接工作是必不可少的。焊接是利用加热或加压或者两者并用使两种金属之间原子的壳层起作用(相互扩散),依靠内聚力使金属牢固地接合在一起,如图9-1和图9-2所示。焊接通常分为熔焊、钎焊和接触焊三大类,在电子装配中主要使用的是钎焊。

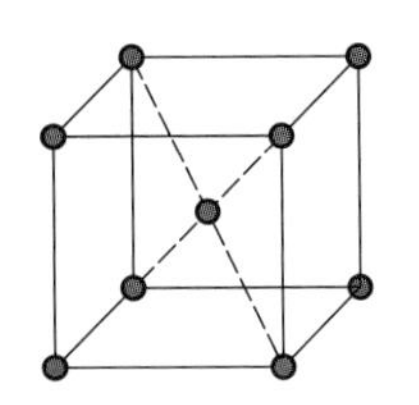
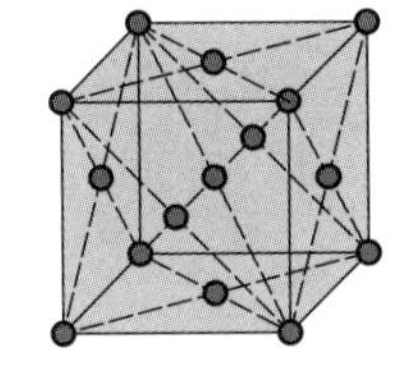
图9-1　金属晶格点阵模型

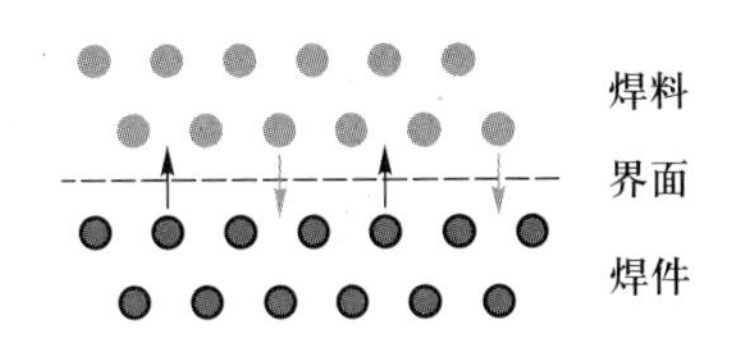

图9-2　焊料与焊件相互扩散示意图

9.1.1　钎焊

1. 钎焊的定义

钎焊是在已加热的工件金属之间,熔入低于工件金属熔点的焊料,通过焊剂的作用,使焊料湿润被加工工件金属表面并生成合金层,从而使工件金属和焊料牢固地结合在一起。钎焊按照使用的焊料熔点不同分为硬焊(钎料熔点高于450℃)和软焊(钎料熔点低于450℃)。

2. 钎焊的特点

(1) 钎料熔点低于焊件。

(2) 加热到钎料熔化,润湿焊件。

(3) 焊接过程焊件不熔化。

(4) 焊接过程需要加焊剂。

(5) 焊接过程可逆——拆焊。

(6) 钎料:铅锡合金。

(7) 电子产品的装配属于软钎焊的范畴,钎料熔点低于450℃。

9.1.2　锡焊

锡焊是指采用铅锡焊料进行焊接,简称锡焊,它是软焊的一种。被焊件中除含有大量铬和铝等合金的金属不易焊接外,其他金属一般都可以采用锡焊焊接,金属的可焊性根据金、银、铜、铁、铝的次序依次递减。锡焊方法简单,整修焊点、拆换元器件、重新焊接都比较容易,使用工具为电烙铁,成本低。因此,在电子产品装配中,它是使用最早、适用范围最广且当前仍然占有很大比重的一种焊接方法。

9.2 焊接工具

视频37:手工焊接工具

焊接之前,必须根据工件金属材料、焊点表面状况、焊接的温度及时间、焊点的机械强度、焊接方式等综合考虑,正确选用电烙铁的功率大小和烙铁头的形状以及助焊剂和焊料。

9.2.1 电烙铁的种类

电烙铁是手工焊接的主要工具,是根据电流通过发热元件产生热量的原理制成的。根据不同的加热方式,电烙铁可以分为外热式、内热式、恒温式、吸焊式、感应式等。

1. 外热式电烙铁

外热式电烙铁一般由烙铁头、烙铁芯、外壳、手柄、插头等部分组成,如图9-3所示;电阻丝绕在薄云母绝缘的圆筒上,组成烙铁芯。烙铁头装在烙铁芯里面,电阻丝通电后产生的热量传到烙铁头上,使烙铁头温度升高,故称为外热式电烙铁。

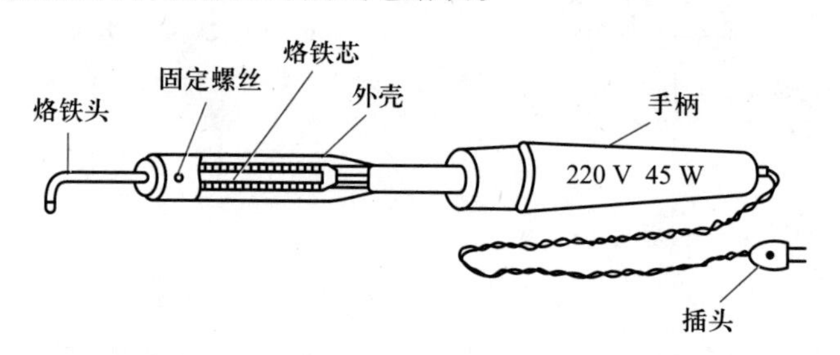

图9-3 外热式电烙铁结构

外热式电烙铁的规格很多,常用的有25 W、45 W、75 W、100 W、125 W等几种。

外热式电烙铁的结构简单,价格较低,使用寿命长,缺点是体积较大,升温较慢,热效率底。

2. 内热式电烙铁

内热式电烙铁一般由烙铁头、烙铁芯、弹簧夹、连接杆、手柄和电源线等组成,如图9-4所示;烙铁芯由镍铬电阻丝缠绕在瓷管上制成,由于烙铁芯安装在烙铁头里面,因而发热快,热利用率高。

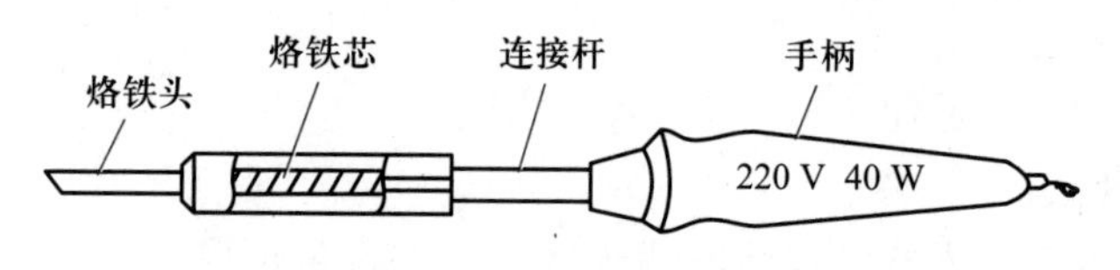

图9-4 内热式电烙铁结构

内热式电烙铁的规格有20 W、30 W、35 W、50 W等几种。一般20 W电烙铁的电阻为2.5 kΩ左右,35 W电烙铁的电阻为1.6 kΩ左右。

内热式电烙铁的特点是体积小、质量轻、耗电低、发热快,热效率高达85%~90%,热传导效率比外热式电烙铁高,主要用来焊接印制电路板,是手工焊接最常用焊接工具。

3. 恒温式电烙铁

恒温式电烙铁的烙铁头温度可以控制,烙铁头可以始终保持在某一设定的温度。其工作原理是在恒温式电烙铁头内装有带磁铁式的温度控制器,通过控制通电时间实现温度控制。即接通电源后,烙铁头的温度上升,当达到设定的温度时,传感器里的磁铁达到居里点而磁性消失,从而使磁心触头断开,这时停止向烙铁芯供电;当温度低于居里点时,磁铁恢复磁性与永久磁铁吸合,触头接通,继续向电烙铁供电,如此反复,自动控温。恒温式电烙铁结构如图 9-5 所示。

恒温式电烙铁采用断续加热,耗电低,温升速度快,在焊接过程中焊锡不易氧化,可减少虚焊,提高焊接质量,烙铁头也不会产生过热现象,使用寿命较长。

恒温式电烙铁根据控制方式不同,可分为电控恒温式电烙铁和磁控恒温式电烙铁。

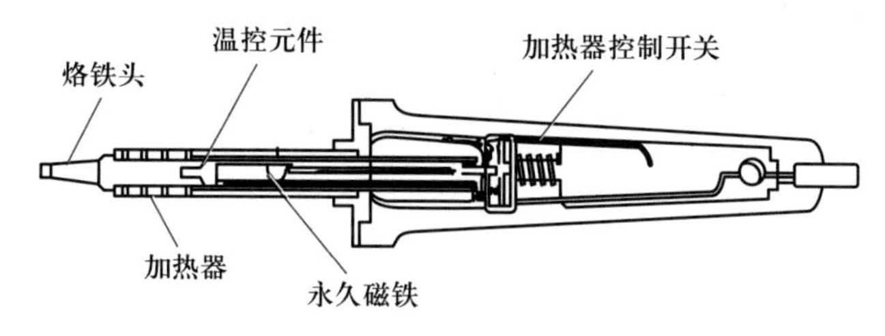

图 9-5　恒温式电烙铁结构

4. 吸锡式电烙铁

吸锡式电烙铁是将电烙铁与活塞式吸锡器融为一体的拆焊工具。吸锡式电烙铁主要用于拆焊,与普通电烙铁相比,其烙铁头是空心的,而且多了一个吸锡装置,其结构如图 9-6 所示。在操作时,先加热焊点,待焊锡熔化后,按下吸锡装置,焊锡被吸走,使元器件与印制板脱焊。

吸锡式电烙铁的使用方法是:在电源接通 3~5 min 后,把活塞按下并卡住,将吸锡头对准欲拆元器件,待锡熔化后按下按钮,活塞上升,焊锡被吸入吸管内。如果拆焊点的焊锡没有被吸尽,可按照前述方法重复 2~3 次。另外,吸锡器配有两个以上直径不同的吸头,可根据元器件引线的粗细选用。吸锡完毕后,可用力推动活塞三四次,消除吸管内残留的焊锡,以便下次使用。

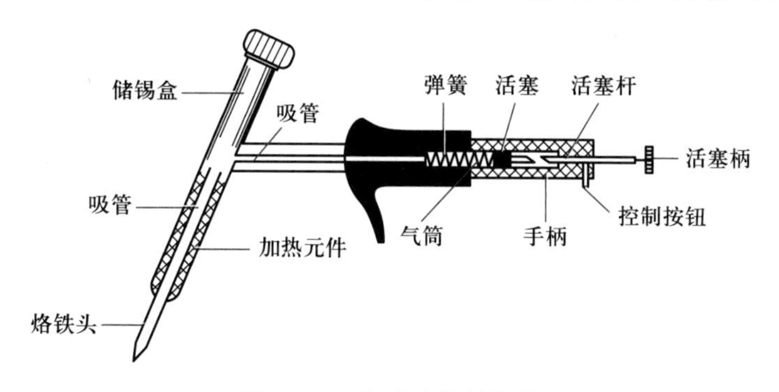

图 9-6　吸锡式电烙铁结构

5. 感应式电烙铁

感应式电烙铁也叫速热烙铁,俗称焊枪,如图 9-7 所示。它里面实际上是一个变压器,这个变压器的二次侧一般只有一匝。当变压器一次侧通电时,二次侧感应出的大电流通过加热体,使同它连接的烙铁头迅速升温至焊接所需要的温度。

感应式电烙铁的特点是加热速度快，一般通电几秒钟，即可达到温度，因此，不需要像直热式电烙铁那样持续通电。它的手柄上带有电源开关，工作时只需要按下开关几秒钟即可进行焊接，特别适合于断续工作时使用。由于感应式电烙铁的烙铁头实际上是变压器的二次绕组，所以对一些电荷敏感器件，如绝缘栅型 MOS 电路，常会因感应电荷的作用而损坏器件。因此，在焊接这类电路时，不能使用感应式电烙铁。

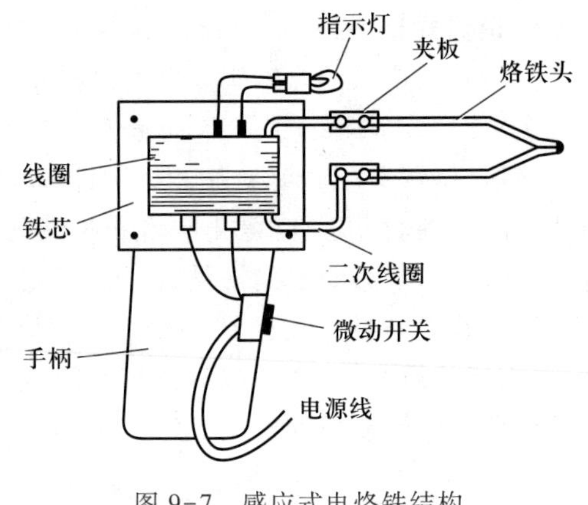

图 9-7 感应式电烙铁结构

9.2.2 烙铁头

烙铁头一般用紫铜制成，内热式烙铁头大都是经过电镀的。这种有电镀的烙铁头，如果不是特殊需要，一般不要修矬或打磨。因为电镀层可保护烙铁头不易被腐蚀。烙铁头的作用是储存热量和传导热量，烙铁头的体积越大，则保持温度的时间越长。烙铁头的形状有锥形面、凿形面、圆形面、马蹄形面等，如图 9-8 所示。

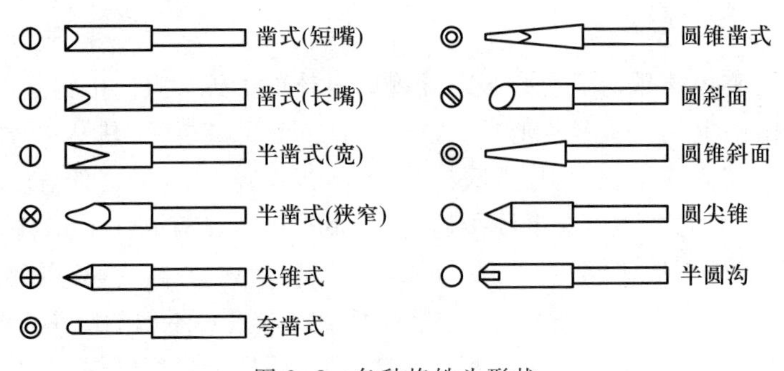

图 9-8 各种烙铁头形状

9.2.3 电烙铁的选用原则

合理地选择电烙铁，可提高焊接质量和效率。若使用的电烙铁功率过小或过大，则焊点不光滑、不牢固，将直接影响外观质量和焊接强度。

1. 选用电烙铁的一般原则

(1) 烙铁头的形状，可以适应被焊件物面要求及产品装配密度。

(2) 烙铁头的顶端温度，需要与焊料的熔点相适应，一般需要比焊料熔点高 30℃～80℃（不包括在电烙铁头接触焊接点时下降的温度）。

(3) 电烙铁热容量要恰当，烙铁头的温度恢复时间需要与被焊件物面的要求相适应。

2. 选用电烙铁的功率原则

(1) 焊接集成电路、晶体管时，应选用 20 W 的内热式电烙铁。

(2) 焊接粗导线及同轴电缆、机壳底板时，应选用 45～75 W 的外热式电烙铁。

(3) 焊接表面安装元器件时可选用恒温式电烙铁。

9.2.4　电烙铁的使用

1. 电烙铁使用前的准备工作

电烙铁使用前要上锡，具体方法是：将电烙铁烧热，待刚刚能熔化焊锡时，将锡线均匀地涂在烙铁头上，使烙铁头均匀地吃上一层锡（注：新买的烙铁在升温过程中冒烟属正常反应）。

2. 掌握正确的操作姿势

正确的操作姿势可以保证操作者的身心健康，减轻劳动伤害。为减少焊剂加热时挥发出的化学物质对人体的危害，减少有害气体的吸入量，一般情况下，烙铁与鼻子的距离应该不少于 20 cm，通常以 30 cm 为宜。

同时，操作者可根据焊接需要采取以下电烙铁的握法：

（1）反握法［见图 9-9（a）］。动作稳定，长时间操作不易疲劳，适用于大功率烙铁的操作。

（2）正握法［见图 9-9（b）］。适用于中等烙铁或带弯头电烙铁的操作。

（3）握笔法［见图 9-9（c）］。一般在操作台上焊印制电路板等焊件时多采用握笔法。

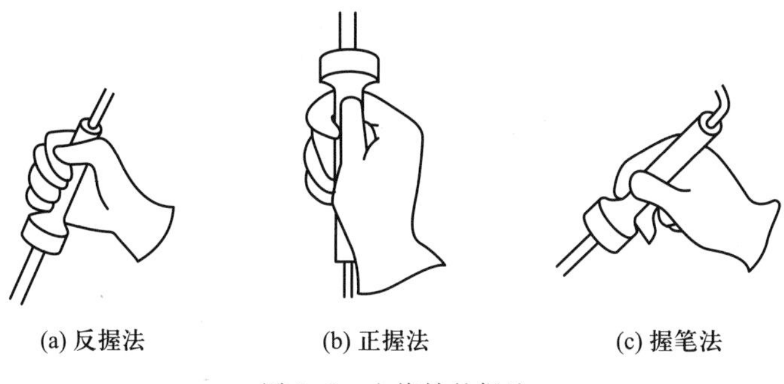

(a) 反握法　(b) 正握法　(c) 握笔法

图 9-9　电烙铁的握法

3. 电烙铁使用注意事项

（1）应根据焊接对象合理选择不同类型（功率、外形）的电烙铁。最好使用三极插头，使外壳妥善接地。

（2）使用前，应认真检查电源插头、电源线有无损坏；检查烙铁头是否松动；测量插头两端阻值是否符合要求。

（3）电烙铁使用中不能到处乱放，不焊时应放在烙铁架上；不能用力敲击，防止跌落；使用过程中要经常挂锡，焊锡过多时，不可乱甩，以防烫伤他人。

（4）电烙铁不宜长时间通电而不使用，这样容易使烙铁芯加速氧化而烧断，缩短寿命；也会使烙铁头因长时间加热而氧化，甚至被“烧死”不再“吃锡”。

（5）使用结束后，应及时切断电源，拔下电源插头，冷却后，再将电烙铁收回工具箱。

9.3　焊料、助焊剂和阻焊剂

9.3.1　焊料

焊料是一种熔点比被焊金属低的易熔金属或合金。焊料熔化时，在被焊金属不熔化的条件下，能润湿被焊件金属表面并形成合金，与被焊金属连接在一起。在一般电子产品装配中，焊料也称为焊锡。

1. 常用焊料的种类

焊料种类繁多，根据熔点不同可分为硬焊料和软焊料；根据组成成分不同可分为锡铅焊料、银焊料、铜焊料等。在锡焊工艺中，一般使用锡铅合金焊料。

焊锡按含锡量和杂质的化学成分分为 S、A、B 三个等级。其中，65Sn/35Pb 熔点为 183℃，用于印制电路板的自动焊接（浸焊、波峰焊）；63Sn/37Pb 熔点为 183℃，60Sn/40Pb 熔点为 190℃，50Sn/40Pb 熔点为 215℃，常用于手工焊接。

2. 常用焊料的形状

焊料在使用时常按规定的尺寸加工成形，有片状、块状、棒状、带状和丝状等多种。

（1）丝状焊料：通常称为焊锡丝（见图 9-10），手工烙铁锡焊中常用。有的焊锡丝内部还夹有松香（见图 9-11）。焊锡丝的直径种类很多，常用的有 0.5 mm、0.8 mm、0.9 mm、1.0 mm、1.2 mm、1.5 mm、2.0 mm 等。

（2）片状焊料：常用于硅片或其他片状焊件的焊接。

（3）带状焊料：常用于自动装配的生产线，用自动焊机从制成带状的焊料上冲切一段进行焊接，以提高生产效率。

（4）焊料膏：由焊料合金粉末和助焊剂组成，焊接时先将焊料膏涂在印制电路板上，然后进行焊接，在自动贴片工艺上已大量使用。

图 9-10 焊锡丝

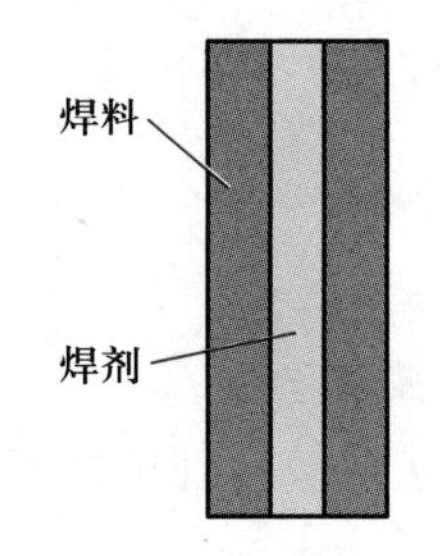

图 9-11 焊锡丝结构

9.3.2 助焊剂

助焊剂一般由活化剂、树脂、扩散剂、溶剂四部分组成。助焊剂是锡铅焊时所必需的辅助材料，是焊接时添加在焊点上的化合物，参与焊接的整个过程。

1. 助焊剂的作用

（1）溶解被焊母材表面的氧化膜

在大气中，被焊母材表面总是被氧化膜覆盖着，其厚度为 $2\times10^{-9}\sim2\times10^{-8}$ m。在焊接时，氧化膜必然会阻止焊料对母材的润湿，焊接就不能正常进行，因此必须在母材表面涂敷助焊剂，使母材表面的氧化物还原，从而达到消除氧化膜的目的。

（2）防止被焊母材的再氧化

母材在焊接过程中需要加热，高温时金属表面会加速氧化，因此液态助焊剂覆盖在母材和焊料的表面可防止它们氧化。

(3) 降低熔融焊料的表面张力

熔融焊料表面具有一定的张力,就像雨水落在荷叶上,由于液体的表面张力会立即聚结成圆珠状的水滴,熔融焊料的表面张力会阻止其向母材表面漫流,影响润湿的正常进行。当助焊剂覆盖在熔融焊料的表面时,可降低液态焊料的表面张力,使润湿性能明显得到提高。

(4) 保护焊接母材表面

被焊材料在焊接过程中已破坏了原本的表面保护层,好的助焊剂在焊完之后会起到保护焊材的作用。

2. 助焊剂应具备的条件

(1) 常温下必须稳定且绝缘性好。

(2) 熔点比焊锡低,表面张力、黏度和密度比重比焊锡小,并且具有良好的流动性。

(3) 不产生有毒或有强烈臭味的气体,没有腐蚀性,导电性和吸湿性好。

(4) 焊剂的膜要光亮、致密、热稳定性好。

3. 助焊剂分类

助焊剂的种类繁多,一般可分为无机系列、有机系列和树脂系列。

(1) 无机系列助焊剂

无机系列助焊剂的化学作用强,助焊性能非常好,但腐蚀作用大,属于酸性焊剂。因为它溶解于水,故又称为水溶性助焊剂,它包括无机酸和无机盐两类。含有无机酸的助焊剂的主要成分是盐酸、氢氟酸等,含有无机盐的助焊剂的主要成分是氯化锌、氯化铵等,它们使用后必须立即进行非常严格的清洗,因为任何残留在被焊件上的卤化物都会引起严重的腐蚀。这种助焊剂通常只用于非电子产品的焊接,在电子设备的装配中严禁使用这类无机系列助焊剂。

(2) 有机系列助焊剂(OA)

有机系列助焊剂的助焊作用介于无机系列助焊剂和树脂系列助焊剂之间,它也属于酸性、水溶性焊剂。含有有机酸的水溶性助焊剂以乳酸、柠檬酸为基础,由于它的焊接残留物可以在被焊件上保留一段时间而无严重腐蚀,因此可以用在电子设备的装配中,但一般不用在SMT的焊膏中,因为它没有松香助焊剂的黏稠性(起防止贴片元器件移动的作用)。

(3) 树脂系列助焊剂

在电子产品的焊接中,使用比例最大的是树脂系列助焊剂。由于它只能溶解于有机溶剂,故又称为有机溶剂助焊剂,其主要成分是松香。松香在固态时呈非活性,只有液态时才呈活性,其熔点为127℃,活性可以持续到315℃。锡焊的最佳温度为240℃~250℃,正处于松香的活性温度范围内,且它的焊接残留物不存在腐蚀问题,这些特性使松香作为非腐蚀性助焊剂而被广泛应用于电子设备的焊接中。为了满足不同的应用需要,松香助焊剂有液态、糊状和固态3种形态。固态的助焊剂适用于烙铁焊,液态和糊状的助焊剂适用于波峰焊。

9.3.3 阻焊剂

阻焊剂是一种耐高温的涂料,一般为绿色或者其他颜色,是覆盖在印制电路板铜线上面的那层薄膜,它起绝缘和防止焊锡附着的作用。同时,它也在一定程度上保护布线层。

阻焊剂类型按工艺加工特点分为:紫外光(UV)固化型阻焊剂、热固化型阻焊剂、液态感光型阻焊剂、干膜型阻焊剂。目前常用的是紫外光固化型阻焊剂。

9.4 手工焊接技术

视频38：焊接基础知识

9.4.1 锡焊的条件

手工焊接技术是焊接技术中的一项基本功，它适用于小批量生产和大量维修的需要。如果焊接面上有阻隔浸润的污垢或氧化层，不能生成两种金属材料的合金层，或者温度不够高使焊料没有充分熔化，都不能使焊料浸润。进行锡焊，必须具备的条件有以下几点。

1. 焊件必须具有良好的可焊性

所谓可焊性是指在适当温度下，被焊金属材料与焊锡能形成良好结合的合金的性能。不是所有的金属都具有好的可焊性，有些金属如铬、钼、钨等的可焊性就非常差；有些金属的可焊性又比较好，如紫铜。在焊接时，由于高温使金属表面产生氧化膜，影响材料的可焊性。为了提高可焊性，可以采用表面镀锡、镀银等措施来防止材料表面的氧化。

2. 焊件表面必须保持清洁

为了使焊锡和焊件达到良好的结合，焊接表面一定要保持清洁。即使是可焊性良好的焊件，由于储存或被污染，都可能在焊件表面产生对浸润有害的氧化膜和油污。在焊接前务必把污膜清除干净，否则无法保证焊接质量。金属表面轻度的氧化层可以通过焊剂作用来清除，氧化程度严重的金属表面，则应采用机械或化学方法清除氧化层，例如进行刮除或酸洗等。

3. 要使用合适的助焊剂

助焊剂的作用是清除焊件表面的氧化膜。不同的焊接工艺，应该选择不同的助焊剂，如镍铬合金、不锈钢、铝等材料，没有专用的特殊焊剂是很难实施锡焊的。在焊接印制电路板等精密电子产品时，为使焊接可靠稳定，通常采用以松香为主的助焊剂。一般是用酒精将松香溶解成松香水使用。

4. 焊件要加热到适当的温度

焊接时，热能的作用是熔化焊锡和加热焊接对象，使锡、铅原子获得足够的能量渗透到被焊金属表面的晶格中而形成合金。焊接温度过低，对焊料原子渗透不利，无法形成合金，极易形成虚焊；焊接温度过高，会使焊料处于非共晶状态，加速焊剂分解和挥发速度，使焊料品质下降，严重时还会导致印制电路板上的焊盘脱落。需要强调的是，不但焊锡要加热到熔化，而且应该同时将焊件加热到能够熔化焊锡的温度。

5. 合适的焊接时间

焊接时间是指在焊接全过程中，进行物理和化学变化所需要的时间。它包括被焊金属达到焊接温度的时间、焊锡的熔化时间、助焊剂发挥作用及生成金属合金的时间等几个部分。当焊接温度确定后，就应根据被焊件的形状、性质、特点等来确定合适的焊接时间。焊接时间过长，易损坏元器件或焊接部位；过短，则达不到焊接要求。一般每个焊点焊接一次的时间为2~3 s，最长不超过5 s。

9.4.2　焊点的要求

视频 39:焊接质量

1. 焊点的基本要求

(1) 焊点大小适中。

(2) 焊点应具有足够的机械强度。

(3) 焊点表面应美观。

(4) 焊点表面应呈现光滑状态,不应出现棱角或拉尖。

产生拉尖的原因有:焊接温度过高、烙铁的撤离方向不对、撤离速度太慢和焊剂质量不合格等。

(5) 焊点应接触良好。常见的现象是虚焊。

2. 焊点的外观要求

(1) 外形以焊接导线为中心,匀称成形拉开。

(2) 焊料的连接面呈半弓凹面,焊料于焊件交界处平滑,接触角为零。

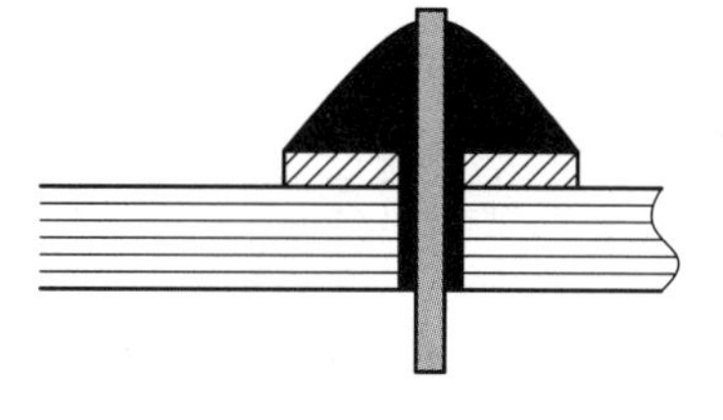

图 9-12　标准焊点形状

(3) 表面有光泽且平滑。

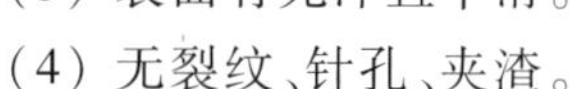

(4) 无裂纹、针孔、夹渣。

标准焊点形状如图 9-12 所示。

3. 典型的不良焊点形状

(1) 焊盘剥离,如图 9-13(a)所示。产生的原因是焊盘加热时间过长,高温使焊盘与电路板剥离。该类焊点极易引发印制电路板导线断裂,造成元器件断路、脱落等故障。

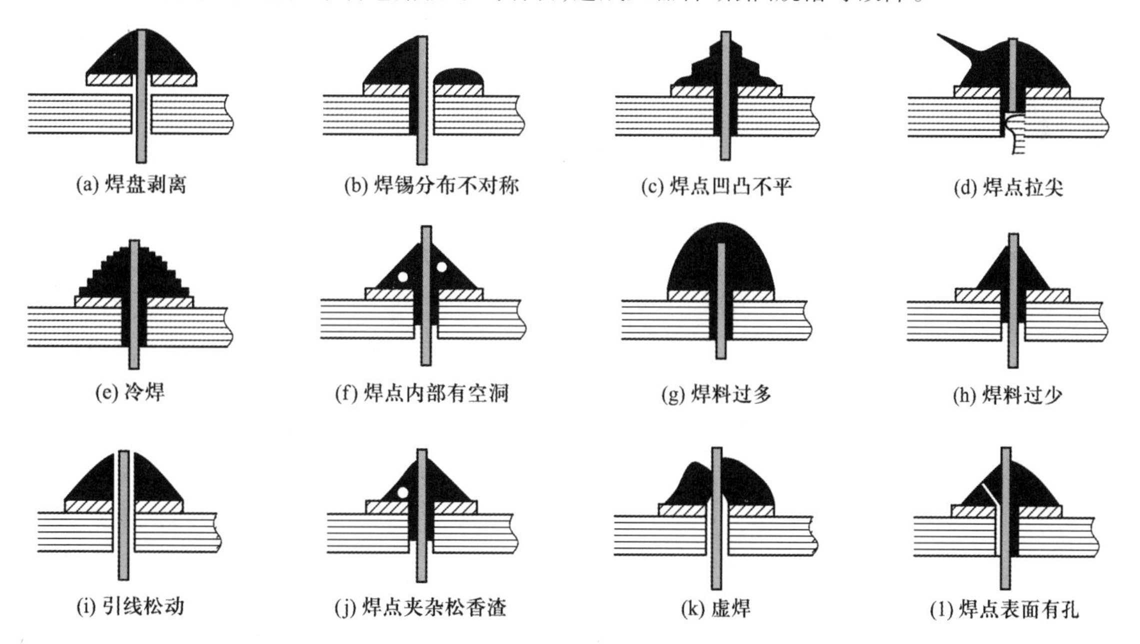

图 9-13　典型不良焊点形状

(2) 焊锡分布不对称,如图 9-13(b)所示。产生的原因是焊剂、焊锡质量不好,或是加热不足。该类焊点的强度不够,在外力作用下极易造成元器件断路、脱落等故障。

(3) 焊点发白、凹凸不平、无光泽，如图 9-13(c)所示。产生的原因是烙铁头温度过高，或者是加热时间过长。这类焊点的强度不够，在外力作用下极易造成元器件断路、脱落等故障。

(4) 焊点拉尖，如图 9-13(d)所示。产生的原因是烙铁头撤离的方向不对，或者是温度过高使焊剂大量升华。该类焊点会引发元器件与导线之间的“桥接”，形成短路故障。在高压电路部分，将会产生尖端放电而损坏电子元器件。

(5) 冷焊，焊点表面呈豆腐渣状，如图 9-13(e)所示。产生的原因是烙铁头温度不够，或者是焊料在凝固前元器件被移动。该类焊点强度不高，导电性较弱，在受到外力作用时极易产生元器件的断路故障。

(6) 焊点内部有空洞，如图 9-13(f)所示。产生的原因是引线浸润不良，或者是引线与插孔间隙过大。该类焊点可暂时导通，但时间一长，元器件容易出现断路故障。

(7) 焊料过多，如图 9-13(g)所示。产生的原因是焊锡丝未及时移开。

(8) 焊料过少，如图 9-13(h)所示。产生的原因是焊锡丝移开过早。该类焊点强度不高，导电性较弱，在受到外力作用时极易产生元器件断路的故障。

(9) 引线松动，元器件引线可移动，如图 9-13(i)所示。产生的原因是焊料凝固前有移动，或者是引线焊剂浸润不良。该类焊点极易引发元器件接触不良、电路不能导通。

(10) 焊点夹杂松香渣，如图 9-13(j)所示。产生的原因是焊剂过多或者加热不足。焊点强度不高，导电性不稳定。

(11) 虚焊，如图 9-13(k)所示。产生的原因是焊件表面不清洁，焊剂不良，或者是加热不足。该类焊点的强度不高，会使元器件的导通性不稳定。

(12) 焊点表面有孔，如图 9-13(l)所示。产生的原因是引线与插孔间隙过大。该类焊点的强度不高，焊点容易被腐蚀。

9.4.3 焊接方法

五步法为手工焊接的基本操作方法，其操作步骤如图 9-14 所示。

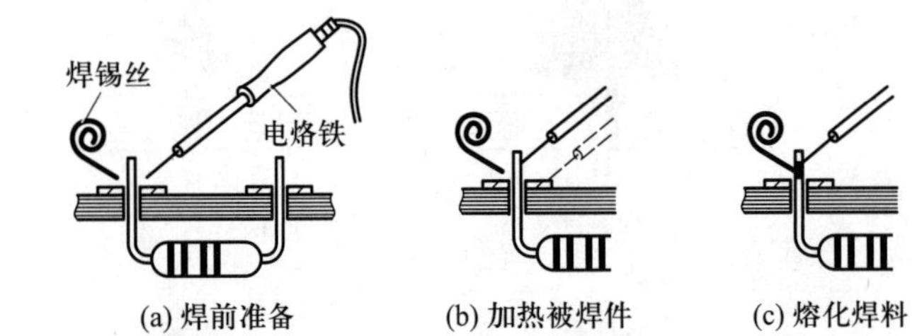

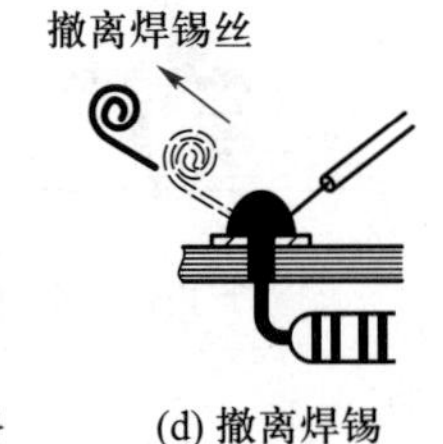

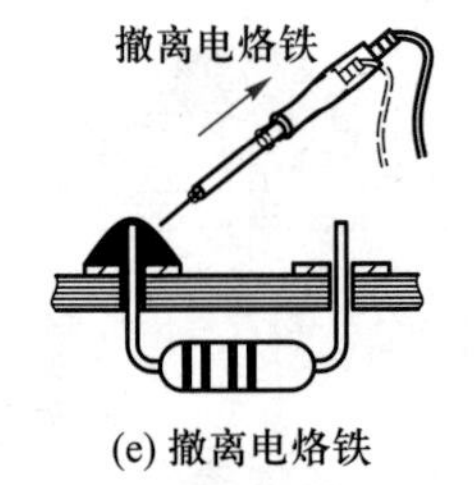

(a) 焊前准备 (b) 加热被焊件 (c) 熔化焊料 (d) 撤离焊锡 (e) 撤离电烙铁

图 9-14 焊接五步法

视频 40:手工焊接五步操作法

1. 焊前准备

将焊接所需材料、工具准备好，如焊锡丝、松香、电烙铁及其支架等，如图9-14(a)所示。用焊锡丝给烙铁头搪好锡，放在烙铁架上做准备。焊锡丝的拿法如图 9-15 所示。

同时，焊接前还应对元器件引脚或电路板的焊接部位进行处理，一般有“刮”“镀”“测”三个步骤。

“刮”:就是在焊接前做好焊接部位的清洁工作。一般采用的工具是小刀和细砂纸,对集成电路的引脚、印制电路板进行清理,去除其上的污垢,清理完后一般还需要往待焊元器件上涂助焊剂。

“镀”:就是在刮净的元器件部位上镀锡。具体做法是蘸松香酒精溶液涂在刮净的元器件焊接部位,再将带锡的热烙铁头压在其上,并转动元器件,使其均匀地镀上一层很薄的锡层。

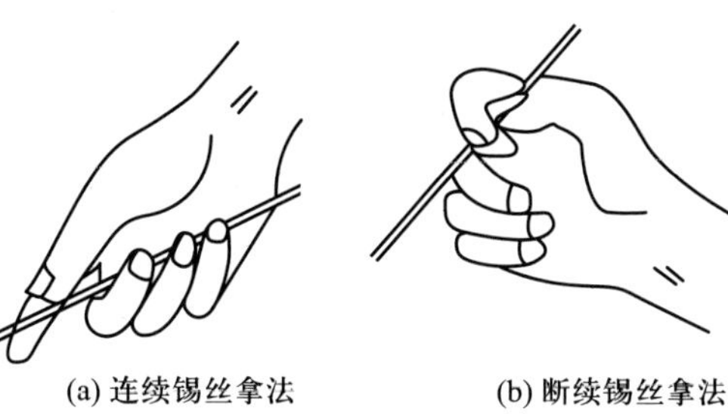

图 9-15 焊锡丝的拿法

“测”:就是利用万用表检测所有镀锡的元器件是否质量可靠,若有质量不可靠或已损坏的元器件,应用同规格元器件替换。

2. 加热被焊件

将烙铁头接触到焊接部位,使元器件的引线和印制板上的焊盘受热均匀。同时应注意烙铁头对焊接部位不要施加力量,加热时间不能过长,如图 9-14(b)所示。否则,烙铁头产生的高温会损伤元器件,使焊点表面的焊剂挥发,使塑料、电路板等材质受热变形。

3. 熔化焊料

烙铁头放到焊件上后,待被焊件加热到一定温度后,将焊锡丝放到被焊件上(注意不要放到烙铁头上),使焊锡丝熔化并浸湿焊点,如图 9-14(c)所示。

4. 撤离焊锡

当焊锡已将焊点浸湿,要及时撤离焊锡丝,以保证焊点的焊料大小合适,如图 9-14(d)所示。

5. 撤离烙铁

当焊锡完全润湿焊点,扩散范围达到要求后,需要立即移开烙铁头。烙铁头的移开方向应与电路板焊接面大致成 45°,移开速度不能太慢,如图 9-14(e)所示。

烙铁头移开的时机、移开时的角度和方向与焊点的形成有直接关系。如果烙铁头离开方向与焊接面成 90°,焊点容易出现拉尖及毛刺现象;如果烙铁头离开方向与焊接面平行,烙铁头会带走大量焊料,造成焊点焊料不足的现象。

上述五步法也可简化为三步法操作,即将步骤 2 和 3 合为一步,同时加热焊件和焊料。步骤 4 和 5 合为一步,当焊锡的扩展范围达到要求后,同时拿开焊锡丝和电烙铁。注意拿开焊锡丝的时机不要迟于电烙铁撤离的时间。

9.4.4 印制电路板的手工焊接工艺

1. 焊前准备

(1) 检查电烙铁能否吃锡,并进行去除氧化层和预搪锡工作。

(2) 对印制板的检查。检查图形、孔位、孔径、印制电路板尺寸是否符合图纸要求,有无断线、短路、缺孔等现象,丝印是否清晰,表面处理是否合格,有无绝缘层脱落、划伤、污染或变质。检查印制电路板是否有严重变形。

(3) 对元器件的检查。检查元器件品种、规格及外封装是否与图纸吻合,元器件的数量是否与文件相符,元器件的引线有无氧化、锈蚀。自制件(如电感、变压器等)的引线是否已去除氧化层。

（4）对已清洁过的元器件引线进行预搪锡工作。

2. 元器件引线成型

元器件引线弯曲成型的要求取决于元器件本身的封装外形和印制电路板上的安装位置，有时也因整个印制电路板安装空间限定元件安装位置。元器件成型要注意如下几点：

（1）所有元器件引线均不得从根部弯曲，一般应留 1.5 mm 以上的间距，如图 9-16（a）所示。

（2）元器件引线的弯曲一般不要成死角，圆弧半径应大于元器件引线直径的 1～2 倍，如图 9-16（b）所示。

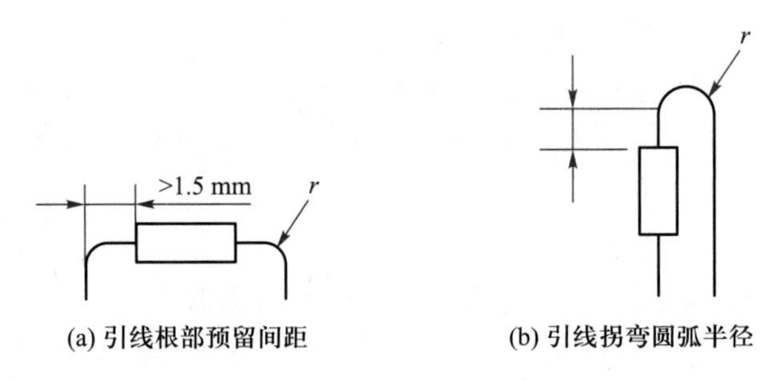

图 9-16 二端元件引线成型

（3）元器件成型时应尽量将有字符的元器件面置于容易观察的位置。

（4）贴板插装的元器件底面与印制电路板之间的间隙必须小于 1 mm，悬空插装的电阻元器件底面与印制电路板之间的高度以磁珠高为准，小管帽晶体管悬空插装时管帽底面与印制电路板的垂直间距为（4±1）mm，立插元器件的长引线需套热缩管。如有特殊要求，按相应的文件执行，引线间距按印制电路板相应插位的孔距要求，引线伸出焊点外的长度为 1～2 mm，如图 9-17 所示。

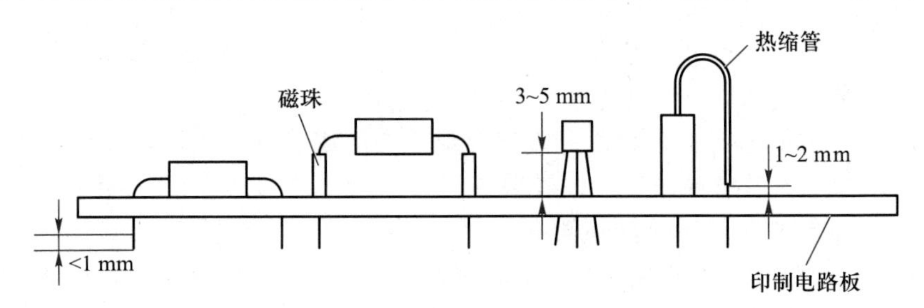

图 9-17 元件与印制电路板间距

3. 元器件插装

（1）元器件插装顺序原则为：从左到右，从上到下，先里后外，先小后大，先轻后重，先低后高，如有特殊要求，按相应的文件执行，插装时应注意字符标记方向一致，容易读出。

（2）极性元件如：电解电容、二极管、晶体管、集成电路等插装时必须按印制电路板丝印所标示的方向插装。有标记“1 或▲”的插座，插装时标记对准印制电路板上方焊盘。

（3）1 W 以上电阻插装时应悬空插装，悬空部分的引线需套磁珠，以固定引线。晶体、1 500 V以上电解电容插装时应在其底部垫绝缘垫。

（4）插装时不要用手直接触摸元器件的引线和印制电路板上的铜箔，以免手上汗渍腐蚀引线和铜箔，如手工焊接。插装后，可用戴手套的手对焊接面的引线进行折弯处理，用以固定元器件。

4. 对元器件焊接的要求

(1) 电阻器的焊接。按元器件清单将电阻器准确地装入规定位置,并要求标记向上,字向一致,如色环电阻起始方向都朝左或朝上。装完一种规格再装另一种规格,尽量使电阻器的高低一致。焊接后将露在PCB板表面上多余的引脚齐根剪去。

(2) 电容器的焊接。将电容器按元器件清单装入规定位置,并注意有极性的电容器其"+"与"-"极不能接错。电容器上的标记方向要易看得见。先装玻璃釉电容器、金属膜电容器、瓷介电容器,最后装电解电容器。

(3) 二极管的焊接。正确辨认正负极后按要求装入规定位置,型号及标记要易看得见。焊接立式二极管时,对最短的管脚焊接时,时间不要超过2 s。

(4) 晶体管的焊接。按要求将E、B、C三根管脚装入规定位置。焊接时间应尽可能短些,焊接时用镊子夹住管脚,以帮助散热。焊接大功率晶体管时,若需要加装散热片,应将接触面平整、光滑后再紧固。

(5) 集成电路的焊接。将集成电路插装在线路板上,按元器件清单要求,检查集成电路的型号、引脚位置是否符合要求。焊接时先焊集成电路边沿的两只引脚,以使其定位,然后再从左到右或从上至下逐个进行焊接。焊接时,烙铁一次蘸取锡量为焊接2~3只引脚的量,烙铁头先接触印制电路板的铜箔,待焊锡进入集成电路引脚底部时,烙铁头再接触引脚,接触时间以不超过3 s为宜,而且要使焊锡均匀包住引脚。焊接完毕后要查一下,看是否有漏焊、碰焊、虚焊之处,并清理焊点处残留的焊料、焊剂和其他杂质。

5. 元器件的焊接

(1) 电烙铁的选用。由于铜箔和绝缘基板之间的结合强度、铜箔的厚度等因素限制,烙铁头的温度最好控制在250℃~300℃,因此一般选择20~35 W的内热式电烙铁。为避免电烙铁的感应电压损坏集成电路,要给电烙铁接好地线。烙铁头的形状应以不损伤印制板为原则,同时也要考虑适当增加烙铁头的接触面积,一般选用蹄形或者凿形烙铁头。

(2) 电烙铁的握法。焊接时,烙铁头不能对印制电路板施加太大的压力,以防止焊盘受压翘起。通常采用握笔法拿电烙铁,小指垫在印制电路板上支撑电烙铁,以便自由调整接触角度、接触面积、接触压力,使焊接面受热均匀。

(3) 焊接步骤。可按前面介绍的五步法进行。当焊盘面积较小时可采用三步法提高焊接效率。

(4) 加热方法。加热时应尽量使烙铁头同时接触印制电路板上的铜箔和元器件的引线。对较大的焊盘(直径大于5 mm)焊接时可移动烙铁,即烙铁绕焊盘转动,以免长时间停留一点导致局部过热。

(5) 金属化孔的焊接。两层以上电路板的孔都要进行金属化处理,焊接时不仅要让焊料润湿焊盘,而且孔内也要润湿填充。

9.4.5 拆焊

视频41:拆焊过程

拆焊又叫解焊,是指电子产品在生产过程中,因为装错、损坏、调试或维修而将已焊的元器件拆下来的过程。拆焊操作难度大,技术要求高,在实际操作中一定要反复练习,掌握操作要领,才能做到不损坏元器件、不损坏印制电路板焊盘。

1. 拆焊原则

拆焊的工序一般与焊接工序相反,拆焊前应弄清原焊点的特点且固定 PCB 板,不可轻易动手。

(1) 拆焊时不得损坏印制电路板上的焊盘与印制导线。

(2) 拆焊时不得损坏拆除的元器件、导线和原焊接部位的结构件。

(3) 对已判断损坏的元器件可将引线先剪断再拆除,这样可减少其他器件损坏。

(4) 拆焊时一定要将焊锡熔解。不能过分用力拉、摇、扭元器件,以免损坏元器件和焊盘。应尽量避免拆动其他元器件或变动其他元器件的位置,如确实需要,应做好复原工作。

2. 拆焊工具

常用的拆焊工具除了普通的电烙铁,还有以下几种:

(1) 镊子。镊子以端头较尖、硬度较高的不锈钢为佳,用以夹持元器件或借助电烙铁恢复焊孔。

(2) 吸锡器。用于吸取熔化的焊锡,使焊盘与元器件引线或导线分离,达到解除焊接的目的,要与电烙铁配合使用。

(3) 吸锡电烙铁。吸锡电烙铁在构造上的主要特点是把加热器和吸锡器装在一起,因而可以利用它很方便地将要更换的元器件从电路板上取下来,而不会损坏元器件和电路板。

(4) 铜编织网、空心针头、气囊吸锡器。铜编织网、空心针头、气囊吸锡器外形如图 9-18 所示。铜编织网可选专用吸锡铜网(价格较贵),也可用普通电缆的铜编织网代用;空心针头可选医用不同号的针头代用;气囊吸锡器一般为橡皮气囊。

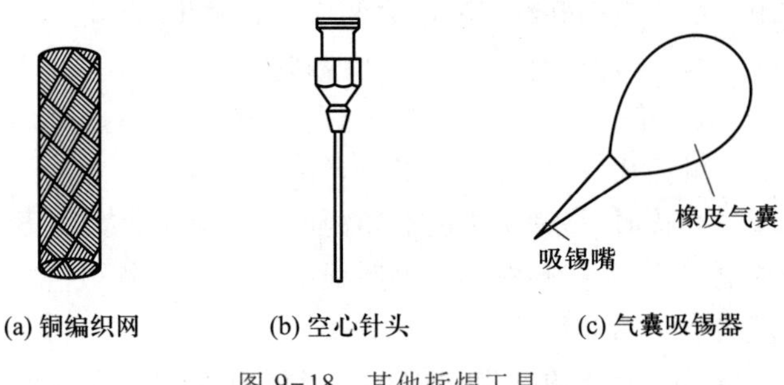

图 9-18 其他拆焊工具

(5) 热风枪。又称贴片元件拆焊台,专门用于表面贴片元器件的焊接和拆卸。使用热风枪时应注意其温度和风力的大小,风力太大容易将元器件吹飞,温度过高容易将电路板吹鼓、线路吹裂。

3. 拆焊的注意事项

(1) 严格控制加热的温度和时间。用烙铁头加热被拆焊点时,当焊料熔化时,应及时沿印制电路板垂直方向拔出元器件的引脚,但要注意不要强拉或扭转元器件,以避免损伤印制电路板的印制导线、焊盘及元器件本身。

(2) 拆焊时不要用力过猛。在高温状态下,元器件封装的强度会下降,尤其是塑封器件,拆焊时不要强行用力拉动、摇动、扭转,这样会造成元器件和焊盘的损坏。

(3) 吸去拆焊点上的焊料。拆焊前,用吸锡工具吸去焊料,有时可以直接将元器件拔下。即使还有少量锡连接,也可以减少拆焊的时间,减少元器件和印制电路板损坏的可能性。在没有吸锡工具的情况下,则可以将印制电路板或能移动的部件倒过来,用电烙铁加热拆焊点,利用重力原理,让焊锡自动流向电烙铁,也能达到部分去锡的目的。

(4) 拆焊完毕,必须把焊盘插线孔内的焊料清除干净,否则就有可能再重新插装元器件时,将焊盘顶起损坏(因为有时孔内焊锡与焊盘是相连的)。

4. 拆焊的基本方法

(1) 剪断拆焊法,适用于元件报废。将 PCB 板固定在机架上,再用斜口钳齐焊点根部剪断导线或元器件引脚,然后用烙铁加热焊点面,用镊子取掉残余引脚,用吸锡器清除 PCB 板上残余的锡。

(2) 分点拆焊法,适用于拆焊两脚距离较大的元件。将 PCB 板固定在机架上,用烙铁预热焊在板上的一个元器件引脚,然后用镊子夹住引脚轻轻拔出,再用同样的方法拆除另一个引脚,用吸锡器清除 PCB 板上残余的锡。

(3) 集中拆焊法,适用于拆焊两脚距离较小的元件。将 PCB 板固定在机架上,用烙铁同时预热元器件的两个引脚,然后用镊子夹住将引脚轻轻拔出,用吸锡器清除 PCB 板上残余的锡。

(4) 锡炉拆焊法,适用于拆焊引脚较多且集中的元器件。用高温胶纸将相关金手指和元器件紧贴,将锡炉通电预热至 280℃左右,用浸有松香水的毛刷在需拆元器件引脚上涂一层松香,然后把需拆元器件的引脚放置在锡炉的表面,加热到元器件的每个焊点完全熔锡后,用镊子轻轻地把元器件取下来,用吸锡器清除 PCB 板上残余的锡。

(5) SMD 热风台拆焊法,适用于表面贴装元器件的拆焊。将热风拆焊台通电预热至 320℃左右,单喷嘴气流控制可设在 1~5 挡,其他喷嘴可设置在 4~8 挡,将需拆焊的 PCB 板放置在台面上,手持烙铁使喷嘴对准需拆元器件所要熔化焊剂部分,让喷出的热气熔化焊剂,直到每个焊剂熔化后,再用镊子轻轻地把元器件取下来,用吸锡器清除 PCB 板上残余的锡。

5. 拆焊后的补焊

拆焊后一般都要重新焊上元器件或导线,操作时应注意以下几个问题:

(1) 重新焊接的元器件引线和导线的剪截长度、离底板或印制板的高度、弯折形状和方向,都应尽量保持与原来的一致,使电路的分布参数不致发生大的变化,以免使电路的性能受到影响,特别是对于高频电子产品,更要重视这一点。

(2) 印制电路板拆焊后,如果焊盘孔被堵塞,应先用空心针或镊子尖端在加热下从铜箔面将孔穿通,再插进元器件引线或导线进行重焊。特别是单面板,不能用元器件引线从印制电路板板面穿孔,这样很容易使焊盘铜箔与基板分离,甚至使铜箔断裂。

(3) 拆焊点重新焊好元器件或导线后,应将因拆焊需要而弯折、移动过的元器件恢复原状。

9.4.6 焊接后的质量检查

焊接完成后,为保证焊接质量,一定要对焊点进行质量检查,避免虚焊的产生。目前主要通过目视检查和手触检查来发现和解决问题。

目视检查的主要内容如下:

(1) 是否有漏焊。漏焊是指应该焊接的焊点没有焊上。

(2) 焊点的光泽好不好。

(3) 焊点的焊料足不足。

(4) 焊点周围是否有残留的焊剂。

(5) 焊盘与印制导线是否有桥接。

(6) 焊盘有没有脱落。

(7) 焊点有没有裂纹。

(8) 焊点是不是凹凸不平。

(9) 焊点是否有拉尖的现象。

手触检查是指用手触摸被焊元器件时,看元器件是否有松动的感觉和焊接不牢的现象;当用镊子夹住元器件引线,轻轻拉动时观察有无松动现象;对焊点进行轻微晃动时,观察上面的焊锡是否有脱落现象。

通电检查必须是在外观检查和连接检查无误后才可做的工作,也是检验电路性能的关键步骤。通电检查可以发现许多细微的缺陷,例如肉眼看不见的电路桥接,但对于内部虚焊的隐患就不易察觉了。

9.4.7 焊接后的处理

印制电路板的焊接工作完成后还应进行以下处理:

(1) 对有缺陷的焊点进行返工,每个焊点返工的次数不超过三次,返工后应重新检验。

(2) 剪去多余引线,要求保留引线长度为伸出焊点外 1 mm,注意不要对焊点施加剪切力以外的其他力。

(3) 对印制电路板上的大线圈采用尼龙拉扣固定,小线圈采用热熔胶固定。

(4) 对调试后的印制电路板上电位器的可调端均应采用点漆固定,对直径大于 15 mm 的电解电容器应采用热熔胶固定。

(5) 用酒精清洗液、软毛刷清洗印制板上多余的松香焊剂,并用干净的棉布将多余酒精清洗液擦拭干净。

(6) 检查处理后的印制电路板应用静电袋包好,不要随意摆放。

9.5 表面贴装技术

9.5.1 SMT 工艺介绍

表面贴装技术(surface mounted technology,SMT)是目前电子组装行业里最流行的一种技术和工艺。SMT 是将电子零件放置于印制电路板表面,然后使用焊锡连接电子零件的引脚与印制电路板的焊盘。而与 SMT 相对应的则是通孔插装技术(through hole technology,THT)。通孔插装技术是将电子元器件引脚插入印制电路板的通孔,然后将焊锡填充其中。由于印制电路板有两面,显然,表面贴装可在板子两面同时进行焊接,而通孔插装则不能。

1. SMT 与 THT 工艺比较

从组装工艺技术的角度分析,SMT 和 THT 的根本区别是“贴”和“插”。二者的差别还体现在基板、元器件、组件形态、焊点形态和组装工艺方法等各个方面。

THT采用有引线元器件,在印制板上设计好电路连接导线和安装孔,通过把元器件引线插入PCB上预先钻好的通孔中,暂时固定后在基板的另一面采用波峰焊接等软钎焊技术进行焊接,形成可靠的焊点,建立长期的机械和电气连接,元器件主体和焊点分别分布在基板两侧。由于元器件有引线,当电路密集到一定程度以后,采用THT就无法解决缩小体积的问题了。同时,引线间相互接近导致的故障、引线长度引起的干扰也难以排除。

SMT是指把片状结构的元器件或适合于表面组装的小型化元器件,按照电路的要求放置在印制板的表面上,用再流焊或波峰焊等焊接工艺装配起来,构成具有一定功能的电子部件的组装技术。在传统的THT印制电路板上,元器件和焊点分别位于板的两面;而在SMT印制电路板上,焊点与元器件都处在板的同一面上。因此,在SMT印制电路板上,通孔只用来连接电路板两面的导线,孔的数量要少得多,孔的直径也小很多。这样,就能使电路板的装配密度极大提高。SMT与THT的区别如表9-1所示。

表9-1 SMT和THT的区别

类型	SMT	THT
元器件	SOIC、SOT、LCCC、PLCC、QFP、BGA、CSR,尺寸比DIP要小许多	双列直插或DIP,针阵列PGA
	片式电阻、电容	有引线电阻、电容
基板	PCB板采用1.27 mm网格或更细设计	PCB采用2.54 mm网格设计
	通孔孔径为0.3~0.5 mm,布线密度要高2倍以上	通孔孔径为0.8~0.9 mm
焊接方法	再流焊	波峰焊
面积	小	大
组装方法	表面贴装	通孔插入
自动化程度	自动贴片机,比自动插装机效率高	自动插装机

2. SMT的优点

SMT与THT比较有以下优点:

(1)组装密度高、电子产品体积小、重量轻

贴片元件的体积和重量只有传统插装元件的1/10左右,THT改为SMT之后,电子产品的体积可缩小40%~60%,重量可减少60%~80%。

(2)可靠性高

由于贴装元器件无引线或引线极短、体积小、中心低,直接贴焊在印制电路板的表面上,抗震能力强,可靠性高,采用了先进的焊接技术使焊点缺陷率大大降低,一般不良焊点率小于十万分之一,比通孔插装组件波峰焊接技术低一个数量级。

(3)高频特性好,减少了电磁和射频干扰

无引线或短引线元器件,电路寄生参数小、噪声低,特别是减少了印制电路板高额分布参数的

影响。安装的印制电路板变小,使信号的传送距离变短,提高了信号的传输速度,改善了高频特性。

(4) 易于实现自动化,提高生产效率

表面安装技术可以进行计算机控制,整个SMT程序都可以自动进行,生产效率高,而且安装的可靠性也大大提高,适合于大批量生产。

(5) 降低成本达30%~50%,节省材料、能源、设备、人力、时间等

印制电路板使用面积减小,频率特性提高,减少了电路调试费用;片式元器件体积小,重量轻,减少了包装、运输和储存费用;片式元器件发展快,成本迅速下降。

3. SMT工艺流程

SMT工艺有两类最基本工艺流程,一类是焊锡膏-再流焊工艺,另一类是贴片胶-波峰焊工艺。在实际生产中,应根据所用元器件和生产装备的类型以及产品的需求,选择单独进行或者重复、混合使用,以满足不同产品生产的需求。

(1) 焊锡膏-再流焊工艺

焊锡膏-再流焊工艺如图9-19所示,该工艺的特点是简单、快捷,有利于产品体积的减小,在无铅焊接工艺中更显示出其优越性。

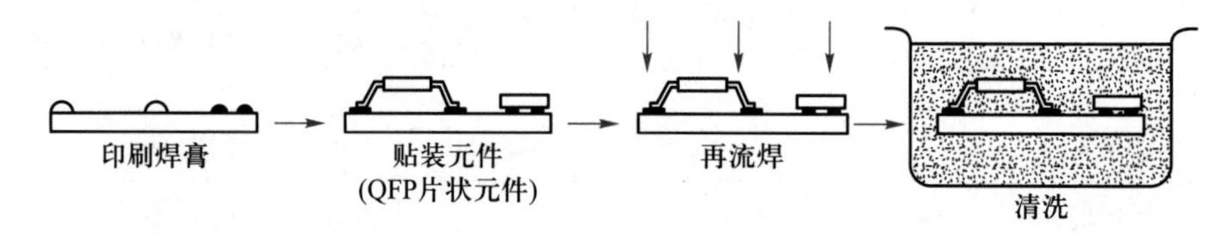

图9-19 焊锡膏-再流焊工艺

(2) 贴片胶-波峰焊工艺

贴片胶-波峰焊工艺如图9-20所示,该工艺流程的特点是利用双面板空间,电子产品的体积进一步减小,并部分使用通孔元件,价格更低,但所需设备增多。由于波峰焊过程中缺陷较多,难以实现高密度组装,若将上述两种工艺流程混合使用,则可以演变成多种工艺流程。

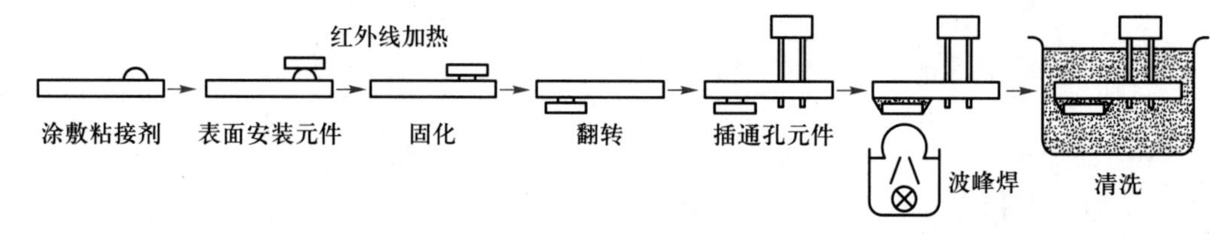

图9-20 贴片胶-波峰焊工艺

(3) 再流焊与波峰焊两种工艺比较

再流焊与波峰焊相比,具有如下特点:

① 再流焊不直接把印制电路板浸在熔融焊料中,因此元器件受到的热冲击小;

② 再流焊仅在需要部位施放焊料;

③ 再流焊能控制焊料的施放量,有效避免了桥接等缺陷;

④ 焊料中一般不会混入不纯物,使用焊膏时能保持焊料的组成;

⑤ 当SMD的贴放位置发生偏离时,由于熔融焊料的表面张力作用,只要焊料的施放位置正

确,就能自动校正偏离,使元器件固定在正常位置。

4. 各种表面组装件的组装方式

根据组装产品的具体要求和组装设备的条件选择合适的组装方式,是高效、低成本组装的生产基础,也是 SMT 工艺设计的主要内容。

(1) 全表面组装

全表面组装是指在 PCB 上只有 SMC/SMD 而无 THC(通孔插件),实际应用中这种组装形式不多。它又分为单面表面组装和双面表面组装,其特征如表 9-2 所示。

(2) 单面混装

单面混装即 SMC/SMD 与 THC 分布在 PCB 不同的面上,但其焊接面仅为单面。该类组装方式采用单面 PCB 和波峰焊接工艺,其特征如表 9-2 所示。

(3) 双面混装

双面混装即 SMC/SMD 和 THC 可混合分布在 PCB 的同一面;同时,SMC/SMD 也可分布在 PCB 的双面。该类组装方式采用双面 PCB,波峰焊接或再流焊接工艺,其特征如表 9-2 所示。

表 9-2　表面组装组件的组装方式

组装方式		示意图	电路基板	焊接方式	特征
全表面组装	单面 表面组装	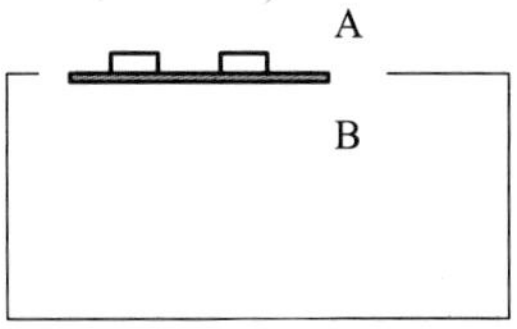 A B	单面 PCB 陶瓷基板	单面再流焊	工艺简单, 用于小型、 薄形电路
	双面 表面组装	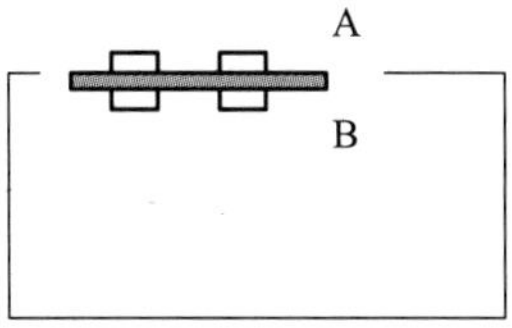 A B	双面 PCB 陶瓷基板	双面再流焊	高密度组装、 薄形化
单面混装	SMD 和 THC 都在 A 面	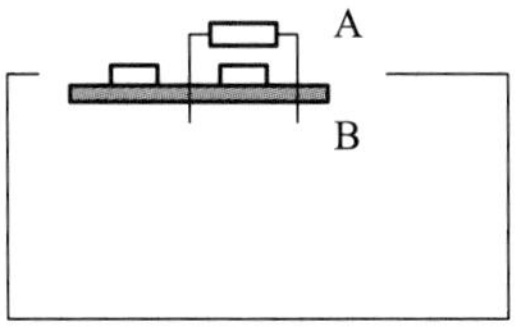 A B	双面 PCB	先 A 面再流焊, 后 B 面波峰焊	先贴后插, 工艺简单
	THC 在 A 面 SMD 在 B 面	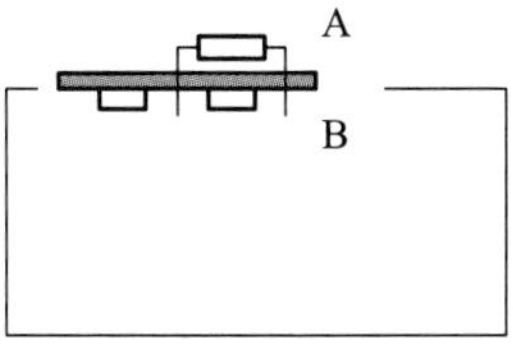 A B	单面 PCB	B 面波峰焊	先贴后插, 工艺简单; 若先插后贴, 工艺复杂

续表

组装方式		示意图	电路基板	焊接方式	特征
双面混装	THC在A面，A、B两面都有SMD	A B	双面PCB	先A面再流焊，后B面波峰焊	高密度组装
	A、B两面都有SMD和THC	A B	双面PCB	先A面再流焊，后B面波峰焊	工艺复杂，较少采用

9.5.2 SMT生产系统的基本组成

由表面涂敷设备、贴装机、焊接机、清洗机、测试设备等表面组装设备形成的SMT生产系统，习惯上称为SMT生产线。

目前，表面组装元器件的品种规格尚不齐全，因此在表面组装组件中仍需要采用部分通孔插装元器件。所以，一般所说的表面组装组件中往往是插装件和贴装件兼有，全部采用SMC/SMD的只是一部分。根据组装对象、组装工艺和组装方式不同，SMT的生产线有多种组线方式。

图9-21所示为采用再流焊技术的SMT生产线的最基本组成，一般用于PCB单面贴装SMC/SMD的表面组装场合，也称之为单线形式。如果在PCB双面贴装SMC/SMD，则需要双线组线形式的生产线。当插装件和贴装件兼有时，还需在图9-21所示生产线基础上附加插装件组装线盒等相应设备。当采用的是非免清洗组装工艺时，还需附加焊后清洗设备。目前，一些大型企业设置了配有送料小车以及计算机控制和管理的SMT产品集成组装系统，它是SMT产品自动组装生产的高级组织形式。

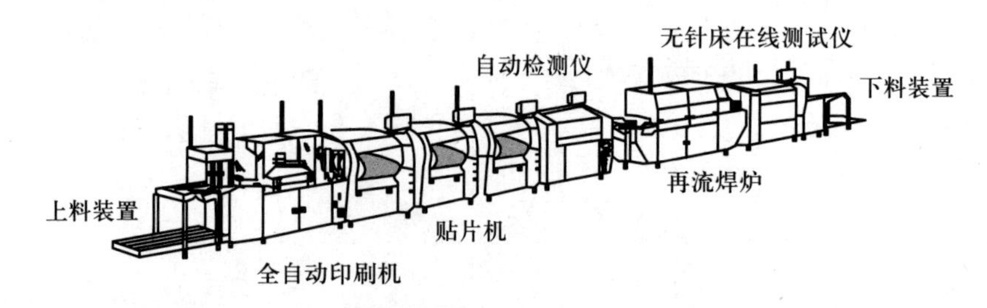

图9-21 采用再流焊技术的SMT生产线基本组成示例

下面是SMT生产线的一般工艺过程，其中的焊膏涂敷方式、焊接方式以及点胶工序根据不同的组线方式而有所不同。

① 印刷：其作用是将焊膏或贴片胶漏印到PCB的焊盘上，为元器件的焊接做准备。所用设

备为印刷机,位于 SMT 生产线的最前端。

② 点胶:因现在所用的电路板大多是双面贴片的,为防止二次回炉时投入面的元件因锡膏再次熔化而脱落,故在投入面加装点胶机,它是将胶水滴到 PCB 的固定位置上,其主要作用是将元器件固定到 PCB 板上。所用设备为点胶机,位于 SMT 生产线的最前端或检测设备的后面。

③ 贴装:其作用是将表面组装元器件准确安装到 PCB 的固定位置上。所用设备为贴片机,位于 SMT 生产线中印刷机的后面。

④ 固化:其作用是将贴片胶熔化,从而使表面组装元器件与 PCB 板牢固粘接在一起。所用设备为固化炉,位于 SMT 生产线中贴片机的后面。

⑤ 再流焊接:其作用是将焊膏融化,使表面组装元器件与 PCB 板牢固粘接在一起。所用设备为回流焊炉,位于 SMT 生产线中贴片机的后面。

⑥ 清洗:其作用是将组装好的 PCB 板上对人体有害的焊接残留物如助焊剂等除去。所用设备为清洗机,位置可以不固定。

⑦ 检测:其作用是对组装好的 PCB 板进行焊接质量和装配质量的检测。所用设备有放大镜、显微镜、在线测试仪(ICT)、飞针测试仪、自动光学检测(AOI)、XRAY 检测系统、功能测试仪等。其位置根据检测的需要,可以配置在生产线合适的地方。

⑧ 返修:其作用是对检测出故障的 PCB 板进行返工。所用工具为烙铁、返修工作站等,配置在生产线中任意位置。

9.6 工业焊接技术

手工烙铁焊接操作简单,但它只适用于小批量生产和日常维修加工。随着电子技术的发展,电子元器件也日趋集成化、小型化和微型化,印制电路板上元器件的排列也越来越密,焊接质量要求也越来越高。在大批量生产中,手工焊接已不能满足生产效率和可靠性的要求,这就需要采用自动焊接生产工艺。

9.6.1 浸焊

浸焊是指把插装好元器件的印制电路板放在融化有焊锡的锡槽内,同时对印制电路板上所有焊点进行焊接的方法。对于多品种、小批量生产的印制电路板一般采用浸焊的方法,浸焊的设备较简单,操作也容易掌握。浸焊有手工浸焊和自动浸焊两种。

视频 42:浸焊与波峰焊

1. 手工浸焊

手工浸焊是由人手持夹具夹住插装好的 PCB,人工完成浸锡的方法,其操作过程如下:

(1) 加热使锡炉中的锡温控制在 250℃~280℃;

(2) 在 PCB 板上涂一层(或浸一层)助焊剂;

(3) 用夹具夹住 PCB 浸入锡炉中,使焊盘表面与 PCB 板接触,浸锡厚度以 PCB 厚度的 1/2~2/3 为宜,浸锡的时间为 3~5 s;

(4) 以 PCB 板与锡面成 5°~10°角使 PCB 离开锡面,略微冷却后检查焊接质量。如有较多的焊点未焊好,要重复浸锡一次,对只有个别不良焊点的板,可用手工补焊。注意经常刮去锡炉表面的锡渣,保持良好的焊接状态,以免因锡渣的产生而影响 PCB 的干净度及清洗问题。

手工浸焊的特点为:设备简单、投入少,但效率低,焊接质量与操作人员的熟练程度有关,易出现漏焊,焊接有贴片的 PCB 板较难取得良好的效果。

2. 自动浸焊

自动浸焊是用机器代替手工夹具夹住插装好的 PCB 进行浸焊的方法。当所焊接的电路板面积大、元件多,无法靠手工夹具夹住浸焊时,可采用机器浸焊。

自动浸焊的过程为:线路板在浸焊机内运行至锡炉上方时,锡炉作上下运动或 PCB 作上下运动,使 PCB 浸入锡炉焊料内,浸入深度为 PCB 厚度的 1/2~2/3,浸锡时间为 3~5 s,然后 PCB 离开浸锡机,完成焊接。该方法主要用于电视机主板等面积较大的电路板焊接,以此代替波峰焊机,减少锡渣量,并且板面受热均匀,变形相对较小。

9.6.2 波峰焊

波峰焊是指将熔化的软钎焊料(铅锡合金),经电动泵或电磁泵喷流成设计要求的焊料波峰,亦可通过向焊料池注入氮气来形成,使预先装有元器件的印制板通过焊料波峰,实现元器件焊端或引脚与印制电路板焊盘之间机械与电气连接的软钎焊。

波峰焊机由传送装置、涂助焊剂装置、预热装置、锡缸、锡波喷嘴、冷却风扇等组成。

波峰焊流程为:将元件插入相应的元件孔中→预涂助焊剂→预烘(温度 90℃~100℃,长度 1~1.2 m)→波峰焊(220℃~240℃)→切除多余插件脚→检查。

9.6.3 再流焊

再流焊又称回流焊,它是伴随微型化电子产品的出现而发展起来的一种新的焊接技术,目前主要用于片状元件的焊接。再流焊是先将焊料加工成一定粒度的粉末,加上适当的液态黏合剂,使之成为有一定流动性的糊状焊膏,用糊状焊膏将元器件粘贴在印制电路板上,通过加热使焊膏中的焊料熔化而再次流动,从而实现将元器件焊到印制电路板上的目的。

再流焊的工艺流程为:将糊状焊膏涂到印制电路板上→安装元器件→再流焊→测试→焊后处理。

9.6.4 高频加热焊

高频加热焊是利用高频感应电流,将被焊的金属进行加热焊接的方法。

高频加热焊的装置主要由高频电流发生器和与被焊件形状基本适应的感应线圈组成。

高频加热焊的焊接方法:把感应线圈放在被焊件的焊接部位上,然后将垫圈形或圆环形焊料放到感应圈内,再给感应圈通以高频电流,此时焊件就会受电磁感应而被加热,当焊料达到熔点时就会熔化并扩散,待焊料全部熔化后,便可移开感应圈或焊件。

9.6.5 脉冲加热焊

脉冲加热焊是以脉冲电流的方式通过加热器在很短的时间内对焊点加热实现焊接的。

脉冲加热焊的具体方法:在焊接前,利用电镀或其他方法,在焊点位置加上焊料,然后通以脉冲电流,进行短时间的加热,一般以 1 s 左右为宜,在加热的同时还需加压,从而完成焊接。

脉冲加热焊可以准确地控制时间和温度,焊接的一致性好,不受操作人员熟练程度高低的影响,适用于小型集成电路的焊接,如电子手表、照相机等高密度焊点的电子产品,即不易使用电烙铁和焊剂的产品。

9.6.6 其他焊接方法

除了上述介绍的焊接方法,在微电子器件组装中,超声波焊、热超声金丝球焊、机械热脉冲焊都有各自的特点。新近发展起来的激光焊,能在几个毫秒时间内将焊点熔化并实现焊接,是一种很有潜力的焊接方法。

随着微处理技术的发展,在电子焊接中使用微机控制焊接设备也进入实用阶段,例如微机控制电子束焊接已在我国研制成功。此外,光焊技术已用于CMOS集成电路的全自动生产线,其特点是用光敏导电胶代替焊料,将电路片子粘在印制电路板上,用紫外线固化焊接。

随着电子工业的不断发展,传统方法将不断得到改善,新的高效率的焊接方法将不断涌现。

第 10 章　电子产品的安装与调试

10.1　收音机的安装与调试

学习电子技术往往是从收音机的装配开始的，这不仅是因为收音机的装配制作过程充满了趣味性，同时还因为在一台完整的收音机中几乎包含了各种基本的单元电路，如变频（混频）、振荡、中频调谐放大、检波、低频电压放大和功率放大等，通过收音机的装配可以比较全面地学习电子技术。同时，一台标准的收音机电路通常是以超外差方式工作的。不仅仅收音机，其他各种接收机，如电视机和遥控遥测装置等，也大多采用超外差工作方式。装好超外差式收音机对我们进一步学习其他更复杂的电子装置是大有好处的。

10.1.1　无线电广播的发射和接收

1. 无线电广播的发射

无线电广播是一种利用电磁波传播声音信号的手段。

人耳所能听到的声音频率为 20 Hz~20 kHz，通常我们把这一范围称为音频。声波在空气中的传播速度（340 m/s）比起无线电波的传播速度（3×10^8 m/s）是很慢的，而且衰减得相当快，所以声音是不会传送得很远的。要实现声音的远距离传送，首先应将声音通过话筒（微音器）转化为音频电信号，音频电信号是不能直接向空间发射的，必须用音频信号去调制一个等幅的高频振荡才能实现声音的远距离传输。所谓调制，就是用音频或者视频信号去控制载波，使载波的某一参数随着音频或视频信号的变化而变化。这里等幅的高频振荡称为载波，音频信号称为调制信号，经过调制的载波称为已调波。由于调制信号的载波频率都在几百千赫兹以上，因此传输的距离就比较远。已调波经调谐功率放大器放大，由发射天线辐射到空间。无线电广播发射原理框图如图 10-1 所示。

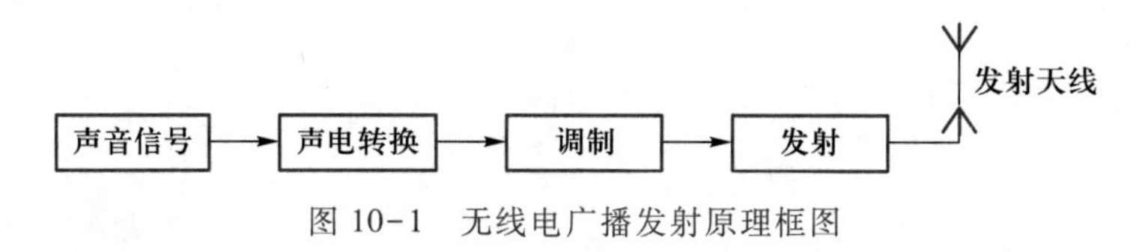

图 10-1　无线电广播发射原理框图

音频对载波的调制方式有调频（FM）、调幅（AM）、调相（PM），一般广播采用调幅或调频。调幅是使载波的振幅随调制信号电压的变化而变化的调制方式。也就是说，通过用调制信号来改变高频信号的幅度大小，使得调制信号的信息包含在高频信号之中，通过天线把高频信号发射出去，那么调制信号也传播出去了；调频是使载波的频率随调制信号电压的变化而变化的调制方式。调幅和调频信号波形图如图 10-2 所示。

调幅波频带窄，接收机简单，成本低，目前中央和各省市及地方电台均采用调幅广播。我国规定调幅广播中取音频信号的最高频率为 $f_n = 4.5$ kHz，则每一广播电台占有 9 kHz 的带宽。调幅广播根据载波频率的高低分为中波、中短波和短波，我国中波广播频段为 535～1 605 kHz，短波Ⅰ为 2.7～7 MHz，短波Ⅱ为 7～18 MHz。调频波具有抗干扰能力强、音质好的特点，目前中央和大多省区市都有调频广播，调频广播频段为 88～108 MHz，已调波带宽为 150～200 kHz。

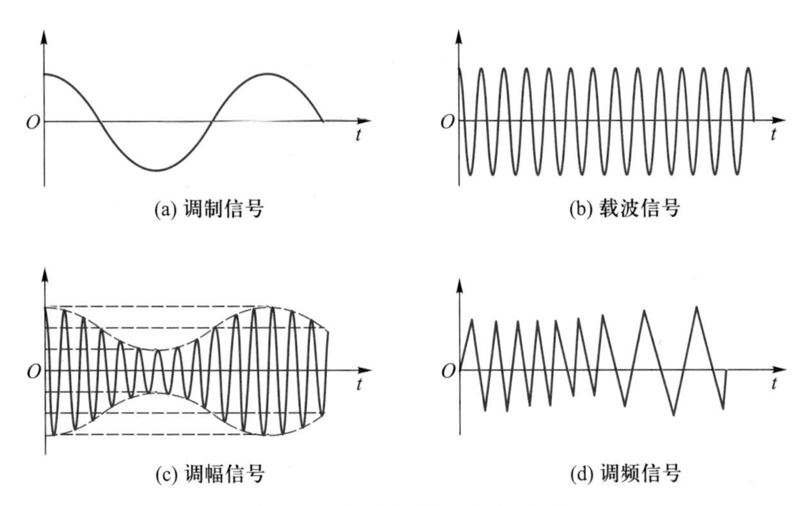

图 10-2　调幅和调频信号波形图

2. 无线电广播的接收

无线电广播的接收仪器为收音机。在晶体管收音机中，多采用磁性天线作为接收信号的天线。收音机将接收过来的电台信号进行放大、解调，从而还原出原来的声音信号。所谓解调就是在接收端从已经调制的信号中取出原调制信号的过程。

晶体管收音机有直放式收音机和超外差式收音机两种。直放式收音机是直接把接收到的电台信号经输入回路选频和放大器放大，再经检波和音频放大推动扬声器发出声音。直放式收音机具有灵敏度高、输出功率大的优点，但选择性差，另外高放级一般由二、三级组成，调谐比较复杂，如图 10-3 所示。超外差式收音机的特点是：不把接收到的高频信号直接放大，而是通过变频级电路把接收到的任何一个频率的广播电台信号变为一个固定的中频信号，经过中频放大器放大后再进行检波，得到音频信号，最后推动扬声器工作。要将高频信号变换为中频信号，收音机还需要外加一个正弦信号，这个信号叫外差信号，产生外差信号的电路叫本机振荡器，高频信号和外差信号均加到混频器，利用晶体管的非线性混频，通过中频选频电路得到两者的差频信号，这个差频信号称为中频（我国规定中频频率为 465 kHz）。由于中频固定，且频率比高频已调信号低，中放的增益可以做得较大，工作也比较稳定，通频带特性也可做得比较理想，这样可以使检波器获得足够大的信号，从而使整机输出音质较好的音频信号，所以目前收音机的主要形式是超外差式收音机。下面介绍超外差式分立元件调幅收音机的安装与调试。

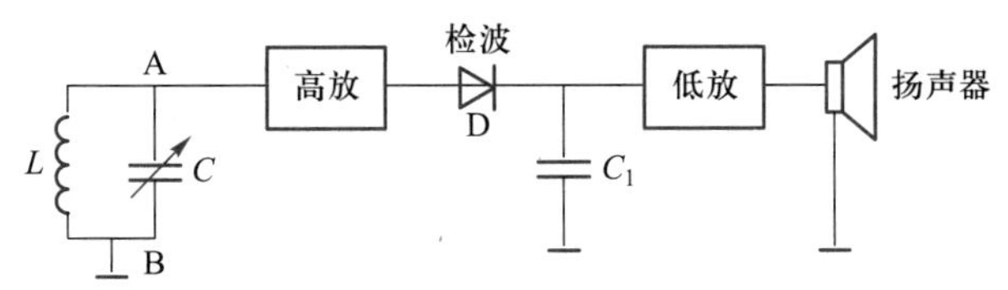

图 10-3　直放式收音机原理图

讲义32:收音机工作原理

10.1.2　超外差式收音机的工作原理

1. 超外差式收音机方框图

超外差式收音机主要由输入级、本机振荡、混频级、中放级、检波级、AGC、低放级和功放级组成,其具体方框图如图10-4所示。下面分别介绍各基本回路的功能。

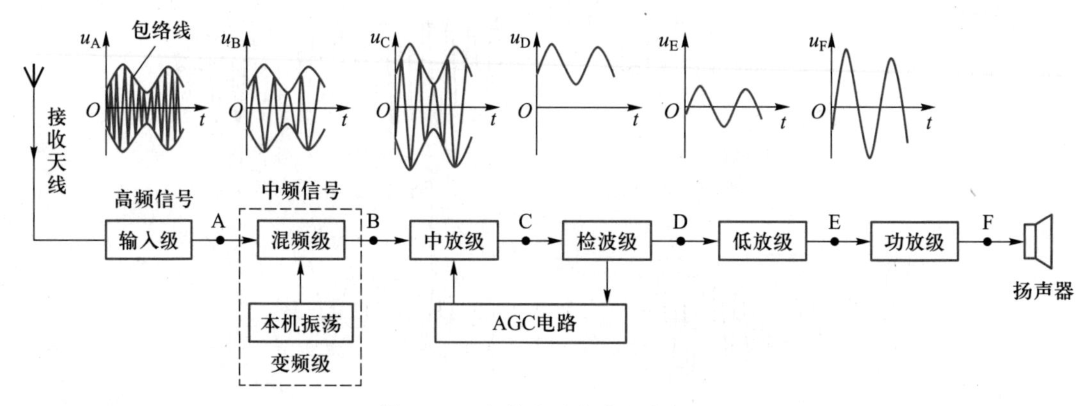

图10-4　超外差式收音机方框图

视频43:收音机工作原理

(1) 输入级

从天线接收进来的高频信号首先进入由输入调谐回路组成的输入级。输入级的任务是:

① 通过天线收集电磁波,使之变为高频电流。

② 选择信号。在众多的信号中,只有载波频率与输入调谐回路相同的信号才能进入收音机。

(2) 混频级和本机振荡

从输入级送来的调幅信号和本机振荡器产生的等幅信号一起送到混频级,经过混频产生一个新的频率,这一新的频率恰好是输入信号频率和本振信号频率的差值,称为差频。例如:输入信号的频率是535 kHz,本振信号的频率是1 000 kHz ,那么它们的差频就是1 000 kHz-535 kHz=465 kHz;当输入信号的频率是1 605 kHz时,本机振荡频率也跟着升高,变成2 070 kHz。也就是说,在超外差式收音机中,本机振荡的频率始终要比输入信号的频率高一个465 kHz。这个在变频过程中新产生的差频比原来输入信号的频率要低,比音频信号频率却要高得多,因此我们称其为中频信号。不论原来输入信号的频率是多少,经过变频以后都变成一个固定的中频,然后再送到中频放大器继续放大,这是超外差式收音机的一个重要特点。以上三种频率之间的关系可以用下式表达

本机振荡频率-输入信号频率=中频

(3) 中放级

由于中频信号的频率固定不变(465 kHz),而且比高频略低,所以它比高频信号更容易调谐和放大。通常,中放级包括1~2级放大及2~3级调谐回路,因此与直放式收音机相比,超外差式收音机的灵敏度和选择性都提高了许多。可以说:超外差式收音机的灵敏度和选择性在很大程度上就取决于中放级性能的好坏。

(4) 检波级与AGC电路

经过中放后,中频信号进入检波级,检波级也要完成两个任务:

① 在尽可能减小失真的前提下把中频调幅信号还原成音频。

② 将检波后的直流分量送回到中放级，控制中放级的增益（即放大量），使该级不致发生削波失真。实现此功能的部分称为自动增益控制电路，简称 AGC 电路。

（5）低放级和功放级

检波滤波后的音频信号经电压放大级放大到几十至几百倍，但是它带负载的能力还很差，这是因为它的内阻比较大，只能输出不到 1mA 的电流，所以还要再经过功率放大才能推动扬声器还原声音。一般袖珍收音机的输出功率在 50～100 mW。

2. 超外差式收音机电路分析

了解了超外差式收音机工作的基本原理以后，下面以一款 S2108 型六管超外差式收音机为例，如图 10-5 所示，分析其电路的工作过程。

（1）输入调谐回路

输入调谐回路由双联可变电容 C_{1a}（电容量较多的一组）和 T_1 的一次线圈 L_1 组成，如图 10-6（a）所示。T_1 是中波磁性天线线圈，不同电台发出的高频调制信号通过 T_1 进入输入级，并在 T_1 上产生了感应电动势，其等效电路图如图 10-6（b）所示。其中，C_{1a} 为可变电容，通过调节 C_{1a} 即可改变谐振回路的固有频率 f_S，固有频率 f_S 与电容 C_{1a} 的关系可用以下公式表示：

$$f_S=\frac{1}{2\pi\sqrt{L_1(C_{1a}+C_{1a'})}} \qquad (10-1)$$

当固有频率 f_S 与所接收的某个电台信号相同时，输入回路产生串联谐振，发生串联谐振时，T_1 两端电压最高，其他频率的信号通过输入级都会受到衰减，其谐振曲线如图 10-6（c）所示，从而达到选台的目的。调节 C_{1a} 可接收到本频率段不同电台的广播。输入级选择到的高频信号，通过 T_1 的二次线圈耦合到混频级。

（2）变频级

本机振荡和混频级合起来称为变频级。本机振荡器是由第一中周 T_2、双联电容 C_{1b}（电容量较少的一组）等元件组成的变压器耦合式自激振荡电路。由于 C_{1b} 与 C_{1a} 同步调谐，所以本振信号总是比输入信号高一个 465 kHz。本振信号通过电容 C_3 加到晶体管 VT_1 的发射极，它和输入信号一起经晶体管 VT_1 变频后就产生了中频，中频信号从第二中周 T_3 输出，再二次耦合到中放管 VT_2 的基极。

（3）中频级

中频级主要由 VT_2 和 T_4 组成，用于放大中频信号的幅值，使之达到检波器所需的电平值。VT_2 对中频信号进行充分的放大后由第三中周 T_4 耦合到检波管 VT_3。

（4）检波级和 AGC 电路

VT_3 构成晶体管检波电路，这种电路不仅检波效率高，而且有较强的自动增益控制（AGC）作用，AGC 电压通过 R_{P2}、R_4 加到 VT_2。当输入信号较强时，VT_3 基极上得到的电压 U_{b3} 也高，基极电流 I_{b3} 也就较大，这个电流被 VT_3 放大后就是集电极电流 I_{c3}，它是基极电流的 β 倍。基极电流增加，集电极电流也随之增加，这时 R_3 上的压降就较大，VT_3 集电极电压 U_{c3} 就比较低，那么 VT_2 从 R_4 取得的基极偏置电流 I_{b2} 也就比较小，于是 VT_2 的集电极工作电流降低，导致 VT_2 的放大倍数降低，从而起到了自动控制增益的作用。其控制过程如下：

信号电压↑→U_{b3}↑→I_{b3}↑→I_{c3}↑→U_{c3}↓→U_{b2}↓→I_{b2}↓→I_{c2}↓→β_2↓→信号电压↓

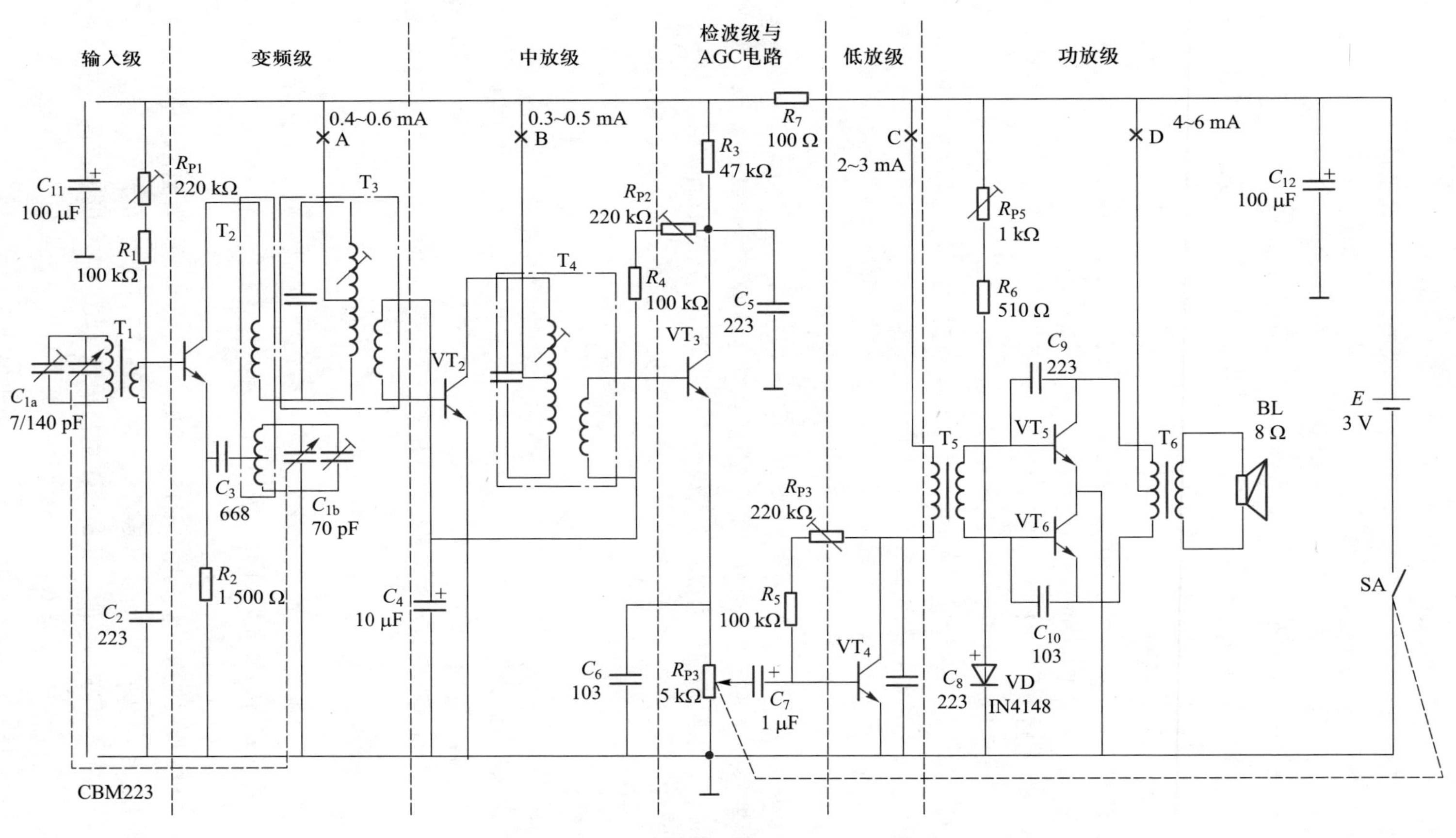

图10-5 S2108型六管超外差式收音机原理图

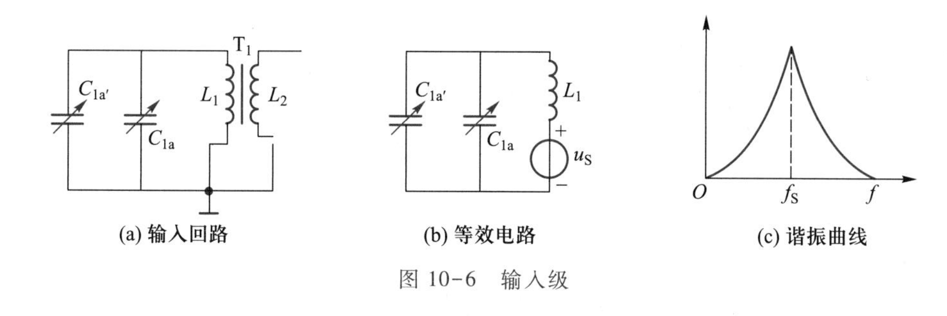

(a) 输入回路　(b) 等效电路　(c) 谐振曲线

图 10-6　输入级

中频信号经检波后从 VT_3 的发射极输出送到电位器 R_{P3}，旋转 R_{P3} 可以改变滑动抽头的位置，控制音量的大小。检波后的低频信号由 R_{P3} 送到前置低放管 VT_4。

（5）低放级

前置低放电路是以 VT_4 为核心的带基极偏置的共射极放大电路。经过低放可将信号电压放大几十到几百倍。低频信号经过前置放大后已经达到了一伏至几伏的电压，但是它带负载的能力还很差，不能直接推动扬声器发声，还需要进行功率放大。

（6）功放级（OTL 电路）

功率放大不仅要输出较大的电压，而且还要能够输出较大的电流。本机采用变压器耦合、推挽式功率放大电路，这种电路阻抗匹配性能好，对推挽管的一些参数要求也比较低，而且在较低的工作电压下可以输出较大的功率，其工作原理如图 10-7 所示。

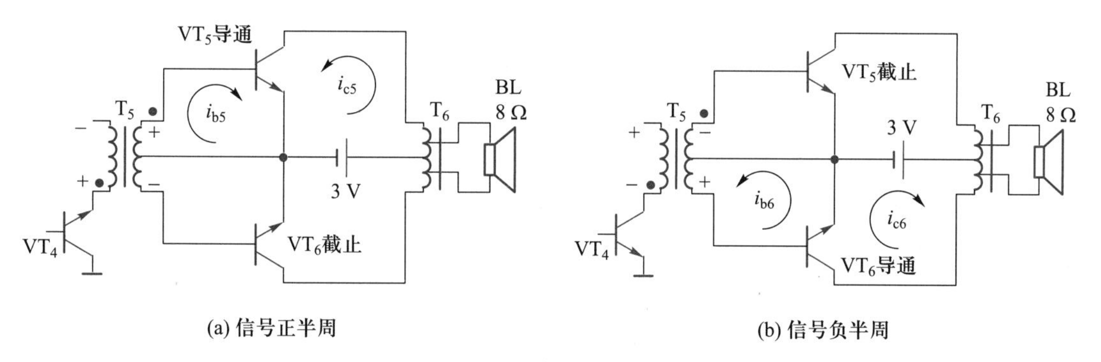

(a) 信号正半周　(b) 信号负半周

图 10-7　功率放大器的原理

设在信号的正半周，T_5 一次侧的极性为上负下正，则二次侧的极性为上正下负（有“·”记号的为同名端），这时 VT_5 导通而 VT_6 截止，由 VT_5 放大正半周信号；当信号为负半周时，T_5 一次侧的极性为上正下负，则二次侧的极性为上负下正，于是 VT_5 由导通变为截止，VT_6 由截止变为导通，负半周的信号由 VT_6 放大。这样，在信号的一个周期内，VT_5 和 VT_6 轮流导通和截止，故称为推挽式放大。

放大后的两个半波再由输出变压器 T_6 合成一个完整的波形，送到扬声器推动发出声音。T_6 采用自耦式是为了提高变压器的传输效率，或者说在输出同样功率的情况下可以使耗电量降低，同时还使体积大为缩小，本机最大不失真输出功率可以达到 50 mW。

讲义33:收音机元器件的识别与检测

10.1.3 收音机的安装与焊接

1. 安装前的准备工作

(1) 器材及工具仪表准备。S2108型收音机全套散件(包括电路原理图和印制电路板)、焊接工具、万用表、直流稳压电源3 V(或两节5号干电池)、其他辅助材料若干。

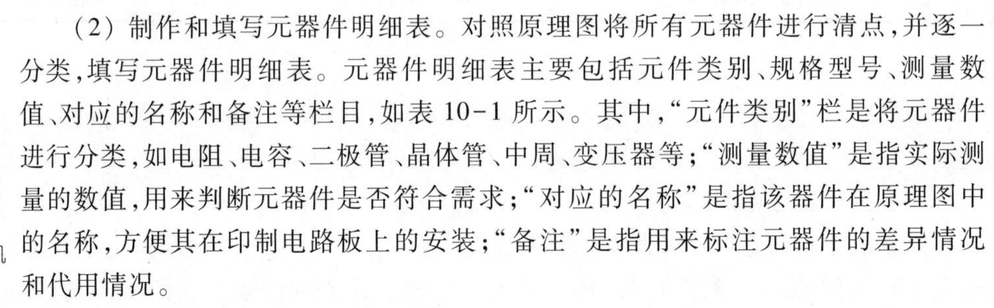

(2) 制作和填写元器件明细表。对照原理图将所有元器件进行清点,并逐一分类,填写元器件明细表。元器件明细表主要包括元件类别、规格型号、测量数值、对应的名称和备注等栏目,如表10-1所示。其中,“元件类别”栏是将元器件进行分类,如电阻、电容、二极管、晶体管、中周、变压器等;“测量数值”是指实际测量的数值,用来判断元器件是否符合需求;“对应的名称”是指该器件在原理图中的名称,方便其在印制电路板上的安装;“备注”是指用来标注元器件的差异情况和代用情况。

视频44:收音机焊接

表10-1 元器件明细表

元件类别	规格型号	测量数值	对应的名称	备注
电阻	色环电阻100 Ω	$R=99\Omega$	R_7	符合
电容	电解电容1 μF	$C=1\ \mu F$	C_7	符合
晶体管	9011	$\beta=90$	VT_1	符合
中周	红	见表10-2	T_2	符合
扬声器		8 Ω	SP	符合
……	……	……	……	……

在测量元器件数值的过程中,还应检查以下项目,例如:电容除了测量容量,还应测量绝缘电阻及质量(是否漏电);晶体管除了测量β值,还应考虑VT_5、VT_6是否配对(VT_5、VT_6的β值相差小于20%);喇叭除了测电阻,还应判断是否发声;中周和变压器除了分辨颜色,还应测量各引脚间阻值(其标称值见表10-2所示)。元器件识别检测明细如图10-8所示。

表10-2 变压器各绕组间电阻的测量

阻值	中周T_2(红)	中周T_3(白)	中周T_4(黑)	变压器T_5(红)	变压器T_6(黄)
R_{12}/Ω	0.7	0.6	1.5	187	2.4
R_{35}/Ω	4.3	5	4	80	6
R_{45}/Ω	0.7	1.8	3	80	5
R_{34}/Ω	5	6.8	7	160	11

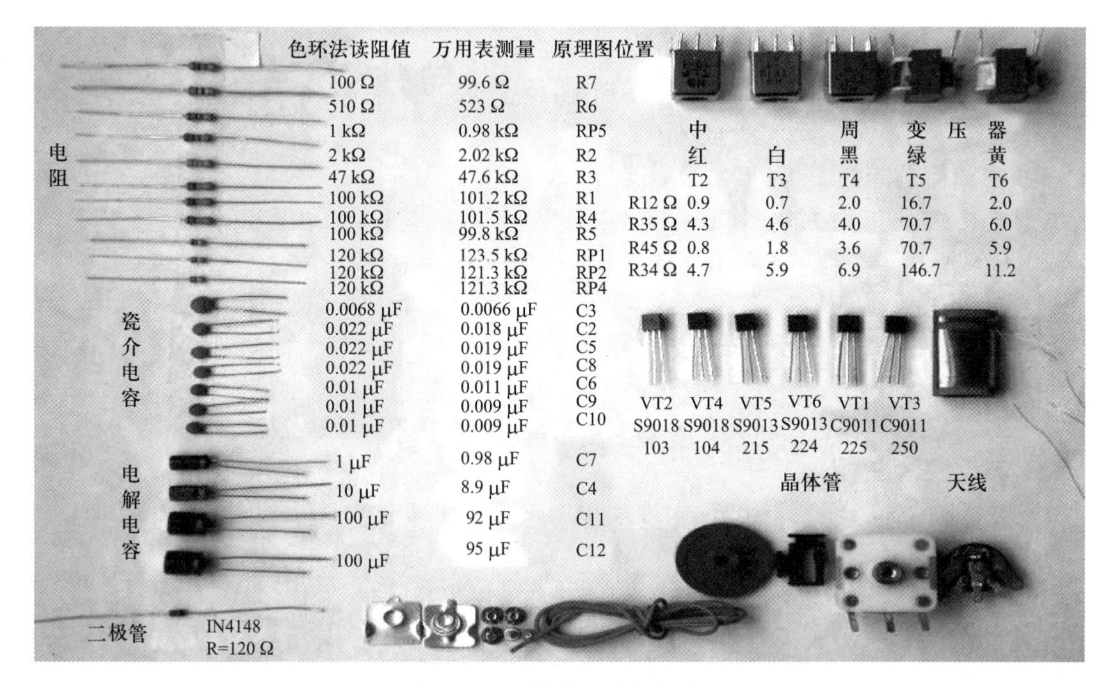

图 10-8　元器件识别检测明细

（3）元器件的加工

印制电路板的处理：套件中的印制电路板往往氧化比较严重，安装前应用细砂纸砂磨去掉氧化层，再均匀涂上酒精松香液；

元器件引线的处理：对元器件的引线进行清洁、搪锡、成形处理，天线上的线头应刮掉绝缘漆后再搪锡。

讲义 34：收音机安装焊接及数据测量

2. 元器件的安装

元器件的装插焊接应遵循先小后大，先轻后重，先低后高，先里后外的原则，这样有利于装配的顺利进行。收音机的安装面如图 10-9 所示。

注意：可调电位器采用固定电阻代替，其接法为跨接在红点两端

图 10-9　收音机的安装面

(1) 电阻的安装

根据两孔间距弯曲电阻引脚,采用卧式紧贴印制电路板安装。图中 R_{P1}、R_{P2}、R_{P4}、R_{P5}等可调电阻用固定电阻代替,其插孔选择遵循以下原则:独立点不用,等位点取其一(横平竖直)。同时要注意起始色环的朝向一致:朝左或朝上。

(2) 电容、晶体管的安装

立式安装,安装高度要统一且不能超过中周的高度。电解电容要注意引脚正负极性,晶体管要注意区分 E、B、C 三管脚。电容有字体的一面朝外。

(3) 中周、变压器的安装

立式安装,安装高度要统一,尽量紧贴印制电路板。

(4) 双联电容的安装

立式安装,元件体垂直于印制电路板,安装到位。在反面用两个螺栓固定好,不要拧太紧。

(5) 天线的安装

要区分引脚,1 和 2 引脚电阻 R_{12}大约为 10 Ω,3 和 4 引脚电阻 R_{34}大约为 1 Ω。

(6) 喇叭的安装

多股软铜线拧头搪锡,从正面穿到反面后焊接,焊接在 SP 端。

3. 元器件的焊接

(1) 在焊接前,烙铁应充分加热,达到焊接的要求;

(2) 用内含松香助焊剂的焊锡丝进行焊接,焊接时焊料应适中;

(3) 手持烙铁、焊锡,从两侧先后依次各以 45°角接近所焊元器件引脚与焊盘铜箔交点处。待熔化的焊锡均匀覆盖焊盘和元件引脚后,撤出焊锡并将烙铁头沿引脚以 45°角向上撤出。待焊点冷却凝固后,剪掉多余的引脚。

(4) 每次焊接时间在保证焊接质量的基础上应尽量短(不超过 5 s)。时间太长,容易使焊盘脱落;时间太短,容易造成虚焊。

(5) 如果一次焊接不成功,应等冷却后再进行下一次焊接,以免烫坏印制电路板,造成铜箔翘起或脱落。焊完后应反复检查有无虚焊、漏焊、错焊,有无拖锡短路造成的故障。

10.1.4 收音机的调试与故障检修

讲义 35:收音机及电子产品的故障检修方法

焊接完成后应检查电路,将安装好的收音机和电路原理图对照检查以下内容后方可进行调试。

① 检查各级晶体管的型号是否符合要求:$VT_1 \sim VT_4$ 采用 9011 或 9018,$VT_5 \sim VT_6$ 采用 9013,并且按照 β 值从小到大排列;检查晶体管的管脚是否正确:晶体管要注意区分 E、B、C 三管脚;

② 检查各级中周和变压器是否安装正确:中周 $T_2 \sim T_4$ 颜色分别为红、白、黑,变压器 $VT_5 \sim VT_6$ 颜色分别为红色和黄色;

③ 检查电解电容和二极管的引脚极性是否安装正确;

④ 检查磁性天线线圈的一次、二次侧安装是否正确。

1. 收音机的调试步骤

(1) 通电前把直流稳压电源的电压调到 3 V 或者安装好两节 1.5 V 电池。

（2）把开关闭合，用万用表测量收音机整机电阻是否为 420 Ω 左右，看电阻和变压器是否装错。

（3）测量整机电流。

将开关打开，通上电源，将万用表调到直流 20 mA 挡，将表笔跨接在开关两端（黑笔接电源负极，红笔接开关另一端），测得电流小于 25 mA，说明可以通电，主要检查电路有无短路或接错的地方。

（4）测量 A、B、C、D 四个测试点的断点电流。

A 点电流为 0. 5 mA，B 点电流为 0.4 mA，C 点电流为 2~3 mA，D 点电流为 4~6 mA。如果各个测试点的电流不符合要求，则需分析相应电路的工作情况，判断是安装错误还是元器件问题；如果各个测试点的电流符合要求，则用焊锡把各断点连接上，此时收音机应该能够听到电台声音。

（5）如仍收不到电台声音，一般可能是停振或天线线圈有故障。

停振故障一般是由于本机振荡变压器的绕组出现断路情况，可用万用表测量本振线圈的通断；检查天线线圈故障的方法是：用万用表测量天线线圈的电阻值。其中 1 和 2 引脚电阻 R_{12} 大约为 10 Ω，3 和 4 引脚电阻 R_{34} 大约为 1 Ω，若符合即正常，否则可能有故障。

（6）调中频频率（俗称调中周）。

目的是将中周的谐振频率都调整到固定的中频频率 465 kHz 这一点上（一般出厂已调整到 465 kHz）。

① 将信号发生器（XGD-A）的频率选择在 MW（中波）位置，频率指针放在 465 kHz 位置上；

② 打开收音机开关，频率盘放在最低位置（530 kHz），将收音机靠近信号发生器；

③ 用改锥按顺序微调整 T_5、T_4、T_3，使收音机信号最强，这样反复调 T_5、T_4、T_3（2~3 次），使信号最强，使扬声器发出的声音（1 kHz）达到最响为止（此时可把音量调到最小），后面两项调整同样可使用此法。

（7）调整频率范围（通常叫调频率覆盖或对刻度）。

目的是使双联电容从全部旋入到全部旋出，所接收的频率范围恰好是整个中波波段，即 535~1 605 kHz。

① 低端调整：信号发生器调至 525 kHz，收音机调至 530 kHz 位置上，此时调整 T_2 使收音机信号声出现并最强；

② 高端调整：再将信号发生器调到 1 600 kHz，收音机调到高端 1 600 kHz，调 C_{1b} 使信号声出现并最强；

③ 反复上述①、②两项调整 2~3 次，使信号最强。

（8）统调（调灵敏度，跟踪调整）。

目的是使本机振荡频率始终比输入回路的谐振频率高出一个固定的中频频率 465 kHz。

① 低端：信号发生器调至 600 kHz，收音机低端调至 600 kHz，调整线圈 T_1 在磁棒上的位置使信号最强（一般线圈位置应靠近磁棒的右端）；

② 高端：信号发生器调至 1 500 kHz，收音机高端调至 1 500 kHz，调 $C_{1a'}$ 使高端信号最强；

③ 在高、低端反复调 2~3 次，调完后即可用蜡将线圈固定在磁棒上。

2. 收音机的故障检修方法

在维修实践中,收音机有很多有效的检修方法。在检修时应本着先表面、后内部,先电源、后电路,先低频、后高频,先电压、后电流,先调试、后替代的原则,灵活运用这些检修方法。

(1) 直观法

直观检查法是在不使用仪器的情况下,通过视觉、听觉、嗅觉及经验检查收音机。这种方法虽然简单、但对许多故障的检修往往很有效。比如:检查电池是否用完(电池变软或硬化)、电池是否流出黏液、电池夹弹簧及接触有无生锈;电路连接线、磁性天线线圈是否脱焊、断线,磁力棒是否断裂;焊点是否有虚焊以及焊锡流淌造成的短路;焊盘是否翘起、脱落;印制电路板线路有无开裂以及扬声器是否完好等。

(2) 电压测量法

电压测量法是利用万用表直流电压挡测量电路各关键点电压,并将被测电压与标准值进行比较而分析判断故障的快捷方法。首先测量电源电压,判断电源电压是否正常;在电源电压正常的情况下,再检查给定的 6 个晶体管的静态工作点,测量它们的工作状态,查找故障点,如表 10-3所示。

表 10-3 晶体管静态工作点的参考测量值

电压	VT_1	VT_2	VT_3	VT_4	$VT_5 \sim VT_6$
U_e/V	0.75	0	0.1	0	0
U_b/V	1.4	0.6	0.6	0.6	0.7
U_c/V	2.8	2.8	1.2	2.5	3

晶体管集电极电压一般较高,这是因为要给其提供较大的反向偏置电压,而基极和发射极电压较低,一般硅管 U_{BE} 为 0.7 V,锗管 U_{BE} 为 0.2 V。通过电压测试,可以顺藤摸瓜大致找到故障所在。

(3) 电流测量法

① 首先测量总机电流

将万用表拨到 50 mA 挡。打开电源开关,音量旋到最小的一端,看整机总电流是多少,本机总电流的正常值为 8~12 mA,如偏离此值甚远,则表示收音机一定有故障。

② 利用印制电路板上 A、B、C、D 4 个测试点,对照原理图查找故障范围;

③ 利用异常电流查找故障元件

a. 电流远大于正常值,接上电源后电流表指针猛打,说明电路存在严重短路,应立即断开电源。可能的故障部位有:电源接反;VT_5、VT_6三只管脚接错或型号用错;二极管正负极接反;晶体管 VT_5、VT_6或 C_{12}击穿;印制电路板上有搭焊或碰线的地方(重点在末级)。

b. 总电流值为 20~50 mA,有可能是:VT_4、VT_5 接错或晶体管 C、E 间短路,这时 VT_4 的集电极电压只有 0.7 V 或 0 V;前级 VT_1、VT_2 存在严重短路,这时可测得图 10-5 中 R_1下端对地电压为零;中周 T_3、T_4 的一次绕组和屏蔽罩存在短路,这时可测得图 10-5 中 R_1下端对地电压为 0.7 V。

c. 总电流小于正常值,有可能是:印制电路板上预留的测试电流的缺口没有搭焊上,这时扬声器中完全无声;晶体管或偏流电阻安装有误。

d. 总电流值为零,可能是:电池、开关接触不良。

e. 电流值开始正常,随后越变越大可能是:C_{11}、C_{12}接反或是质量太差,或者严重漏电所致。

f. 总电流基本正常,各级晶体管工作点电压也符合规定值,但是收音机还不能正常工作,可能是:本机振荡停振,判断本机振荡是否工作正常,可以测 VT_1 的发射极电压,如果这个电压正常,而且用起子将双连中的 C_{1b} 短路时该电压略有变化,则说明本振起振了;反之如果没有变化,那就是本振停振了。

(4) 电阻测量法

收音机的很多故障需要通过元器件的阻值来判断。测量时应当把元器件拆下或者焊下一端引脚,但对某些电阻较小的元件可在断开电源的情况下在线测量。

(5) 干扰检测法

干扰检测法是一种既简单又实用的小信号注入法,它将人体脉冲在各放大级注入,根据扬声器中的“喀喀”声来判断故障所在。因为收音机由多级放大电路组成,如果某级出现故障,一般不会影响其他各级电路的工作。因此,可以手拿镊子或小起子金属部分,从后级往前级逐级碰触各级晶体管的基极和集电极,如果碰触点以后的部分正常,则扬声器会发出“喀喀”响声,越往前碰,响声越大;如果触碰到某级后声音反而减小或无声,则故障可能出在该级或者后一级电路。当然此法也可灵活应用,有经验的维修人员只需碰触几个关键点即可判断故障所在部位。在实际检修中,为方便起见,一般采用万用表直流电压挡碰触,利用电压挡的内阻,既检测了电压又注入了干扰信号,能一举两得、起到事半功倍的检查效果。

(6) 信号注入法

信号注入法的基本操作与干扰检测法基本相同,它只是利用信号发生器产生的 400 Hz 或 1 000 Hz 的低频信号作为检测信号源,收音机各晶体管的基极和集电极为信号接入点来进行测试。如果电路正常,扬声器会发出“喀喀”响声,否则注入点以后的电路有问题。

总之,收音机的检查方法较多,除了上述方法,还有“切断分隔法”“人为截止法”“代换替代法”等,只要熟练掌握这些方法,总可以找出收音机的故障所在。

10.2　调光台灯的安装与调试

讲义 36:调光台灯安装与调试

10.2.1　调光台灯的工作原理

调光台灯电路图如图 10-10 所示。

主电路由电源开关 S、灯泡、双向可控硅 VT_2 等构成;电阻 R_2、电位器 R_{P1}(微调)、电阻 R_3、R_{P2}(带开关)、电容 C_2、电阻 R_4 和双向二极管 VT_1 组成双向可控硅的触发电路。另外,电阻 R_1 和 C_1 组成高频滤波电路,使高频触发信号不致污染电网,所以也叫浪涌消除电路。

电源接通后,在交流电的正半周,电压通过 R_2、R_P 对电容 C_2 充电,当充电电压 U_C 达到双向二极管 VT_1 正负导通电压阈值时,电容 C_2 两端电压向电阻 R_4 迅速放电,因电阻 R_4 值较小(100 Ω),所以放电速度非常快,在电阻 R_4 上形成尖脉冲电压,并送到晶闸管 VT_2 的门极 G,使晶闸管导通。电容 C_2 两端电压 u_C 随着放电而迅速减小,当 U_C 下降到低于双向二极管 VT_1 正负导通电压阈值时,晶闸管自动关断。当交流电处于负半周时,电容 C_2 又重新充电。

调节电位器 R_P 值可以改变电容 C_2 的充电速度,即可改变晶闸管导通时间。当 R_P 值较大时,电容 C_2 达到双向二极管 VT_1 正负导通电压阈值的时间较长,所以晶闸管的导通角较小,输出电压较低,灯泡较暗;当 R_P 值调到较小时,晶闸管的导通角较大,输出电压较高,灯泡较亮。

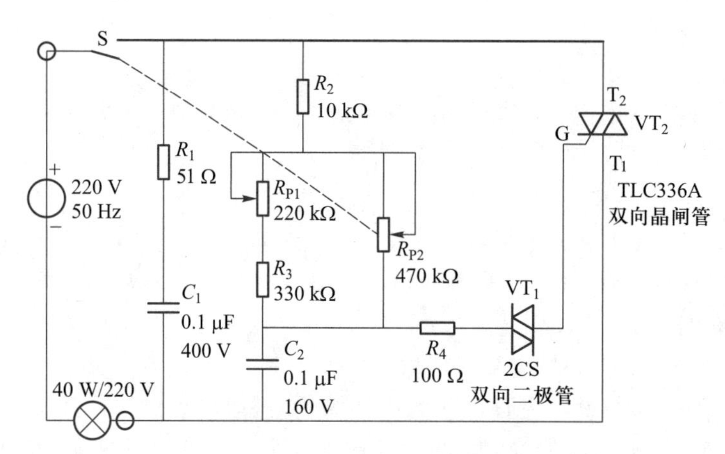

图 10-10　调光台灯电路图

10.2.2　调光台灯的安装与焊接

1. 元器件的测试

在安装元器件前,要对元器件进行测试。

(1) 测试晶闸管的步骤为:用万用表的电阻挡进行测试。若测得阳极 T_2 与阴极 T_1 之间的正、反向电阻值均接近无穷大,说明晶闸管是正常的;若测得阳极 T_2 与阴极 T_1 之间正、反向电阻值都很小,则说明晶闸管的内部已被击穿。晶闸管的门极 G 与阴极 T_1 之间的正向阻值约为 2 kΩ,反向电阻值约为 80 kΩ,若测得电阻值过大或过小,则说明晶闸管的门极 G 与阴极 T_1 之间开路或短路。

(2) 测试双向二极管好坏:用万用表欧姆挡测量正反向阻值,均为无穷大则二极管是好的。

(3) 电容元件的测试可用万用表的电容挡;电阻元件的阻值可用万用表测量,这些在前面章节已经详细介绍过。

2. 元器件的安装

在准备好所有元器件和制作好印制电路板后,就可以进行电路的安装了。

(1) 晶闸管的安装:注意 T_1、T_2、G 三管脚的区分。方法如下:正对字体,管脚朝下,从左到右数分别为 T_1、T_2、G,如图 10-11 所示。

(2) 电容的安装:立式安装,安装高度要统一,有字体的一面朝外。

(3) 电阻和双向二极管的安装：根据两孔间距弯曲电阻引脚，采用卧式紧贴印制电路板安装。电阻起始色环的朝向要一致：朝左或朝上。

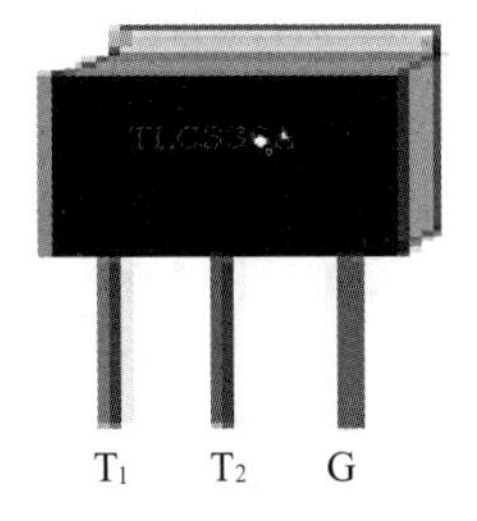

图 10-11　晶闸管引脚判别

3. 元器件的焊接

与收音机元器件焊接方法相同。

10.2.3　调光台灯的调试与故障检修

1. 调光台灯的调试

调光台灯在调试时由于晶闸管调压装置与 220 V 交流电相连，整个电路都带有较高电压，调试时应注意安全，防止触电。调试前要认真、仔细核对各元器件安装是否正确可靠，然后接上灯泡，进行调试。接通电源插头后，人体各部分要远离电路板，打开开关，调节电位器 R_{P2} 的阻值，R_{P2} 值先由大调到小，灯泡应由暗变亮；R_{P2} 值由小调到大，灯泡应由亮变暗，最后开关还要能切断电源。

2. 调光台灯的常见故障检修

(1) 灯泡不亮，不可调光：可检测双向二极管 VT_1 是否损坏；C_2 是否漏电或损坏等。

(2) 灯泡亮，但调节电位器 R_{P2}，灯泡亮度变化不明显：可重点检测电容 C_1 和 C_2 是否损坏。

(3) 电位器顺时针旋转时，灯泡逐渐变暗：电位器中心轴头接错位置。

(4) 调节电位器 R_{P2} 值到最小位置时，灯泡出现突然熄灭的现象：说明电阻 R_2 的阻值选得太小了，应增大 R_2 的阻值，直到它的阻值调到最小位置时不会出现突然熄灭的现象为止。

10.3　循迹避障小车的安装与调试

智能循迹小车是运用传感器、单片机、电机驱动及自动控制等技术来实现自动循迹导航的新型机器人，是电子实训中一个综合性较强的实训项目。

10.3.1　循迹避障小车电路的工作原理

讲义 37：循迹小车安装与调试

循迹避障小车电路图如图 10-12 所示，它是由四路电压比较器 LM339 和红外发射接收管组成的循迹和避障传感器电路。红外接收管与一个 10 kΩ 电阻进行分压，红外接收管接收到和没有接收到红外光线时，其反向阻抗是不一样的，所以输入到比较器 IN-的电压是变化的，当 IN-的电压小于 IN+的电压时，OUT 输出高电平，反之则输出低电平。输出的电平信号送到单片机进行处理，判断小车的运行状态，从而修正小车的运行轨迹，躲避障碍。图中电动机驱动芯片 L9110 和马达组成电动机驱动电路。由单片机输出高低电平信号给 L9110，当 IA 为高电平，IB 为低电平时，电动机正转，反之电动机反转，通过控制两个马达的正反转来控制小车的运行状态。其他电路模块分别是电源电路、LED 指示灯电路、主控芯片、按键电路。

当小车处于循迹状态时，把小车放在轨道直线上，黑色线在中间，两边红外发射管都照射到白色区域，红外线反射回来照射到红外接收管，红外接收管阻值减小，则 IN1-的电压和 IN3-的

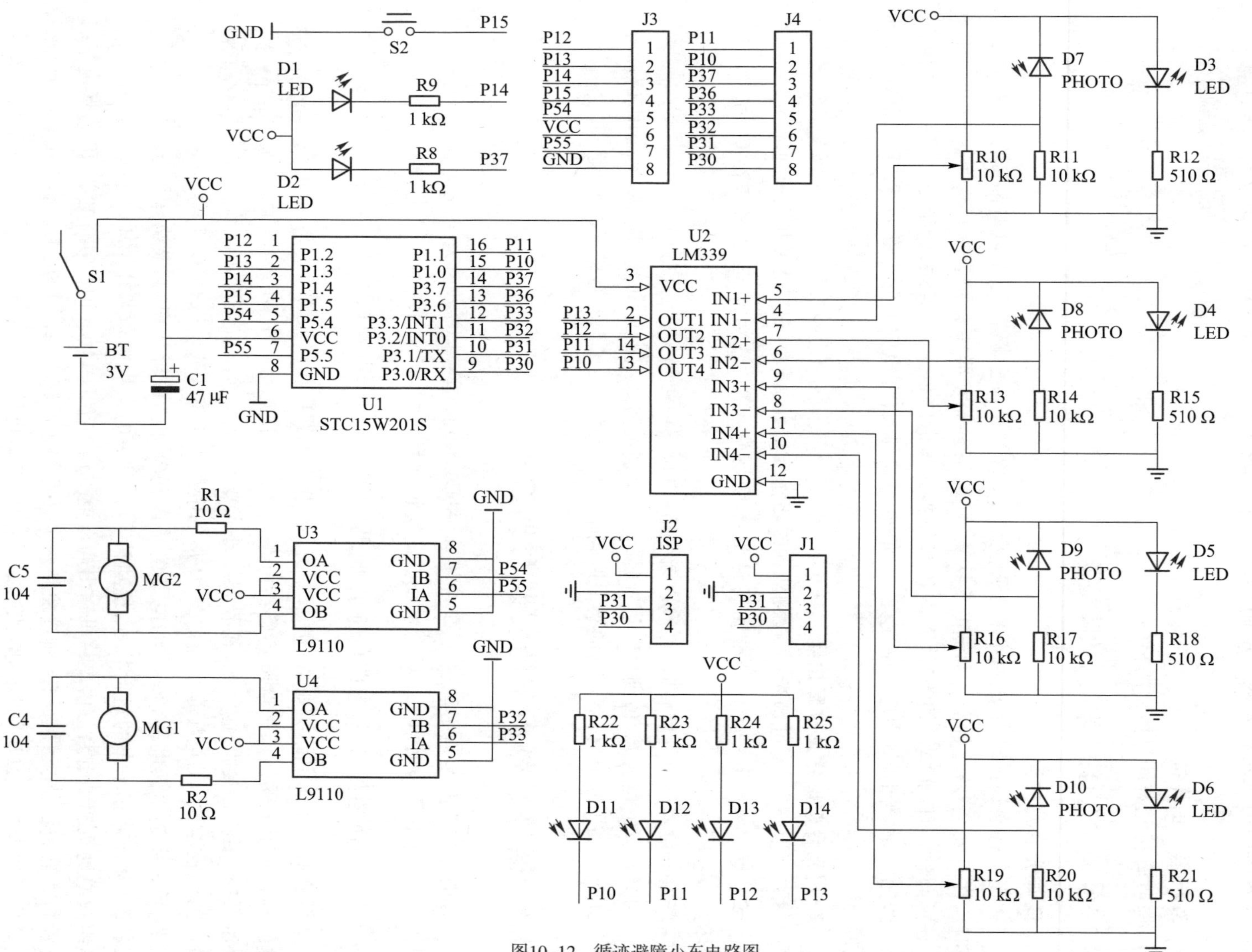

图10-12 循迹避障小车电路图

电压升高，分别大于IN1+的电压和IN3+的电压，OUT1和OUT3均输出低电平，由此单片机可判断小车处于直线轨道。给两个L9110的IA输出高电平，IB端输出低电平，使两个电动机都正转走直线。假如黑线向右弯曲，小车继续直走的话，那么右边的红外发射管就会照射到黑线上，红外线被黑色吸收。红外接收管没有接收到红外线，阻抗变大，则IN3-的电压减小，小于IN3+的电压，OUT3输出高电平，OUT1依旧保持低电平，由此单片机可判断黑色轨道是向右弯曲的，给U3的电平保持不变，电动机保持正转，给U4的IA输出低电平，IB输出高电平，电动机反转，则小车向右拐弯，使黑线继续回到小车正中间，继续行走，黑线还是弯曲，依然保持右转，就是这样不断地修正方向，使小车沿着黑线的轨迹前进。

小车避障的原理跟循迹一样，前方无障碍物时，两边的红外光线都不被反射时，OUT2和OUT4均输出高电平，单片机判断无障碍物，小车直走。假如右边探头靠近障碍物，红外光线被障碍物反射回来，红外接收管阻值减小，IN4-的电压升高，大于IN4+的电压，则OUT4输出低电平，OUT2依旧保持高电平，由此单片机判断右边有障碍物，控制小车左转避开障碍物。同理，左边有障碍物时控制原理类似，这样实现小车的避障功能了。

10.3.2　循迹避障小车元器件的识别与检测

1. 电阻

电阻共21个(R1～R21)：其中固定电阻17个，可调电阻4个(R10、R13、R16、R19)。根据色环读数法对电阻进行读数，然后用万用表欧姆挡测量阻值。

2. 电容

电解电容1个：47μF(C1)，注意区分引脚正负极。瓷片电容3个：104(C2、C4、C5)，用万用表电容挡测量其容量并判断好坏。

3. 二极管

二极管10个：发光二极管2个(D1、D2)，红外发光二极管4个(D3～D6)，红外接收二极管4个(D7～D10)。注意区分引脚阴极和阳极，用万用表二极管挡测量其电压降。

4. 晶体管

晶体管2个：8550(Q1、Q2)，区分E、B、C三极，用万用表电阻挡判断其好坏，HFE挡测量其放大系数。

5. 单片机

STC15W201S是一种C51单片机，如图10-13所示。它下载程序方便，工作电压范围宽。STC15W201S是STC生产的单时钟/机器周期(1T)单片机，是宽电压、高速、高可靠、低功耗、超强抗干扰的新一代8051单片机。

6. 电压比较器

LM339电压比较器内部装有四个独立的电压比较器，如图10-14所示。该电压比较器具有以下特点：

(1) 失调电压小；

(2) 电源电压范围宽；

(3) 对比较信号源的内阻限制较宽；

(4) 共模范围很大；

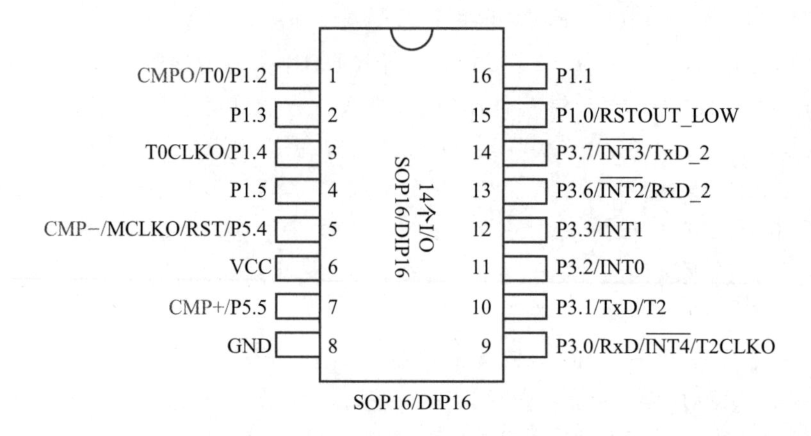

图 10-13　STC15W201S 单片机

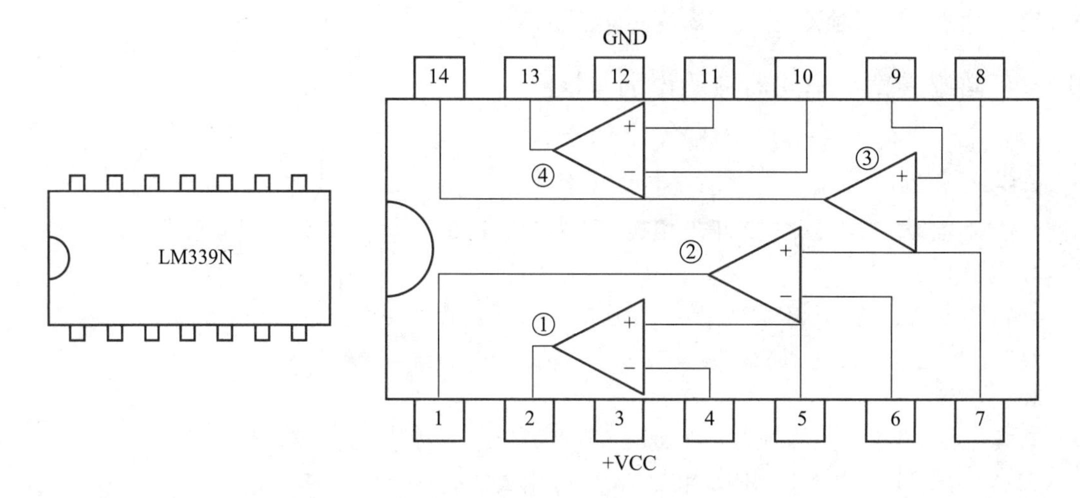

图 10-14　LM339 电压比较器

(5) 差动输入电压范围较大,大到可以等于电源电压;

(6) 输出端电位可灵活方便地选用。

LM339 类似于增益不可调的运算放大器。每个比较器有两个输入端和一个输出端。两个输入端中一个称为同相输入端,用"+"表示,另一个称为反相输入端,用"-"表示。用 LM339 比较两个电压时,任意一个输入端加一个固定电压作为参考电压(也称为门限电平,可选择 LM339 输入共模范围的任何一点),另一端加一个待比较的信号电压。当"+"端电压高于"-"端时,输出管截止,相当于输出端开路。当"-"端电压高于"+"端时,输出管饱和,相当于输出端接低电位。两个输入端电压差别大于 10 mV,就能确保输出从一种状态可靠地转换到另一种状态,因此,把 LM339 用在弱信号检测等场合是比较理想的。

10.3.3　循迹避障小车的安装与焊接

按电路图和电路板上的标识依次将色环电阻、瓷片电容、发光二极管、集成电路插座、排针、电位器、开关、晶体管、电解电容焊接在电路板上,注意 IC 方向、发光二极管的方向。所有元件焊接完成后，检查电路板，以免有虚焊、漏焊或短路的情况。循迹用的两组二极管安装在二极管的下方，距离万向轮顶端 5 mm 左右。直流电动机的接线有正反，如果在通电后发现电动机反向运转，只需要将电动机的两根线调换后重新焊接即可。

循迹避障小车安装示意图如图 10-15 所示。

图 10-15　循迹避障小车安装示意图

10.3.4 循迹避障小车的调试与故障检修

视频45:循迹避障小车调试

1. 循迹避障小车调试

所有安装工作完成后,将测试程序下载到循迹避障小车的控制芯片(STC15W201S)中,然后将电源开关S1拨到OFF位置,S2拨到循迹位置,放入两节电池,再将S1拨到ON位置。这时需要先调节循迹红外接收二极管的灵敏度。以D3、D7这一组二极管为例介绍调节灵敏度的方法,先将D3、D7对准黑色的轨道线,调节可调电阻R10,使右边的电动机处于刚好停止的状态,然后将D3、D7对准纸张的白色区域,只要一对准白色区域,右边的电动机马上就开始运转,这时这一组二极管的灵敏度就调节好了。另外一组红外线收发二极管D4、D9的调节方法与此相同。把小车放到轨道上,就可以循迹。把开关S2拨到避障位置,调节前方两组避障二极管的灵敏度,将D6、D10对准一个物体,调节可调电阻R19,直到刚好有一边的电动机停转,然后将D6、D10对准空旷地方,这时停止的这一边电动机恢复运转,这组二极管就调节完毕了。由于采用的是红外线避障,若障碍物是黑色或者其表面为镜面,都会影响红外线的反射,导致检测不到障碍,无法做出避障动作。图10-16为循迹功能调试图,图10-17为避障功能调试图。

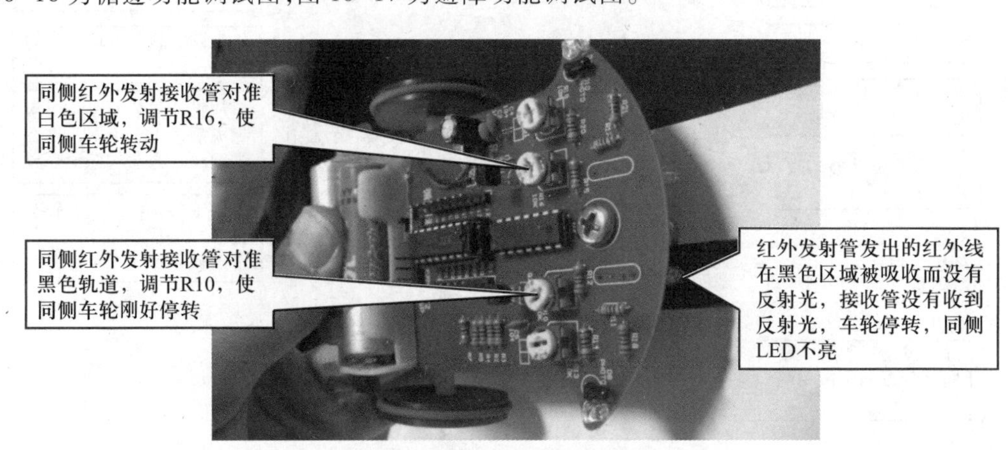

图10-16 循迹功能调试图

2. 循迹避障小车故障检修

(1) 循迹故障检修

先将测试程序代码下载到智能小车控制芯片中,然后选择循迹模式,看小车是否按规定路线行走。如果不按规定路线行走,可用万用表检测单片机P1.1、P1.3引脚上的电平,检测时打开电源,让左右红外发射管对准白色地面,此时红外线被反射回来转换成电信号送至P1.1、P1.3,所以这两个引脚的电平应为低电平。如果实际测得P1.1、P1.3是低电平,则发射和接收没问题,应进行发射管和接收管安装位置调整;如果实际测得P1.1、P1.3不为低电平,则要检查红外发射管和接收管是否损坏,可以通过万用表检测红外发射管的正向导通电阻,正常时正向导通电阻应该很小,反向导通电阻应该很大。

(2) 避障故障检修

先将测试程序代码下载到智能小车控制芯片中,然后选择避障模式,拔掉电动机控制线,否

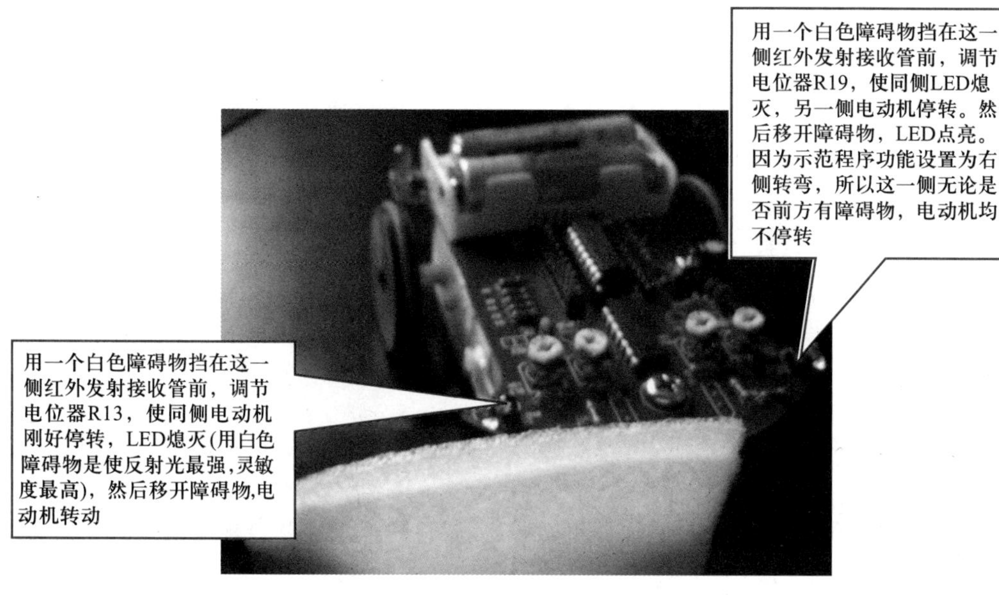

图 10-17　避障功能调试图

则电动机运行无法检测，然后开机运行。当小车前方无障碍时，红外线信号无法反射回来，此时，用万用表比较 LM339 的 7 脚（正向电压输入端）电压和 6 脚（负向电压输入端）电压，7 脚电压应大于 6 脚电压；在 1 脚（OUT2）应检测到一个高电平信号。同理，比较 LM339 的 11 脚（正向电压输入端）电压和 10 脚（负向电压输入端）电压，11 脚电压应大于 10 脚电压；在 13 脚（OUT4）应检测到一个高电平信号。

当小车前方有障碍时（可用手挡住红外发射管），红外线信号被反射回来，用万用表比较 LM339 的 7 脚（正向电压输入端）电压和 6 脚（负向电压输入端）电压，7 脚电压应小于 6 脚电压，在 1 脚（OUT2）应检测到一个低电平信号。同理，LM339 的 11 脚（正向电压输入端）电压应该小于 10 脚（负向电压输入端）电压，在 13 脚（OUT4）应检测到一个低电平信号。如果有、无障碍时，LM339 的 7 脚或 11 脚电压输入都不正常，则应先检测红外发射接收管的好坏。红外发射接收管的检测方法与循迹时的检测方法相同。如果有、无障碍时，LM339 的 7 脚和 11 脚电压输入都正常，则应检测 LM339 的好坏。可用万用表测量 12 脚（接地）与 3 脚（电源）电阻，如果电阻为零，则 LM339 损坏。其他功能电路模块的排障方法和步骤与此类似，先软件测试功能，不正常再用仪器仪表检测电压。

10.4　蓝牙音箱的安装与调试

讲义 38：蓝牙音箱的安装与调试

10.4.1　蓝牙技术简介

1. 蓝牙技术

蓝牙（bluetooth）技术是一种支持设备短距离通信的无线电技术。蓝牙技术利用特定的波段

(2.4~2.483 5 GHz)进行电磁波传输。蓝牙传输的原理是主从关系,一个主设备可以与7个蓝牙从设备配对。

蓝牙通信的实现过程如图10-18所示。

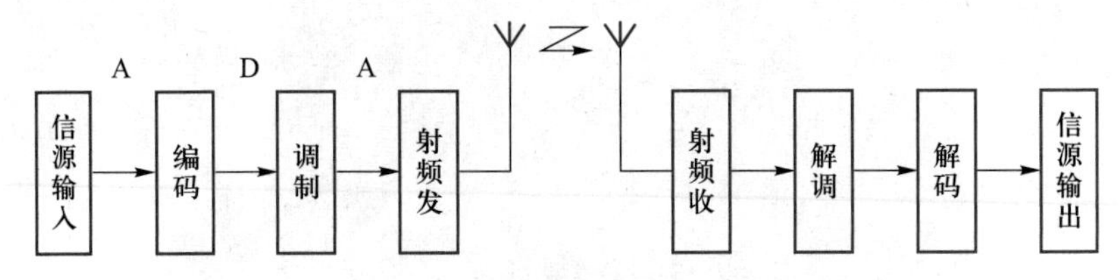

图10-18 蓝牙通信的实现过程

2. 蓝牙的调制方式

蓝牙采用高斯频移键控(GFSK)进行数据的调制,这个调制方式和频移键控(FSK)类似,频移键控示意图如图10-19所示。相较于FSK调制方式,GFSK先对原始数据进行高斯滤波处理,再进行传统的FSK调制。高斯滤波可以降低除目标调制频率以外其他频率上的信号强度,降低不同频率信号之间的干扰。

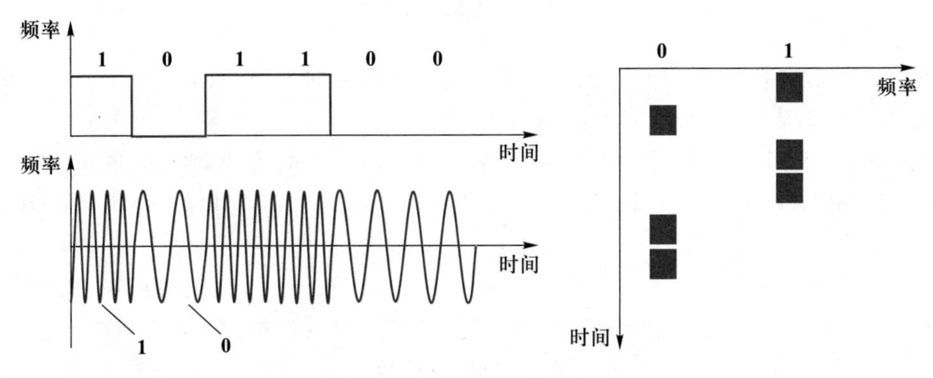

图10-19 频移键控示意图

3. 蓝牙信号的接收

蓝牙信号由蓝牙芯片接收。蓝牙芯片主要由射频收发器、处理器、存储器、电源管理模块、外部接口等组成。蓝牙技术的核心是通过嵌入一块大小约9 mm×9 mm的蓝牙芯片,实现语音和数据在短距离上的稳定、无缝、无线连接。这种连接是开放式的,再加上芯片体积十分小,因此能够方便地应用于各种需要在网络上传输数据和语音的设备,如手机、数码相机、无线耳机、笔记本电脑等。

4. 蓝牙通信(呼叫)过程

蓝牙技术规定每一对设备之间进行蓝牙通信时,必须一个为主角色(主端、主设备),另一个为从角色(从端、从设备)。通信时,必须由主端进行查找、发起配对,连接成功后双方可收发数据。具体呼叫过程如下:

(1) 开启蓝牙功能。

(2) 搜索蓝牙设备/被动搜索(搜索到的设备会显示在列表中)。

（3）主动认证/被动认证（此时需要输入从端设备的 PIN 码，一般蓝牙音箱 PIN 码默认为 0000，立体声蓝牙耳机 PIN 码默认为 8888，也有设备不需要输入 PIN 码）。

（4）配对完成，连接成功。

5. 蓝牙技术的特点

（1）全球范围适用。蓝牙工作在 2.4 GHz 的 ISM 频段，全球大多数国家 ISM 频段的范围是 2.4～2.483 5 GHz。

（2）同时传输语音和数据。蓝牙采用电路交换和分组交换技术，支持异步数据信道、三路语音信道以及异步数据与同步语音同时传输的信道。

（3）近距离通信。蓝牙技术通信距离为 10 m，可根据需要扩展至 100 m，以满足不同设备的需要。

（4）功耗低、体积小。蓝牙设备在通信（connection）状态下有四种工作模式：激活（active）模式、呼吸（sniff）模式、保持（hold）模式、休眠（park）模式，激活模式是正常的工作状态，另外三种模式是为了节能所规定的低功耗模式。

（5）抗干扰能力强。蓝牙采用了跳频（frequency hopping）方式来扩展频谱，抵抗来自这些设备的干扰。

（6）安全性好。蓝牙提供了认证和加密功能，以保证链路级的安全。

（7）可建立临时对等连接。几个蓝牙设备连接成一个皮网（piconet）时，只有一个主设备，其余的均为从设备，主设备是组网连接过程中主动发起连接请求的蓝牙设备。

10.4.2　蓝牙音箱的工作原理

蓝牙音箱电路原理图如图 10-20 所示。首先，手机、平板等具有蓝牙功能的播放设备通过蓝牙协议将音频数据传输给音响中的 MH-M18 蓝牙芯片，蓝牙芯片接收并解码音频数据流，将其转化为模拟音频信号。然后，通过其 L 脚（左声道输出）将音频信号经 C1 和 R1 滤波后，输入 HT6872 功放芯片的 IN+脚，并将 IN-脚接地，实现单端输入放大。放大后的音频信号通过 OUT-和 OUT+脚输出，经 P3 接插件与扬声器相连，驱动喇叭发出声音。

此外，蓝牙芯片输出的音频信号，经过 C7 耦合后通过 RP2 进行分压，输入到 KA2284 电平驱动芯片 8 脚（输入端），调节 RP2 可调节输入音频信号的大小，也就是调节灵敏度。8 脚输入的音频信号经过电平驱动芯片内部的放大器进行放大处理，R4 为电平驱动芯片放大器输出端（7 脚）的负载电阻，C6 是旁路电容（高频滤波）。R4 端的电压接到芯片内部 5 个比较器的反向输入端，比较器正向输入端输入的是经过芯片内部 5 个电阻分压后的不同电压值，每个电压值固定，当某个比较器反向输入端的电压大于正向输入端的电压，此比较器输出低电平，对应的 LED 点亮。8 脚输入的音频信号越强，R4 端的电压越大，则输出低电平的比较器越多，灯亮的越多。

S1 是电源开关，用于接通或断开电源。P2 接插件用于连接蓝牙音箱的电源。K1（开/关）、K2（上一首/音量-）和 K3（下一首/音量+）为功能按键，与蓝牙芯片 KEY 引脚相连。P1 为 3.5 mm 音频插座，作为音频信号输入端，在没有连接蓝牙信号的情况下，可以从这里输入音频信号，让喇叭发声。其中，RP1 是音频信号的分压电阻，可调节输入到 HT6872 功放芯片的音量大小。

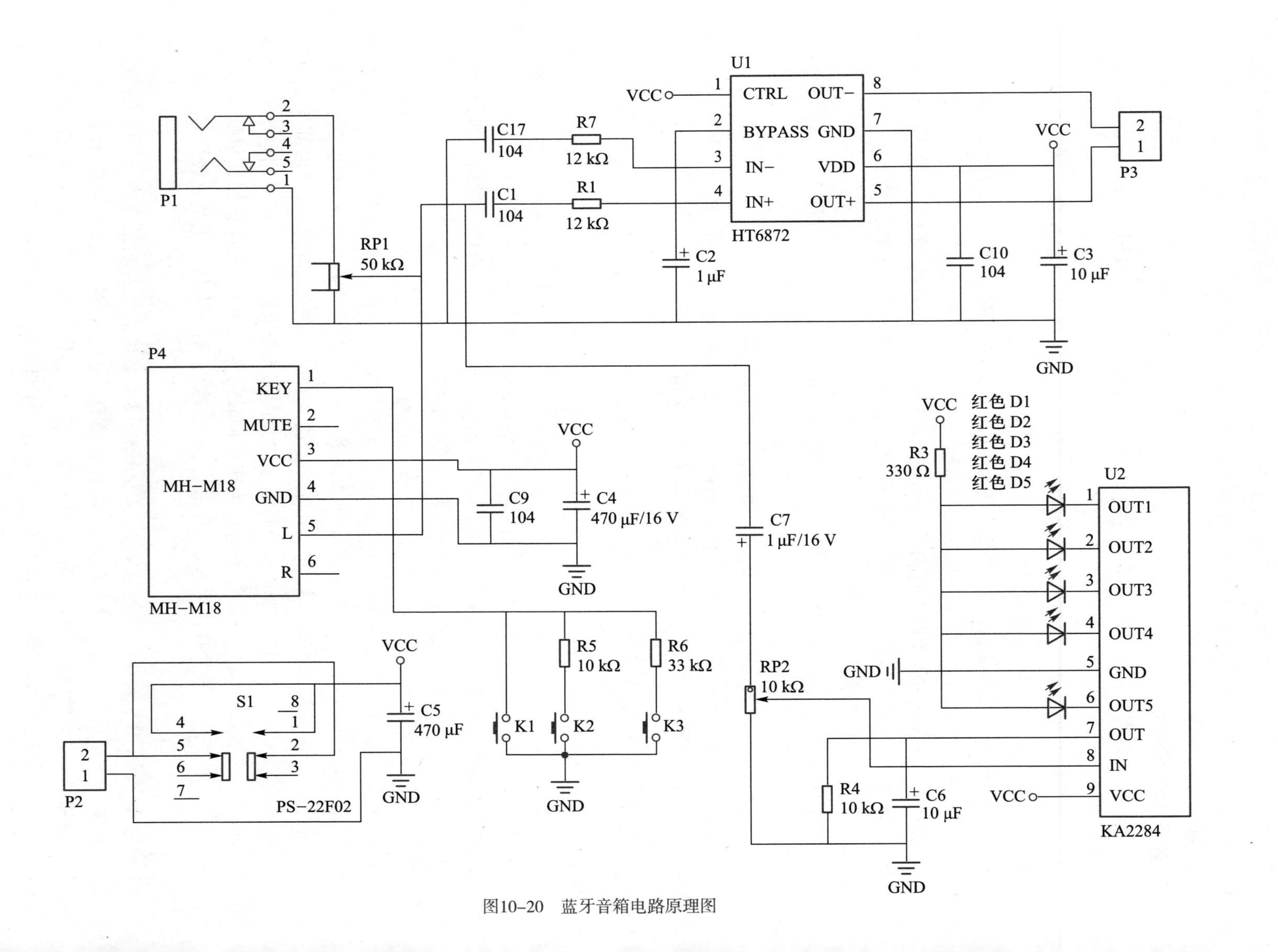

图10-20　蓝牙音箱电路原理图

蓝牙音箱的 MH-M18 蓝牙芯片、HT6872 功放芯片和 KA2284 电平驱动芯片的引脚功能及参数如下。

1. MH-M18 蓝牙芯片

MH-M18 蓝牙芯片为蓝牙音箱的核心部件,其外形、引脚排布、引脚参数如图 10-21 所示。

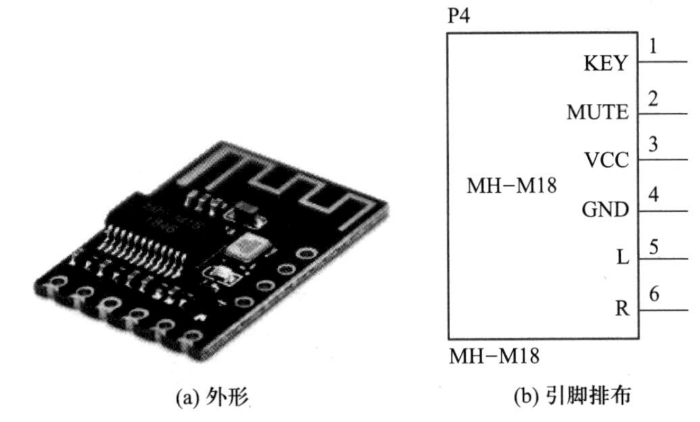

(a) 外形　　(b) 引脚排布

编号	引脚	说明
1	KEY	按键控制端(4个按键功能,需要另外加电阻)
2	MUTE	静音控制端(静音时输出高电平3.3 V,播放时输出低电平0 V)
3	VCC	电源正极5 V(锂电池3.7 V供电需要短路二极管)
4	GND	电源负极
5	L	左声道输出
6	R	右声道输出

(c) 引脚参数

图 10-21　MH-M18 蓝牙芯片

2. HT6872 功放芯片

HT6872 功放芯片外形、引脚排布、引脚参数如图 10-22 所示。它是一款低 EMI、防削顶失真、单声道免滤波 D 类音频功率放大器。HT6872 的最大特点是防削顶失真(ACF)输出控制功能,可检测并抑制由于输入音乐、语音信号幅度过大所引起的输出信号削顶失真(破音),也能自适应地防止在电池应用中由电源电压下降造成的输出削顶,显著提高音质,创造非常舒适的听音享受,并保护扬声器免受过载损坏。

3. KA2284 电平驱动芯片

KA2284 电平驱动芯片外形、引脚参数及电路结构如图 10-23 所示。它是用于 LED 音量电平指示的集成电路,内含交流检波放大器和比较器,把输入的音频信号进行放大再转换成电压信号,电压信号跟 5 个比较器进行比较,电压信号越大,输出低电平电压的比较器就越多。比较器输出接 LED,会使 LED 亮灭数目变化,即声音越大,点亮的 LED 越多,声音越小,点亮的 LED 越少。将 LED 排成一列,LED 随着音乐的旋律跳动,给人一种美的享受。

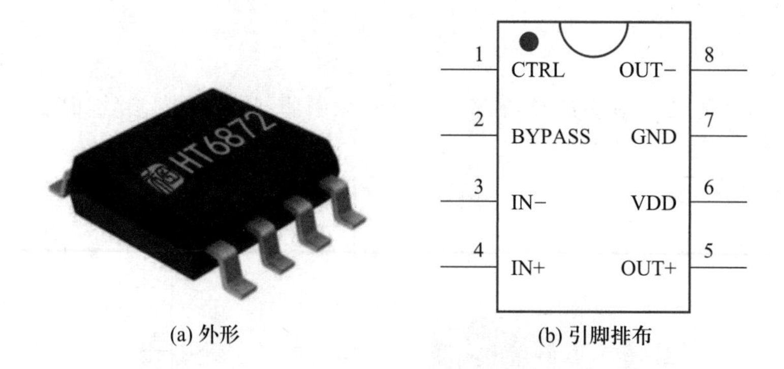

(a) 外形 (b) 引脚排布

SOP 引脚号	WLCSP 焊球号	引脚 名称	I/O	ESD 保护电路	功能
1	C2	CTRL	I	PN	ACF模式和关断模式控制端
2	B2	BYPASS	A	PN	模拟参考电压
3	C1	IN−	A	PN	反相输入端(差分−)
4	A1	IN+	A	PN	同相输入端(差分+)
5	A3	OUT+	O	−	同相输出端(BTL+)
6	A2	VDD	Power	−	电源
7	B1/B3	GND	GND	−	地
8	C3	OUT−	O	−	反相输出端(BTL−)

注：1. I表示输入端，O表示输出端，A表示模拟端；
2. 当大于VDD的电压外加于PN保护型端口(ESD保护电路由PMOS和NMOS组成)时，PMOS电路将有漏电流流过。

(c) 引脚参数

图 10-22 HT6872 功放芯片

(a) 外形

引出端 序号	符号	功能	引出端 序号	符号	功能
1	OUT1	−10 dB输出	6	OUT5	6 dB输出
2	OUT2	−5 dB输出	7	OUT	输出端
3	OUT3	0 dB输出	8	IN	输入端
4	OUT4	3 dB输出	9	VCC	电源
5	GND	地			

(b) 引脚参数

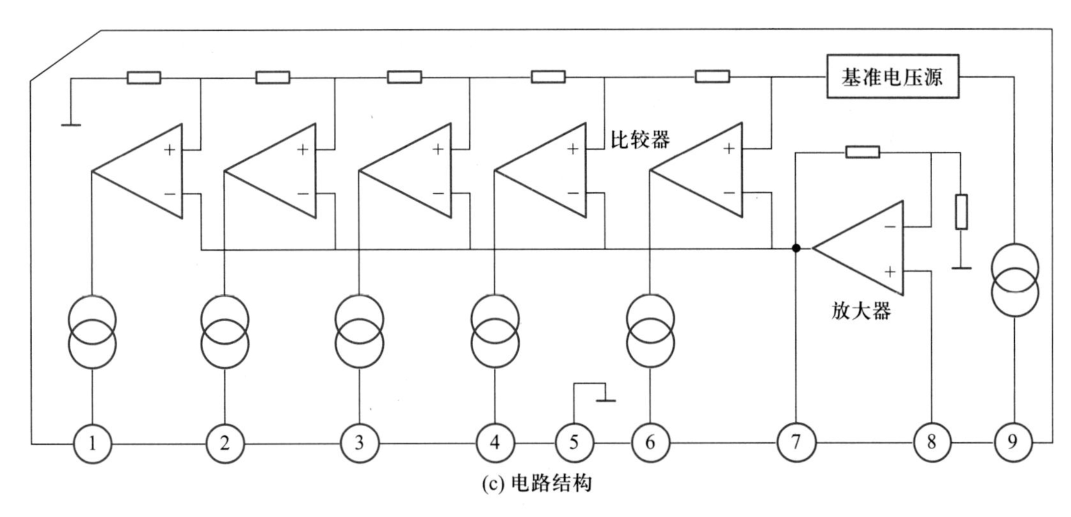

(c) 电路结构

图 10-23　KA2284 电平驱动芯片

10.4.3　蓝牙音箱的安装与焊接

1. 蓝牙音箱元件清单

蓝牙音箱元件清单如表 10-4 所示。

表 10-4　蓝牙音箱元件清单

序号	名称	标号	数量	备注
1	104 独石电容	C1,C9,C10,C17	4	无极性
2	直插电解电容 1 μF	C2,C7	2	引脚:长正短负
3	直插电解电容 10 μF	C3,C6	2	
4	直插电解电容 470 μF	C4,C5	2	
5	5 mm 红发红 直插LED	D5	1	
6	5 mm 绿发绿 直插LED	D4	1	
7	5 mm 蓝发蓝 直插LED	D3,D2,D1	3	
8	卧式侧按键	K1,K2,K3	3	
9	黑色按键帽	K1,K2, K3	3	
10	3.5 mm 音频插座	P1	1	
11	MH-M18 蓝牙芯片	P4	1	
12	直插电阻 12 kΩ	R1,R7	2	无极性
13	直插电阻 330 Ω	R3	1	

续表

序号	名称	标号	数量	备注
14	直插电阻 10 kΩ	R4，R5	2	无极性
15	直插电阻 33 kΩ	R6	1	
16	拨盘电位器 50 kΩ(503)	RP1	1	
17	蓝白电位器 10 kΩ(103)	RP2	1	
18	卧式自锁开关	S1	1	
19	红色自锁开关帽	S1	1	
20	HT6872 功放芯片	U1	1	
21	KA2284 电平驱动芯片	U2	1	
22	4 Ω 3 W 音响喇叭+引线		1	
23	单头 USB 电源线		1	
24	双头音频线		1	
25	电路板		1	
26	外壳、螺丝包		1	选配
27	说明书		1	

2. 元件安装与焊接

(1) 焊接直插电阻 12 kΩ、330 Ω、10 kΩ、33 kΩ

卧式安装，色环起始位置朝上或朝左，如图 10-24 所示。

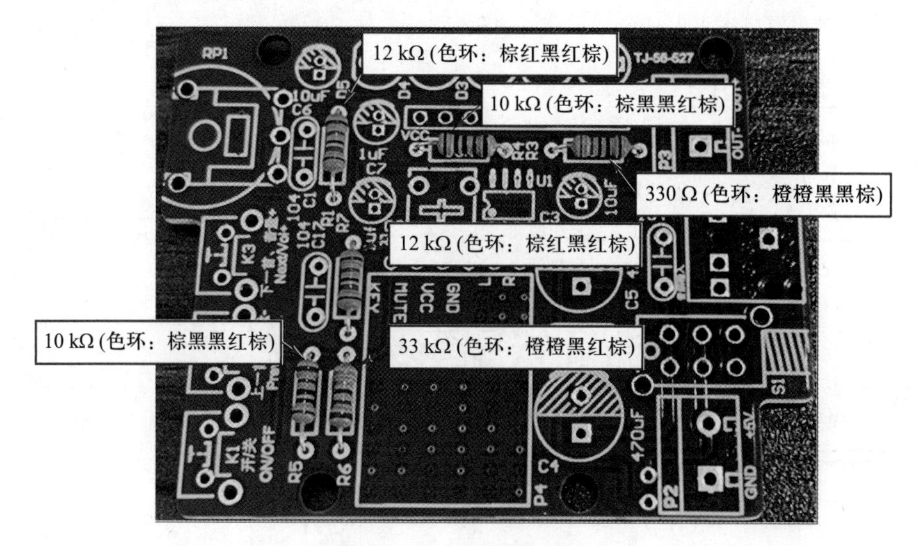

图 10-24　焊接直插电阻

(2) 焊接 MH-M18 蓝牙芯片

贴片安装,蓝牙芯片的邮票孔要与底板圆孔对应,如图 10-25 所示。

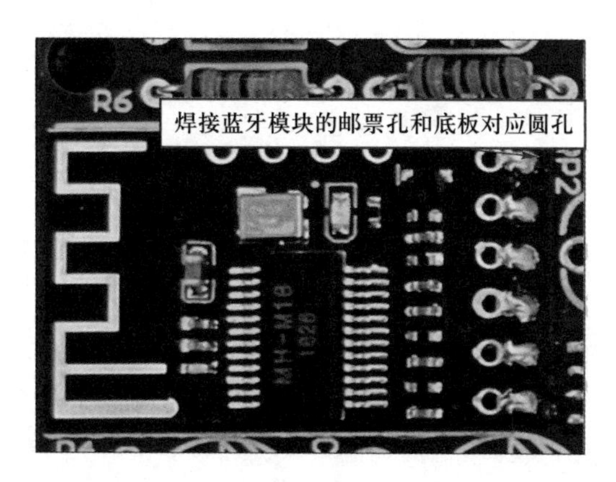

图 10-25　焊接 MH-M18 蓝牙芯片

(3) 焊接 HT6872 功放芯片

贴片安装,芯片上有个小凹点,方向如图 10-26 所示。焊接步骤如下:

① 焊盘上涂酒精松香溶液;

② 电烙铁加热焊盘去除氧化物;

③ 焊盘上搪锡(布焊锡膏);

④ 芯片对正焊盘,镊子按压;

⑤ 烙铁加热焊盘焊接;

⑥ 烙铁去除多余焊料。

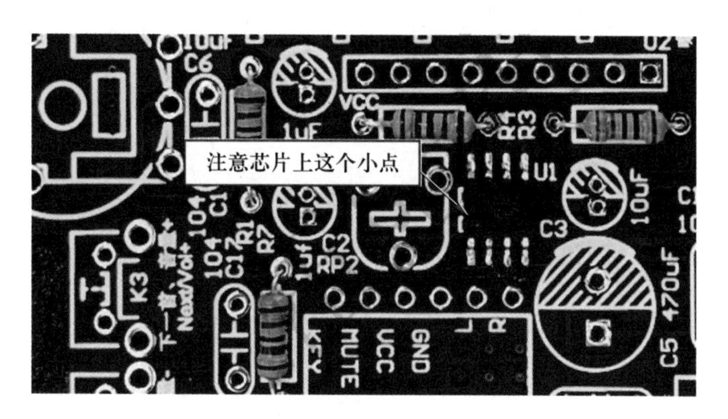

图 10-26　焊接 HT6872 功放芯片

(4) 焊接 104 独石电容和电解电容

立式安装,如图 10-27 所示。其中,独石电容不分正负极,字体统一朝右或朝下;电解电容分正负极,长引脚为正极,短引脚为负极。

(5) 焊接蓝白电位器 10 kΩ(103)

蓝白电位器用于控制 LED 音量柱的显示范围,采用立式安装,如图 10-28 所示。

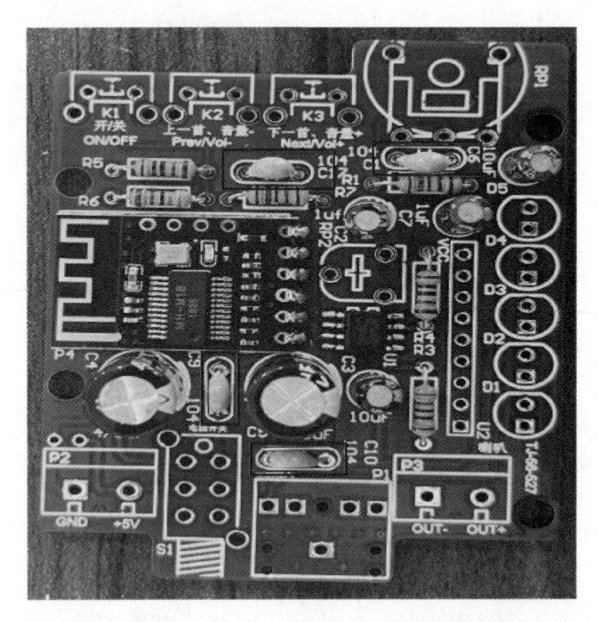

图 10-27　焊接 104 独石电容和电解电容

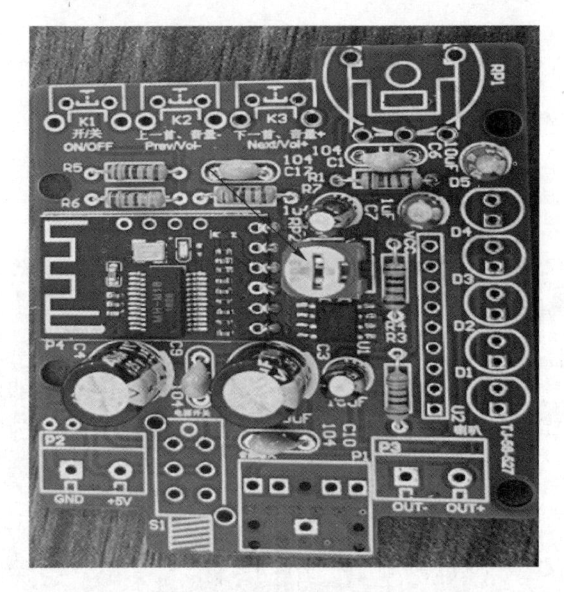

图 10-28　焊接蓝白电位器 10 kΩ(103)

（6）焊接 KA2284 电平驱动芯片

KA2822 电平驱动芯片为 LED 音量电平指示电路。面对 KA2284 电平驱动芯片有字面，最左边引脚为 1 脚，电路板安装位置处，边上为方形焊盘的一边接 1 脚，如图 10-29 所示。

（7）焊接发光二极管

发光二极管长引脚为正极，短引脚为负极，颜色根据个人喜好，没有固定格式，如图 10-30 所示。

图 10-29　焊接 KA2284 电平驱动芯片

图 10-30　焊接发光二极管

（8）焊接 3.5 mm 音频插座

音频插座作为音频信号输入端，在没有连接蓝牙信号的情况下，可以从这里输入音频信号，让喇叭发声，如图 10-31 所示。

图 10-31　焊接 3.5 mm 音频插座

（9）焊接拨盘电位器

拨盘电位器用于调节喇叭音量，如图 10-32 所示。

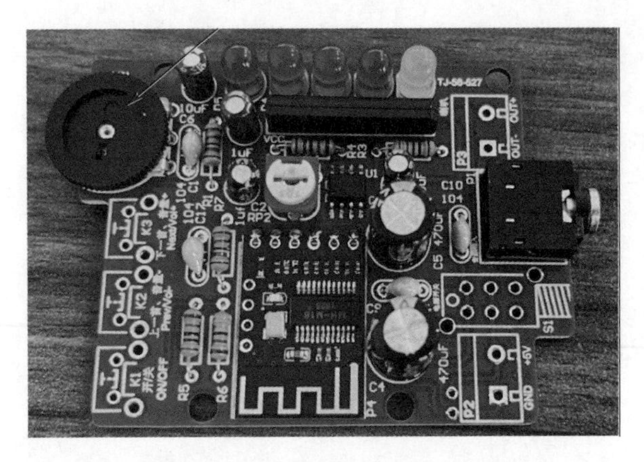

图 10-32　焊接拨盘电位器

(10) 焊接卧式自锁开关

卧式自锁开关用作电源开关,如图 10-33 所示。

图 10-33　焊接卧式自锁开关

(11) 焊接卧式侧按键

侧按键用于蓝牙模块功能,如调节音量、选曲等,如图 10-34 所示。

图 10-34　焊接卧式侧按键

(12) 焊接喇叭线、USB 电源线

接线端子开口朝外,有+5 V 和 GND 标记的接线端子接电源,电源正极接+5 V 位置,电源负极接 GND 位置。有 OUT+和 OUT-的接线端子接喇叭,不分正负极。如图 10-35 所示。

图 10-35　焊接喇叭线、USB 电源线

3. 外壳安装

(1) 用铜柱、M3 螺母固定电路板,并用 M3 螺丝锁住底面外壳,如图 10-36 所示。

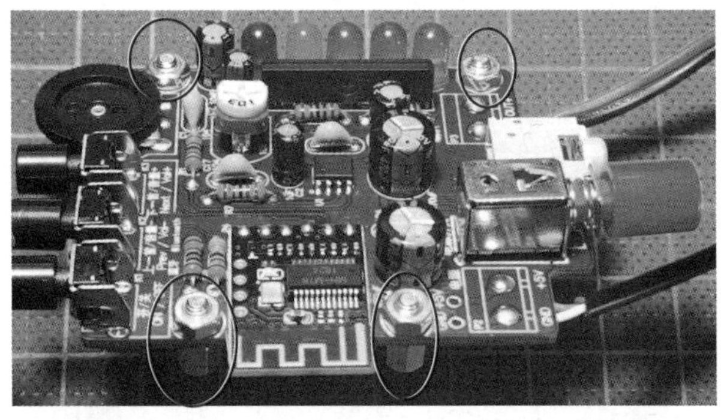

图 10-36　固定电路板

(2) 用 M3 螺丝、螺母将喇叭固定在正面外壳,如图 10-37 所示。

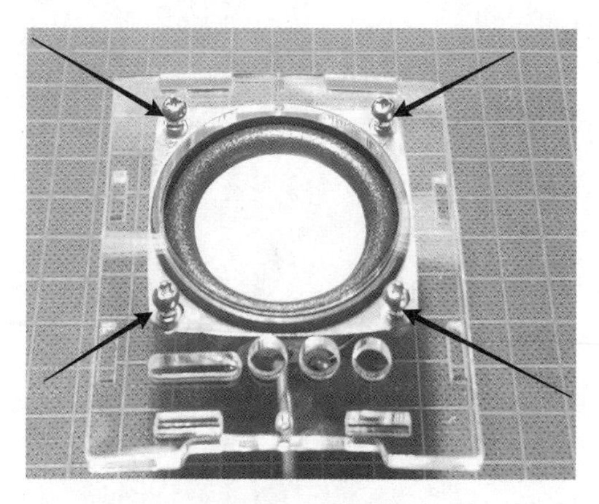

图 10-37 固定喇叭

（3）安装侧面外壳，并用 M2 螺丝、螺母固定，如图 10-38 所示。

图 10-38 安装侧面外壳

（4）安装顶面及背面外壳，注意 USB 电源线从底面外壳卡槽引出，如图 10-39 所示。

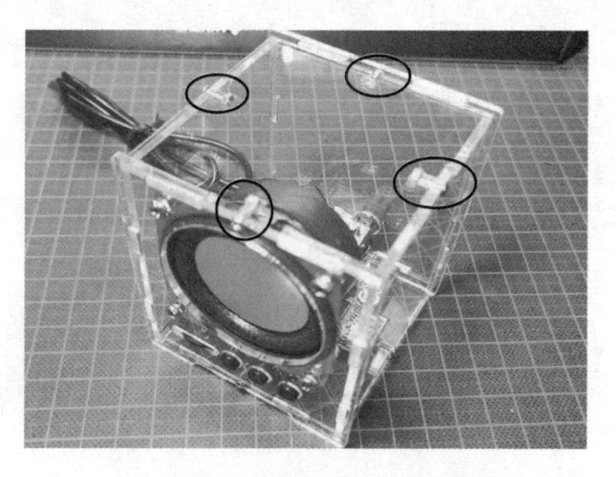

图 10-39 安装顶面及背面外壳

（5）组装完成，如图 10-40 所示。

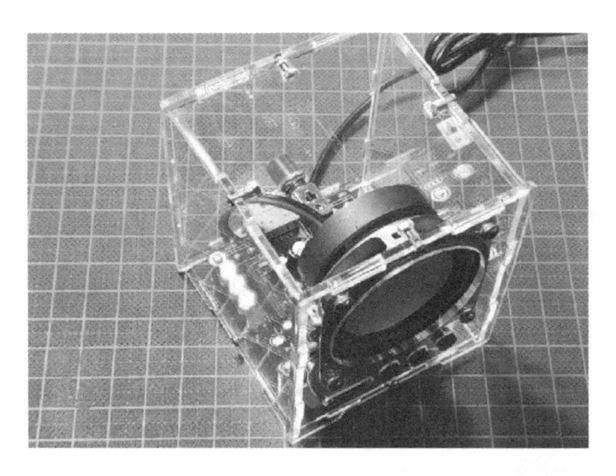

图10-40　组装完成

10.4.4　蓝牙音箱的调试与故障检修

1. 蓝牙音箱的调试

焊接完成后，将安装好的蓝牙音箱和电路原理图对照检查，无误后方可进行调试，具体调试步骤如下：

（1）接通电源。把蓝牙音箱的USB接口接在手机充电座上，并按下其卧式自锁开关，接通+5 V直流电源。

（2）进行蓝牙连接。用电脑、手机或其他主设备查找蓝牙音箱，进行蓝牙配对，连接成功后，双方可收发数据。

（3）播放音频。通过连接蓝牙音频信号或者外部音频信号，测试蓝牙音箱的喇叭是否正常发声、LED是否正常显示。

2. 蓝牙音箱的排故

（1）直观检查法。直观检查法是在不使用仪器的情况下，直接用眼睛观察蓝牙音箱的一些重点部位是否正常。比如，观察蓝牙芯片、功放芯片的引脚是否有粘连，观察焊点是否存在焊锡流淌造成的短路等。

（2）电压测量法。电压测量法是利用万用表直流电压挡测量电路各关键点电压，并将被测电压与标准值进行比较，进而分析判断故障的快捷方法。比如，判断蓝牙芯片、功放芯片是否正常，可以测量与蓝牙芯片3脚相连的C6、与功放芯片6脚相连的C10上的电压是否为+5 V（这里不直接测量芯片引脚电压，是因为芯片引脚较密，在测量过程中很容易因表笔晃动发生短路，烧坏芯片）。

（3）干扰检测法。干扰检测法是一种既简单又实用的小信号注入方法，它将人体脉冲注入各级，根据喇叭中的“喀喀”声来判断故障所在。例如，手拿镊子或小起子金属部分，碰触外界音源旋钮的中间抽头、功放芯片的4脚、RP2的中间抽头等关键部位点，若碰触点后面部分正常，则扬声器会发出“喀喀”响声；若无声，则故障可能出在该级或者后一级电路。

（4）电阻在路测量法。在断开电源的情况下，测量电路中各芯片引脚的对地阻值，观察是否正常。蓝牙芯片和功放芯片各引脚的正常阻值如图10-41所示。

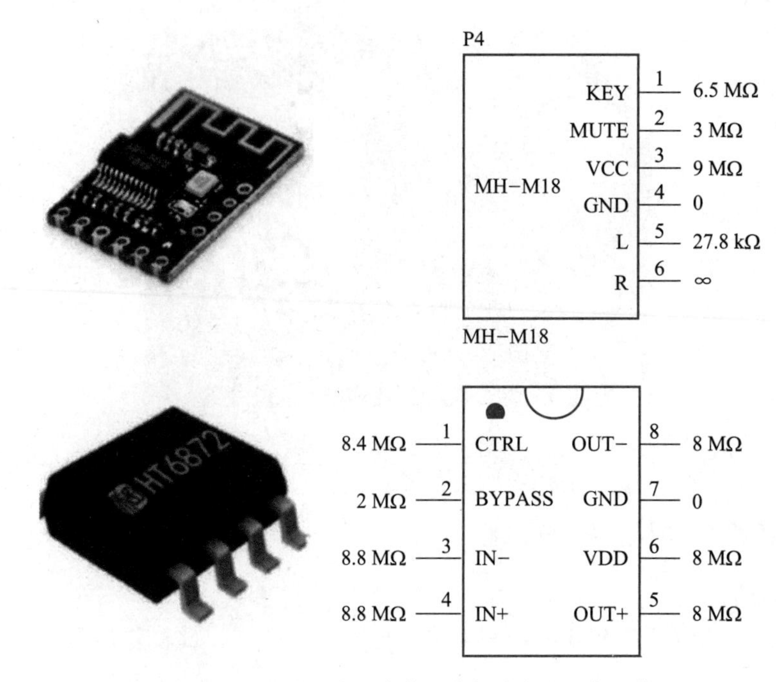

图 10-41 蓝牙芯片和功放芯片各引脚的正常阻值

第 11 章　印制电路板的设计与制作

11.1　印制电路板的概述

印制电路板(printed circuit board,PCB)以绝缘板为基材,切成一定的尺寸,其上至少附有一个导电图形,并布有孔(如元件孔、紧固孔、金属化孔等),用来代替以往装置电子元器件的底盘,并实现电子元器件之间的相互连接。

PCB 是电子设备的重要组成部分,几乎我们见到的各种电子产品,小到电子钟表、计算器、MP3、录音笔、手机,大到台式计算机、电动汽车、电力电子设备、军用通信系统等都离不开 PCB。

目前,全球 PCB 产业产值已经达到电子元件产业产值的四分之一以上,在电子元件分支产业中比重最大,而我国也已成为世界第一大 PCB 生产国。随着电子产品的小型化、薄型化、多功能化的发展,对 PCB 板的设计与制作也提出了越来越高的要求。目前印制电路板正朝着多层化、立体化、高密度、高精度、高可靠、轻薄化的方向发展。因此学习和掌握印制电路板的设计方法与制作工艺,熟悉 PCB 板的生产过程是十分必要的。

11.1.1　印制电路板的组成

印制电路板一般包括以下几个部分:

① 介电层(dielectric):用来保持线路及各层之间的绝缘性,俗称为基材。

② 线路与图面(pattern):线路是作为原件之间导通的工具,在设计上会另外设计大铜面作为接地及电源层。线路与图面是同时做出的。

③ 孔(through hole/via):导通孔可使两层次以上的线路彼此导通,较大的导通孔作为零件插件用,另外有非导通孔作为表面贴装定位、组装时固定螺丝用。

④ 丝印(legend/marking/silk screen):此为非必要的构成,主要的功能是在电路板上标注各零件的名称、位置框,方便组装后维修及辨识。

⑤ 防焊油墨(solder resistant/solder mask):并非全部的铜面都要吃锡上零件,因此非吃锡的区域,会印一层隔绝铜面吃锡的物质(通常为环氧树脂),避免非吃锡的线路间短路。根据不同的工艺,分为绿油、红油、蓝油。

⑥ 表面处理(surface finish):由于铜面在一般环境中,很容易氧化,导致无法上锡(焊锡性不良),因此会在要吃锡的铜面上进行保护。保护的方式有喷锡(HASL)、化金(ENIG)、化银(immersion silver)、化锡(immersion tin)、有机保焊剂(OSP)等,这些方法各有优缺点,统称为表面处理。

11.1.2　印制电路板的基材简介

覆铜板(copper clad laminate,CCL)是制板产业使用最广泛、性价比最高的基材。它是由玻纤布或木浆纸等作增强材料,浸以树脂,单面或双面覆以铜箔,经热压而成的板状复合材料。

刚性覆铜板就是板材在外力作用下不易发生形变的覆铜板,俗称“硬板”,常用的铜箔厚度为0.5盎司(175 μm)和1盎司(350 μm)。

刚挠结合板就是将软板和硬板相结合后形成的电路板。

11.1.3 印制电路板的分类

按照线路板工作层面的多少,可以分为单面板、双面板和多层板。

1. 单面板

零件集中在其中一面,导线则集中在另一面。因为导线只出现在其中一面,所以就称这种PCB为单面板。单面板通常制作简单,造价低,缺点是无法应用于太复杂的产品上。

2. 双面板

双面板是单面板的延伸,当单层布线不能满足电子产品的需要时,就要使用双面板了。双面都有覆铜有走线,并且可以通过孔来导通两层之间的线路,使之形成所需要的网络连接。双面板由于两面都可以布线,这就大幅度降低了走线的难度,因此被广泛应用于各类电子产品。

3. 多层板

多层板指有三层或三层以上导电图形的印制电路板。为了增加可以布线的面积,多层板用上了更多单或双面的布线板。用一块双面作内层、两块单面作外层或两块双面作内层、两块单面作外层的印制线路板,通过定位系统及绝缘黏结材料交替在一起,且导电图形按设计要求进行互连的印制线路板就成为4层、6层印制电路板了,也称为多层印制电路板。板子的层数并不代表有几层独立的布线层,在特殊情况下会加入空层来控制板厚,通常层数都是偶数,并且包含最外侧的两层。大部分的主机板都是4~8层的结构,不过理论上可以做到近100层的PCB板。大型的超级计算机大多使用相当多层的主机板,不过因为这类计算机已经可以用许多普通计算机的集群代替,超多层板已经渐渐不被使用了。由于PCB中的各层都紧密地结合,一般不太容易看出实际数目,不过如果仔细观察主机板,还是可以看出来的。

11.2 印制电路板的设计规则

印制电路板的设计是根据设计人员的意图,把电子元器件在一定的制板面积上合理地布局排版的过程。PCB的设计通常有两种方式:一种是计算机辅助设计,另一种是人工设计。不论采用何种方式,都必须符合产品的电气性能及机械性能的要求,并考虑印制电路板加工工艺及产品的装配工艺要求。

为了让电子电路获得最佳的性能,元器件及导线的布局是非常重要的。

1. 元件布局

(1) 根据整机结构布局

一般情况下,应在印制电路板的同一面上完成所有的元器件的布置,并留出印制板定位孔及固定支架所占用的位置;位于电路板边缘的元器件,离电路板边缘一般不小于2 mm;当顶层元器件布局过密时,应将一些高度有限、发热量小的元件,如贴片电容、贴片电阻等放在底层;对于发热量大的元件应远离热敏元件。

对于电位器、可变电容器、微动开关等可调元件，若是机内调节，应放在印制板上方便于调节的地方；若是机外调节，其位置要与调节旋钮在机箱面板上的位置相对应。对于那些体积大、重量大、发热量大的器件，不宜装在印制电路板上，而应当装在整机的机箱底板上，焊装时应采取固定措施，并考虑散热问题。

元器件的布局还应考虑安装方式，安装方式分卧式和立式两种。卧式安装元器件跨度大，两个焊点间可以走线，机械稳定性好；立式安装元器件占用面积小，适合元器件排列紧密的场合。

（2）布局要美观，排列要整齐均匀

对于一个成功的产品来说，设计人员要在注重内在质量的同时兼顾整体的美观。在保证电气性能的前提下，元器件应布置在栅格上，且相互平行或垂直排列。在一般情况下元器件不允许重叠，排列要整齐紧凑，输出和输入的元器件要尽量远离。尽可能缩短和减小各元器件之间的引线和连接以及缩小印制电路板的体积和导线的长度。

（3）布局应抑制热干扰

对于易发热的元件，应优先布置在利于散热的位置，必要时可以配置散热器或风扇降低温度；对于一些功耗大的电阻、功率管、集成块等元器件，要尽量布置在容易散热的地方，并与其他元件隔开一定的距离，以减小对邻近器件的影响；而热敏元件应紧贴被测器件，且远离高温区域，以免引起误动作。在双面放置元器件时，发热元件一般不放置在底层。

（4）布局应避免电磁干扰

在元件布局时，应将数字电路、模拟电路以及电源电路分别放置，将高频电路与低频电路分开。有条件的应使之各自隔离或单独做成一块电路板。在 PCB 上布置高速、中速和低速逻辑电路时，设计人员应按照图 11-1 的方式进行元件的布局。

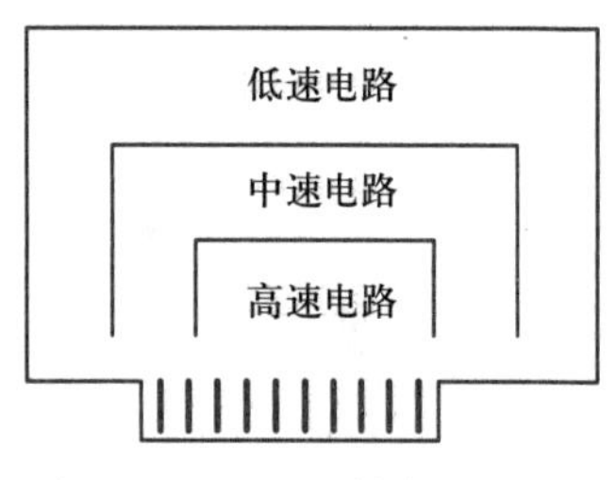

图 11-1　PCB 元件布置规则图

对电磁感应较灵敏的元器件及电磁辐射较强的元器件，应增大它们之间的距离或加以屏蔽。尽可能避免高、低压器件相互混杂、强弱信号的器件交错。对于产生磁场的元器件，如扬声器、电感、变压器等，布局时应尽量减少磁力线对印制导线的切割，相邻元器件的磁场方向应尽可能相互垂直以减少他们之间的耦合作用。有屏蔽干扰源时，屏蔽罩应采取良好的接地措施。

2. 导线布线规则

（1）印制导线的最小宽度主要由导线与绝缘基板间的黏附强度和流过它们的电流值决定。对于集成电路，尤其是数字电路，通常选 0.02～0.3 mm 导线宽度。只要条件允许，还是尽可能用宽线，尤其是电源线和地线。导线的最小间距主要由最坏情况下的线间绝缘电阻和击穿电压决定。为了增强抗噪声能力，还要使电源线、地线的走向和数据传递的方向一致。

（2）印制导线拐弯处一般取圆弧形，而夹角或直角在高频电路中会影响电气性能。拐弯半径大于 2 mm。

（3）在设计印制电路板电路时，应避免各级共用地线导致相互间产生干扰。模拟地和数字地应分开。高频电路的地宜采用多点串联接地，地线应短而粗，低频电路应尽量采用单点并联接地。且公共地线不宜闭合，以免产生电磁感应。

（4）避免交流信号对直流电路产生干扰。任何信号都不要形成环路，如不可避免，让环路区尽量小。从减小辐射骚扰的角度出发,应尽量选用多层板,内层分别作电源层、地线层,用以降低供电线路阻抗,抑制公共阻抗噪声,对信号线形成均匀的接地面,加大信号线与接地面间的分布电容,抑制其向空间辐射的能力。

3. 焊盘的要求

在设计焊盘时,内径和外径的大小非常重要。焊盘的内径必须从元件引线直径和公差尺寸以及搪锡层厚度、孔径公差、孔金属化电镀层厚度等方面考虑,通常情况下以元件金属引脚直径值加上 0.2 mm 作为焊盘内径,其值一般不小于 0.6 mm。焊盘外径的大小也是有讲究的,如果外径太大,就需要延长焊接时间,增加焊锡的用量等;如果外径太小,焊盘就容易脱落和断裂。在单面板上,焊盘的外径一般比引线孔的直径大 1.2 mm 以上;在双面板上,由于焊锡在金属化孔内也形成浸润,提高了焊接的可靠性,因此焊盘可以比单面板略小一些,但一般不小于引线孔的 2 倍。

焊盘常见形状有方形、圆形、椭圆形和岛形等。当印制电路板上元器件体积较大,线路简单时,方形焊盘比较多见,常用于手工制作的印制板中。圆形焊盘则多用于元件排列规则的场合,在双面板中多使用圆形焊盘;椭圆形焊盘多用于集成电路器件;而岛形焊盘常用于不规则排列的元器件,特别是当元器件采用立式不规则固定时更为普遍。

11.3　印制电路板的计算机辅助设计

对于印制电路板设计的初学者,面临的首要问题就是整个设计工作的流程包括哪些步骤?各个步骤、模块之间又是怎么衔接的?这里以 Protel 99 SE 软件为例,介绍 PCB 设计的一般步骤。

11.3.1　电路图的设计

设计电路图是进行电路设计的第一步,也是最重要的一步。电路图的设计是否正确、结构是否严谨将直接影响产品的使用效果,且由于在 Protel 99 SE 软件中,绘制电路图是进行后面各种工作的前提,故电路图的设计工作尤为重要。

Protel 99 SE 操作的第一步是建立一个 DDB 文件。也就是说,使用 Protel 99 SE 进行电路图和 PCB 设计的数据以及其他的数据都存放在一个统一的 DDB 数据库中。绘制电路图步骤如下:

1. 打开 Protel 99 SE 后选择 File 菜单下的"New 新建",创建 DDB 文件,如图 11-2 所示。

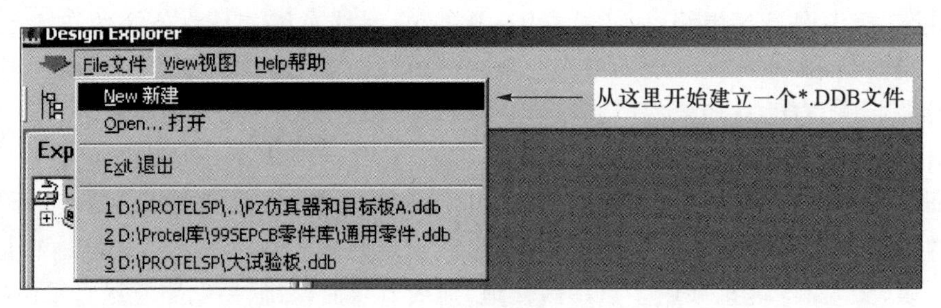

图 11-2　新建 DDB 文件

2. 新建 DDB 文件后会弹出菜单,定义好新建的 DDB 文件,如图 11-3 所示。

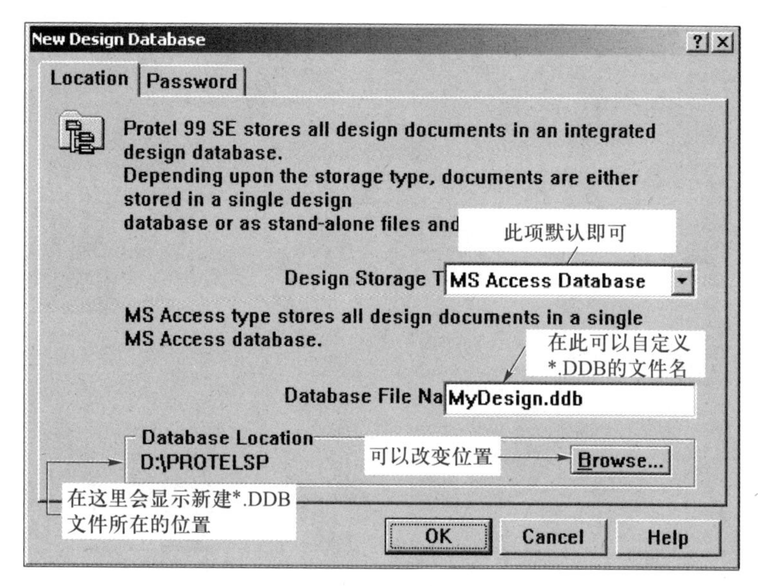

图 11-3　设置 DDB 文件

3. 所有新建的文件一般放置在主文件夹中，如图 11-4 所示。

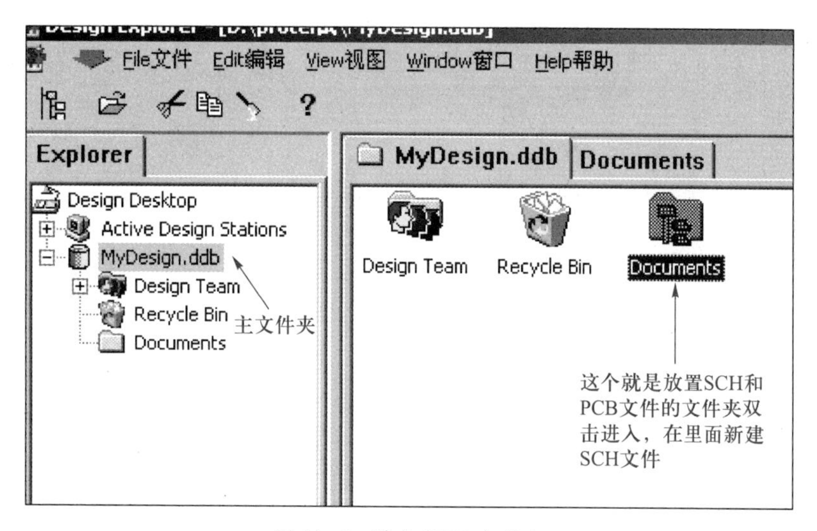

图 11-4　建立 DDB 文件夹

4. 进入并新建 SCH 文件，如图 11-5 所示。

5. 添加新的零件库，如图 11-6 所示。

到这里我们建立好了绘制电路图的文件，接下来就可以根据需要将电路图设计出来了。

6. 调出 SCH 零件并且进行属性设置，如图 11-7 和图 11-8 所示。

7. 将电路中所有元件调出并设置、放置后，就可以用连线工具将各个元件按要求连接在一起了，如图 11-9 所示。

到这里我们就绘制好电路图了，接下来就要用电路图生成 PCB 图。

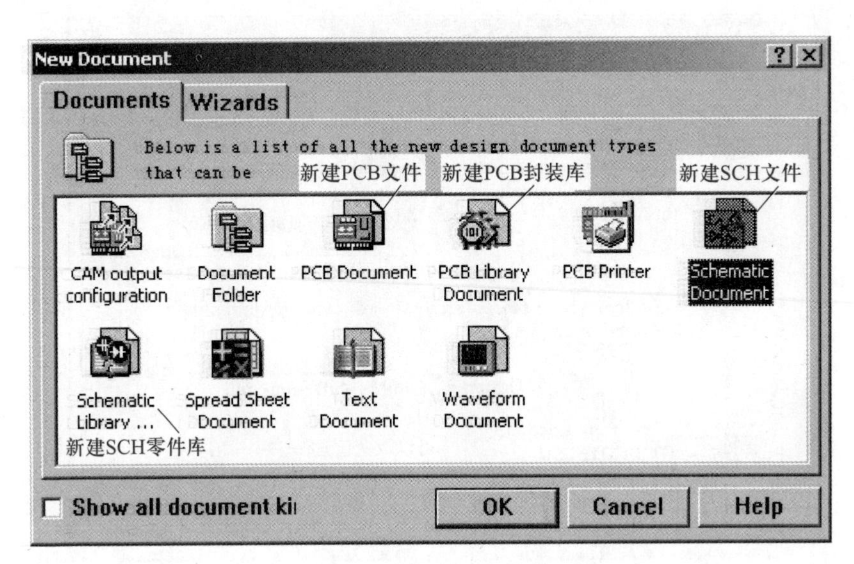

图 11-5 新建 SCH 文件

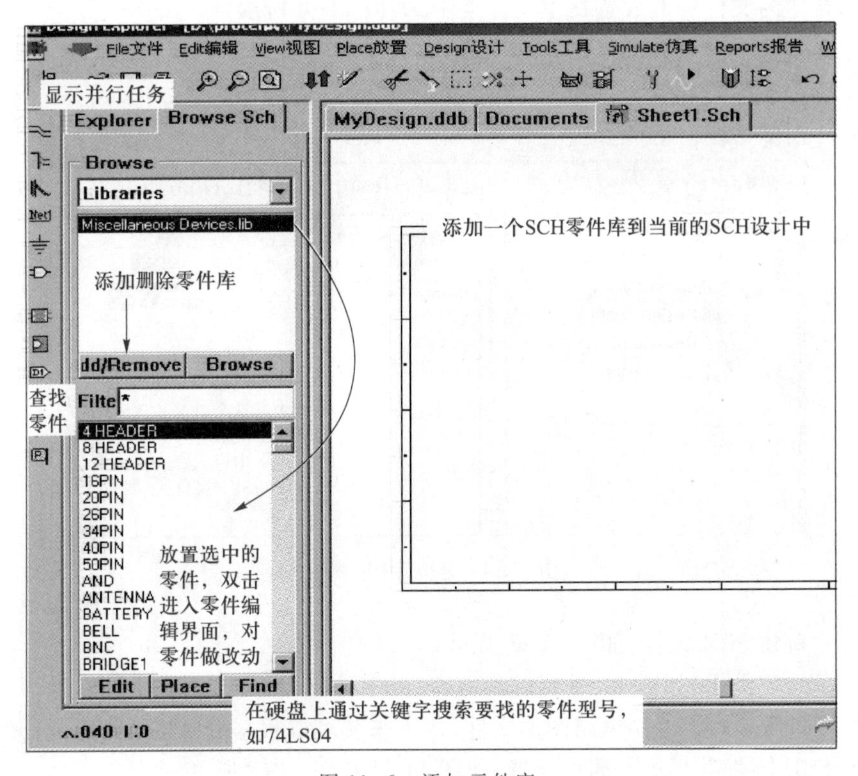

图 11-6 添加元件库

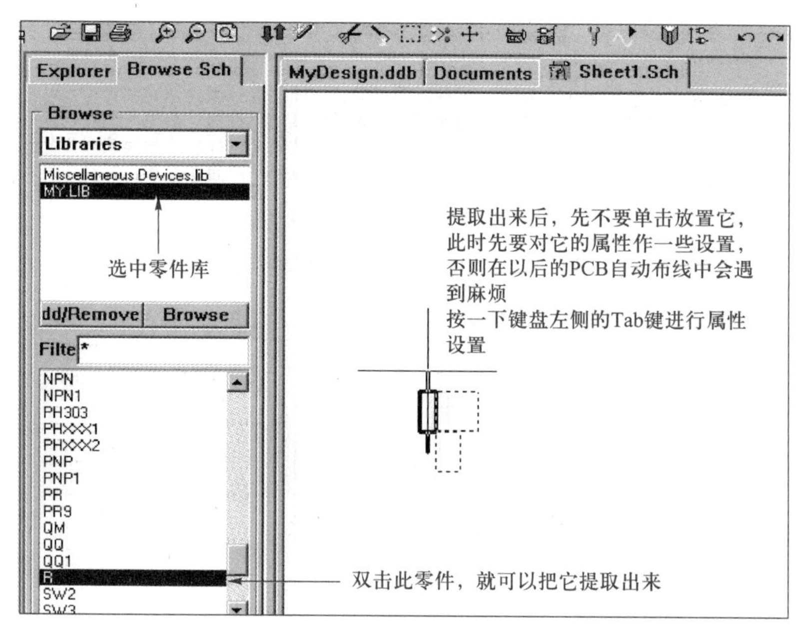

图 11-7　调出 SCH 元件并设置

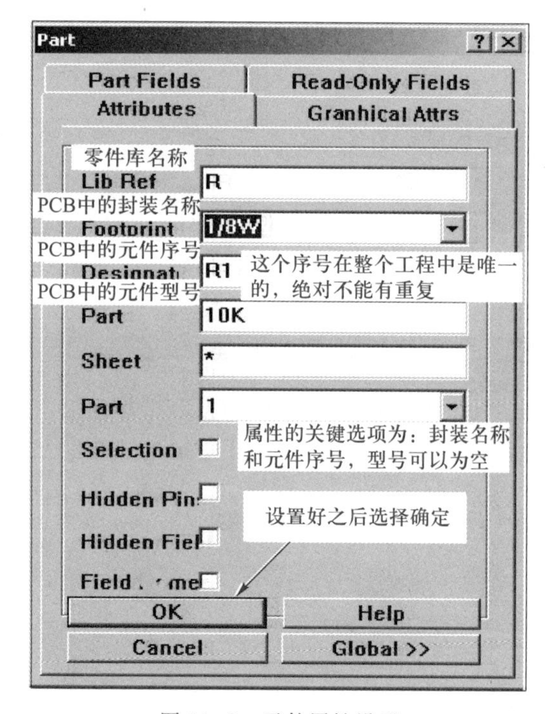

图 11-8　元件属性设置

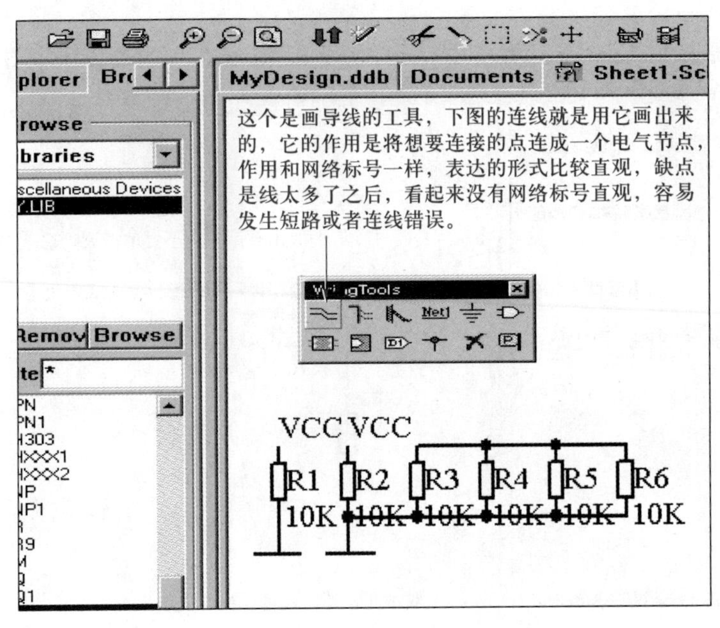

图 11-9 绘制导线

11.3.2 电路 PCB 图的设计

1. 在 Documents 目录下新建一个 PCB 文件，使 SCH 文件和 PCB 文件在同一目录下，如图 11-10 所示。

图 11-10 生成 PCB 文件

2. 添加自动布线要用到的封装库,如图 11-11 所示。

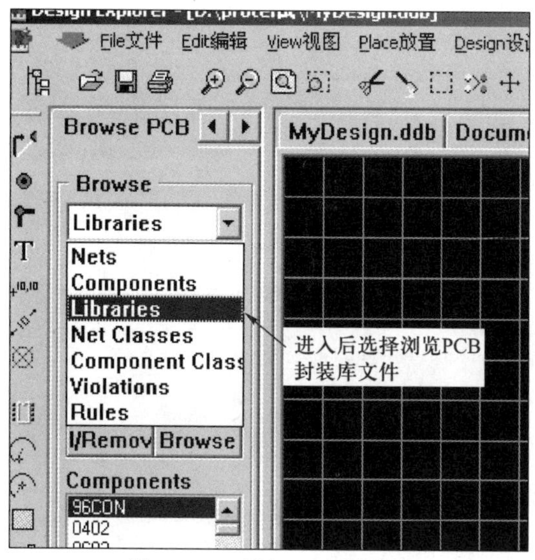

图 11-11　添加 PCB 封装库

3. 将 SCH 图(电路图)转换成 PCB 图,如图 11-12 和图 11-13 所示。

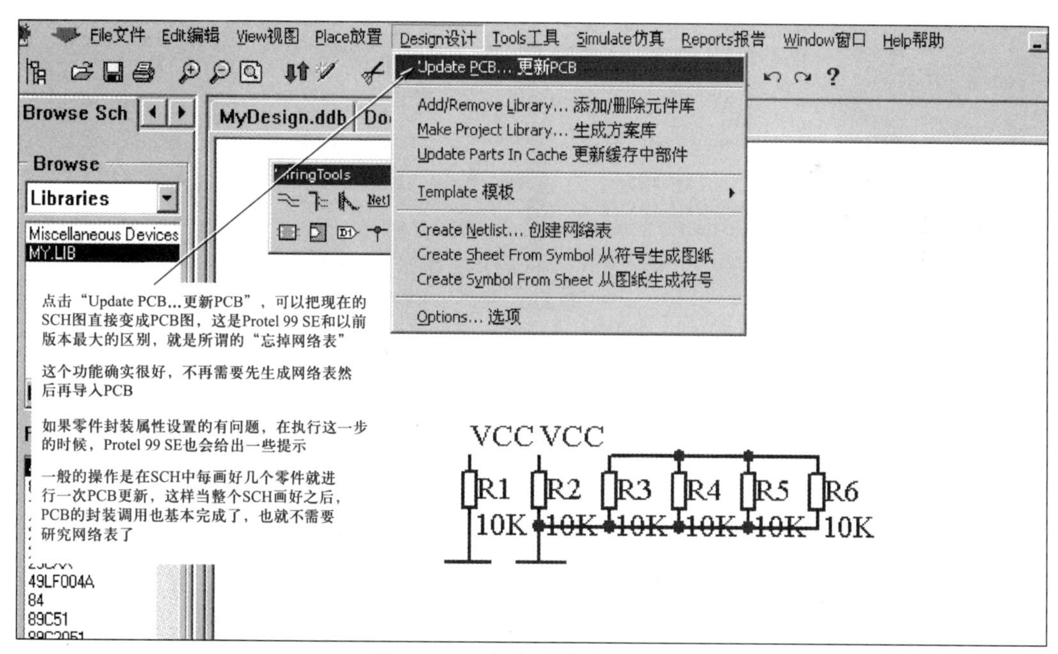

图 11-12　电路图转换成 PCB 图

如果转换遇到问题,说明 SCH 里面还存在错误,如图 11-14 所示。

将错误更正后可以再次将 SCH 图转换成 PCB 图,直到问题解决。

4. 成功转换 PCB 图,如图 11-15 所示。

5. 绘制 PCB 的外形,如图 11-16 所示。

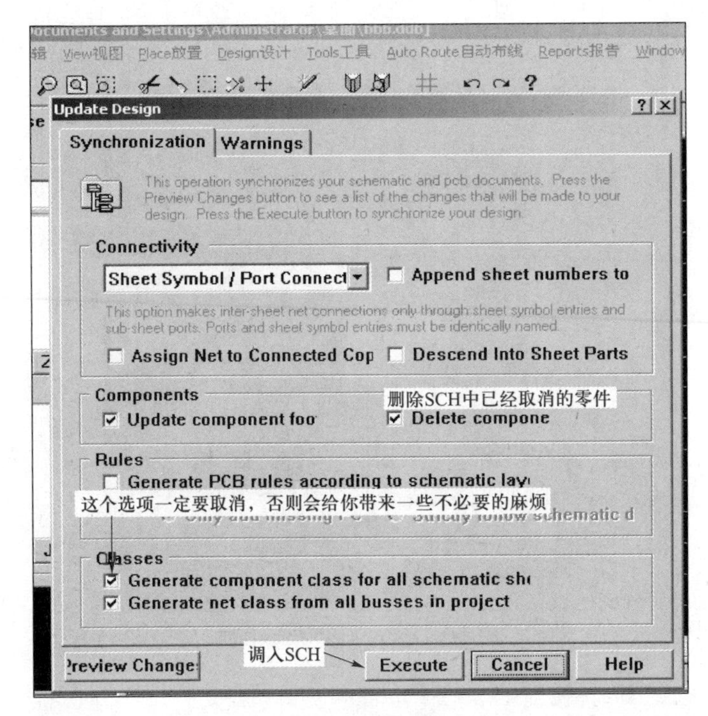

图 11-13 转换 PCB 设置

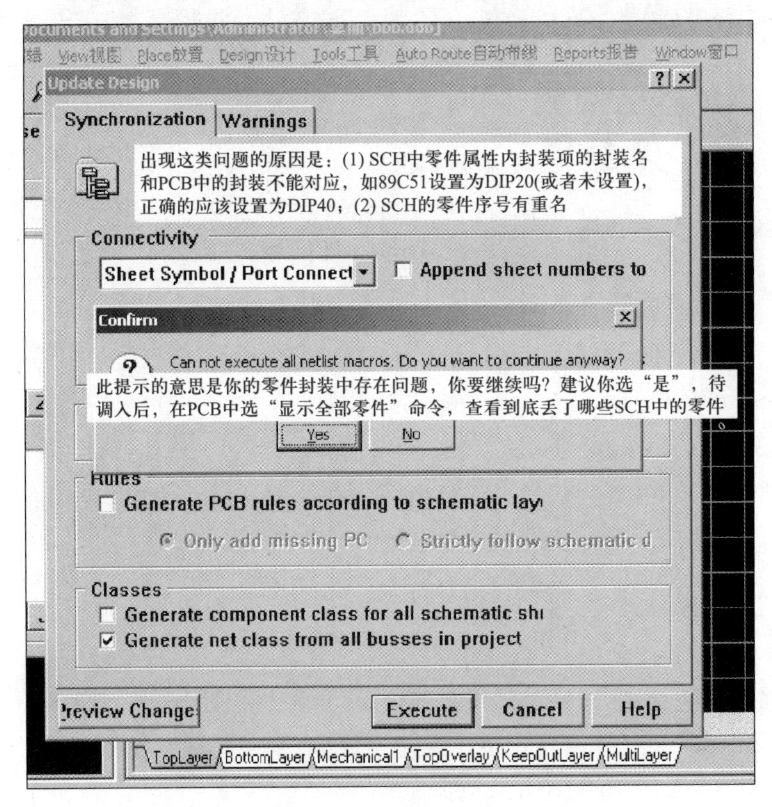

图 11-14 转换 PCB 出错

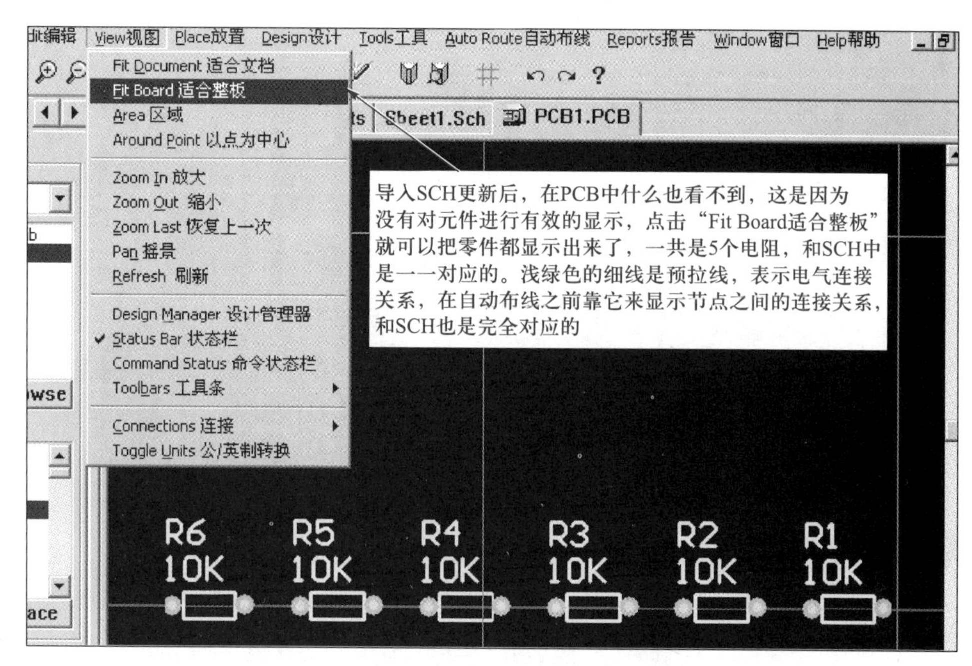

图 11-15　从 SCH 中导入的元件

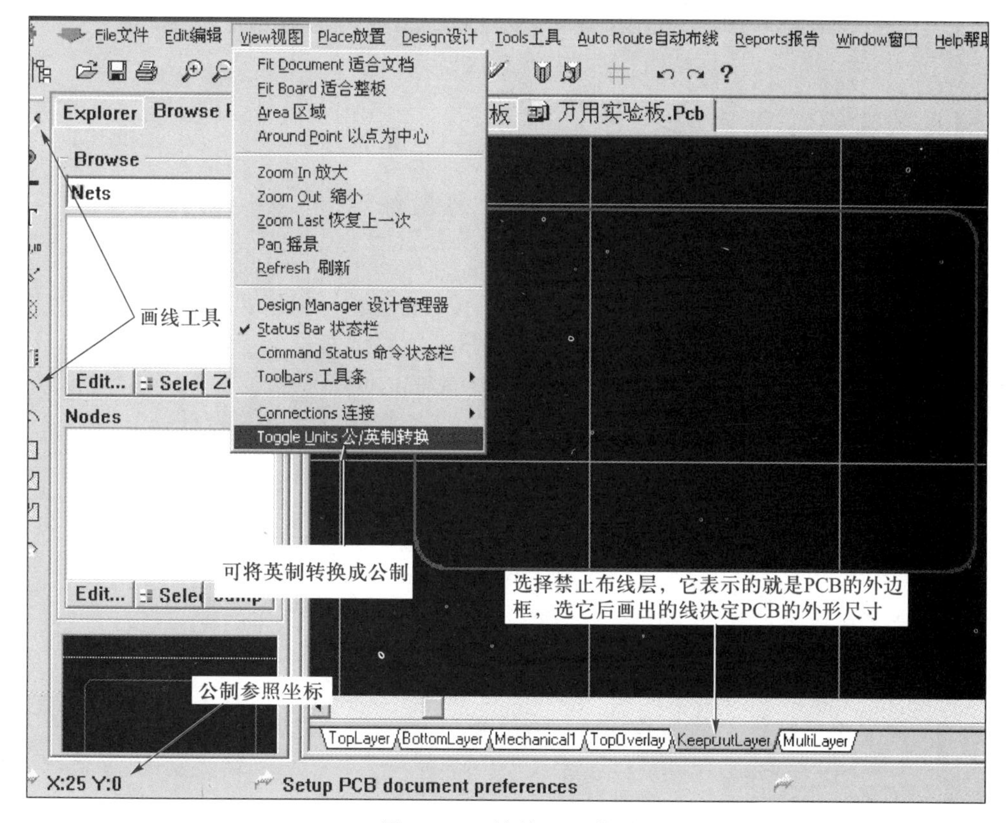

图 11-16　绘制 PCB 外形

做一个自己要的外形框,然后把PCB零件封装移动到里面。按照元件布局规则将元件布置好,接下来就可以自动布线了。

6. 自动布线前,将单位改成公制单位,并校验零件是否有错误,确认无误后就可以自动布线了,如图11-17所示。

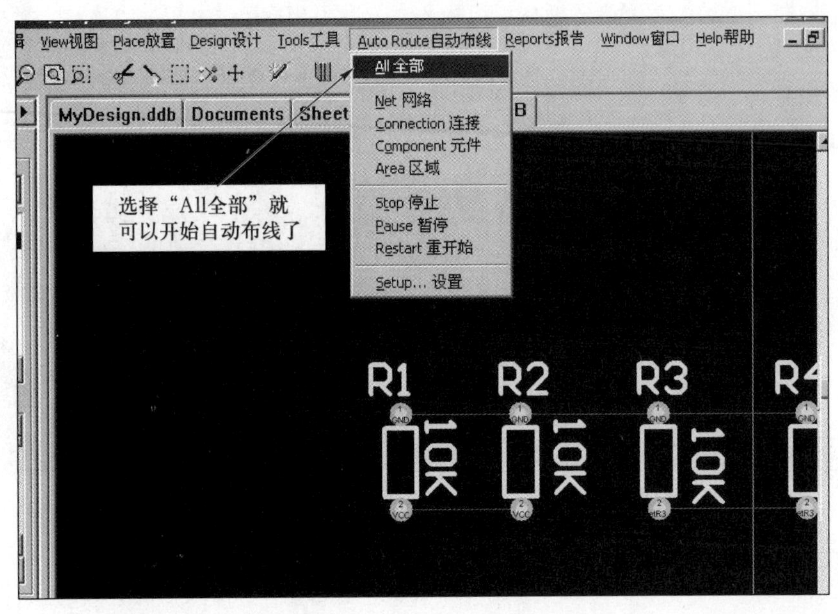

图11-17　自动布线

选择自动布线后会弹出自动布线设置菜单,如图11-18所示。

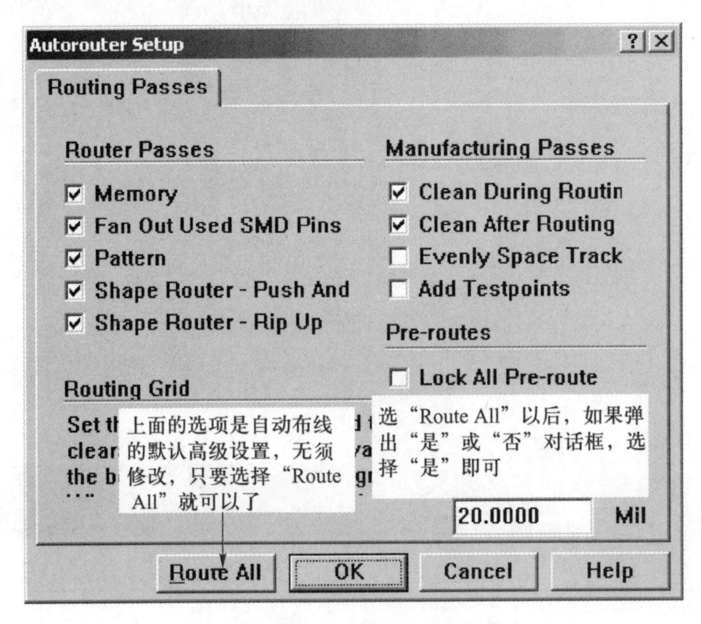

图11-18　自动布线设置

布线完成后系统会自动弹出对话框，如图 11-19 所示，提示布线完成度、布线数、剩余数、用时等。当自动布线不能完成时，可以调整元件的一些位置再重新布线，或者选择手动布线。

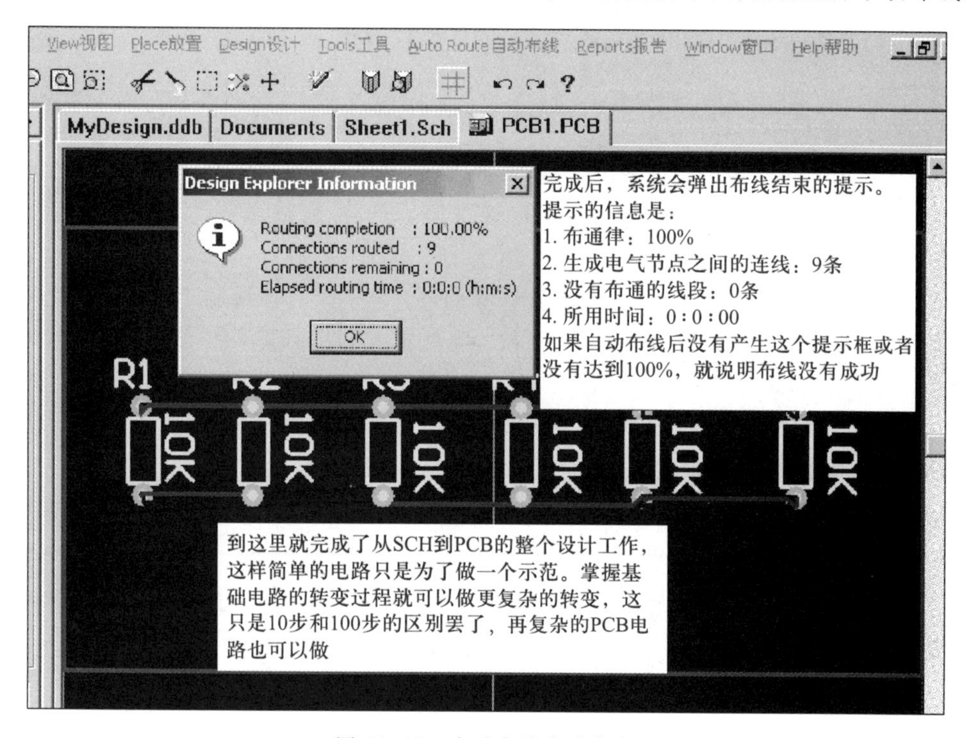

图 11-19　自动布线完成信息

到这里印制电路板计算机辅助设计就基本完成了，当然以上的介绍并不全面，设计者应在不断的学习和总结中提高自己的设计能力，更新设计理念。

11.4　印制电路板的制造工艺流程简介

1. 单面板制造工艺——热转印制板

热转印法只适合制板简单的单面 PCB。其流程如图 11-20 所示。

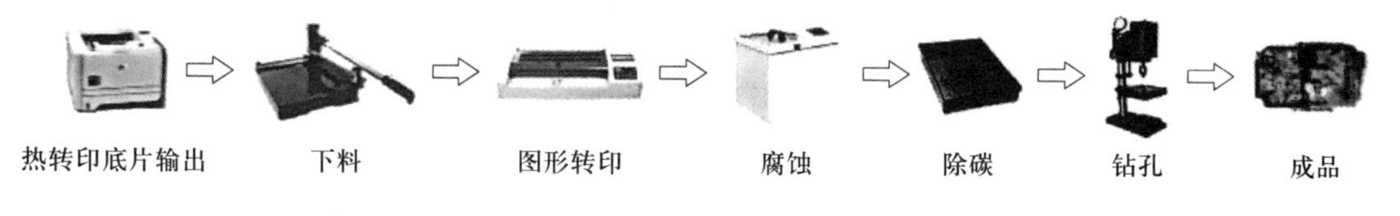

图 11-20　热转印制板流程

2. 雕刻制板

雕刻制板是一种典型的物理制板方法。先对刚性覆铜板进行机械钻孔，然后直接用金属雕刀雕刻制作出电子线路。其流程如图 11-21 所示。

物理制板方法采用电脑加载 PCB 文件直接驱动雕刻机的三维轴来控制其运动，实现钻雕

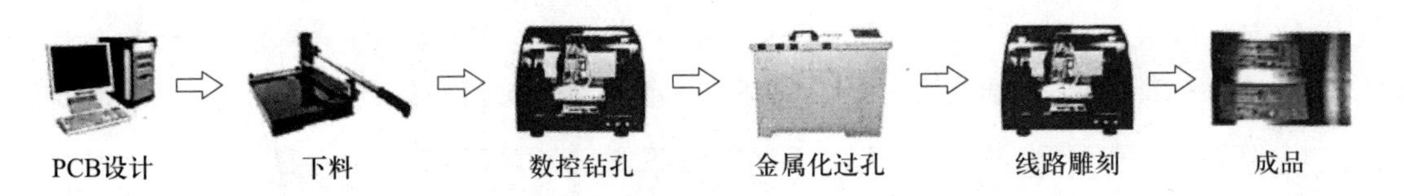

图 11-21 雕刻制板工艺流程

铣的目的，因此，相对化学制板法来说，物理制板的流程比较简单，制作单面板等比较方便。但由于是机械雕刻，该制板方法也存在制作精度低、速度慢、工艺不完整等缺点。

3. 湿膜工艺制板

湿膜工艺制板以覆铜板为材料，可完成单/双面线、多层板的快速制作，工业生产中大批量PCB制造都采用湿膜工艺制板。其流程如图11-22所示。它与其他PCB制板工艺相比，具有如下特点：

（1）制板工艺流程全面，制板速度快、精度高。

（2）能兼顾小批量生产的要求。

（3）可与表面处理工艺结合，完成整套工艺的制作。

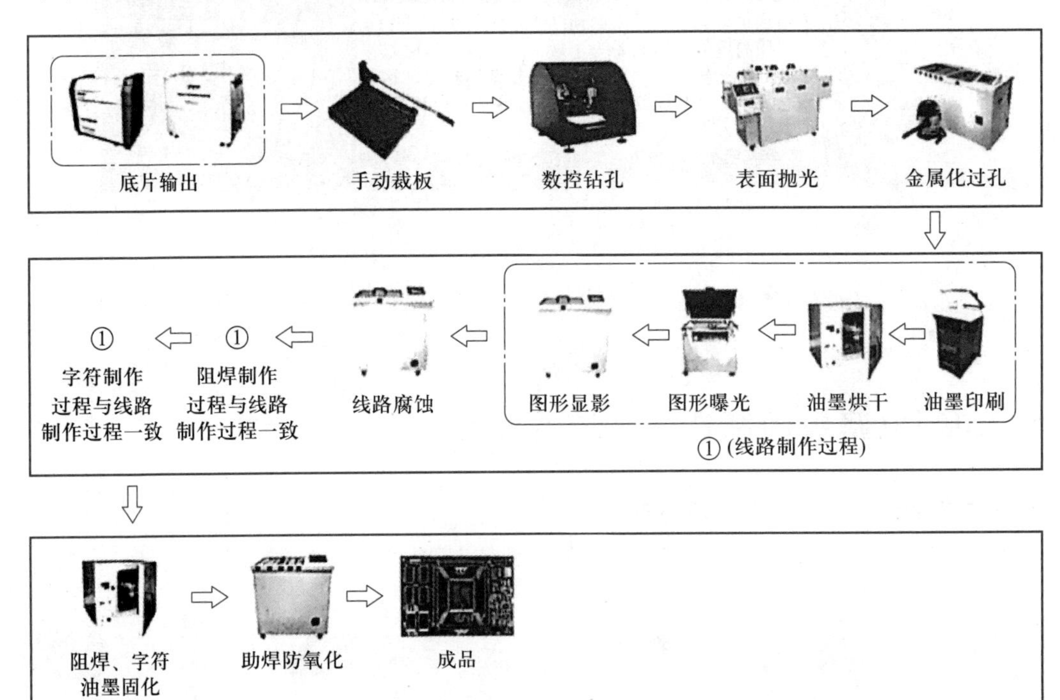

图 11-22 湿膜工艺制板流程

湿膜工艺制板通过显影、镀锡、腐蚀、脱膜、褪锡、OSP等工艺完成线路板的制作，这个过程会产生大量化学废液、废气和废物，需要按环保要求进行后续处理。

4. 激光制造工艺制板

激光制造工艺制板既有环保、快速、可小批量定制等优点，又具有流程少、制造简单和环境友

好等优点。其流程见图 11-23。它与其他 PCB 制板工艺相比,具有如下特点:

（1）激光雕刻制板加工速度快,比普通刀具雕刻速度快 10 倍以上。

（2）加工精度高,最小线宽、线距为 3 mil。

（3）绿色环保,除金属过孔工艺使用少量化学药液外,其他工艺流程无废液、废气排放。

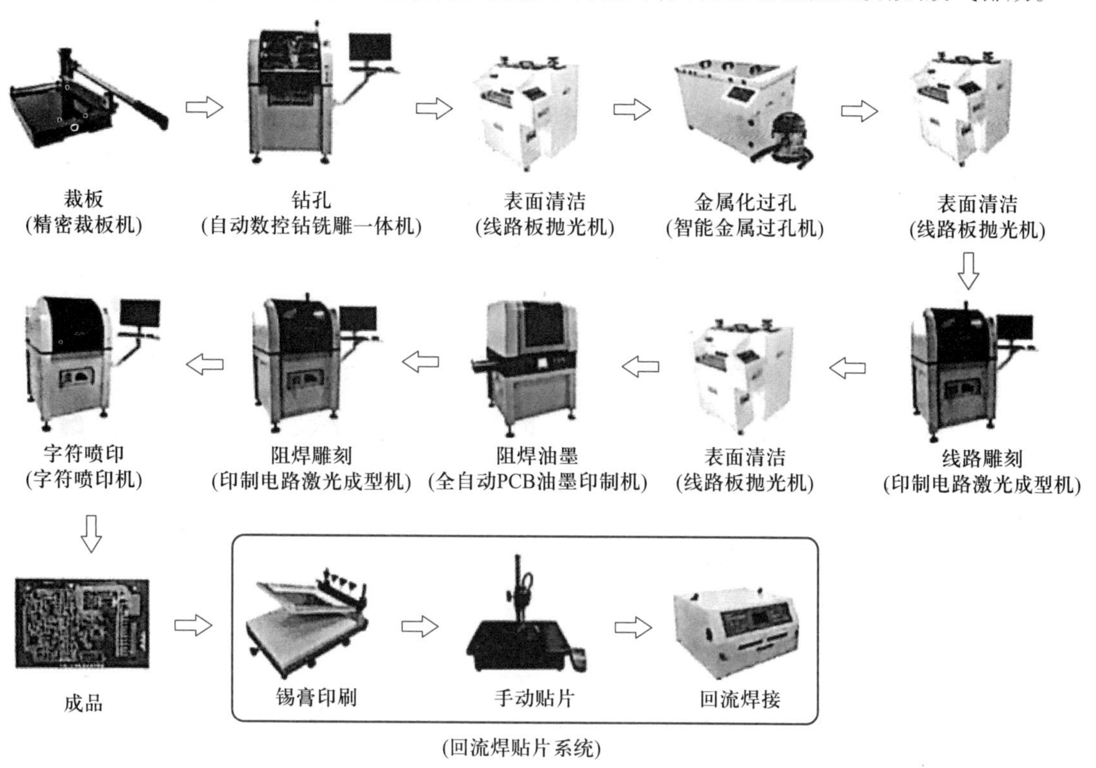

图 11-23　激光制造工艺制板流程

11.5　湿膜工艺制板举例——以调光台灯电路 PCB 制作为例

湿膜工艺制板流程全面,制板速度快、精度高,且适合小批量生产,因此该工艺为多所高校教学实训所使用。本节以 10.2 节所述调光台灯电路为例,详细介绍 PCB 湿膜工艺制板的具体流程①。

讲义 39:调光台灯电路 PCB 板制作

11.5.1　底片制作

底片制作是图形转移的基础,根据底片输出方式可分为底片打印输出和光绘输出。底片打印输出是指将计算机辅助设计出来的 PCB 图导出成 GERBER 文件,并设置原点及所需的各个层面,同时定义好单位,通过激光打印机将各个层面

① 所使用的设备由湖南长沙科瑞特有限公司提供。

用菲林纸打印出来。利用 CAM 软件打印底片步骤如下：

(1) 打开 Protel。99 SE 绘制的 PCB 文件。

(2) 点击文件(File)菜单→新建文件 CAM Output Configuration→选择需要制作底片的 PCB 文件→Next→点击 Gerber→Next→Next→Next→选择所需导出的层(全选)→Next→Next→Finish。

(3) 在 Protel 99 SE 的工作窗口上出现标签 CAMManager1.cam，选中 Gerber Output1 按 F9，会在 Documents 中产生一个文件夹"CAM for ×××"。单击该文件夹，右键导出(导出时，会提示存放路径)。

(4) 打开 CAM350 软件→ 点击 File 菜单→Import→Gerber Data→选择前面导出的文件夹(文件类型为所有类型)→选择所有→打开。

(5) 选择所需打印的层(边框层为必选)，操作方法：Tables→Composites→Add→选择所需层。其中.gtl 为顶层，.gbl 为底层，.gko 为边框，.gtp 为顶层阻焊，.gbp 为底层阻焊，.gto 为顶层丝印。

根据调光台灯电路 PCB 图[见图 11-24(a)]打印出的底片如图 11-24(b)(c)(d)所示。

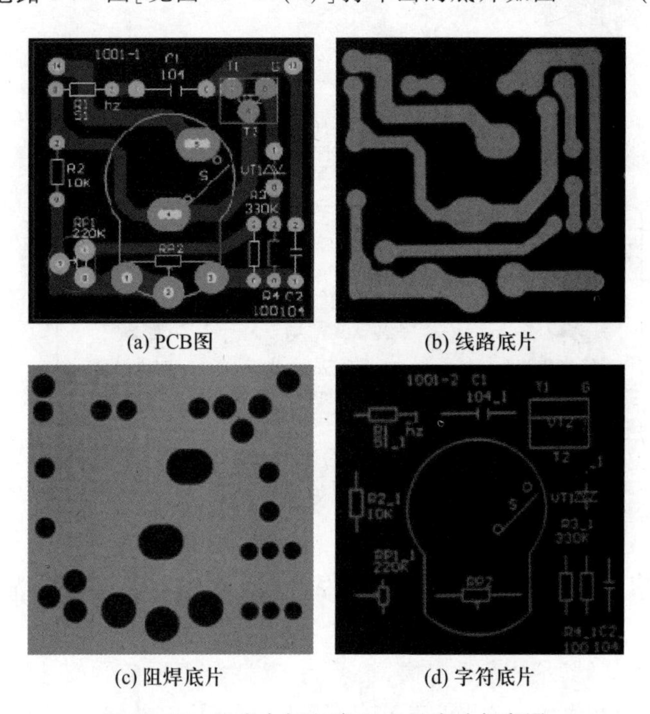

(a) PCB图 (b) 线路底片

(c) 阻焊底片 (d) 字符底片

图 11-24 调光台灯电路 PCB 及底片打印图

11.5.2 裁板和钻孔流程

1. 裁板

裁板又称下料，在 PCB 板制作前，应根据设计好的 PCB 图大小来确定所需 PCB 板基的尺寸规格，我们可根据具体需要进行裁板。裁板的基本原理是利用上刀片受到的压力及上下刀片之间的狭小夹角，将夹在刀片之间的材料裁断。

常见的裁板设备大致分为两种，一种是手动裁板机，另一种是脚踏裁板机。图 11-25 为精密手动裁板机的外形图。

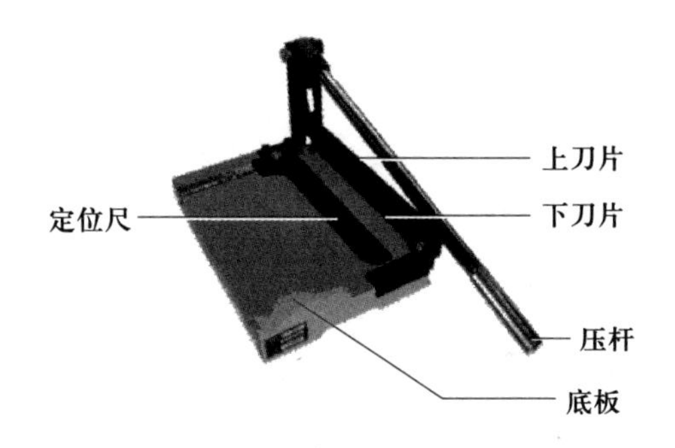

图 11-25　精密手动裁板机外形图

2. 数控钻孔

视频 46:手动钻孔

视频 47:数控钻孔

钻孔通常有手工钻孔和数控自动钻孔两种方法。数控钻床能根据 Protel 生成的 PCB 文件自动识别钻孔数据,并快速、精确地完成终点定位、钻孔等任务。用户只需将设计好的 PCB 文件直接导入数控钻床后台软件即可自动完成批量钻孔,如图 11-26 所示。

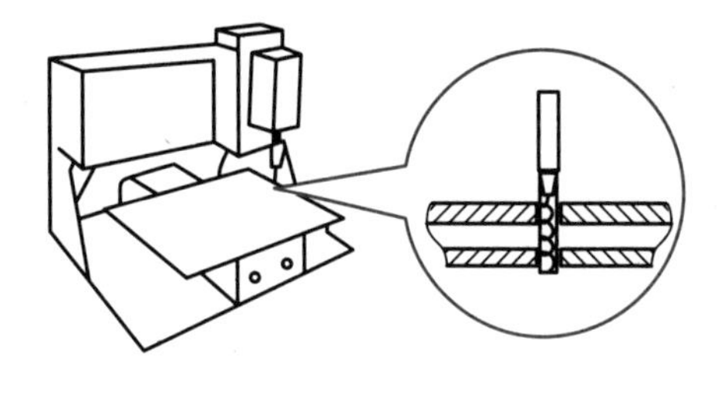

图 11-26　钻孔

其操作步骤如下:

(1) 连接数控钻床和固定待钻孔板。

(2) 用 Protel 将文件导出(点击文件菜单→导出),生成 Protel pcb2.8 ASCII File(*.pcb)格式文件并保存。

(3) 打开 Create-DCD 软件,将导出的文件打开。此时在屏幕上会显示所有需要钻的孔,选择板厚(按实际板厚设置)和串口后,调整钻头高度和位置(手动定位)。

(4) 安装对应规格孔的钻头、设置串口和板厚。

(5) 调整钻头起始位置及高度(钻头与待钻板距离 1~1.5 mm)并作为钻孔的起始点。

(6) 在软件中选定对应规格的孔,开始钻孔。

(7) 在调整钻头高度及位置时,由于数控钻床无限位装置,所以要防止超出极限值。

11.5.3　抛光及金属化过孔流程

1. 板材抛光

钻好孔的覆铜板上有很多杂质和毛刺,会直接影响电路板的制作,需进行板子抛光、去毛刺和杂质。可以用砂纸先将表面打磨抛光,然后再通过抛光机抛光。

2. 金属化过孔(调光台灯电路 PCB 为单面板,不需要此流程)

金属化过孔被广泛应用于有通孔的双面或多层印制线路板的生产加工中,其主要目的在于通过一系列化学处理方法在非导电基材上沉积一层导电体,以作为后面电镀铜的基底,继而通过后续的电镀方法加厚。金属化过孔操作步骤如下:

(1) 预浸:去除孔内毛刺和调整孔壁电荷。

(2) 活化:通过物理吸附作用,使孔壁基材的表面吸附一层均匀细致的黑导电层。

(3) 微蚀:为确保电镀铜与基体铜有良好的结合,必须将铜上的石墨炭黑除去。

(4) 加速:去除板面油污和氧化物,3~4 s 即可。

(5) 镀铜:利用电解的方法使金属铜沉积在工件表面,以形成均匀、致密、结合力良好的金属铜层。镀铜操作如下:

① 用夹具将金属化过孔后的 PCB 板夹好,将 PCB 板全部浸入镀铜液中,夹具挂钩挂在镀铜机阴极挂杆上;

② 调节电流:按 1.5 A/dm^2 计算电流;

③ 电镀时间以 15 min 左右为宜,待电镀完成后,取出 PCB 板并用清水冲洗干净。

视频 48:刷感光湿膜

11.5.4 线路、阻焊、字符制作流程

线路制作是将底片上的电路图转移到覆铜板上,将覆铜板上的线路图用电镀锡保护,经后续去膜腐蚀即可完成线路制作,其流程是:湿膜→烘干→曝光→显影→镀锡→去膜→腐蚀。

1. 刷线路油墨

在丝印机台面上粘好 L 形定位框,将电路板置于定位框之上;固定网框:网框前部距台面距离略大于 10 mm 且丝网离电路板有 5 mm 距离(用手按网框,感觉有向上的弹性即可);刷线路油墨:先在丝网上预涂一层油墨,以 45°倾角在电路板上推油墨 2 次(建议从身体外侧以 45°角均匀向内侧推印,第一次轻轻推印,目的是让油漆均匀覆盖板上的丝网;第二次用力推印,目的是让油漆均匀覆盖在电路板上),电线路板上形成均匀涂层即可。

2. 烘干

刮好感光油墨的电路板需要烘干,根据感光油墨特性,温度为 80℃左右,双面烘干时间为 20 min。板件烘干后放置时间最好不超过 24 h,否则对后续曝光有影响。

3. 线路曝光

视频 49:曝光

曝光是以对孔的方式,在线路油墨板上进行曝光,被曝光油墨与光线发生反应,经显影后可呈现图形。这样,经光源作用就将原始底片上的图像转移到电路板上了。曝光操作步骤如下:

(1) 对孔:通过定位孔将菲林底片与曝光板一面对好孔(底片的放置以图形面紧贴电路板为最佳)并用透明胶固定。

(2) 设置好曝光时间。

(3) 曝光:盖上曝光机盖并扣紧,关闭进气阀,按下起动键;取出板件然后曝光另一面。

4. 线路显影

将电路板放置于显影机传送带上,设置好显影机时间(主要是看丝印油墨的均匀程度和丝

印厚度),若一次显影不行可重复操作。线路显影效果如图 11-27 所示。

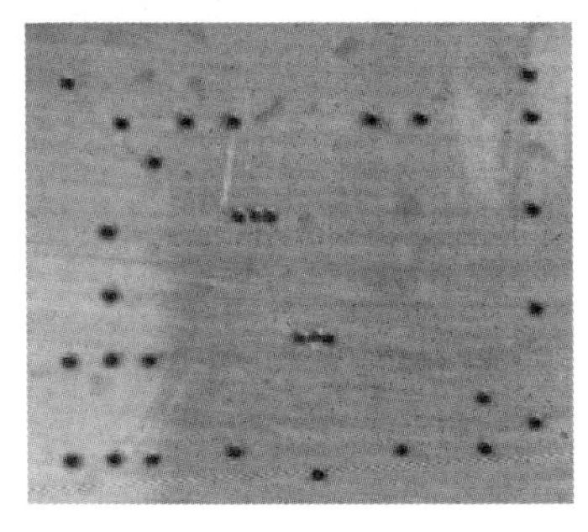

(a) 显影前

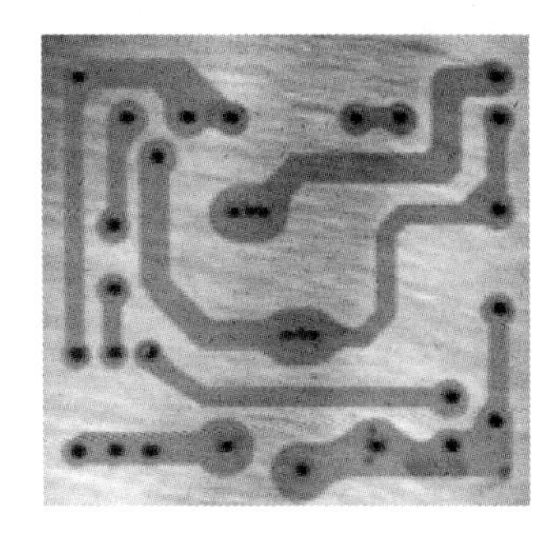

(b) 显影后

图 11-27　线路显影效果

显影后如何判断显影质量的好坏?可观察被油墨覆盖的板面是否完好,然后对光检查显影线路是否有残留油墨,如有残留、线路不清晰或有朦胧,需对这些地方进行局部显影,然后用水清洗。

显影注意事项:

(1) 显影对制板流程极为重要,显影的好坏将直接影响制作的成功与否。

(2) 对片时一定要对齐,线路板通孔应对正底片的焊盘中间。

(3) 显影后清洗不干净,将会导致镀锡时无法镀上或镀不牢。

5. 电镀锡

化学电镀锡的主要作用是在线路部分镀上一层锡,用来保护线路部分不被蚀刻液腐蚀,同时增强线路部分的可焊接性。镀锡与镀铜原理一样,只不过镀铜是整板镀铜,而镀锡是线路部分镀锡。电镀锡效果如图 11-28 所示。

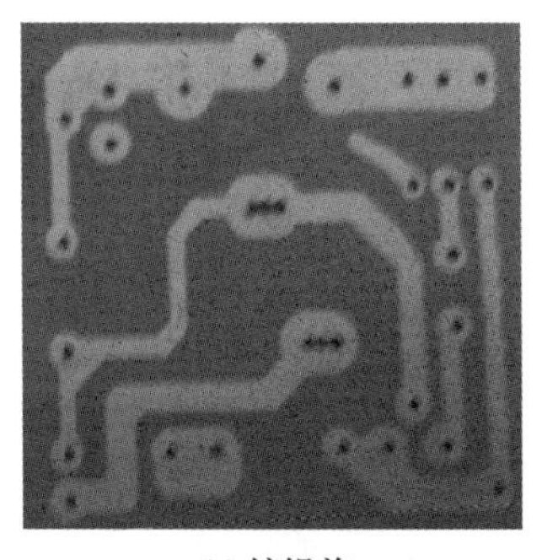

(a) 镀锡前

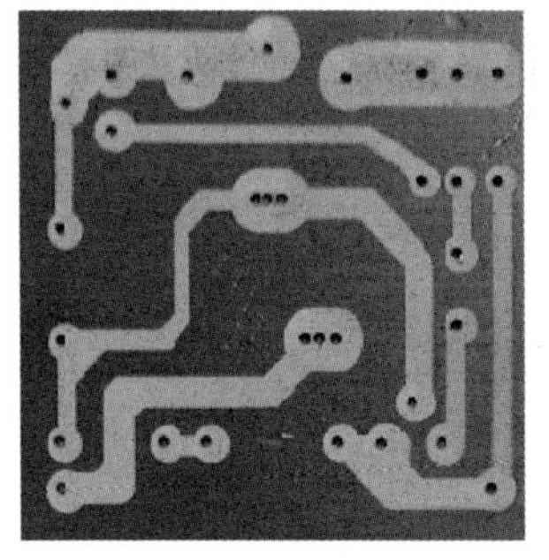

(b) 镀锡后

图 11-28　调光台灯电路 PCB 电镀锡效果

6. 去膜

腐蚀前需要把电路板上所有的膜清洗掉,漏出非线路铜层。去膜效果如图 11-29 所示。

7. 腐蚀

腐蚀是以化学方法将覆铜板上不需要的铜箔部分除去,使之形成所需要电路图。把去膜后的电路板放入腐蚀液,如一次未能腐蚀干净可重复操作。腐蚀效果如图 11-30 所示。

8. 阻焊和字符制作

阻焊油墨主要用于在各焊盘之间形成阻焊层,使电路板焊接时,不容易产生短路,适用于双

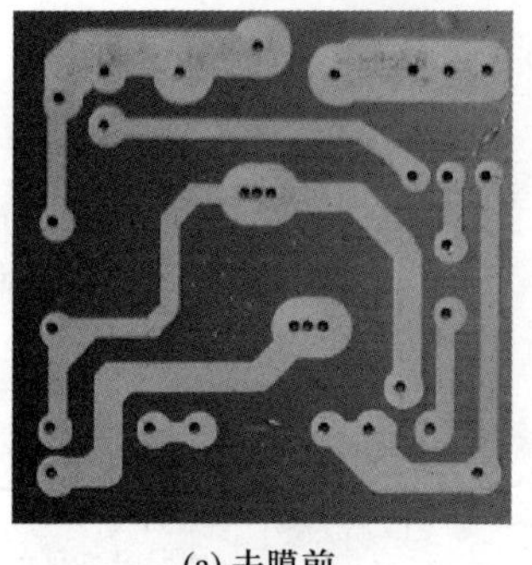

(a) 去膜前

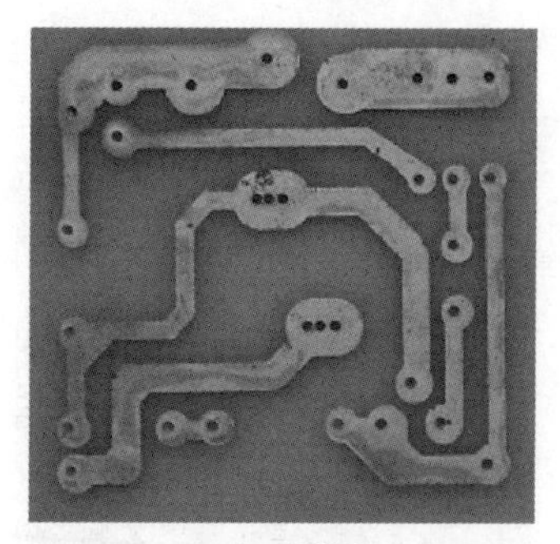

(b) 去膜后

图 11-29 调光台灯电路 PCB 去膜效果

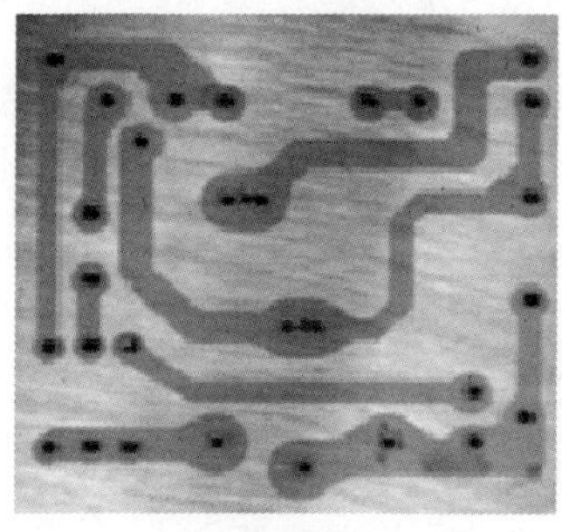

(a) 腐蚀前

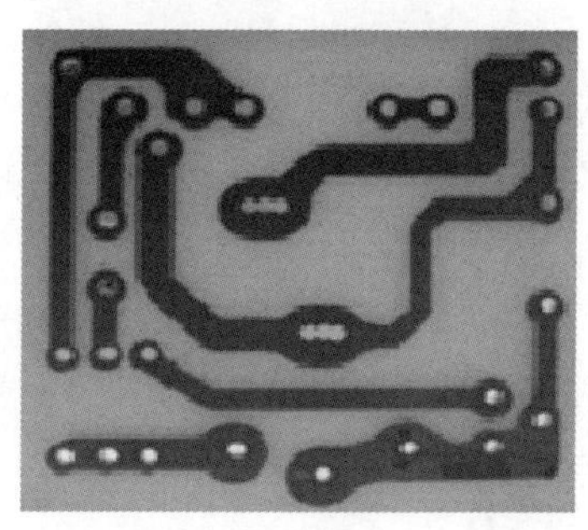

(b) 腐蚀后

图 11-30 调光台灯电路 PCB 腐蚀效果

面电路板,其步骤同印刷感光线路油漆一样。阻焊固化以后再刷字符油墨,步骤和刷线路油墨的步骤、阻焊油墨的步骤一样。接下来把已打印好的阻焊底片和字符底片(负片)分别对准 PCB 板的反面和正面(见图 11-31),然后曝光显影。

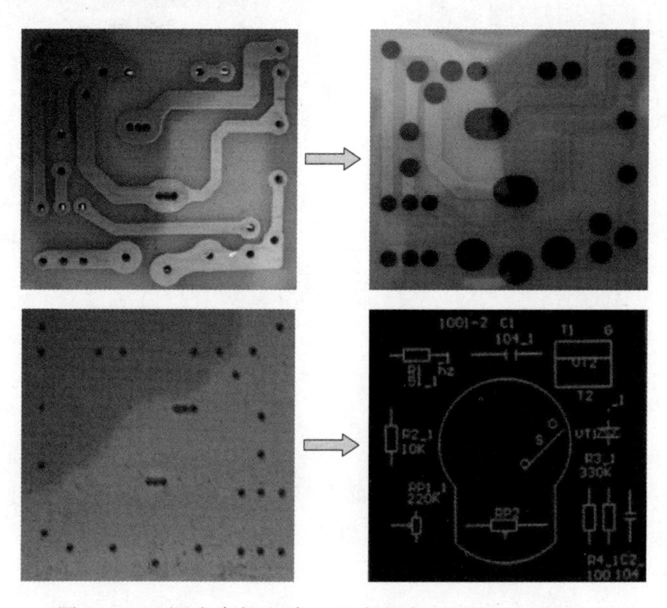

图 11-31 调光台灯电路 PCB 板阻焊、字符及对应底片

9. 修边

完成以上步骤后还需对 PCB 板进行修正，用裁板机把 PCB 板裁成所需大小，然后用砂纸等工具将 PCB 板边缘打磨抛光。调光台灯电路 PCB 成品如图 11-32 所示。

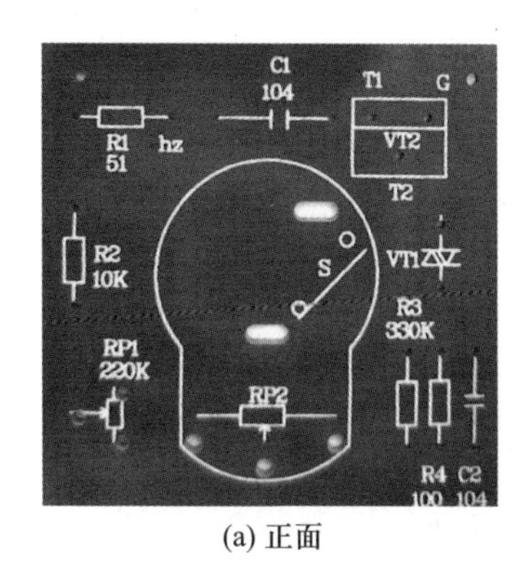

(a) 正面

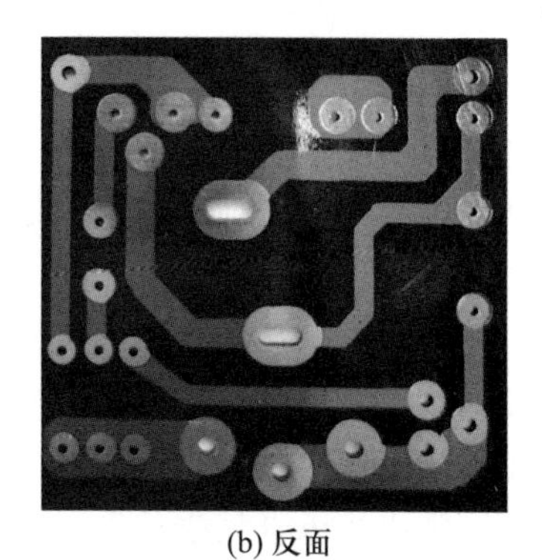

(b) 反面

图 11-32　调光台灯电路 PCB 成品

参考文献

[1] 潘丽萍．电工电子工程训练[M]．杭州:浙江大学出版社,2010.
[2] 刘美华．电工电子实训[M]．北京:高等教育出版社,2014.
[3] 史仪凯．电工技术[M].4版．北京:高等教育出版社,2021.
[4] 吴霞．电路与电子技术实验教程[M].2版．北京:高等教育出版社,2022.
[5] 廉玉欣．电子技术实验教程[M]．北京:高等教育出版社,2018.
[6] 林元模．印制电路板(PCB)设计与激光制造[M]．北京:北京工业大学出版社,2020.
[7] 周惠芳．常用机床电气故障检修[M]．北京:机械工业出版社,2018.
[8] 赵景波．零基础学西门子 S7-200 PLC[M]．北京:机械工业出版社,2010.
[9] 廖常初．S7-200 SMART PLC 应用教程[M].2版．北京:机械工业出版社,2022.

郑重声明

读者意见反馈

为收集对教材的意见建议,进一步完善教材编写并做好服务工作,读者可将对本教材的意见建议通过如下渠道反馈至我社。

咨询电话　400-810-0598

反馈邮箱　gjdzfwb@pub.hep.cn

通信地址　北京市朝阳区惠新东街4号富盛大厦1座
高等教育出版社总编辑办公室

邮政编码　100029

防伪查询说明

用户购书后刮开封底防伪涂层,使用手机微信等软件扫描二维码,会跳转至防伪查询网页,获得所购图书详细信息。

防伪客服电话　(010)58582300